생/태/사/회

지속가능한 사회를 향한 생태전략

도날드 워스터 외 / 문순홍 편역

지속가능한 사회를 향한 생태전략
도날드 워스터 외 저
문순홍 편역
처음 펴낸날/1995.11.5.
펴낸 곳/도서출판 나라사랑
주소/서울시 서교동 326~26호
전화번호/326~2897/8
팩시밀리/338-7231
등록번호/제2-457호(1988년 1월22일)
값/9,500원
ISBN 89-86026-05-8

이 책을 엮으며

이 편역은 1993년 하반기 독일 베를린에 체류하면서 구상한 몇 가지 작업 중 하나였습니다. 당시 한국 사회에서는 국가와 기업이 이른바 '환경문제' 해결의 적극적 주체로 등장했습니다. 더구나 마르크시즘적 학자군 일각에서 나온 '환경문제'에 대한 대안, 즉 외연적 산업화전략으로부터 내포적 산업화전략으로의 전환 또는 내포적 산업화전략으로부터 유연적 산업화전략으로의 전환에 대한 주장은 정부와 기업이 가고자 하는 방향과 거의 무리없이 맞아 떨어졌습니다. 순식간에 생태문제틀의 논의는 오염수준으로 국한된 환경정책, 환경기술, 환경산업으로의 해결전망과 돈벌이의 전망을 갖춘 것으로 인식되기 시작했습니다.

물론 이 영역들이 문제해결에 제한적 기여를 할 수 있음을 인정하지 않는 것은 아니지만, 당시 "무엇인가 같은 정책, 같은 기술, 그리고 같은 경제구조 조정에 대한 논의라 할지라도 이게 다는 아닐 것같다."는 생각에 당혹해 했던 것도 사실입니다.

이른바 환경개량주의와 '포스트-모더니즘과 마르크시즘의 결합'으로 불릴 수 있는 이 분야의 역할을 어느 정도까지 인정할 것인가?, 이 분야에서의 이런 기능적 해결시도가 '생태문제틀의 기여점 중 하나인 시민들의 공적 의식 회복' 등에 부정적 영향을 미치는 것은 아닌가?, 과연 폐기물정책이나 종말처리기술 정도로 한정된 환경문제틀이, 그리고 사이비-생태마르크시즘적 논의들이 한국 사회에서 어느 정도의 파장을 가질 것인가?

1993년 12월 몇 사람의 공동작업으로 기획된 이 편역은 1년 반이 흐르는 과정에서 결국 편역자인 나 혼자만의 작업이 되고 말았습니다. 사실 번역 작업은 단순 육체노동의 측면이 있으면서 동시에 창조적 정신노동이기도 합니다. 그래서 창조적 호기심이 식은 상태에서 번역작업은 지리한 작업이 될 수밖에 없을 것입니다. 이 책에 묶인 글들의 영역은 편역자인 나에게 주 저앉을 지점이었다기보다는 가고자 하는 지향점(생태사회)에서 부딪친 협 곡들을 건너도록 도와준 다리와도 같았습니다. 만일 같은 곳을 가고자 하는 동료 또는 후학들이 있다면, 이 책이 이들에게 도움이 되었으면 합니다.

항상 감사한 분들이 있습니다. 어려운 여건 속에서 너무도 삶을 열심히 살아가는 분들, 작은 삶터에 대한 사랑으로 눈빛이 맑은 분들, 이런 분들께 감사드립니다. 이 분들이 저에게 삶의 용기를 주기 때문입니다. 그리고 이 편역집에 흔쾌히 자신의 글을 번역하도록 해주신 마틴 예닉 교수, 요셉 후 버 교수, 엘마 알트파터 교수 등에게 감사하고, 아직 답장을 받지 못한 다른 글의 필자들에겐 먼저 번역을 하게 돼 마음 한편으로 미안한 생각을 가지고 있습니다. 특히 우도 시모니즈 교수의 글은 번역을 허락하는 친절한 편지를 받았음에도 불구하고 내부 사정으로 책에 실리지 못하게 되었음을 유감스 럽게 생각합니다. 끝으로 변함없는 성실함과 애정으로 항상 필자의 책작업 을 도와준 나라사랑의 김유경 사장에게 고맙습니다.

1995년 가을이 시작할 무렵
편역자 문순홍

차례

서론. 지속가능한 사회를 향한 생태전략 시론 · /문순홍

Ⅰ. 지속가능성의 명암 ·   39
1. 지속가능성의 불확실한 토대들 · /도날드 워스터
2. 발전의 지속가능성 조건 · /파울 에킨스

Ⅱ. 생태전략과 새로운 경제이론의 필요성 ·   79
3. 왜 생태적 통찰력이 경제이론에 필요한가? · /디츠/쉬트라텐
4. 환경과 경제의 상관관계 : 제도적 측면 · /옵셔/쉬트라텐

Ⅲ. 경제의 생태적 재구조화 시론 ·   143
5. 경제조정으로서의 예방환경정책 · /마틴 예닉
6. 경제의 친생태적 구조변화 : 경험적 연구 · /예닉/묀히/빈더
7. 환경기술 선택을 결정하는 요인들 · /클라우스 짐머만

Ⅳ. 정치적 생태민주화의 영역 ·   215
8. 서구산업사회의 생태정치적 근대화 · /마틴 예닉
9. 관료형 정책과 시민사회의 갈등 · /요셉 후버
10. 환경문제의 특성과 민주주의의 근대화 요구 · /호르스트 찔레슨

Ⅴ. 세계화의 생태전략 ·   269
11. 지속가능한 발전을 위한 국제기구 개편론 · /요나단 해리스
12. 합리적 세계지배 질서 · /엘마 알트파터
13. 지구생태계와 발전의 그림자 · /볼프강 작스

서론—지속가능한 사회를 향한 생태전략 시론

문순홍

1. 예방형 환경정책과 생태전략의 필요성

이론상 '환경정책'은 사회가 자연에 영향을 미치는 사회적 행위들을 규제하기 위해 고안된 목표와 수단의 총합이다. 여기에서 자연이란 최소한의 자원, 자정능력 그리고 서식지의 의미를 갖는다. 그래서 환경정책은 그 정의가 학자나 나라마다 다를 수 있지만, 파괴된 환경을 복구하고 현재의 환경(자정능력, 자원, 종)을 보전하여, 현세대와 미래세대 인간의 생명과 건강(기본필요와 생존)을 지키고, 삶의 질을 확보하기 위한 종합적 공공정책으로 정의될 수 있고(마야모토 겐이치, 1994 : 192), 그 범역은 자원보호 및 관리정책, 자정능력 파괴와 이로 인한 환경오염 관리정책, 국토계획의 세 영역을 자신의 내용으로 해야 할 것이다.

환경정책은 무엇을 목표로 설정할 것인가?(정책목표), 이 목표에 어떻게 도달할 수 있을 것인가?(정책수단), 그리고 정책과 관련된 사람이나 조직의 성격은 무엇인가?(정책주체)의 세 가지를 기본 구성요소로 갖는다.

정책적 목표는 해당 정치체제의 집단적 의지나 신념 또는 세계관(이데올로기) 등 기본적으로 가치판단을 전제로 하여 설정되거나 선택된 것이다. 그래서 특정 정책의 목표는 해당 사회의 집단적 가치체계를 반영한 것이고, 이에 따라 다양한 환경목표들에 상대적 우선순위를 부여한 것이다. 오늘날 특정 사회의 환경정책에는 여러가지 목표들이 혼재되어 있다. 이 목표들은 환경문제를 야기한 원인론이나 극복방안의 선택과 밀접한 상관성을 가진 것이다. 그래서 정책목표의 스펙트럼은 여러 가지 목표들의 연속체로 구성되고, 갈등하는 이론적 정향성들도 혼돈스럽게 반영되어 있다. 이러한 이론적 입장들에는 크게 맬더시안적 입장과 기술결정주의적 입장 그리고 그 중간에는 마르크시안적 입장, 생태론적 입장 등이 있다. 환경문제의 궁극적 원인에 대한 규정은 다음의 그림1과 같이 환경정책의 목표를 결정한다.

이들 목표를 위한 정책 수단들은 다양하지만, 보통 환경정책적 도구로는 다음의 네 가지가 거론된다.(안문석, 1995 ; 이정전, 1994 : 홍준형, 1993)

(1) 도덕적/설득적 수단 : 가치관 변화를 위한 교육, 홍보, 팜플렛
(2) 직접개입 : (공유화/국유화 : 국립공원)
(3) 직접규제(법률제정, 오염물질의 양 규정, 원인자에 대한 법률적 행정적 제재, 직접적인 기술개발)
(4) 간접규제 또는 경제적 유인수단(배출부과금제도, 보조금제도, 거래가능 배출권)

〈그림1〉 환경정책의 목표와 정책유형

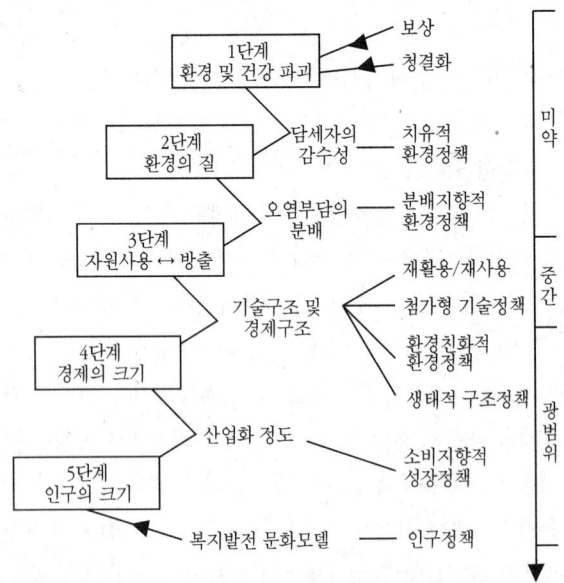

그러나 이러한 정책적 수단은 환경정책적 목표 설정에서 겨우 1단계와 2단계의 목표에 국한된 수단들일 뿐이다. 따라서 최소의 목표점을 자원사용량과 방식의 조정, 경제성장 크기의 제한, 그리고 인구크기의 한계 설정 등으로 확장하고자 한다면, 이러한 도구 이상의 것이 논의되어야만 한다. 그리고 그 목표에 도달하기 위한 도구 유형으로서 다음의 것이 추가된다.

(5) 사회의 생태수용력 확장을 위한 간접조정정책 — 이 (5)항에 초점을 맞춘 사회집단적 노력을 필자는 생태전략이라고 칭한다.

환경정책의 단계들에 대한 논의와 연결시켜 보자면, 생태전략은 예방형 환경정책을 의미한다. 5장 예닉의 정의에 따르면 예방형 환경정책은 생태적 근대화정책과 구조조정정책으로 나뉠 수 있는데, 전자가 생산과정과 생산품을 친환경적 기술혁신을 통해 보완하는 정책이라면, 후자는 환경적으로 문제가 될 수 있는 생산 및 소비양식을 친생태적 적응력이 뛰어난 생산 및 소비유형으로 바꾸어 놓는 정책이다. 역사적으로 환경정책은 사후처리형 환경정책(복구와 보상, 그리고 첨가형 정책을 동원한 오염처리의 단계)을 거쳐 이제 사전예방형 환경정책의 단계로 들어서고 있다. 하지만 우리나라를 포함한 대부분의 나라에서는 환경정책이 아직도 이렇듯 폭넓은 정의에 맞출 수 있는 정책이 되지 못하고 있다. 사회와 환경이 주고받는 상호작용의 극히 일부분만이 환경정책의 주제가 되고 있기 때문이다. 현재 우리나라의 환경정책은 영역에선 자정능력에 초점을 맞추고, 단계에서는 주로 복구와 오염방제에 머물러 있다. 예로 환경정책을 입안하고 시행하는 주무부서는 환경부인데, 이곳에서는 대기오염, 수질오염, 소음, 폐기물 등에 관련된 대응·치유 전략들만이 고안되고 있다.

2. 환경정책 등장을 설명하는 두 가지 관점과 생태전략

우선 환경정책이 처음으로 등장하던 당시에는 대부분의 정책이 그러하듯이 기능주의적 시각(문제압박감 테제)이 강하게 자리잡고 있었다. 이 시각에 따르면, 환경문제가 사회에 주는 압박감이 상당 수준에 오르면 해당사회는 환경정책에 대한 필요성을 자연스럽게 느끼게 된다. 즉 "산업사회적 발전이 야기하는 부정적 측면으로서 인간과 자연에 대한 파괴가 가속화되면, 이로부터 많은 시민/주민들이 고통을 받고 문제를 제기하여 정책차원의 대응을 요구하게 되는데, 이때 환경정책이 등장한다."는 것이다(Jaenicke, 1978, 9). 이를 간략히 나타내면 그림2와 같다.

〈그림2〉 기능주의적 환경정책 등장 모델

| 환경부담 발생 | → | 문제 인식 | → | 통제력 획득 | → | 해결 |

그러나 각 국가별로 환경에 대처하는 정책의 등장 시점이나 정책유형의 상이성과 다양성은 이러한 문제압박감 테제로는 이해될 수 없다. 한 예로 동구권의 경우, 환경파괴가 상당히 진행되었음에도 불구하고 합목적적 환경정책은 거의 발전하지 못했다. 사실 나라마다 환경파괴와 환경정책 지향적 문제인식 간에는 임의의 제관계들이 작동하고 있다. 따라서 환경정책의 발생과 그 유형을 연구하는 사람들은, 환경파괴 이외의 어떤 다른 요인들이 정책형성 과정에 영향을 주는지 분석해봐야 한다고 주장한다.

이러한 물음은 환경정책적 논의를 문제압박감 테제로부터 수용성 테제로 나아가게 하였다. 이 수용성 테제는 프리트비츠(Prittwitz, 1990 ; 1992)와 이 책의 필자들에 의해 제기되고 있는 논의로서, 이에 따르면 환경정책의 형성과정에서 환경파괴는 부차적으로 작용할 수 있다는 것이다. 오히려 환경문제의 인지와 정책입안 사이에는 해당사회의 경제적, 정치적 수용력 정도가 더 큰 영향을 미친다는 것이다. 즉 환경정책적 행동 수용력은 경제적 조건의 수용력, 기술적 조건의 수용력, 정치제도적 조건의 수용력, 그리고 사회문화적 수용력 등에 의해 영향을 받는다. 여기서 경제적 조건이란 물질적·정신적인 기본필요(의식주, 안전)의 충족을, 기술적 조건이란 풍부한 기술적 유동성(동원가능성, 유연성)의 사회적 현존을, 정치제도적 조건이란 비록 사회적 소수일지라도 이들 시민들의 의견(요구, 이해관계)을 표현·집약시킬 수 있는 현실제도적 가능성을 의미한다. 그런데 이 모든 수용력은 가치정향성 및 탈물질주의적 이해관계를 매개로 하여 환경정책의 결정과정에 농축될 수 있다. 따라서 환경정책의 성공여부는 사회경제적 수용력, 기술적 수용력, 그리고 정치제도적 수용력을 제한하는 장애요인들을 제거하는 데 달려있다. 이를 종합해서 공식으로 그려보면 그림3과 같다. 공식에서 XYZ란 정치양식, 또는 정치제도적 능력 — 정책결정의 개방성, 권한의 분권도, 의견통합 및 합의도출 능력, 장기적 관점에서 문제를 해결하려는 능력 — 을 의미한다.

〈그림3〉 수용성 테제와 성공적인 환경정책

$$\boxed{\text{성공적 환경정책}} = \boxed{\text{생태적 문제압박감}} + \boxed{\text{기술경제적 수준}} + \boxed{\text{XYZ}}$$

이러한 수용성 테제는 생태전략에서 시사하는 바가 크다. 이 테제와 관련하여, 생태전략의 '환경' 문제 해결방향은 너무도 명료해졌다. 또한 이 방향은 많은 사람들에 의해 통합형 환경정책, 총체적 접근, 새로운 패러다임으로의 전환 등으로 불리워온 것이기도 하다. 용어의 차이가 있다 할지라도 이 개념들은 모두 위에 나열한 바 있는 환경정책적 목표들과 수단들간의 상관성에 있어서 3, 4단계에 초점을 두고 있다. 즉 우선적으로 "어떻게 생태계와 갈등하는 경제활동을 생태적합적 경제활동으로 바꿀 것인가?", "어떻게 경제적 생산행위를 생태적 원칙에 조화시킬 것인가?"라는 물음을 다루고자 한다. 이러한 문제는 현재 사회과학내의 논쟁적 물음을 구성하고 있지만, 이에 대한 답은 국가의 역할 재규정과 사회적 혁신에 대한 역량과 의지에 달려있다. 따라서 이 글에서 사용하는 생태전략이란 재규정된 국가의 역할과 경제를 친생태적으로 조정해내기 위한 사회적 혁신역량 및 집단적 의지를 (창출하기 위한 노력을) 통칭하는 개념이라 부연할 수 있다. 이러한 생태전략적 환경조성이 전제되어야만, 위의 정책수단 논의에서 거론했던 (1)에서 (4)까지의 환경오염 방지수단들도 의미를 가질 수 있다. 왜냐하면 이른바 환경오염 방지를 위한 정책수단들은 그 출발 자체가 협소하기 때문이다.

3. 변화의 총개념으로서의 지속가능한 발전이 지닌 명암

이러한 생태전략이란 용어는 낯설은 것이지만, 우리 주위엔 이와 유사한 내용을 지칭하는 친근한 개념이 있다. 이 개념이 지속가능한 발전(Sustainable Development, 약칭 SD)이다. 몇 년전 생태위기의 사막에서 헤매던 사람들에게 지속가능한 발전이란 개념은 하나의 오아시스처럼 다가왔다. 그러나 이 개념만큼 그 등장 역사의 짧음에 비해 다의적으로 해석되는 경우도 드물 것이다. 이 SD 개념은 역사적으로 20여 년의 시기를 거쳐 발전해 왔다. SD를 바라보는 시각에는 주류와 비주류의 시각이 있다(Adams, 1993). 전자가 UN의 작업들, 즉 WCED나 UNCED의 작업과정을 중심으로 수렴되고 발전된 입장들이라면, 후자는 1972년 이후의 지속가능한 발전에 대한 논쟁과정에서 생태발전론자 또는 녹색적 대안발전론자들을 중심으로 전개된 입장을 칭한다.

SD 개념의 기원을 탐구해 본다면, 이 논의에 관여한 학자들(Weizaeker, 1993 : Ch.4 ; Redclifft, 1987 : Ch.4 ; Adams, 1991 : Ch.2 ; 1993)은 대부분 그 기원이 1972년 스톡홀름에서 개최된 「인간환경회의」와 같은 해에 발간된 로마클럽 보고서인 『성장의 한계』에 있다고 말하는 데 주저하지 않는다. 그러나 이 개념이 하나의 공식어로 등장한 것은 1979년에 유엔 심포지엄의 주제로 선택된 뒤부터였다.[1]

주류로서 SD 개념은 1980년 「세계보호전략 선언문」, 1987년 『우리공동의 미래』, 1991년의 『지구의 관리(Caring for the Earth)』를 통해 형성되었고, 리우 회의에서 채택된 21세기를 향한 구체적 행동지침인 『의제 21』에서는 '생태적으로 건전하고 지속가능한 발전(Ecological Sound Sustainable Development, 약칭 ESSD)' 개념으로 압축되었다.[2] 반면 비주류로서의 뿌

---

1) W. Burger, The Quest for sustainable pattern of Development. Paper prepared for the UN symposium on Interrelation among Resources, Enjrionment, and Development. Stockhokm, 6-10. August(Env./Sem. 11/R.6). (Hans-juergen Harborth, 1991 : 7)에서 다시 따옴.
2) 리우 회의를 전후로 『의제 21』을 위한 회의과정 및 논의된 내용들에 대해선 외무부(1992a ; 1992b), 경제기획원(1994)을 참조하라.

리는 1972년 생태발전론에서 1974년 「코코욕 선언문(Erklaerung der Cocoyok)」과 1975년 「닥-하마르콜드-보고서(Dag-Hammarskjoeld-Bericht)」를 거쳐, 이후 1982년 나이로비 자연헌장과 ESSD 개념을 비판하는 레드 클리프트, 빌 아담스, 루돌프 바로, 머레이 북친 등의 녹색발전론 계열이나 내생적 발전론(endogeneous Development) 계열로 집약된다 (Harborth, 1991 : 24-33 ; Mellos, 1989 : Ch.3 ; Adams, 1991 : Ch.4 ; 1993). 이 책 1, 2장과, 13장 작스의 논의는 모두 후자에 속하는 논문들이다.

우선 주류로서의 SD 개념을 살펴보자. 『우리 공동의 미래』에서 '지속가능한 발전'이란 개념은 인간들간의 조화, 그리고 인간과 자연간의 조화를 촉진하는 것(WCED : 65)으로, '미래세대의 욕구를 충족시킬 수 있는 능력을 위태롭게 하지 않고 현세대의 욕구를 충족시키는 발전'(ibid : 43)으로 정의되어 있다. 이 개념은 다시 두 개의 물음을 중심으로 구성되는데, 그 하나는 "지속가능하다는 것이 무엇인가?"이고, 다른 하나는 "발전이란 무엇인가?"에 관한 것이다.

"지속가능성이란 무엇인가?"라는 물음에 대해 이 보고서는 두 가지의 답을 내놓고 있다. 지속가능성의 첫번째 내용은 현재의 시점을 살아가는 세계인들 모두의 지속가능성에 관한 것이다. 즉 현세대의 평등한 생존과 삶의 질 충족을 위해 '세계의 가난한 사람들을 위한 기본필요'(op.cit)에 일차적 우선순위를 부여하는 것이다. 그래서 이러한 기본필요를 넘어서는 소비수준은 지속가능성이 충족되는 상황에서만 인정되어야 한다. 지속가능성의 두번째 내용은 현세대의 지속가능성 못지 않게 미래세대의 지속가능성을 지향한다. 그래서 이 보고서는 자연의 한계성을 깨뜨리지 않기 위해 인간의 자연개입이 제한되어야 한다고 주장한다. 사실 그 동안의 성장은 인구나 자원사용에 전혀 한계를 설정하지 않은 성장이었고, 그 결과 현재의 생태재앙과 경제위기가 야기된 것이다. 그런데 이 보고서는 그 동안 논란되었던 경제활동에 대한 자연적 한계를 상대적 한계 개념으로 받아들인다. 즉 "(경제성장에 대한) 한계란 이념은 기술발전 상태와 사회조직에 의해 부과되는 것으로, 이 두 요건이 현재와 미래의 욕구를 충족시킬 수 있는 환경의 수용력을 결정한다."고 기술하고 있다.

　　SD 개념을 정의하는 두번째 물음, "발전이란 무엇인가?"에 관해 『우리공동의 미래』는 발전개념의 양면성을 제시하고 있다. 지속가능한 발전의 '발전'은 경제적 복지증진을 위한 경제성장을 한 구성부분으로 하며, 다른 한 부분으로 "경제와 사회의 점진적 변화도 포함된다."고 정의함으로써 사회변화를 다른 한 구성부분으로 받아들이고 있다. 특히 이러한 지속가능한 발전으로서의 '사회경제적 변화'란 1992년 리우 회의 「의제 21」을 통해 선진국에 대해선 생활양식의 변화와 소비형태의 전환(의제 21, 4장)을, 개도국에 대해서는 '경제와 사회의 변화과정'을 지칭한다.

　　사회경제적 변화로서 SD 전략은 다음의 전략적 사항들을 요구하고 있다.
　(1) 시민들이 결정과정에 효과적으로 참여하는 정치체제
　(2) 자립·지속적 토대 위에 잉여와 기술지식을 생산할 수 있는 경제체제
　(3) 조화롭지 못한 발전에서 야기된 긴장을 해결할 수 있는 사회체제
　(4) 발전을 위해 생태적 기반을 지속시키는 생산체제
　(5) 지속적으로 새로운 해결을 추구하는 기술체제
　(6) 무역과 재정의 지속가능한 형태를 강화하는 국제체제
　(7) 자기수정 능력을 지닌 융통성 있는 행정체제

　　특히 (6)항과 관련하여 동 보고서는 ① 개도국에 대한 자본유입을 증가시킴으로써 '지속가능한' 프로젝트를 촉진시키도록 재정향화할 것을 제안한다. 왜냐하면 외부로부터의 자본유입 결여는 개도국의 생활수준 개선을 방해하기 때문이다. ② 상품무역에 대한 새로운 거래(개도국의 산업과정에 숨겨져 있는 오염비용에 주의)를 제안한다. ③ 보호주의를 종식시키고 '책임성'을 보장하도록 초국적 투자(환경적으로 건전한 기술전이)의 개혁을 제안한다. 왜냐하면 개도국을 계속 빈곤하게 만드는 국제무역 패턴은 지속불가능한 자원이용만을 촉진시키기 때문이다.(Ibid : Ch.3)

　　이 보고서는 그동안 논의되어 온 다른 어떠한 논의들보다도 다음의 점에서 기여했다고 평가된다.
　(1) 이원적이고 서로 어긋나는 개념들로 인식되어온 '환경'과 '발전'을

'생태적으로 건강하고 지속가능한 발전'이란 개념 하나로 통합했다는 점
　(2) '환경' 문제에 주목한 의제의 선택을 확대했다는 점
　(3) 환경위기의 해결방안을 강구하면서 개도국의 채무위기와 국제적인 무역관계 및 경제관계에 초점을 맞추었다는 점.
　이러한 기여도에도 불구하고, 『우리 공동의 미래』가 전개한 SD 개념은 몇 가지 문제점(결함)을 가지고 있다.
　첫째『우리 공동의 미래』에서 언급하고 있는 지속가능성은 '자연의 지속가능성'을 배려한 것이 아니라 '인류의 지속가능성'에 중점을 둔 것이고, 나아가 자연은 인류의 생존에 지장을 주지 않는 선에서 변형가능하다는 '기술중심주의'에 서있다(Adams, 1993 : 213-4 ; Redclifft, 1987 : Worster, 1993 ; Sachs, 1993)는 점이다.
　두번째 결함은 발전을 '경제와 사회의 점진적 변화'라고 지적하면서도 SD를 결정하는 핵심적 기준을 GNP로 표시가능한 경제성장에 두고 있다는 점이다. 즉 동 보고서는 지속가능한 발전에 대한 정의에서 경제성장 기준들은 고도로 충족시키고 있으나, 상대적으로 생태계적 지속을 측정하는 변수들과 사회적 복지충족을 위한 변수 개발에는 배려를 하지 않았다.(Redclift, 1987 : 15-17, 22, 52)
　세번째로 설혹 SD가 자신의 기본전제로서 '우리 인간들이 지역적·지방적 생태계의 수용력에 대한 정보를 쉽게 파악할 수 있을 것'으로 생각한다 할지라도, 자연이 대단히 복잡하고 예측불가능하고 역동적이기 때문에 이를 수량화하는 일에 종사하는 생태학자들간에도 생태적 한계가 무엇인가에 대한 물음에서 합의가 결여되고 있다는 점이다. 이러한 주장은 1장 워스터(Worster, 1993 : 143)의 글에서 가장 강하게 나타난다.
　네번째로 이 SD 개념은 스스로 지속가능한 발전모델이 다양하게 존재함을 인정함에도 불구하고, 묵시적으로 특정 발전모델적 틀을 이미 전제하고 있다는 점이다. 그래서 다양한 것 같지만 다양하지 않은 보편적 단선형 발전모델들이 강요된다. 즉 이 SD개념은 자유무역을 통한 세계자본주의 시장경제의 재활성화를 환경위기에서 벗어나기 위한 가장 적극적 해결방안으로

천명하고 있어, 처음부터 지속가능한 발전의 경제적 유형은 이미 결정돼 있다고 봐야 한다. 이 상황에서 개도국이 택할 수 있는 것은 종말처리형 기술 도입과, 이를 통해 자정능력의 경계를 건드리지 않는 것과, 신소재 생물공학 등 대체자원기술을 통해 자원의 대체가능성을 높이는 것들뿐이다. 이에 대한 비판은 13장 작스의 글에서 중점적으로 다뤄진다.

다섯번째로, 이 SD 개념은 새로운 부의 창출근거와 자연에 대한 한계결정자로서의 기술을 지적함으로써, 실질적으로 가장 중요한 개념이 신기술임을 명확히 해두고 있다. 그런데 신기술이 무엇을 의미하는지, 누가 가지고 있는 것인지는 말하지 않는다. 이 SD 개념에는 신기술이 가장 핵심을 차지하고 있으면서도 이에 대한 논의는 절대적으로 부족하다는 모순이 있다.

여섯번째의 결함은, SD 개념에는 인간의 기본필요를 정의하는 사회구조와 민주적 결정과정에 대한 논의가 결여되어 있다는 것이다. 기본필요는 누가 결정하는가? 만일 지역주민들 스스로가 자신들의 기본필요과 이의 충족방법을 정의하지 않는다면, 이는 다분히 정책결정을 행하는 엘리트들의 기본필요로 대체될 것이다. 특히 이 책에 실려 있는 파울 에킨스(Ekins, 1993 : 97-8)의 글은 SD 논의에 참여적 메커니즘이 필요함을 강조한다.

사실 이러한 비판은 생태발전론 계열의 논의와 대략적으로 내용을 같이 한다. 생태발전론(Harborth, 1991 : 24-33 ; Mellos, 1989 ; Ch.3 ; Adams, 1991 ; Ch.4 ; 1993)은 '환경친화적이고 사회친화적인 대안발전론' 의 하나로서, 발전에 관한 논의에서 발전의 방향과 정도를 결정해주는 목표로서의 기본필요에 대한 정의, 지역자립적 발전을 위한 지역기술론과 과학기술합리성 비판, 기존 체제에서 단절된 생산과 소비 개념의 재정의, 정치적 자립과 이를 위한 민주적 결정과정 등에서 강점을 지니고 있다.

4. 근대성 논쟁과 생태논쟁의 얽힘 : 생태근대화론

생태문제들과 근대(성)을 둘러싼 논쟁의 만남은 상황적으로 자연스러운 것이었다. 이런 자연스러움은 우선 이들의 등장 시점이 비슷하다는 데서 찾아볼 수 있다. 환경문제와 근대(성) 논의가 등장한 시점인 1960년대 중후반은 전지구 차원의 생태문제틀에 대한 물음이 제기되던 시점이기도 하였고, 서구 사회 내부에서의 환경·생태운동의 폭발과 제도화가 요구되던 시점이기도 하였으며, 나아가 이른바 효율성을 추구하는 근대성에 대한 비판이 사회학계로 확산되던 시점이기도 하였다. 두번째로 양자 모두 논의의 대상을 사회전반, 즉 문명에 두고 있다는 점이다. 생태문제틀이 이 문제 발생의 총체적 맥락인 패러다임과 이의 구체적 실천들인 생활양식을 문제시하는 것이라면, 근대(성) 논쟁은 근대문명 그 자체의 본질적 특징을 거론한다.

이 두 이론의 접점에서, 이 책의 Ⅲ, Ⅳ부에 편집된 학자들 대부분은 이 근대(성) 논쟁을 촉발시킨 탈근대론자들이 근대 논의의 연장선상에 있다고 이해한다(Huber, 1993 ; Jaenicke, 1993 ; Prittwitz, 1993). 그 이유로 이들은 두 가지를 들고 있다. 첫째 이유는 근대(성)론자들이나 탈근대론자들 모두가 지배적 합리성을 문제시하고 있다는 점(근대가 중세의 종교적 합리성에 의문을 제기했다면, 탈근대는 자연지배의 합리성에 의문을 제기한다.)이고, 둘째 이유는 기존의 지배적 제약요건들과 탈연계화를 시도한다는 것이다.

이런 관점에서 이들은 울리히 벡(Ulich Beck)과 안토니 기든스(Anthony Giddens)를 중심으로 전개되고 있는 '성찰적 근대화' 론을 견지하고자 한다. 특히 '환경정책' 의 영역에서 이러한 결합은 두드러진다. 이 결합의 한 유형이 서독의 생태근대화론으로, 이 논의는 1982년경 발아하여 1983년 처음 개념화(후버와 시모니즈에 의해 처음 사용)되었고, 1990년을 넘어서면서 활발히 진행중에 있다. 이 논의에 주도적으로 참여하는 학자들로는 마틴 예닉, 우도 시모니즈(Udo Simonis), 요셉 후버(Joseph Huber), 클라우스 짐머만(Klauss Zimmerman), 호스트 찔레쓴(Horst Zillessen) 등이 있다.

예닉(Jaenicke, 1993)에 따르면, 생태근대화 개념은 환경논의에서 1970년대부터 주요 테마로 자리잡았던 생태혁신론에서 크게 영향을 받아 등장한 것이다. 그러나 당시 이 생태혁신 논의는 기술 내부의 혁신논쟁으로 국한되었고, 정치적으론 관료형 정책개입에 의존하고 있었다. 그러나 결과적으로 이러한 논의는 국가의 조정능력이 형편없음을 드러내 주었을 뿐이다.

이를 배경으로 생태근대화론은 혁신개념을 새로운 제품이나 기술의 개량(근대화의 지속)에 한정시키지 않고, 기본적 제도혁신과 패러다임 변형(기존 근대화와의 단절)이란 의미로 확대해서 사용했다.

따라서 생태문제틀과 근대(성) 논쟁을 접합하는 생태근대화론자들은 개념적, 이론적, 방법론적 패러다임 변화가 기존의 피상적 구조혁신 또는 '지능기술'의 혁신에 첨가되어야만 한다고 주장한다. 때문에 생태적 근대화란 최소한 양 차원의 패러다임 변화를 추구하고 있다. 그중 하나가 성장모델 및 이의 생태적 적합성에 관계되는 변화이고, 다른 하나는 정치 패러다임의 변화, 즉 국가를 어떻게 이해할 것인가에 관계되는 변화이다.

성장모델 변화 및 이의 생태적 적합성에 관계되는 변화는 경제의 친생태적 정향화를 의미한다. 경제의 친생태적 정향화는 경제정책을 통한 경제의 친생태적 구조화와 새로운 대안경제로의 육성으로 구성될 수 있다. 그런데 이것은 경제관련적 개념이면서 동시에 기술관련적 개념이 된다. 그 이유는 친생태적 재구조화의 경우, 경제부문간 조정을 의미하면서 동시에 부문내 조정을 내용으로 하고, 부문내 조정은 곧 기술혁신을 의미하기 때문이다. 또한 대안경제도 자신을 특징지우는 여러 가지 특성 중 하나로 생태적으로나 문화적으로 적합한 기술의 선택을 중시한다.

두번째로 정치 패러다임의 변화는 정치영역에서 '국가와 사회가 탈연계화되는 경향'이 강화되고 있음을 전제로 한 것이다. 따라서 이 변화된 정치 패러다임에서는 정치를 이원적으로 구조화하고자 한다. 그래서 이 패러다임 변화는 국가에 초점을 맞추어 정치발전을 이해하려는 논의축과, 국가가 아닌 사회적 행위자의 측면에서 기존 정치근대화(정치발전론)을 넘어서려는 논의축으로 구성되어 있다. 물론 이러한 이원화 경향은 "정치의 본질 또는 정치적 행위의 적소가 어디에 있는가?" 라는 논쟁을 매개로 한 것이다.

이제 이 생태근대화론과 생태전략의 관련성을 살펴보도록 하자. 이 양자간의 가장 큰 차이점은 경제 및 기술, 정치논의 영역만이 아니라, 이러한 논의가 자생하고 그 논의 범역을 확장할 수 있도록 하는 배경으로서의 문화적 변형에 대한 전략이 생태근대화론에는 빠져 있다는 것이다. 두번째 지적할 수 있는 것은, 생태전략이 관심을 갖는 실천영역에 비추어 볼 때 생태근대화론의 실천영역은 한정적이란 점이다. 위에서 언뜻 거론되었듯이 생태전략의 전략적 사회공간은 크게 이원적으로 나뉘어져 있다. 이원적이라 함은 생태전략이 구체적 사회현실에 대한 관심을 가지고 있어 현실에의 개혁적 개입을 자신의 한 부분으로 하면서, 동시에 현시점에서 대안적 사회를 지향하는 실천적 행위의 구체화에도 중점을 둔다는 것이다. 그런데 이 생태근대화론은 대안사회적 논의가 결여되어 있어, 생태전략의 부분집합의 모습을 보여준다.

5. 생태전략과 새로운 경제논의의 필요성

SD를 어떻게 가능하게 할 것인가? 즉 어떻게 제한된 자연환경하에서 경제활동을 지속시켜 나갈 것인가? 이에 대한 답 중 하나로『우리공동의 미래』와 리우 회의가 선택한 것은 시장기구의 활용과 환경비용의 내부화 방안이었다. 이 방안의 선택은 환경문제를 둘러싼 경제이론들간의 논쟁에서 신고전주의 경제학의 승리를 의미하기도 한다. II부에 묶은 글들은 I부에서 밝힌 SD 개념의 한계성을 경제이론적 측면에서 부각시켜 본 것들이다. 즉 지속가능한 발전이란 개념이 터하고 있는 경제이론과 이 이론으로부터 등장한 정책적 도구들, 즉 환경세 및 환경보조금을 바탕으로 한 현재의 처방들이 '환경' 문제를 해결하는 데 태생적 한계를 지니고 있음을 밝혀준다.

II부의 첫 논문인 디츠와 쉬트라텐의 「왜 생태적 통찰력이 경제이론에 필요한가?」는 그 초점을 경제학의 주류이론인 신고전주의가 환경문제에서 부분적 유용성만을 갖고 있음을 밝히는 데 맞추고 있다. 이러한 주장의 근거로서 저자들은 경제사상 또는 경제이론이 자신이 형성되었던 시대의 사회상황 및 자연자원적 조건과 밀접한 상관성을 가지고 있음을 제시한다. 18세기 고전주의 경제학자에게 경제행위가 의미를 가질 수 있는 근거는 인간의 욕구는 무한한데 이를 충족시켜줄 자연은 한계를 가지고 있음에 있었다. 왜냐하면 그 당시에는 경제행위 자체가 산업생산이라기보다는 농업생산이었고, 또 기술발전에 대한 사회적 신념도 보편화되어 있지 않았기 때문이다. 반면 신고전주의 경제학은 그 자체가 산업경제 활동을 대상으로 했고, 기술의 사회변화력에 대한 확신이 보편화되어 있던 시대상황에서 등장한 이론이다. 그러다가 경제이론내로 환경문제들이 수용되기 시작한 것은 1920년대 무렵이었다. 당시 19세기 중엽 이후 심화되던 국지적 환경오염이 20세기를 넘으면서 시장이 자연적 재화를 공정하게 배분하지 못함을 보여주면서, 이에 대한 답변을 경제이론에 요구하게 됐던 것이다. 이렇게 시작됐다 할지라도, 본격적인 환경문제들의 경제이론내로의 수용 및 이를 둘러싼 이론적 논쟁의 심화는 1970년대를 넘으면서부터였다. 특히 신고전주의 전통의 경제학자들은 1960년대말경 환경문제에 대한 저술을 활발히 펼쳤는데, 이들 논의의 상당부분은 피구(Pigou)적 전통으로부터 영향받은 것들이었다.

피구 논의의 전통이란 환경분야에서의 문제가 사회적 비용과 사적 비용간의 차이에서 발생한다는 입장이다. 즉 그 차이가 외부효과 — 외부효과란 개별 경제주체들의 활동이 다른 경제주체들의 생산성에 영향을 미치는데, 그 영향이 시장의 가격기구를 통해 포착될 수 없다는 것이다.— 의 원인이 된다는 것으로, 이 외재성을 환경세 및 환경보조금 등을 통해 다시 시장의 가격기구로 내부화할 수 있고, 이로써 환경문제를 해결할 수 있다는 것이다.

그런데 이러한 내재화 전략은 근본적인 장애물을 가지고 있다. 이러한 장애물로는 ■기업은 비용을 항상 외부로 전가시키려 한다는 점, ■현세대의 선호도는 부분적으로만 알려져 있다는 점, ■미래세대의 자연자원과 환경에 대한 선호도는 잘 알려져 있지 않다는 점들이 있다. 따라서 이러한 경우에는 항상 정책결정자들의 선호도가 평가의 기준으로 사용되곤 한다. 또한 이러한 내부화의 어려움으로 자연과정에의 인간개입이 야기하는 결과를 예측하기가 사실상 쉽지 않다는 점도 거론할 수 있다. 이러한 예측불가능성은 생태계적 속성에 의한 것이다.

이러한 환경문제를 수용할 수 있는 경제이론으로서의 결격사유가 마르크스주의적 정치경제학에도 그대로 적용된다는 것이 이 논문의 저자들의 일관된 논지이다. 그 이유는 '환경문제'를 특화해서 다루는 마르크스주의적 논의가 거의 없었기 때문이다. 초기 마르크스주의자들은 환경문제를 이데올로기 비판적 관점에서 다루었고, 1980년대 후반에 들어와서야 입장을 조금씩 개진하기 시작했다. 그러나 이러한 논의도 마르크스를 보완하는 방식이었다. 그럴 수밖에 없는 것이 마르크스의 자연과 인간사회 간의 변증법적 통일체에서는 언제나 "자연에서 어떻게 가치들이 박탈되는가?"는 모호한 채로 남겨졌고, 더욱이 가치창출에서 마르크스의 주개념은 자연이 아니라 노동에 두어졌기 때문이다.

이러한 고찰을 통해 저자들은 지속가능한 발전이란 개념이 현실성을 가지기 위해선 전통적으로 생태계와 경제계가 맺고 있는 관계의 성격을 재규정해야 한다고 주장한다. 이는 곧 자연과의 관계에서 폐쇄적 과정으로 인식되어온 경제계를 개방된 과정으로 인식하는 것이다. 이것은 일차적으로 자연자원의 경제이론으로의 통합을 요구하는 것이고, 나아가 주류경제학을 다시 정의하길 요구한다. 물론 이러한 요구가 어쩌면 19세기초 고전주의 경제학의 현재적 회복을 의미할 수도 있다. 또한 생태계와 경제계를 연결시켜 경제계를 개방계로 설정한다 할지라도, 인간들이 자연을 치유불가능할 정도로 파괴시키지 않고 자연으로부터 무엇을, 그리고 얼마만큼의 양을 취할 수 있을 것인가를 정확하게 알 수는 없다. 물론 이러한 불확실성은 1장의 위스터가 주장한 바이기도 하다. 이러한 불확실성으로부터 우리 인간들이 선택할 수 있는 최선의 길은 절제와 조심스런 행동이다. 따라서 이들의 견해를 종합하면, SD를 위한 경제논의는 상당부분 윤리적 측면을 회복해야 한다. 도덕경제와 시장경제의 통합이라고나 할까?

II부의 4장 옵셔와 쉬트라텐의 「환경과 경제의 상관관계 : 제도적 측면」은 이러한 논의의 연장선상에 서있다. 특히 이들이 생각하는 생태적 통찰력이 통합된 경제이론은 무엇보다도, ■생산요소이면서 동시에 인간적 복지의 결정인자로서의 자연자원, ■가치이론, ■시장세력에 대한 평가 등을 자체내에 반영하는 이론이어야 한다. 또한 이의 연장선상에서 논문의 저자들은 "새로운 환경정책은 현재의 경제를 지배하는 신고전주의적 관점과는 양립할 수 없다."고 주장한다. 이를 정당화하기 위해 이 논문은 네덜란드 정부가 결정한 산성비 관련 금지정책을 분석 대상으로 설정하고 있다. 이 분석은 네덜란드 정부가 확고한 환경보호보다는 오히려 오염을 야기하는 산업생산의 성장에 더 관심을 두고 있다는 주장의 근거를 제시해주고 있다. 저자들은 이러한 분석 결과에 터해, 무엇보다도 환경정책의 선결 전제로서 자연자원을 경제이론적 준거틀내로 통합하는 것, 국가가 경제영역에 개입하는 것, 그리고 나아가 국가와 시민운동 세력간 연대의 필요성을 역설한다.

사실 환경문제에 대처하고자 하는 경제이론에는 몇 가지 범주가 존재한다. 첫째는 신고전주의적 환경경제학이고, 둘째는 신케인즈주의적 입장이고, 셋째는 생태론자들의 경제학적 논구들이다(Hobbbensiefken, 1991 ; 문순홍, 1994). 그 가운데 이 논문들은 신케인즈주의적 입장과 생태론자들의 경제학적 논구가 혼용된 상태에 위치해 있다.

6. 경제의 생태적 재구조화와 대안경제 육성

이미 앞에서 생태전략은 이원적이라 지적한 바 있다. 그래서 경제영역에서의 생태전략은 경제의 친생태적 정향화 작업을 지향하는데, 이는 두 가지로 나누어 볼 수 있다. 그 하나는 기존 경제 및 시장관계를 인정하고 이에 터해 산업부문간 관계를 조정하거나 부문내 생산활동을 생태친화적으로 변화시키는 작업이다. 다른 하나는 기존의 생산관계 및 시장관계 그 자체를 인정하지 않고 새로운 경제관계 및 시장관계를 추구하는 것이다. III부에 실린 글들은 주로 전자의 영역에 속한다. 특히 후자의 측면에서 의미를 갖는 경제행위로는 경제공동체 건설운동이 있는데, 이 전략에는 경제적 주체 개념의 변형, 자본형성 및 구성과정의 변화, 산업연관관계의 변형 등이 주요 주제로 자리잡고 있다.(나까무라 히사시, 1995 ; 김기섭, 1995)

III부 5장에 실린 예닉의「경제조정으로서의 예방환경정책」은 예방형 환경정책이란 개념하에서 환경파괴를 야기시킨 구조적 준거틀을 문제시하고 있다. 그에 따르면, 서구 사회의 환경정책적 경험들은 사후형 환경정책의 효험이 일시적이라는 사실을 보여주고 있다고 한다. 그 동안 이러한 정책들에 의해 치유된 환경들은, 성장의 지속 결과 증가된 잔여 폐기물 방출로 인해 다시 파괴되었고, 결국 이러한 증가는 치유된 환경정화 상태를 거의 원점으로 되돌려 놓았다. 예닉은 이를 구조적 환경스트레스라 부르고, 이것의 치유는 새로운 환경정책을 통해서만 가능하다고 주장한다.

예닉이 주목하는 이 새로운 환경정책의 유형은 통합형 환경정책이다. 이 정책은 앞에서 논의한 개념들과 상관적 연결 속에 있다. 왜냐하면 예닉에게 있어 통합형 환경정책이란 개념은 생태적 근대화나 사회의 수용력 제고란 개념보다 먼저 등장했던 개념으로, 시기적으로 최근에 가까이 올수록 이 개념 사용의 빈도가 떨어지고 있다. 그래서 이 통합형 환경정책은 SD에 도달하기 위한 생태적 근대화 전략의 전반을 칭한다. 이 전략은 기술적 해결방안뿐만 아니라 정책분야간 상호협력 증진을 자신의 내용으로 하고 있다. 즉 구조조정을 위한 통합환경정책은 '정책분야'에 있어서 환경적 관점을 에너지정책 분야, 교통정책 분야, 산업정책 분야, 농업정책 분야로 이전·확산시켜야 함을 의미한다.

예닉의 글은 특히 구조조정 정책에서도 산업구조조정 정책으로서의 환경정책을 다루고 있다. 생태적 산업구조화 정책이란 무엇보다도 산업생산에 의해 발생한 구조적 환경스트레스를 줄이기 위해 계획된 모든 조치들을 총칭하는 것이다. 이러한 생태적 산업재구조화 정책은 두 축으로 구성되는데, 한 축은 부문별 구조조정 정책이고 다른 한 축은 부문내 구조개혁 정책이다. 특히 후자인 부문내 구조개혁 정책은 기술혁신 정책과 결합되어 있다. 부문별 구조변화로서의 환경보호는 개별 산업부문들간의 상대적 위상조정이란 의미에서의 구조변화, 즉 부문간 구조조정을 추구할 수 있다. 또한 부문내 개혁으로서의 기술혁신은 생산방식 및 생산품을 생태적으로 보다 적합한 형태로 전환시키기 위한 기술을 추구한다. 따라서 이 부분내 개혁은 생산과정에서의 혁신, 그리고 생산품의 혁신 모두를 포함한다.

이러한 부문간 구조조정과 부문내 구조개혁정책을 Ⅲ부 6장에서 마틴 예닉, 하랄드 묀히, 그리고 만프레드 빈더가 구체적 경험적 사례연구를 통해 검토하고 있다. 우선 이들은 서구 32개 국가에서의 구조적 환경스트레스의 변화를 조사했다. 이 조사는 1970~80년대 기간 동안 7개 산업분야 및 보다 근대화된 산업의 배경변수인 전력생산과 화물수송을 대상으로 한 것이다.

결론적으로 저자들은 시멘트와 철강, 그리고 비료와 같은 전통산업 분야에서 선진 산업국가들의 환경스트레스가 상대적으로 감소하고 있으며, 전반적인 경제성장 가운데 이 분야의 생산이 차지하는 기여도도 줄어들고 있음을 입증하였다. 또한 이 분야의 에너지 수요, 그리고 도로 및 철도로 이동하는 화물량도 경제성장으로부터 벗어나는 탈구현상을 보여주었다. 그러나 대다수 선진국에서 나타나는 도로에 의한 화물 이동거리 및 이동률, 그리고 (1차 에너지원의 사용을 전제로 한) 전력생산이 야기한 구조적 환경스트레스는 경제성장률에 비례하여 증폭되고 있음도 확인할 수 있었다. 이 분야에서 경제성장과의 탈연계화 현상은 전혀 나타나지 않고 있다. 오히려 경제성장과의 밀착현상이 고도로 증가하고 있는 것으로 나타났다.

종합하자면 이 기간 동안 7개의 전통적인 산업생산 분야에서는 환경스트레스의 감소가 확인된 반면, 보다 근대화된 분야 또는 정보화 사회를 상징하는 분야에서의 수송률/거리와 전력소비율은 환경스트레스 증가의 원인이 되고 있음이 확인되었다. 총체적으로 서구 선진산업국에서 전통적인 중공업부문이 축소되었음에도 불구하고 환경스트레스는 거의 감소되지 않았다. 왜냐하면 환경을 고도로 소비하는 현대산업들, 예로 화학산업의 급속한 성장이 이루어지고 있기 때문이다. 이러한 결과는 두 가지 원인에서 기인한다. 그 하나는 세계시장으로의 통합증대와 이로 인한 세계 노동분업에 의한 문제이전의 경향을 의미한다. 다른 하나는 환경정책과 기타 다른 정책, 즉 에너지정책(에너지 가격을 조정하는 정책, 에너지 가격의 높이는 에너지 소비량과 반비례한다.)과 교통정책과의 연계, 즉 생태적 구조정책이 결여되어 있었음을 의미한다.

부문내 구조조정에선 부문내 변화란 관점에서 이미 지적하였듯이 기술변화가 우선적으로 중요한 위치를 차지하고 있다. 그러나 이러한 기술조정 또한 쉬운 일이 아니다. Ⅲ부 7장에서 클라우스 짐머만은 부문내 기업들이 어떠한 요인들에 의해 기술을 선택하는가를 논의하고 있다. 환경기술에는 대략 다음과 같은 몇 가지 유형이 있다.

〈그림4〉 환경관련 기술의 유형들

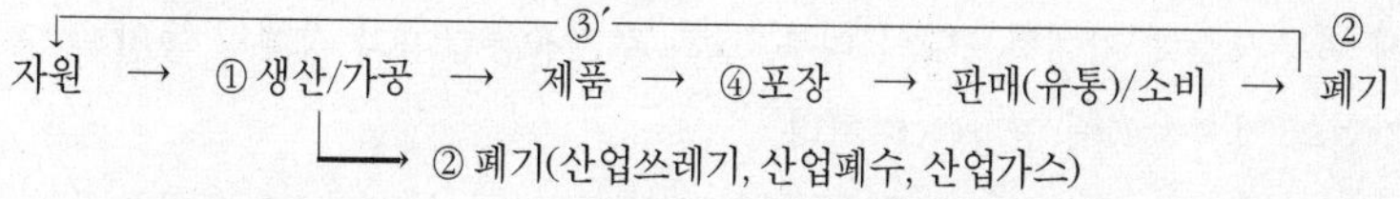

```
                        ③′
자원 → ①생산/가공 → 제품 → ④포장 → 판매(유통)/소비 → ②폐기
        └─→ ②폐기(산업쓰레기, 산업폐수, 산업가스)
```

환경기술종류	내 용
① 생산과정기술	원료 방출벡터와 환경 방출벡터 모두를 고려하는 기술로 이것은 주로 생산과정에 투입되는 기술을 총칭한다. 여기서 원료방출벡터란 산출물 한 단위당 사용되는 원료의 총량 및 원료가 산출물 한 단위로 변형하는 과정에서 방출하는 쓰레기 총량을 의미하고, 환경 방출 벡터란 환경에 투입되는 최종쓰레기의 총량을 의미한다. 그래서 생산과정기술은 새로운 종류의 생산시설을 필요로 하고, 배출량 수준과 쓰레기 발생수준을 원초적으로 감소시키는 것을 지향한다.
② 종말처리기술	환경 방출벡터에만 초점을 둔 기술로, 원료 방출벡터에 대해선 아무런 고려를 하지 않는 기술을 의미한다. 따라서 생산과정이 끝난 폐기물 처리에 관여하는 기술을 의미한다.
③ 자원대체기술	자연자원의 부족함을 극복하기 위한 대체기술로 여기에는 신물질(소재)기술과 생명공학기술이 속한다.
지역자원기술	지방자원을 활용하는 기술로, 일반적으로 자본동원량이 적고 장인의 노동력에의 의존도가 높으며 생태계 및 문화적 파괴도가 적다.
③′ 자원재생기술	폐기물에서 다시 원료를 추출하는 기술이다.
④ 판매전단계기술	원래 판매 직전에 제품의 지속기간 강화, 유통적 편리성, 구매욕구 촉발 등을 위해 사용되는 기술로 환경과 관련해선 자연친화적 포장재질 기술, 다회용 용기, 포장재를 줄이는 기술 등이 포함된다.

Ⅲ부 7장의 짐머만이 문제삼고 있는 기술정책은 위의 여러 가지 변형태 중 종말처리기술과 생산과정기술이다. 짐머만의 분석에 따르면, 기업이 과정기술을 채택하는 것은 쉽지 않은 일이다. 이러한 어려움을 짐머만은 기술선택의 수요 측면과 공급 측면을 분석함으로써 밝히고자 하였다. 그에 따르면 기술의 수요 측면에서는 재정조달 비용, 기술적·경제적 위험도, 실행을 통한 학습효과, 구매력 형성에 대한 우려 등의 요인이 기업으로 하여금 종말

처리기술을 선호하게 함과 동시에 예방형 환경정책을 거부하도록 만든다. 기술의 공급측면에서의 어려움은 기술개발이 해당사회의 지배적 기술모델 유형에 의해 결정되기 때문에, 해당사회의 기술발달사와 전통으로부터 벗어나 이루어질 수 없다는 점에 있다. 나아가 특정 기술의 공급이 사회적 전체 비용감소에 기여하느냐의 여부, 그리고 기술공급자의 경제적 동인 등도 기업의 기술선택에 영향을 미친다.

결론적으로 짐머만은 수요 측면이든 공급 측면이든 기술혁신의 방향과 이의 시장공급이 대부분 종말처리기술을 지향하고 있으며, 지향할 것이라고 추론한다. 그러나 만일 미래의 에너지가격과 원료가격이 상승됨을 고려한다면, 이러한 종말처리기술로의 편향은 경향적으로 약화될 수 있다. 이럴 경우 미래에는 원료와 에너지를 절약하는 과정기술이 최대한 활용되는 방향으로 강제될 것이기 때문이다. 이 새로운 과정기술이 적용된 생산설비는 특정 부문에서 구시설보다 환경에 대한 배출을 절약할 수 있다. 이에는 궁극적으로 가격작용과 가격예상, 그리고 미약하나마 환경정책적 효과가 작용한다. 물론 이 환경정책은 종말처리기술을 활용한 해결방안보다는 환경유관적 과정기술에 보다 많은 배려를 유도하는 정책을 의미한다.

그러나 예닉, 시모니즈, 짐머만 등의 논의는 한계를 가지고 있다. 그 한계는 환경문제로부터 벗어나고자 하는 그들의 열망이, 그 벗어나야 하는 대상으로서의 자국(自國) 경제·기술적 상황에 국한되어 있다는 것이다. 이러한 자국 상황에 대한 제한은 그들의 논의에 결과적으로 편협성을 가져다 주었다. 이 편협성으로 인해 생태론의 경제논의에서 큰 위상을 차지하고 있는 남북관계와, 그 연장선상에서의 북과 남의 발전모델 조절 논의가 사실상 빠지는 공백으로 나타났다. 또한 이들 논의의 편협성은 기술논의에서도 그대로 반영된다. 이들이 거론하고 있는 '전진을 위한 기술적 도피'란 개념은 과학기술과 자연간 연계성을 물질 집중도, 에너지 집중도, 수송 집중도, 쓰레기 집중도로만 표현하고 있다. 그러나 기술에서의 이러한 연계성은 그외에도 지역자원 및 지역문화에 적합한 기술이란 기준으로 나타나야 한다. 이것이 생태전략에서 거론하는 대안으로서의 기술 및 기술조정이다.

7. 정치의 생태적 근대화와 사회적 조정으로서의 정치영역

생태론에서 정치와 환경문제들을 연결지우는 논의는 두 영역으로 나타나고 있다. 그 하나는 정치를 어떻게 정의할 것인가에 관한 논의 영역이다. 본래 정치행위가 성립하기 위해선 공적 공간(국가, 공동체)을 전제로 한다. 정치란 개략적으로 공적 공간에서 이루어지는 '공동체적 결정에 영향을 미치려는 행위' 인 것이다. 그러나 오늘날 인간의 생존을 위협하는 생태위기는 인간들만의 영역이었던 정치공간에 자연도 들어와야 한다고 요구하고 있으며, 이로부터 정치의 본질은 인간만의 행동이 되지 못한다.(문순홍, 1992)

두번째의 논의영역은 이른바 정치행정제도 또는 정치행정기구의 문제에 대한 반응양식에 관한 것이다. 현재의 정치행정체계는 근대 이후 형성된 것으로, 그 특징이 사후적으로 반응한다는 점에 있다. 반면 생태문제는 사후적으로 반응함을 인정하기엔, 또는 시행착오적 수정을 받아들이기엔 그 피해가 너무 크다. 왜냐하면 문제의 기하급수적 증폭도로 인해 문제인지와 대응방안 창출 간에 놓여 있는 시간적 여유가 거의 없기 때문이다. 그래서 일회용 사건이란 것도 대재난형(체르노빌 사건, 런던 스모그, 큐쥬 미나마따병, 보팔사건, 페놀사건, 대구가스 폭발)인 것이다. 따라서 환경문제들은 정치행정적 반응이 사후형에서 사전형으로 바뀌어야 함을 요구한다.

하지만 이러한 사전반응형 정치행정체계에 대한 요구가 몰역사적인 요구가 되어선 안된다. 이 요구는 오히려 현정치제도가 지니고 있는 문제점을 극복하는 선에서, 그리고 환경문제 해결에서 역사적으로 나타났던 시장의 실패와 정부의 실패(김병완, 1993 ; 안문석, 1995 ; Jaenicke, 1986)를 벗어나는 선에서 충족되어야 한다. 따라서 사전반응형으로서의 정치체계는 국가에 의존해서도 안되고, 시장기구에 전적으로 의존해서도 안된다. 그렇다고 국가를 해체해서도 안되고, 시장을 해체해서도 안된다. 국가의 역할을 인정하되(그 역할은 경제를 재구조화하는 방향에서 재설정하고), 최소한도로 국가기구를 축소시키는 것에 그 초점을 둔다. 이 나머지 역할 및 기능은 국가와 시장 이외의 사회영역에 유사 정치기구와 유사 시장기구를 통해 수렴

토록 해야 한다.

따라서 정치의 생태적 근대화는 국가의 조정기능을 새로이 결정하는 것이다. 이러한 국가기능의 조정은 두 측면을 가지고 있다. 그 한 측면은 다수결원칙에 따라 정당화된 주권적 국민국가의 개입을 인정하는 것이고, 다른 한 측면은 두번째 조정심급으로서의 탈중심화된 대화 메커니즘(국가 밖의 준국가적 제도)의 창출과 관련된 것이다. 이와 관련하여 울리히 벡(Beck, 1987)은 위험사회에서 나타나는 정책의 탈독점화 경향을 지적한 바 있다. 이러한 탈독점화 경향은 그 동안 국민국가가 노정시킨 '거대 행위자를 통제하지 못하는 무능성'에 기반한다. 그 동안 이러한 무능성으로 인해 국가에게 일임된 생태적 개축은 전혀 수행되지 못하였다. 더 나아가 현재의 정치·행정체계는 환경문제를 잘게 파편화시킴으로써 그 본질을 놓쳐 버렸다. 그래서 정치의 생태적 근대화론자들은 정치의 질적 변형, 그리고 그 일환으로서의 정치의 이원적 구조화를 암묵적으로 주장한다.

즉 정치적 이원화로서의 정치근대화란 정치적 수용력을 제도화된 준국가적 메커니즘을 통해 확장시킨 것이다. 이 준국가적 메커니즘을 통한 정치수용력의 확장은 궁극적으로 정책결정의 최종권한을 공간적 차원에서나 사회기능적 차원에서 탈중심화하는 것을 의미한다. 즉 정치적 생태근대화는 사회의 자기조정력 회복을 근간으로 하는 것이다.

이를 골자로 Ⅳ부 8장 예닉의「서구산업사회의 생태정치적 근대화」는 이러한 경향성을 서독의 정치현실에서 확인해주고 있다. 그에 따르면, 서독의 정치현실은 관료주의적 세부규칙의 개정에서 행위의 사회적 맥락 및 구조 조정이란 방향으로, 문제해결의 모색을 사회로 확산시키는 방향으로, 배제적 결정구조에서 포괄적 참여적 결정구조로, 강제적 정치스타일에서 대화를 통한 해결방식으로, 반응적 정치양식에서 예방적 정치양식으로, 공적 지출에서 공적 수입에 대한 조정으로 변화해가는 모습을 보여주고 있다.

특히 유사 정치기구와 관련하여, 그는 준국가 메커니즘 구성을 제안한다. 정치의 이원구조 속에서 중앙국가가 자신의 역할을 전략적 과제들로 한정한다면, 분권화된 행위자들의 역할은 세부적 조정 및 규제로 특화될 수 있을 것이다. 이는 사회적 장기계획 구상 및 문제해결 방향설정에서 사회의 개입을 강화하는 것을 의미하고, 사회의 개입은 사회적 조정능력 강화를 전제로 한다. 준국가 메커니즘이란 사회적 조정작용 또는 과정이 정례화되는 것을 지칭한다. 이러한 역할 분담론을 환경문제로 한정시키면, 중앙국가가 해야 할 역할은 생태적 최소한도의 설정과 '전략적' 구조조정 기능을 갖는 것이고, 분권화된 행위자들은 그들의 독특한 잠재력을 활용하여 국민국가적 기본조건들과 여기서 규정한 최소한도를 넘어서는 그 어떤 것이 된다.

IV부 9장에서 후버는 25년 동안 생태논쟁이 거친 일련의 과정을 성장논쟁으로 포착하고 있다. 이러한 성장논쟁 과정은 유기적 성장, 선택적 성장, 환경사용과 탈연계화된 성장, 질적 성장으로 단계화될 수 있는데, 생태근대화는 질적 성장 개념 단계와 맞닿아 있는 논의이다. 그래서 생태근대화의 정치전략을 이해하기 위해선, 질적 성장 개념과 이 개념 등장시의 시민들의 욕구변화를 고려해야 한다.

특히 후버가 이해한 생태근대화의 정치적 측면은 생태위기의 시기에 '상공업자, 무역업자, 소비자, 유권자, 언론인, 과학자, 정치인, 정부관료 등과 같은 생태문제들에 얽힌 행동집단의 행동을 지속적으로, 그리고 전체적 맥락에서 합리화하는 것'을 의미한다. 이 합리화 과정은 행동의 다면적 차원에서 동시적으로 이행되어야 하는데, 그 이유는 인간의 행위를 동기지우는 판단기준이 영역별로 개별화되어 있는 것이 아니기 때문이다. 이러한 행동은 체제의 다면적 수준에서 구조적으로 얽혀 있다. 그래서 생태근대화에서 개별체제 변화의 비동시성은 허용될 수 없다.

이를 근거로 생태근대화 정책을 둘러싼 논쟁은 1990년대로 넘어오는 과도기에서 두 축을 중심으로 나타났다. 그 첫째는 국가주도적 계획경제노선에 따라 환경을 관리해야 한다는 관료형 전략이고, 둘째는 시장경제적 노선에 의거해야 한다고 주장하는 시민사회형 전략이다. 이러한 논쟁에 대해 후버는 환경정책의 초점이 관료형 환경정책보다는 시장경제-시민사회형 모델로 옮겨져야 한다는 입장을 취한다. 그러나 후버는 "이러한 모델이 보다 최소한의 국가를 의미하진 않는다."고 덧붙인다. 일면에선 "국가역할이 축소되어야 하지만, 타면에서 국가는 다른 종류의 역할을 위임 받아야" 하기 때문이다. 이 다른 종류의 과제란 생태적으로 적합한 사회의 기본골격을 마련함으로써 사회적 조정을 시민사회에 위촉하는 것이다.

이러한 국가의 기능축소 및 역할 변화에 대해 IV부 10장의 찔레쓴은 국가의 민주화라는 용어보다는 민주주의의 근대화란 용어를 선호하고 있다. 왜냐하면 오늘날 국가기구의 비대화로 인한 역기능이 두드러지는 상황에서 국가가 (위에서 기술한) 자신에게 주어진 역할을 수행하기 위해선, 정치행정적 결정과정에 사회적 행위자들의 자발적 참여를 유도해내는 경우에만 보장받을 수 있기 때문이다.

따라서 그의 주장에 따르면 국가는 이미 국가기구가 아니라 '사회의 지배기구'로서 분석되어야 하고, 이렇게 될 경우 국가제도들과 행정적 절차들이 시민과 사회적 시각에서 조명될 수 있다는 것이다. 이러한 시각하에서만 사회적 행위자로서의 개인들(시민들)이 자신들의 삶과 관련된 절차들에 영향력을 미칠 수 있는 사회적 장소들도 명료해질 수 있다. 이로부터 더 나아가 찔레쓴은 이렇게 국가의 과제가 규제절차 마련에서 의사소통적·협력적·중개적 과제로 대체되기 위해선, 그 전제조건이 먼저 충족되어야 한다고 주장한다. 이 전제조건이란 시민들의 '저항·비판능력의 성장'을 의미하고, 이것이 바로 민주주의 근대화의 핵심이 된다.

이미 예닉에서 지적되었듯이, 1970년대의 생태혁신이 국가이론과 조정이론에 뿌리를 두고 있다면, 사회혁신을 겨냥하는 생태근대화론은 민주주의 이론에 뿌리를 내리고 민주주의의 결정구조와 그 절차를 보다 근대화하라고 요구한다. 그 이유는 다음과 같은 생태문제들이 가지고 있는 특성 때문이다.

■생태문제들에는 다양한 사회집단이 관련되어 있으므로 사회적 복잡성을 전제로 해야 한다. 그러나 오늘날 정책결정은 여러 행정부처들로 나뉘어져 있고 상대적 해결방안만을 선택한다. 또 몇몇 행정부처들의 이해관계를 협상한 환경정책은 부분적 합리성들을 조합한 것에 불과하다. 그래서 관료형 정책은 장기적 측면에서 볼 때, 국가의 기능을 마비시킨다. 그래서 민주

주의의 근대화가 요구된다.

■생태문제들은 시간을 통한 이전성에 자신의 특성을 가지고 있다. 이 이전성이란 문제원인이 되는 행위와 그 결과의 발생 사이에는 시간적 격차가 존재한다는 성질이다. 그러나 대의민주주의는 단기적 선거결과만을 지향하기 때문에, 정치결정이 구조적으로 단기적 시간대만을 지향할 수밖에 없다. 때문에 현재의 대의민주주의체제로는 환경문제를 부분적으로밖에 다룰 수 없다. 그래서 민주주의는 보다 근대화되어야 하는 것이다.

■'환경' 문제가 가지고 있는 일상성과 독특성이다. 이러한 성격은 시민들 개개인에게 사회구조적 변화를 추진하는 도전과 계기가 될 수 있다. 이러한 일상성은 시민들로 하여금 정치결정이 일어나는 영역에 직접 관계하겠다는 직접성 요구의 근거가 되기도 한다.

이러한 전제와 대의민주주의의 근대화 요구선상에서, 찔레쏜은 독일의 연방 환경재단과 국가정책 포럼, 미국의 대안적 논의 해결절차와 공적 중개인 및 환경변화사제도 등을 예로서 가능한 제도적 대안을 제시하고 있다.

8. 세계화의 생태전략

현재 세계에는 새로운 질서가 태동하고 있다. 이러한 현상을 우리는 세계화(Globalization)란 용어로 접한다. 서구 학계에서 세계화에 대한 논의는 1989년경부터 등장하였다. 이 시점은 외형상 사회주의권이 붕괴하던 시점으로, 세계화의 실질적 의미는 구세계질서의 퇴조와 새로운 세계질서로의 재편을 예고한다는 점에 있다. 사실 이 퇴조하는 구세계질서와 등장하는 새로운 세계질서가 과연 무엇인가라는 물음엔 다양한 견해가 상존하지만, 일반적으로 전자는 국민국가를 기본 단위로 한 세계질서로 파악되고, 이 질서를 대체할 세계화의 움직임은 국민국가의 권한작동 경계가 희미해지거나 약화됨을 지칭한다.

사실 이러한 국민국가의 중심적 의미의 약화는 이미 1970년대 이후 급격하게 진행된 것으로 보인다. 이러한 약화는 두 과정을 중심으로 이루어졌다.

그 하나는 국민경제가 전세계적 시장경제로 재편되는 과정이고, 다른 하나는 이른바 생태, 여성, 소수민족·인종의 인권, 그리고 평화라는 녹색적 이슈의 확산과정이다(과학기술의 발달도 두 과정 모두에 긍정적이든 부정적이든 관련되어 있다). 특히 후자는 알트파터와 작스의 논의가 합의하고 있듯이, 세계시민층의 확대를 동반하였고 세계시민사회의 형성 가능성을 알리고 있다. 이러한 과정이 향후 새로운 세계질서로의 개편방향에 주는 함의는, 그 질서가 아직 결정되지 않아서 두 가지 방향으로 나아갈 수 있다는 것이다. 그 한 방향은 몇몇 초국적기업의 경제적 이익추구로 창출된 세계적 무질서상태를 세계국가와 유사한 결정권의 집중으로 통제하는 것이다. 다른 한 방향은 이에 대한 통제력을 세계시민사회에 부여하는 것이다. 필자는 전자의 방향을 세계화의 수직경향이라 칭하고, 후자를 세계화의 수평방향이라 칭한다. 전자가 결정권이 특정지역이나 특정기구에게 독점되거나 지구사회의 미래가 서구사회 중심으로 획일화됨을 의미한다면, 후자는 이질화와 다양화를 기반으로 한 지구촌화를 의미하며 결정에서의 다중심 형성을 지향한다.(문순홍, 1995c)

생태위기는 지구 생태계의 특성상 전지구적 맥락을 문제틀로 설정하고 있다. 그러므로 세계화의 수평적 경향을 강화시키는 전략을 필자는 '세계화의 생태전략'이라 부르고자 한다. 사실 지금까지 전지구적 차원에서의 생태문제틀에 대응하는 자세는 세 가지 방향에서 나타났다. 그 하나는 구질서의 현존을 인정하는 방식으로, 지구생태계의 환경문제를 외재성으로 접근해서 그 해결방향을 세계시장의 가격기구와 국민국가의 주권에 전적으로 맡기자는 것이다. 이는 리우 회의의 「의제 21」과 그린라운드에서 이미 확인된 바 있다. 두번째는 1930년대 대공항 이후 케인즈 정책수행 과정에서 강력한 권한을 위임받은 국가기구처럼 국제기구(세계국가)를 만들자는 입장이다. 세번째는 세계국가의 등장으로 야기될 수 있는 전체주의적 세계사회에 대한 우려와 자본주의적 생산의 세계화로 인한 자연파괴의 악화로부터 세계시민사회의 조정능력(NGOs)에 이 문제의 해결을 의존하자는 입장이다. 이는 현재 형성중에 있는 세계시민층, 또는 세계시민사회의 자발적 통제력에 중심을 두고 국제규범체제를 작동시키자는 것이다. 물론 이 가운데 세계화의 생태전략은 두번째와 세번째 전략의 혼합을 선호한다.

V부 11장 해리스의「지속가능한 발전을 위한 국제기구 개편론」은 현 '환경' 문제가 가지고 있는 전지구적 속성과 현 국제기구의 대응능력 부재라는 역설적인 세계상황으로부터 출발한다. 이러한 부재론은 1970년대 이후 이 '환경' 문제들을 풀기 위해 조직된 국제 환경규범체제들에 대한 평가에 기반하고 있다. 해리스의 시각에서 볼 때, 이 규범체제들은 "환경파괴를 외부비용 정도로 간주하고 이에 대한 치유책으로 시장을 수정해서 내부화시키는 방식에만 관심을 가지고 있다."는 것이다. 이러한 상황에 대한 직시와 분석으로부터, 그가 선택한 해결방안은 국가기구에 준하는 기능과 권한을 가진 국제기구의 재창출이다. 이러한 선택은 현존 국제기구가 쓸모없으므로 새로운 국제기구를 만들자는 것(현 국제기구 무용론)이 아니라, 현 국제기구의 관심문제들을 확장하자는 것(현 국제기구 개편론)을 핵심 골격으로 하고 있다. 물론 현존 국제기구는 태생적 한계를 가지고 있다. 이 태생적 한계는 이 기구들이 형성되었던 1945년 전후라는 배경과 이로부터 부여받은 경제복구 및 경제성장 지원이란 목적에서 나온다.

이러한 태생적 한계에도 불구하고, 그가 폐기론이 아니라 개편론을 택하는 이유는 현 국제기구에 존재 당위성을 부여한 케인즈주의적 관점이 현재에도 유의미하다고 판단하기 때문이다. 그러나 그가 주목하는 현 국제기구의 문제점은 세계경제적 세력관계와 세계적 문제틀이 바뀌었음에도 불구하고, 현존 국제기구들이 조정자를 바꾸거나 관심의 대상을 새로운 문제틀로 확대시키지 않는다는 것이다. 특히 해리스가 주목하고 있는 새로운 조정자는 기업이나 비정부민간기구라기보다는 전후 세계경제에서 새로이 부각한 경제대국들을 의미하고, 새로운 문제틀은 생태문제틀을 의미한다. 그래서 오늘날 세계는 경제성장이란 과제가 아니라 경제발전을 관리하고 지속가능한 형태로 유지해야 한다는 과제를 안고 있다. 그러므로 21세기의 국제제도들은 케인즈적 관점을 그대로 유지하되, 다만 다음과 같은 두 가지 기능을 충족시켜야 한다.

⑴ 고용창출·소득재분배·경제안정이라는 케인즈의 고유관심사
⑵ 자원보존·쓰레기관리·환경보호·생태적 안정성 지향의 새로운 기능.

그리고 더 나아가 해리스는 다음과 같은 제도개혁을 요구하고 있다. ①국제 중앙은행의 설립, ②국제적인 소득세 및 분배제도의 설치, ③투자계획 및 재정지원을 위한 조직구상, ④상품가격 안정화 계획안, ⑤생태계, 생물계, 지구물리계의 상호의존성을 목표로 하는 제도 등이다. 이러한 생각의 연장선상에서 해리스는 세계제도의 윤곽을 개략적으로 그려놓고 있다.

해리스와 달리, 알트파터와 작스의 논의는 세계정치 무대에서 변화된 조정자로서 국민국가적 세력군보다는 비정부 민간기구를 주목한다. 그래서 세계화의 생태전략으로 세계시민층, 비정부민간 단체의 활동에 기대를 걸고 있다. 우선 알트파터에게서 이러한 선택은 냉전체제의 붕괴 이후 현재 가시화되고 있는 새로운 세계의 모습에서 비롯된다. 현재의 가능성으로부터 예상되는 새로운 세계의 모습은 ①경제적 측면에선 지속적인 발전경향과 이에 대한 시장의 조정 경향이 강화되고, ②정치적 측면에서는 형식적 민주주의가 사라지고, ③자연적 측면에선 자연파괴와 전세계적 생태계의 균형이탈이 증폭되는 모습이다.

이로부터 그가 우려하는 것은 역사적으로 첫번째 경향이 세번째 경향의 원인이 되었다는 점이다(이와 관련하여 독자들의 오해가 없길 바란다. 그의 논의는 현재 약간의 변화를 보이고 있다. 그는 생태위기가 자본주의 위기의 변형된 형태라는 입장으로부터 문명위기의 외연이란 입장으로 나아가고 있다). 따라서 오늘날 산업국가가 빠져들고 있는 산업모델을 토대로 해서는 '적합한' 세계질서가 존재한다고 말할 수 없다고 판단한다. 왜냐하면 현 세계질서의 경제사회적 원칙들을 확고히 지킬 경우 전지구적 자원 개입에 제약을 설정할 수 있는 사회메커니즘은 존재할 수 없기 때문이다. 그래서 대안적 생산/소비의 원칙이나 방식으로의 변화가 전제되지 않은 상태에서, 세계질서의 폐지나 현 세계질서의 변형을 섣부르게 주장한다면, 이것은 보수적이고 전제주의적인 방향으로 빠질 우려가 높다.

오늘날 세계가 생태문제를 해결을 위한 대안으로서 제시한 국제 '환경'

규범체제에 알트파터도 역시 문제제기를 한다. 이 규범체제는 이미 해리스도 지적했듯이, 국민국가와 시장기구의 주권 인정에 기반하고 있다. 비록 오늘날 그 주권이 약화되어 있더라도, 전자의 측면에서 현 국제 '환경' 규범체제는 국민국가의 주권을 인정하지 않을 수 없다. 왜냐하면 생태문제란 곧 전지구적 자원과 자정능력의 이용을 정치적으로 한계지운 것인데, 이 한계설정은 영토적 공간에 경계를 설정함을 전제로 하므로, 이를 통제한다는 것은 국민국가가 주권을 행사하는 특징적 영역에 속하기 때문이다. 그러나 유감스럽게도 생태적 영향의 다면적 내용을 영토적 경계로 가두어 둘 수는 없다. 그래서 국민국가의 주권에 대한 인정, 그리고 생태계를 경계없이 파괴하는 세계경제에 대한 한계 설정의 필요성은 필연적으로 무역을 통한 규제로 나갈 수밖에 없다. 이것이 그린라운드의 시작이다. 그러나 알트파터에 의하면 이러한 발상들도 하나의 환상이란 것이다. 이 환상은 정당한 가격이란 그림자에서 비롯된다. 이 그림자는 II부의 학자들이 반복적으로 주장하듯이, 생태비용의 완벽한 내부화가 사실상 불가능하고, 또한 현재의 시장조건 하에서는 '정당한 가격관계'를 만들어 낼 수 없기 때문이다.

더구나 이러한 국제 환경규범체제를 작동시키는 기제인 환경외교에도 한계가 있다. 왜냐하면 국제체제의 특성상 원인자와 피해자, 환경파괴자와 파괴된 환경으로 피해를 입은 자가 거의 상호연관성을 갖고 있지 못하기 때문이다. 이러한 관계는 지역내에서나 국가내에서만 적용된다. 그래서 국가간 환경외교에서 정치적 협력은 비교적 동질적이고 응집성있고 통일성있는 합의도출로 이어지기가 어렵다.

이로부터 알트파터는 세계화의 또다른 흐름에 주목한다. 그가 다행스럽게 생각하는 것은 오늘의 지구정치에서 행위주체들이 변화하고 있다는 점이다. 물론 이들 행위자들에는 크고 작은 국가연합체, 77그룹 및 G-7처럼 느슨한 협력위원회, 경제적 힘을 정치적 힘으로 전환할 수 있는 초국적기업 및 은행, 세계은행, 국제통화기금, GATT 또는 ILO 등과 같은 국제제도, 국제적인 비정부민간기구 등이 있다. 이들 행위자들은 결정과정에서 자신들의 이해관계에 따라 행동한다. 그래서 환경과 발전을 규제해야만 하는 국제 차원은 복잡하고 모순적인 이해상황으로 구성될 수밖에 없다. 여기에서 알트 파터가 주목하는 문제는 전지구적 과정, 국가적 과정, 그리고 지역적 과정 사이에서 생태적 목표와 국가사회적 목표가 어떻게 조화를 이룰 것인가, 그리고 국민국가적 헌법성, 국제경제 및 정치체계의 형성 그리고 경제·사회·생태적 문제의 전지구성 및 이것들 간의 '비동시성 갭' 이 어떻게 메워질 수 있을 것인가이다.

이러한 맥락에서 답변은 원칙상 두 가지 방식밖에 없다. 그 하나는 이미 해리스가 지적한 바 있는 지구화된 정치체제 ― 이것은 전지구적 국가의 형성으로 이어질 수 있다. ― 이다. 그러나 이러한 정치체제는 현재와 같은 상황에선 전체주의로 전락할 가능성이 높다. 이러한 가능성에 알트파터도 동의하고 있다. 이로부터 그가 선택한 것은 전지구적 비동시성이 초국가화된 시민사회들간 중개제도 및 조직들에 의해 메워져야 한다는 것이다. 이로부터 만일 이러한 시대적 요구를 비정부민간기구가 담당한다면, 이들이 다루어야 할 이중적인 과제군은 다음과 같다.

(1) 국가 (또는 지역) 사회내의 필수적인 합의 형성의 중개자이며 복제자로서의 역할. 특히 생태적 이해관계는 수직적으로 구분될 수 있는 계급이익도, 또 수평적으로 일치될 수 있는 특권집단들의 이해관계도 아니다. 이러한 생태적 이해상황은 수평적 집단이든, 수직적 계급이든 모든 집단들에 침투되어 있어, 비정부조직의 시민의식 증폭기로서의 역할은 기대할 만하다.

(2) 국민국가에 의해 연결될 수 없는 국제 네트워크의 중개자 역할. 국제적 협상과정에서 비정부조직체들은 '인간적 이해관계' (인권과 주민들의 권한)를 국민국가들보다 훨씬 더잘 대변할 수 있다. 왜냐하면 비정부조직체들에게 있어서 주권과 국민국가적 영토권이나 기능적 권한 등은 대외활동의 지도적 원칙이 되지 않기 때문이다. 이로써 이 조직들은 어느 정도 국제 시민사회를 구성하게 된다. 또한 비정부조직체들간의 국제 네트워크는 생태적 위기를 정치적·형식적으로 표현한 것이다.

해리스와 알트파너는 현재의 국제환경규범체제가 생태문제들을 해결함에 있어 한계성을 가질 수밖에 없음에 합의하고, 각기 그 한계성의 원인을

'시장의 기능에 개입하려 하지 않음', 또는 '새로운 세계질서의 탄생 흐름에 역행하고 구질서체제를 유지하려는 태도'에서 찾고 있다. 반면 작스는 이 규범체제의 한계성을 이 체제가 터하고 있는 SD 개념에 대한 근원적 비판 속에서 도출시켜 낸다. 한마디로 SD에는 생태정의가 결여되어 있다는 것이다. 그러한 결여는 Ⅰ부의 에킨스가 지적하고 Ⅴ부의 알트파터가 미래적 세계갈등의 축으로 지적하고 있듯이, 남북갈등과 원료쟁탈전을 야기시킬 것이며, 국가내외적으로는 관료제의 심화를 가져올 것이다. 이 관료제에서는 생태관료와 과학관료들이 최고의 지위를 차지할 수 있다. 결국 그가 판단하기에, SD는 지구주의를 활용한 서구적 헤게모니의 지속적 유지에 그 목적이 있다.

이를 극복하기 위해 그가 선택한 방안은 알트파터와 동일하게 세계시민층에 대한 기대와 세계시민사회의 강화에 있다.

□ 참고문헌

경제기획원(1994), 『지구환경 논의동향과 대응과제』
김기섭(1995), 「생명가치를 찾는 경제공동체 운동」, 『환경과 생명』(1995, 7호)
김변완(1993), 『한국의 환경정책과 녹색운동』(나남)
나까무라 히사시 저, 윤형근 역(1995), 『공생의 사회, 생명의 경제』(한살림)
문순홍(1992), 『생태위기와 녹색의 대안』(나라사랑)
문순홍(1994), 「친환경적 경제의 선택」, 환경연구회 편, 『환경논의의 쟁점들』(나라사랑)
문순홍(1995a), 「생태위기와 세계환경회의사」, 공저 『교양환경론』(따님)
문순홍(1995b), 「SD에 대한 생태여성론적 고찰과 한국 여성환경운동」, 1995. 8. 한국정치학회 환경특별회의 『지속가능한 성장과 환경정책』
문순홍(1995c), 「세계화·지방화의 함수관계 및 지방환경의제」, 『환경과생명』(1995년 6호)
미야모토 겐이치(1994), 『환경경제학』(지방자치사)
안문석(1995), 『환경행정론』(법문사)
외무부(1992a), 『지구환경동향과 환경외교』
────(1992b), 『한국의 지구환경외교』
이정전(1994), 『녹색경제학』(한길사)
홍준형(1993), 『환경행정법』(한울)
Adams, Bill(1990, 1991[1]), Green Development : Environment and Sustainability in the Third World(London)

Beck, Ulrich(1987), *Risikogesellschaft*(Frankfurt/M)
Ekins, Paul(1993), "Making Development Sustainable," Sachs(ed. 1993a)
Harborth, Hans-Juergen(1991), *Dauerhafte Entwicklung statt globaler Selbstzerstoerung*(Berlin)
Hobbensiefken, Günter(1991), *Oekologieorientierte Volkswirtschaftslehre*(Oldenbourg)
Huber, Joseph(1993), "Oekologische Modernisierung : Zwischen buerokratischem und zivilgesellschaftlichem Handeln", In : *Prittwitz*(1993b)
Jaenick, Martin(1978), *Umweltpolitik*(Opladen)
—— (1986), *Staatsversagen. Die Ohnmacht der Politik in der Industriegesellschaft*(Muenchen)
——(1993), "Oekologische und politische Modernisierung in entwickelten Industriegesellschaften," in : *Prittwizt*(1993b),
Mellors, Mary(1989), *Perspectives on Ecology* (N.Y. : St. Martin Pr.)
Prittwitz, Volker von(1990), *Das Katastrophen-Paradox*(Opladen)
——(1992), "Methodische u. theoretische Grundpositionen der Umweltpolitik," In : F.J. Dreyhaupt/F.J.Peine/G.W.Wittkaemper, *Handwoerterbuch Umwelt*(Berlin, Bomn, Regensburg)
——(1993a), "Reflektive Modernisierung und oeffentlichesHandeln", in : ders(1993b)
——(1993b), *Umweltpolitik als Modernisierungsprozess*(Opladen)
——/Wolf, K. D.(1993c), "Die Politik der globalen Gueter," in : ders(1993b)
Redclifft, Michael(1987), *Sustainable Development : Exploring the Contradictions*(London)
Sachs, Wolfgang(ed. 1993a), *Global Ecology : A New Arena of Political Conflict*(London)
——(1993b), "Global Ecology and the Shadow of 'Development'," *Sachs*(1993a)
Weizaeker, Ernst von(1991), *Erdpolitik*(Frankfurt/M)
The World Commission on Environement and Development(1987), *Our Common Future* (Oxford)
Worster, Donald(1993), "The Shady Ground of Sustainability," *Sachs*(ed., 1993a)

Ⅰ. 지속가능성의 명암

1. 지속가능성의 불확실한 토대들   41
   1. 슬로건의 검증   44
   2. 전문가들이 얼마나 도움을 줄 수 있을 것인가?   48
   3. 관용적 생태학인가?   54
   4. 이상(The Ideal)의 결함들   56

2. 발전의 지속가능성 조건   61
   1. 지속가능한 발전에 대한 정의   61
     □지속가능성   □발전
   2. 지속가능한 발전에 도달하기 위해선   69
     □남북간 차이   □전지구적 경제의 정의로움과 참여적 발전의 추구
   3. 결론   73

1. 지속가능성의 불확실한 토대들 [1)]

도날드 워스터

> Donald Worster : 켄사스 대학 환경사 교수로, 환경사가 역사적 자료발굴 및 이의 평가에 영향을 미치고 학문 영역으로 탄생하는 데 기여하였다. 1977년 발행된 그의 저서 『자연의 역사 : 생태 이념사』는 환경주의 사상사의 이정표를 만들어 주었다. 또한 『황진 지역 : 1930년대 남부초원지대』(1979), 『제국의 강들 : 물, 건조, 그리고 미국 서부지역의 성장』(1985) 등은 자연에 대한 사회경제적 역사를 기술한 대표적 저서들이다. 보다 최근에 편집한 책, 『지구의 종언』(1988)은 그의 관심 영역이 대단히 확장되었음을 보여준다. 특히 이 책은 전지구적 생태계의 복잡성에 초점을 두고 여러 학자들의 견해를 편집하였다.

등산을 언제 시작할지, 정상이 어디에 있는지를 아는 것과, 거기에 도달할 전혀 고통없는 길이 존재할 수 없음을 아는 것은, 별개의 문제이다. 그것을 모른다면 우리들은 대단히 쉬운 길을 선택할 테고, 마침내 정상에 도달하지도 못한 채 에너지만 낭비하고 막다른 골목을 향해 정처없이 헤맬 것이다. '지속가능한 발전'이라는 환경주의자들의 슬로건이야말로 이렇게 될 가능성이 대단히 높다. 처음에는 대단히 매력적이었던 등산이 오래 지속되면서 고통으로 당황해 하고 있는 사람들에게, 그리고 환경주의의 주요 목표에 대한 개념이 명료하지 않은 사람들에게, 이럴 가능성은 대단히 높다. 혼돈스런 분위기에서 오랜 논쟁을 마친 후, 그들은 어떤 길이 편편하고 쉬워 보이는지, 모든 민족이 함께 걸어갈 길은 어디에 있는지를 발견하게 된다. 그런데 그들은 이 길이 그릇된 방향으로 뻗어 있음을 알지 못하고 서둘러

---

1) Donald Worster, "The Shaky Ground of Sustainability," Wolfgang Sacks(eds), *Global Ecology ; A New Arena of Political Conflict*(London : Zed Book, 1993)

길을 재촉한다.

　오늘날의 환경주의가 처음 등장한 것은 1960년대와 1970년대이다. 당시는 환경주의자들이 정치적 타협을 하기 이전이므로, 그 목표와 가고자 하는 방향이 현재보다 더 뚜렷하고 명료하였다. 그 목표란 다름아닌 우리 주위의 살아 숨쉬는 세계, 그리고 인간을 포함한 동물과 식물들이 기술발달 · 인구 압박 · 무한한 욕구 등에 의해 파괴되는 것으로부터 구원하고자 하는 것이었다. 이에 도달하기 위한 유일한 길은 세 영역에 제한 ― 인구억제, 기술억제, 탐욕과 욕구의 억제 ― 을 가해야만 하는 것으로, 여기에는 근본적인 발상의 전환이 필요했다.

　이러한 통찰력을 강조하는 것은, 근대의 삶과 서구문명이 지난 300년 동안 의존해왔던 진보적이고 세속적인 유물론 철학이 우리 자신은 물론이고 지구의 생명망에 파괴적인 영향을 미칠 것이라는 인식을 확장시킴을 의미한다. 그러므로 환경주의적 목표에 도달하는 확실한 방법은 철학에 근본적으로 도전하는 것이며, 물질적 단순성과 영적 풍요로움을 강조하는 새로운 철학적 방법을 발견하는 것이다.

　이러한 결론이 환경주의라는 명찰을 달고 있는 모든 사람들에게 공유되어야 한다고 주장하는 것은 아니다. 그러나 분명 사상적 지도자들에게 있어서 이러한 방향은 우리들이 택해야만 하는 무조건적인 길이다. 우리들이 지금까지 걸어온 길과는 전혀 다른 길을 간다는 것은 고통스러울 만큼어려운 일이다. 1980년대 중반경, '지속가능한 발전' 이라는 대안적 개념이 등장하였다. 우선 이러한 개념은 자연보호국제연맹(IUCN)의 「세계보호전략」(1980), 월드워치 연구소의 레스터 브라운(Lester Brown)이 저술한 『지속가능한 사회를 건설하자』(1981), 로만 마이어스(Norman Myers)가 편집한 『가이아 : 지구관리의 아틀라스』(1984), 그리고 가장 많이 알려진 책『우리 공동의 미래』(1987)에서 등장하였다.

　이러한 대안에 대한 호소는 국제정치적으로 수용될 가능성이 높으며, 대립되는 집단들간에 광범위한 연대를 구성할 수 있는 잠재력을 가지고 있다. 「환경과 개발 국제연구원」의 행정담당 부원장인 리차드 센드브룩(Richard

Sandbrook)은 이와 관련하여 이렇게 말한다. "북의 환경로비와 남의 개발 로비를 함께 압박한다는 것은 그리 어려운 것이 아니다. 그러나 현재 이 양 집단간에는 거대한 의견 차이가 있다. 그러나 궁극적으로 남과 북은 '지속 가능한 발전'[2] 이란 주제를 중심으로 공동의 합의에 도달할 것이다."

얼마의 시간이 흐른 후, 지속가능한 발전 개념이 의미하고자 한 내용들은 희미해지기 시작하였다. 현상적으로 이 개념은 광범위하게 수용된 것처럼 보였다. 그러나 그 과정에서 실질적 내용들이 상당부분 사라진 것이다. 더욱이 현재 이 개념은 환경주의자들이 사용할 수 없을 정도로 심각하게 왜곡되어 있다. 왜냐하면 이 개념은 우리들에게 지구를 설명하고 이용함에 있어서 편협한 경제언어, 판단기준, 세계관을 선택하도록 강요하기 때문이다.

필자는 자원과 경제보다는 지구윤리와 지구미학을 이야기하는 환경주의, 우리 인간들의 생존이 의존하고 있는 세계와 이곳에서 살아가는 식물과 동물들에게 우선순위를 부여하는 환경주의, 그리고 가격도 붙지 않은 자연의 아름다움이 우리의 감성적 복지에 의미있음을 강조하는 환경주의에 초점을 두고자 한다. 필자는 뒤에서 이 주제를 한번 더 언급하기로 하고, 먼저 지속가능한 발전의 불안정한 토대를 검증하고자 한다.

위에서 언급한 모든 저서들과 보고서들에도 불구하고, 우리들은 이 슬로건에 대한 도덕적 검증을 하지 못했다. 그러나 이 짧은 지면에서 충분한 분석은 제공할 수 없다 할지라도, 필자는 언어라는 중요한 주제에 관심을 기울이고자 하며, '지속가능성'이라는 마술적 합의에 함축된 것이 무엇인가를 묻고자 한다.

---

2) World Commission on Environment and Development(1987) *Our Common Future*(Oxford : Oxford University Press), p.64 ; R. Sandbrook(1982), *The Conservation and Development Programme for the UK : A Response* ; World Conservation Strategy(1989), *Our Common Future : a Canadian Response to the Challenge of Sustainable Development*(Ottawa : Harmony Foundation of Canada) ; Raymond F, Dasmann(1988), "Toward a Biosphere Consciousness," in Donald Worster(eds.), *The Ends of the Earth : Perspectives on Modern Environmental History*(N.Y. : Cambridge University Press), pp.281-5.

1. 슬로건의 검증

첫번째로 가장 접근하기 어려운 문제는 그 동안 한번도 거론된 적이 없는 시간틀(Time Frame)이다. 지속가능한 발전은 몇 년의 기간을 지속하겠다는 것인가? 10년의 기간인가? 한 인간의 생명이 유지되는 일생 동안의 기간인가? 아니면 1,000년의 기간인가? 만일 우리의 제도가 지향해야 할 구체적 목표를 세우고자 한다면, '장기간 지속가능한' 또는 '다음 세대 동안'을 단순히 거론하는 것만으로는 충분하지 않다. 다른 말로 하자면, 어느 누구도 지속가능한 것이 '영원한 시간대'를 의미한다고 생각하지 않는다. 이 영원히 지속가능하다는 것은 어느 사회도 도달한 적이 없는 유토피안적 기대에 불과하다.

인간문화를 도전적으로 연구한 저서, 『카니발과 왕』을 출간한 인류학자 마빈 해리스(Marvin Harris)는 선사시대와 역사시대를 통틀어 자신의 기술, 조직, 경제패턴, 그리고 제도 등을 수세기 동안만이라도 지속적으로 유지할 수 있었던 인간사회는 극히 소수에 불과하다고 주장했다. 반복컨대 이 사회들은 자신의 생존기반인 중요 자원을 고갈시키거나, 환경을 위기상황으로까지 파괴시킴으로써, 급진적이고 혁명적인 방법을 통한 대응을 불가피하게 만들었다. 그 원인이 인구증가, 환경무지, 지나친 욕구들 중 어느 것이든 이 사회들은 공통적으로 자신의 자연자원을 지나치게 소비함으로써 종말을 맞게 되었던 것이다. 그런 한에서 해리스는 세계의 모든 문명이 지속가능성에 도달하지 못함으로써 몰락의 길을 걷게 되었다고 주장하였다. 새로운 문화는, 구문화를 붕괴하게 만든 자원의 함정으로부터 벗어날 수 있는 대체자원이나 새로운 자원사용법을 발견함으로써, 그리고 이에 근거한 새로운 하부구조를 형성함으로써 등장할 수 있었다. 그래서 혁신은 그 형태가 기술적이든, 문화적이든 생태적 고갈을 극복하게끔 만들었다. 그리고 아마도 이런 고갈이 없었다면 어떠한 문명 변동도 일어나지 않았을 것이다. 만일 인류역사의 출발점에서 완벽한 지속가능성에 도달했다면, 우리들은 수렵상태를 지속하고 있을지도 모른다. 그러나 이러한 상태는 보수적인 사회질서를 고수하도록 만들 수도 있다.[3] 만일 영원히 지속가능한 상태를 기대할 수 없다면 우리들은 무엇을 희망할 것이며, 무엇을 위해 일할 것인가? 만일 그러하다면, 우리들은 지속가능성의 정도를 어느 선에서 결정해야만 하는가? 필자의 지식으로는 어느 누구도 정확한 판단을 내릴 수 없을 것같다.

명백한 시간틀을 제시하는 것 이외에도, 지속가능성이란 이상은 우리들에게 당혹스러울 정도로 다양한 기준들을 제공한다. 그래서 우리들은 특정한 행동 프로그램을 개발하기 이전에 무엇을 강조해야 할지를 선택해야만 한다. 많은 기준들 중 서너 가지가 전문가들의 공개토론을 지배해왔다. 그러나 이것들은 거의 공통된 기반을 공유하고 있지 않다.[4] 한 예로 경제영역에서는 지속가능성이 의미하는 것에 대해 독특한 생각을 가지고 있다. 경제학자들은 시장경제사회가 성장, 투자, 이윤 등을 장기적으로 지속시킬 수 있는 임계점에 관심을 집중시키고 있다. 예로 미국은 1850년에 바로 이 지점에 도달하였다. 그리고 그후로 몇 번의 침체기 또는 불황기가 있었다 할지라도, 끊임없는 성장을 지속해왔다. 기준상 모든 산업사회는 이미 지속가능하다. 반면 후진농업사회는 지속가능하지 않다.[5]

반면 의학도나 공공 보건학도들은 이 개념과 관련하여 다른 의견을 가지

---

3) Marvin Harris(1977), *Cannibals and Kings : The Orgins of Culture*(N.Y. : Random House)
4) 나는 여기에서 마이클 레드클리프(Michel Redcliff)가 저술한 두 권의 책이 유용하다고 생각한다. 이것은 *Development and the Environment Crisis : Red or Green Alternatives*(London : Methuen), *Sustainable Development : Exploring the Contradictions*(London : Methuen)이다. 또한 M. L'el'e Sharachchandram(1991), "Sustainable Development : A Critical Review," *World Development* Vol.19, June, pp.607-21을 보라. 또한 『지속된 지역삼림의 역사』란 심포지엄에 발표된 몇 개의 에세이를 참조하라. 특히 Robert G, Lee, "Sustained Yiel and Social Order," pp.90-100 ; Heinrich Rubner, "Sustained-Yield Forest in Europe and Its Crisis During the Era of Nazi Dictatorship", pp.170-75 ; Claus Wiebecke and W. Peters, "Aspects of Sustained-Yield History : forestry sustention as the principle of forestry-idea and reality," pp.176-83을 참조하라. 이 심포지엄에 발표된 글들은 이후에 Harold K. Steen(eds, 1984), *History of Sustained-Yield Forestry*(Durham, N. C. : Forest History Society)로 발간되었다.
5) Clem Tisdell(1988), "Sustainable Development : Differing Perspectives of Ecologists and Economists and Relevance to LDCs," *World Development* Vol.16, March, pp.373-84.

고 있다. 이들에게 지속가능성은 개인의 육체가 적응할 수 있는 조건, 내과 의사나 영양사에 의해 측정될 수 있는 조건을 의미한다. 그래서 그들은 물과 공기오염에 의한 위협, 또는 음식과 물의 이용가능성에 대한 위협에 관심을 가진다. 또한 생물종의 감소로 인한 유전인자의 축소가 의학적 치료나 의약품발달에 미치는 영향에 관해 이야기한다. 오늘날 많은 위협이 존재함에도 불구하고 대부분의 보건 전문가들은 인간의 건강이 지난 수세기 동안 지구의 도처에서 엄청난 발전을 거듭하여 왔음을 강조한다. 그들의 기준에 따르면, 인간 조건은 과거보다 오늘날이 더 지속가능하다. 왜냐하면 오늘날 대부분의 사회에서 인구는 팽창적으로 증가하고 있으며, 인간 수명도 장기화되고 있기 때문이다. 육체적 적응성이라는 기준에서 볼 때도, 산업사회에서 살고 있는 사람들이 과거의 선조들이나 동시대를 살아가는 비산업사회의 사람들보다 더 지속가능성에 가까이 다가가 있다.

정치가나 사회과학자들이 말하는 '지속가능한 제도'나 '지속가능한 사회'는 스스로를 혁신하고 권력을 지속하기에 충분할 정도의 공적 지지를 창출할 수 있는 제도나 지배집단의 능력을 의미한다.[6] 그래서 지속가능한 사회란 곧 정치제도나 사회제도들을 재생산할 수 있는 사회를 지칭한다. 그들에게 이 제도가 선한 것인지, 악한 것인지, 또는 많은 사람들의 동의를 얻고 있는 것인지, 아니면 그렇지 못한 것인지는 논의의 대상이 되지 못한다. 이러한 이유로 동구와 소련의 공산주의정권은 지속가능하지 않은 것으로 증명되었고, 역사의 잿더미로 던져질 수밖에 없는 사회가 되었다.

여러 영역의 전문가들은 나름대로 이 단어에 중요한 의미를 부여해 사용하고 있다. 의심의 여지없이 이들 모두 지속가능성을 측정할 수 있는 전문적 도구를 제공할 수 있다. 이와 대조적으로 우리들에게 이 단어는 단순하고 대중적인 의미만을 가지고 있다. 가장 명료하고 가장 많은 사람의 호응을 받고 있는, 그럼에도 불구하고 난해한 정의가, 미국의 작가이자 모든 전

---

6) 골드 스미드(Arthurr A. Goldsmith)와 대릭 브린커호프(Derick W. Brinkerhoff)는 지속가능성을 제도의 산출량이 투입이 지속될 만큼 높은 가치를 가질 수 있는 상황으로 정의한다. 이들의 책 *Institutional Sustainability in Agriculture and Rural Development : a Global Perspective*(N.Y. : Praeger), pp. 13-14를 참조하라.

문가들에 대한 신랄한 비판가인 웬델 베리(Wendell Berry)의 것이다. 그는 특히 오늘날 지속가능한 농업사회를 강조하고, '땅과 사람들을 고갈시키지 않는 농업'을 지지하고 있다.[7] 베리의 작품 대다수가 그러하듯이 이 글귀로써 그가 지향하는 것은, 민속사 속으로 사라져 버린, 그래서 자신의 시골인 켄터키의 지역지식 상태로 남아 있는, 낡고 오래된 농경사회의 사고방식이다. 그것은 베리가 이미 지적했던 모든 것처럼, 정확하고 근본적인 울림을 반영한다. 사실 이것은 인간과 지구가 상호의존해야 한다는 덕목을 호소하는 것으로, 경제학자나 여타의 다른 세력들에 의해 전문화된 아카데믹한 접근방법에서는 무시되어 왔던 것이다.

    베리의 관점에서 진정으로 지속가능한 사회는 소규모의 농업사회였다. 근대산업사회는 이 사회로의 질적 전환을 완성할 수 없다. 그의 모델은 제퍼슨식 젠틀맨 농부의 생활방식과 문화에 기반한 것으로, 과거형 경제의 한 형태로 간주되어야만 한다. 이것은 실질적으로 현대 미국생활에서 사라져 버린 것이다. 베리에 대한 비판이 항상 그랬듯이, 그가 우리에게 현실보다는 신화를 얘기하고 있는 것이 아니냐는 질문을 할 수도 있다. 이러한 자연과 인간을 고갈시키지 않는 지방공동체가 실질적으로 미국에 존재한 적이 있는가? 그는 이상화된 사회나 그릇된 노스탤지어를 탐닉하고 있는 것은 아닌가? 설사 우리들이 사회를 '지속가능한 농업'과 '지속불가능한 산업'으로 분리하는 베리의 논의를 받아들인다 해도, 지속가능성을 위한 선결조건이나 성공 여부의 측정기준이 무엇이어야 하는지는 명료하지 않다. 우리들은 '사람고갈'이라는 이념에 어떠한 의미를 부여할 수 있을 것인가? 이것은 인구론적 생각인가, 아니면 문화적 생각인가? 이것은 어느 정도의 지역공동체와 자립을 요구하는가? 그리고 이것은 어느 정도의 시장교환율을 의미하는가? 토양고갈이라는 베리의 개념에서는 무엇이 언급되고 있는가? 토양과학자들은 백인 유럽인들이 미국에 거주하기 시작한 이래로 약 $\frac{1}{2}$의 비옥한 표토가 손실되었음을 지적한다. 그러나 그들 중 대부분은 우리들이 화학비료

---

[7] Wes Jackson, Wendell Berry, and Bruce Colman(eds.)(1984), *Meeting the Expectations of the Land : Essays in Sustainable Agriculture and Stewardship*(San Francisco : North Point Press), p.x.

를 대체할 수 있는 한, 이러한 고갈은 문제되지 않는다고 주장한다. 한번 더 우리들은 지속가능성을 정의하기 위한 전문성, 언어, 가치들이 혼돈되어 있는 복잡성에 빠지게 된다. 베리는 우리들이 지속가능성에 대한 정의를 지역사람들에게 넘겨주어야 한다고 답변할 것이다. 그러나 국가정책결정자들과 국제정책결정자들은 이보다 좀더 객관적인 답을 원할 것이다.

이러한 모든 정의와 기준들은 우리들의 언어와 사고를 혼돈스럽게 하면서 오늘날 우리 주위를 부유하고 있다. 우리들은 구체화된 개혁 프로그램에 도달하기 전에, 이 개념이 의미하는 바에 대해서 합의해야 한다. 확실히 필자가 인용한 환경저서들에는 광범위한 합의가 존재하고 있다. 이것은 지속가능성이 근본적으로 생태적 개념이라는 것이다. 그래서 환경주의의 목표는 '생태적 지속가능성'으로 구체화되어야 한다. 생태적 지속가능성이 터하고 있는 합의는, 생태학이란 학문이 모든 혼돈을 거둬내줄 것이라는 점, 그리고 우리를 위해 지속가능성의 기준을 제시해줄 것이라는 점이다. 또한 현실이 생태적으로 지속가능한 것인지를 판단해줄 것이다. 다시 한번 우리들은 이 분야의 전문가들을 찾아봐야 하고, 이들에게 정책 지도를 위한 객관적 답변을 문의해봐야 한다. 그러나 이러한 생태학 전문가들은 우리들에게 얼마나 도움이 될 것인가? 그들은 일련의 기준 또는 명료한 정의를 제시해 줄 수 있는가? 이것들은 과연 국제적 행동의 기반이 될 수 있는 자연에 대한 명료하고 응집적인 인식이 될 수 있는가?

2. 전문가들이 얼마나 도움을 줄 수 있을 것인가?

전통적으로 생태학자들은 자연을 중첩적이면서도 통합된 일련의 생물체계 또는 생태계로 다루어왔다. 경제학자들이 자연을 분석에 적합하지 않은 범주로 간주한 것과는 달리, 이들은 자연체제가 탈조직화되어 있거나 무용한 것이 아니며, 오히려 자기조직적이고 인간에게 필요한 물질적 풍요를 창출해내는 존재라고 주장한다. 우리들이 기대하고 있듯이, 생태학자들은 평범한 사람들에게 얼마나 이 생태계가 인간 욕구로부터 스트레스를 받고 있는지, 그리고 생태계를 붕괴시킬 임계점에 도달할 정도의 스트레스치는 어느 정도인지를 분명히 해줄 수 있어야만 한다.

만일 우리들이 이 생태학자들의 교훈을 수용한다면, 지속가능성이라는 생태적 이념은 경제학자들의 이념과 경합하는 생산의 또다른 측정치가 될 수 있다. 경제학자들이 자연의 경제에서 찾아낸 지속가능성의 측정치는 생산성의 지속이다. 이들은 토양, 산림, 어족 등을 상품으로 발견해냈다. 이들은 생산의 지속성이 환경에 미치는 스트레스를 극복할 수 있는 경제능력에 달려있다고 생각하였다. 불행하게도 생태학자들은 경제학자와 비교해서 최근에 자신들이 행한 충고에 대해 불안해하고 있다. 그들이 제시한 스트레스와 붕괴의 지표들은 아직도 논쟁중에 있다. 이러한 논쟁은 이 분야의 전문가들도 우리를 혼돈상태로부터 벗어나도록 도와줄 수 없음을 의미한다.

몇 십년 전까지만 하더라도 생태학자들은 공통적으로 만일 자연이 인간의 간섭을 전혀 받지 않는다면, 궁극적으로는 균형상태에 도달할 것이라고 믿었다. 이러한 생각의 기원은 인간들의 기억 속 깊은 곳, 즉 근대 이전에 있었던 모든 문명의 과거로 회귀해 간다. 특히 서구인들에게 균형된 질서로서의 자연관은 고대 그리스, 중세 기독교, 그리고 18세기 합리주의의 선구자들의 사고로부터 나타나고 있다. 그리고 이것은 찰스 다윈과 그의 자연 선택을 통한 진화이론에 의해 정제된 지적 혁명을 통해 지속되었다. 생태학은 19세기말 등장 이후 자연에 본질적인 질서가 존재한다는 신념을 지속적으로 반영하고 있다. 따라서 최근까지도 거의 모든 생태학자들은 지속가능성이 인간 경제를 항상성과 질서정연함으로 동화시키는 문제라고 생각하였다. 지금 이것은 거의 사실이 아니다.[8]

금세기의 전반기 동안, 영-미 생태학의 지배적인 인물은 미국인 프레데릭 클레멘츠(Frederick Clements)였다. 그는 네브레스카 출신으로 중부 대륙의

---

8) 오래된 생태학 이론이 지속가능한 발전의 지지자들에게 영향을 미친 한 예를 우리는 P. Bartelmus(1986), *Environment and Development*(London : Allen and Unwin) 에서 찾아 볼 수 있다.

대평원을 연구하였다. 클레멘츠는 이른바 식생의 극상이론, 또는 천이이론이라 불리는 것을 발견하였다. 이 이론의 핵심은 비록 초원의 생명조직이 천이라는 과정을 통해 지속적으로 변화한다 하더라도, 궁극적으로 조화·안정성·질서는 경관 전체를 통해 발전한다는 것이다. 클레멘츠에 따르면, 이 지점이 극상상태이다. 이 상태는 기후 변화를 통해 주요한 교란이 일어날 때까지 지속될 것이다. 그는 '초유기체(Superorganism)' 단계에 있는 식생의 질서들을 비교하였다. 그리고 부분들의 통합, 전체의 응집성이란 관점에서, 극상이 하나의 고도로 복잡한 유기체와 같은 것이라고 주장하였다. 이러한 질서를 교란하는 것은 궁극적으로 유기체를 죽이는 것이다.

초원의 지질학사를 살펴보면 그것은 거대한 몸집을 지닌 생물들이 기후의 갑작스런 변화로 인해 사라져간 것과 유사한 과정을 보여준다. 19세기말 20세기초, 또다른 질서의 교란자가 등장하였다. 쟁기로 무장한 유럽-아메리카 농부들은 대초원을 파괴하였고 밀과 옥수수를 위해 땅을 경작하였다. 1930년대 동안 심각한 한발이 시골지방으로 밀려 들어왔다. 이것은 지나친 과잉 쟁기질에 기인한 것으로, 인류 역사상 최악의 환경파괴로 기록되었다. 또한 대평원의 황진시대는 심각한 풍화작용에 의한 침식과 이로 인한 주민들의 이주와 지방의 빈곤을 가져왔다. 클레멘츠와 그의 동료들은 근대 경제 발전과정을 미국의 농업과 자연의 질서에 대해 대단히 파괴적인 것으로 간주하였고, 이로부터 이를 비판적으로 바라보는 경향이 있었다. 농촌에서의 '지속가능한' 삶이라는 그들의 이상은 극상상태의 모델을 따른 것이다.[9] 초유기체적 극상이란 이념이 널리 확산된 것처럼 보였다 할지라도, 생태학자들은 이를 자연적 생태질서, 즉 생태계라는 다른 개념으로 대체하였다. 생태계는 살아있는 유기체와의 유비보다는, 오히려 물리학적 연구에 초점을 둔 식물과 동물들이 조화를 이룬 하나의 패턴이었다. 생태계에서 에너지와 물질의 흐름은 규칙적이고 효율적인 패턴을 이룬다. 만일 우리들이 자연과의 조화롭고 지속적인 관계를 유지하며 살아가길 원한다면, 유진 오덤과 클레

---

9) Donald Worster(1977), *Nature's Economy : a History of Ecological Ideas*(N.Y. : Cambridge University Press), pp.205-18.

멘츠와 같은 생태학자들이 경고했듯이 인간 활동은 이러한 패턴에 순응하여야만 한다.

그러나 최근들어 많은 생태학자들이 그 동안 당연시 여겨왔던 이념들, 이론들 그리고 은유들에 의문을 제기하기 시작하였고, 자연은 내재적으로 무질서하다고 주장되기에 이르렀다. 몇몇 사람들은 이러한 극상단계와 같은 생태계에 대한 이론은 자연적 환경의 교란을 실질적으로 기술하지 않은 하나의 허구라고 생각하고 있다. 아니면 적어도 이러한 아이디어는 너무 모호하거나 융통성이 없을 수 있는 것이다. 1970년대경 시작된 새로운 생태학은 산림, 초원, 대양, 그리고 모든 식물들의 군집을 기술하기 위해 새로운 방식을 추구하였다. 그 결과, 현재 다소 염세적인 생태학이 등장하게 되었다. 이 생태학은 균형과 질서라는 모든 개념, 그것이 새로운 개념이든 낡은 개념이든 그 모든 것을 거부한다. 대신 인간 활동에 대해 오덤이나 클레멘츠보다 좀더 너그러운 자연을 기술하고 있다. 이들 생태학자들은 새로운 과학기술의 도움을 받아, 지금 우리들이 심오하고 지속적인 변화를 항상 경험하는 자연의 중심부에 살고 있다고 주장한다. 이 생태학자들은 자연의 생명체 대부분이 개인주의자, 기회주의자 그리고 자기자아만을 추구하는 자들임을 알게 된 것이다. 자연에는 통합된 공동체, 지속적인 관계들의 망, 심오한 상호의존성 등이 존재하지 않는다. 확실히 태양은 매일매일 규칙적으로 예상된 지점에서 떠오른다. 사계절 또한 그 규칙성을 가지고 순환하고 있다. 그러나 야생적이고 원시적이며 자연적이라고 불리는 특정 지역에 살고 있는 동물과 식물들의 군집을 고찰해 보라. 우리들은 어떠한 규칙성도, 어떠한 질서도, 어떠한 지속성도 발견하지 못할 것이다.[10]

이러한 생각의 대부분은 최근 발행된 자칭 21세기의 새로운 생태학이라는 책, 『부정합의 조화(Discordant harmonies)』(1990)에서 잘 대변되고 있다. 이 책의 저자인 다니엘 벅킨(Daniel Botkin)이 최근의 상황을 자신의 과

---

10) 필자는 논문 「질서와 혼돈의 생태학」에서 이러한 몇 가지 경향을 논하였다. 이와 관련해선 "Ecology of Oder and Chaos," *Environmental History Review* Vol.14, Spring/Summer 1990, pp.1-18.

학에서 어떻게 파악하는가를 살펴보자.

과거 몇년 전까지 생태학의 지배이론들은 고도로 구조화, 질서화되어 있으며 규칙화된 정상상태의 생태계라는 엄밀한 개념을 필연적 결과로 가정하고 있었다. 생태학자들은 지금 이러한 관점이 지역 및 지방 수준에서, 또한 모든 인구 및 생태계 수준에서 맞지 않는 잘못된 것임을 알고 있다. 변화는 생물계내의 다양한 규모의 시간과 공간에서 지금 내재적이고 자연적인 것으로 나타나고 있다.

벅킨은 "만일 우리들이 자연내의 항상성의 발견에 집착하지 않는다면, 우리들은 변화를 발견할 수 있다."고 기술하고 있다.[11] 이러한 무질서의 생태학은 꽃가루 샘플, 나무의 나이테, 그리고 동물군집들의 순환을 포함하여 역사적으로 수집된 데이터에 기초하고 있다. 이 모든 사례들은 인간사회가 전쟁, 암살, 침입, 불황 등 모든 종류의 사회적 혼란으로 구성되고 이것이 정상적 상황을 구성하고 있듯이, 자연의 세계 또한 지속적인 유동과정에 놓여 있음을 보여주고 있다.

예를 들어 우리들은 뉴저지 주의 오래된 작은 산림을 관찰할 수 있다. 이 산림은 한때 극상상태로까지 발전한 성숙림의 전형이란 가정하에서, 1950년대 건축개발 과정에서 보호되었다. 과학자들은 산림을 원시적이고 혼돈되지 않은 형태로 유지하기 위해 화재발생을 사전에 예방하려 하였다. 그러나 1960년대경 이들은 단풍나무가 외부로부터 침입당한 흔적을 발견하기 시작하였다. 그들이 모든 화재를 억제했다 할지라도, 그들이 산림을 자연 그대로 유지하기 위해 모든 노력을 기울였다 할지라도, 이러한 노력은 분명 실패할 운명에 놓여 있었던 것이다. 그렇다면 그들은 이 서식지의 극상상태가 무엇인지를 물어보아야만 했다. 무엇이 자연스럽다고 불려져야 할 것인가? 무엇이 진정한 자연의 질서인가?

북아메리카는 물론이고 모든 중요 대륙의 전역에 산재해 있는 소택지와 호수에 날라들어오는 꽃가루가 또 다른 증거가 된다. 그것은 지구의 모든

---

11) Daniel B. Botkin(1990), *Discordant Harmonies : a New Ecology for the Twenty-first Century*(N.Y. : Oxford Press), pp.10, 62.

지역이 식생 부분에서 이미 야생적이고 자연적인 변화 - 연간 변화이든, 세기적 변화이든, 빙하기를 중심으로 한 변화이든 - 를 경험하였음을 보여주고 있다. 거대한 얼음판이 북미 대륙을 흘러 덮쳤을 때, 모든 식물들은 남쪽 또는 저지대로 퇴각했다. 그런데 이런 변화는 조직화된 초유기체적 공동체의 순서에 따른 퇴각이 아니라 혼돈스러운 것이었다. 빙하가 퇴각하고 빈 땅이 광활하게 드러났을 때, 동일 식물들이 자신의 옛터를 불규칙하게 메워가기 시작했다. 그러나 전체 공동체가 조직화되어 회복된 것은 아니었다.
여기에서 벅킨은 다시 다음과 같이 기술하고 있다.

> 인간의 침입으로 교란되지 않은 자연은 심포니 이상의 조화를 이루고 있다. 이 심포니의 조화로움은 다양성으로부터 등장하고 매시간 간격마다 변화한다. 동시에 자연 경관은 대규모의 시간과 공간을 단위로 변화하고 동시에 개체의 탄생과 죽음 그리고 지방의 파괴와 회복을 기제로 항시적 유동 과정에 놓여 있다. 이 경관들은 빙하기를 단위로 하는 기후 변동에도 반응하고, 서서히 토양을 변화시키며, 빙하기간의 거대한 변동도 체험한다.[12]

그러나 벅킨은 이후에 이러한 진술을 거의 수정하였다. 그는 자연의 심포니가 마치 악단을 구성하는 부분들이 자신의 속도와 리듬을 가지고 동일한 홀에서 연주되는 심포니와 같은 것이라고 첨부하였다. 그리고 그는 생태학이 정책결정자, 환경주의자, 그리고 발전론자들에게 부여하는 의미와 관련하여 다음과 같은 결론에 도달하였다. "우리들은 간신히 듣고 이해하기 시작한 생태계의 구성인자들 중에서만 선택하도록 강요되고 있다. 그러나 이러한 모든 자연의 불협화음을 듣는 방법을 배운 이후에, 우리 인간들은 바로 이 음악을 이끄는 역할을 맡아야만 한다. 만일 자연에 질서가 없다면, 이에 도달하는 것은 우리의 책임이다. 만일 어떠한 조화라도 있다면, 우리는 외형적 불협화음을 극복해야만 한다."
이 생태학자에 따르면, "21세기의 자연은 우리가 만드는 자연일 것"이다. 이러한 결론은 벅킨의 과학이 우리를 이끌어가는 궁극적 지점이 어딘가를

---

12) Ibid, p.62.

명료하게 해준다. 이 지점은 인간 문명의 규범 또는 기준으로서의 자연을 거부하는 것, 그리고 자연에 질서와 윤곽을 부여할 인간의 권리와 필요성을 확인하는 것에 있다. 그는 우리들이 지구에 대한 새로운 관점에 도달해야 한다고 주장한다. 그의 관점에서 우리들은 살아있는, 그리고 변화하는 체제의 한 부분이다. 이 변화는 현 문명을 살아가는 개개인이나 집단 모두에게 지구를 보다 안락한 가정으로 만들어 주기 위해, 우리가 수용하고 활용하고 통제할 수 있어야 한다.

필자는 생태과학에서 나타난 이러한 개혁주의와 상대주의로의 전환이 경제발전에 대한 부인이라기보다는, 부분적으로는 1960년대와 1970년대 환경주의자들의 욕구에 의해 동기지워진 것이라고 믿는다. 벅킨은 이 시대가 보인 근대 기술 및 진보에 대해 급진적이고 때로는 적대적일 정도의 거부반응을 비판하고 있다. 그는 우리가 보다 건설적이고 적극적인 방식으로 개발에 접근할 수 있도록 도와주는 생태과학을 필요로 한다고 믿고 있다.[13]

3. 관용적 생태학인가?

그래서 필자는 생태학 내의 새로운 허용성이라는 주제로 결론을 대신하고자 한다. 이 새로이 허용된 생태학은 프레드릭 클레멘츠의 극상생태학보다 더 인간 욕구에 관대하고, 1960년대와 1970년대의 환경주의자들 사이에서 발견되는 생태계란 이념보다 더 관용적이다. 이 새로운 생태학은 인간들의 욕구와 필요를 지구 하나로 견뎌내야만 하는가를 일차적으로 검증하고자 한다. 이것은 과거든 현재든 인간들의 욕망에 한계를 설정할 기준들이 자연에서 발견될 수 있음을 부인한다. 이런 부인에 대해 벅킨은 자신의 책 서문에서, 60년대와 70년대의 환경주의가 우리 문명이 환경에 대하여 갖는 부정적 측면을 강조한 것으로, 본질적으로 부정적인 운동이라고 비판한다. 그에 따르면, 우리들이 해야 할 것은 비판적 환경주의로부터 벗어나 우리의

---

13) Ibid, p.6.

기술을 환경에 대한 건설적이고 긍정적인 관심과 연결시키는 것이다.[14]

생태학에서 이러한 새로운 전환은 몇 가지 어려움을 보여주었는데, 필자가 지속가능한 발전이 옹호해야 한다고 생각한 것은 사실상 거의 받아들여지지 않았다. 우선 벅킨의 합리화에 따르면, 자연경제로부터의 생산이나 산출이 의미하는 바에 대한 생각이 전체적으로 보다 애매모호해졌다. 한때 생태학자들은 상대적으로 쉽게, 산림이나 어족에 대해 도달할 수 있는 최적의 생산량을 결정할 수 있다고 생각하였다. 그들은 생태계내의 정상상태가 의미하는 종의 수와 양을 결정해야만 한다. 그리고 이에 영향을 미치지 않고 매년 얼마나 많은 어족들이 포획될 수 있는지를 계산해내야 한다. 그런데 인간들은 전체 어족량을 위협하지 않는 한 관심을 보이지 않는다. 벅킨은 캘리포니아 연어산업이 1950년대와 같은 산업 전반의 침체로 이어지지 않고 장기적 전망을 가진 수산업으로 발전해 나아가려면, 그러한 보호장치를 만들어야 한다고 주장한다.

그러나 만일 자연에 군집을 이루는 종의 수와 양이 끊임없이 변동한다면 그래서 최대한 지속될 수 있는 생산목표가 설정될 수 없다면, 우리들은 실수와 좌절에 대한 여지를 허용하지 않을 수 없을 것이다. 따라서 생태적으로 지속가능한 유동적 기준이 필요하게 되었고, 이로부터 '최적 생산'이란 개념이 오늘날 등장했다. 그러나 이 공식조차도 최근의 생태적 사고가 내재적으로 당면하고 있는 근본적인 도전을 지적하지는 못한다. 지속가능한 발전은 차치하더라도, 지속가능하다는 것은 자연세계가 보다 혼란하고 혼동스런 교란상태에 있음을 인정하는 것이다. 그렇지 않은가? 생태학자들은 우리 인간의 예측능력이 상상했던 것보다 훨씬 제한적이라고 말한다. 우리들이 이해하고 있는 자연에서 정상적인 것은 임의적이고 부분적인 것들이다.

벅킨이 우리에게 주는 유일한 현실적 지침 — 이것은 오늘날 대부분의 생태학자들에게 해당된다. — 은, 생태계에서는 빠른 변화율보다 느린 변화율이, '보다 자연적'이고 보다 바람직할 수 있다는 것이다. 벅킨은 만일 우

---

14) Arther McEvoy(1986), *The Fisherman's Problem : Ecology and Law in California Fisheries, 1850-1980*(N.Y. : Cambridge University Press), pp.6-7. 150-1을 보라.

리들이 자연을 비자연적인 속도로 그리고 새로운 방식으로 조정하려 한다면, 우리 인간들은 신중해야만 한다[15]고 말한다. 그리고 이것은 벅킨이 현실적으로 제공할 수 있는 모든 것이었다. 우리들이 토지 관리에 대한 여러 가지 독특한 생각을 제안하였을 때, 생태학자들은 당혹스럽게도 침묵을 지켰다. 그들은 과거의 지구모습이 대단히 변동적이었다는 기록에 비추어 무엇이 자연적인 것이고, 무엇이 새로운 것인지 거의 말하지 않는다.

생태적 지속가능성의 지지자들과 발전의 지지자들이 협력하고 있는 상태에서, 누가 누구를 주도할 것인가? 이것은 우리가 선택하고자 하는 새로운 길을 찾기 위해 가장 중요한 질문이다. 필자는 이러한 협력관계에서 발전이 대부분의 결정을 하고, '지속가능성'이란 파트너는 확고한 지도력을 발휘하거나 불평할 수도 없는, 그래서 관대하게 웃으며 총총 걸음으로 뒤쫓아가는 상황이 두렵다. 지속가능성은 "친구여 너무 빨리 가고 있어. 속도를 늦춰야만 해!"라고 분명히 말해야 한다. 이 길은 진보하기엔 좋은 길이다. 그러나 보다 '자연적' 속도로 나아가야만 한다.

건강한 자연이 어떤 것인지, 생물권 전체에 대한 위협이 어떻게 우리들에게 영향을 줄 수 있는지에 대한 명확한 생각이 결여되어 있는 상황에서, 궁극적으로 우리들은 지속가능성에 대한 실용주의적, 경제적 그리고 인간중심적 정의에 의존하게 된다. 이로부터 우리들은 왜 이러한 논의가 지금 이 시점에서 옳은 것으로 등장하고 있는가를 알 수 있다. 어쨌든 지속가능성은 경제학자들이 명료화시킨 개념이지만, 동시에 생태학자들은 머뭇거리고 있는 경제적 개념이다. 만일 우리가 이러한 결론이 수용 불가능함을 알게 된다면, 우리들은 이러한 토론의 일차적 관점을 변화시켜야만 한다.

4. 이상(The Ideal)의 결함들

---

15) Boktin(1990), p.190

필자는 지속가능한 발전이라는 이상형에 내재된 근본적인 결함들을 다음과 같이 제시하고자 한다.

첫번째 오류는 자연세계가 일차적으로 인류의 물질적 욕구에 기여하기 위해 존재한다는 관점에 있다. 여기서 자연은 인간에 의해 이용될 '자원들'의 창고에 불과한 것이다. 지속가능한 발전이란 개념에서 자연은 상품과 재화로부터 분리된 별도의 내재적 의미 또는 가치를 가지고 있지 않다. 「브룬트란트 보고서」는 매 페이지마다 이 점을 보다 명료히 하고 있다. 이 보고서의 주제인 '우리 공동의 미래'에서 등장하는 '우리'는 인간에게만 배타적으로 적용되는 것이며, 이것이 제기하는 유일한 도덕적 이슈는 지구에 널려 있는 자연자원을 우리 인간, 즉 현재의 인간과 미래의 자손들 사이에서 보다 평등하게 공유해야 한다는 필요성이다. 이것은 결코 무가치한 목표는 아니다. 그렇다고 도전하기에 적합한 목표도 아니다.

두번째의 결함은 지속가능한 발전의 가정에 있다. 이 지속가능한 발전은 인간들의 물질적 욕구에 약간의 제한을 부여한다는 것인데, 이 개념은 우리들이 지역적·지방적 생태계의 수용력을 쉽게 한정할 수 있다는 가정에 기반하고 있다. 우리의 지식은 자연의 한계를 밝혀낼 수 있으며, 그 수준에서 자원을 보다 안정적으로 활용할 수 있다고 가정한다. 자연이 사실상 얼마나 복잡하고 예측불가능하며 격동적인가를 지적하는 새로운 주장에 직면해서도 이러한 가정은 너무도 낙관적이다. 더 나아가 주도적 생태학자들은 발전이 보다 적합한 것임을 정당화하기 위해 이러한 주장을 활용하는 경향이 있다. 따라서 생태학 전문가들에 대한 의존은 대단히 위험스러워 보인다. 왜냐하면 이들은 한계가 무엇인지에 대한 합의를 결여한 전문가이기 때문이다.

세번째의 결함은 지속가능성이라는 이상이, 진보적이고 세속적인 물질주의라는 전통적 세계관을 무비판적·무검증적으로 수용하고 있다는 사실에 있다. 자본주의, 사회주의, 그리고 산업주의를 포함하여 이러한 세계관과 결합된 제도들은 모든 비판을 회피하고 있으며, 정밀 검사를 완전히 차단하고 있다. 우리들은 지속가능성이 모든 제도들과 이를 뒷받침하는 가치들을 건드리지 않고도 도달될 수 있다는 믿음으로 끌려가고 있다.

아마도 필자의 이와 같은 이의 제기는, 지속가능한 발전이라는 슬로건을 옹호하는 자들에 의해 완전히 답변될 수 있을 것이다. 그러나 필자는 이 예상될 수 있는 답변이 궁극적으로는 정치적으로만 수용될 일종의 환경주의에 불과할 것이라는 의혹을 가지고 있다. 그 이유는 너무도 간단한 것이다. 왜냐하면 그것은 타협의 정치를 대변하기 때문이다.

지속가능한 발전, 정말로 쉽고 대중화된 이 대안적 노선을 비판하는 사람으로서 필자는 지구적 위기를 해결하기 위한 현실적 해결방안의 제시라는 의무를 지고 있다. 물론 필자는 그것이 도달하기에 보다 더 어려울 수 있음을 인정한다. 그러나 동시에 그 영향에 있어서는 혁명적이고, 도덕적으로는 선진적임을 주장하고자 한다.

우리들은 식물과 동물이 수십 억년 동안의 진화과정을 통해 형성한 유산으로서의 지구를 주의깊게 다루는 데 일차적 우선순위를 두어야만 한다. 우리들은 가능한 한 모든 종들, 다양성, 공동체, 군집, 그리고 생태계를 보전해야만 한다. 확실히 생명체의 죽음이란 것이 불가피한 자연적 작동과정의 한 부분이기 때문에, 일상적 죽음이나 고갈은 멈출 수 없다. 그러나 운명적인 파국 상황을 가속화시키는 것은 피할 수 있다. 우리들은 진화 과정을 역전시킬 수 있으며, 가능한 한 많은 종의 다양성을 유지하고자 노력할 수 있다. 또한 위협받는 서식지가 있긴 하지만, 이를 복원하는 데 참여할 수 있다. 우리들은 이 모든 것을 할 수 있고, 해야만 한다. 왜냐하면 살아있는 진화의 유산 자체가 우리들이 창조할 수는 없지만 즐길 수는 있는 내적 가치를 지니고 있기 때문이다. 이러한 유산은 우리의 존중, 우리의 동정 그리고 우리의 사랑을 요구한다.

아무런 의심없이, 우리들은 이 유산을 우리의 물질적 조건을 개선하기 위해 사용할 권리를 가지고 있다. 그러나 이러한 권리는 자연을 고갈과 축소로부터 보전하기 위해 모든 공동체, 모든 국가 그리고 모든 가족내에서 준수되어야 할 엄격한 조치들이 설정된 이후에 인정되어야 한다.

진화적 유산을 보전하기 위해서는, 이 지구상에서 생명이 탄생하기 위해 벌인 장구한 투쟁사에 관심을 기울여야 한다. 최근 몇 세기 동안, 우리들은 우리의 관심을 미래와 인간이라는 종에게만 한정시킨 풍요에 고정시켜 왔다. 지금은 보다 이전의 시간들을 되돌아 보고 이로부터 배울 시간이며, 과거에 대한 평가를 기반으로 현재의 업적 속에서 겸손함을 배워야 하는 시간이다. 이 현재의 업적은 우리의 기술, 우리의 부, 우리의 열정, 그리고 모든 우리의 발명에 어두운 그림자를 드리우고 있다.

 이러한 유산을 보전한다는 것은, 경제적 가치와는 다른 가치를 우리의 우선순위로 선택한다는 것을 의미한다. 이 다른 가치라는 것은 자연적 아름다움이라는 가치, 우리가 창조하지 않은 것이 존재한다는 이른바 현존에 대한 존중이라는 가치, 그리고 현재의 우리 지식으로는 결코 설명할 수 없는 생명 그 자체에 대한 가치를 의미한다.

 이러한 유산을 진정으로 보호하고 소중히 여기는 방법과 자세를 배우는 것은 인류가 택할 수 있는 가장 어려운 길일 것이다. 현재의 지구정치적 상황에서 얼마나 많은 나라들이 이 길을 택할 의지와 준비를 하고 있는지 필자는 알지 못한다. 그러나 만일 우리들이 지속가능한 발전이라는 부드럽고 타협적이며 애매모호한 단어를 좇아 간다면, 그 결말은 분명 표사(漂沙)라는 수렁임을 필자는 알고 있다.

2. 발전의 지속가능성 조건[1]

파울 에킨스

(Paul Ekins : '제2의 경제정상회담(The Other Economic Summit)' 또는 '살 아있는 경제네트워크(Living Economy Network)' 등 그동안 경제의 근본적 개혁을 지향하는 제안들을 많이 발표하여 왔다. 1992년말경까지 「미래의 생활권 (Research Director of the Right Livelihood Award)」의 연구소장을 역임하였다. 저서로는 『생명 경제』(1986), 『새로운 세계의 질서』(1992), 『측정되지 않는 부』(1992), 『현실적 생활경제』(1992) 등이 있다. 최근 그는 런던 대학교 (Birkbeck College, Uni. of London) 경제학부 연구위원으로 활동하고 있다.

1. 지속가능한 발전에 대한 정의

현재 환경위기의 해결에 관한 논의들은 대부분 '지속가능한 발전'이란 개념하에서 다뤄지고 있다. 이 개념은 반드시 광범위한 동의를 수렴하는 방식으로 정의되어야만 한다. 그러나 불행하게도 현실에서 이것은 하나의 희망사항에 불과하다.

개념 수준에서 '지속가능한 발전'은 『우리 공동의 미래』라는 브룬트란트 보고서를 통해 널리 알려졌는데, 이는 "미래 세대가 그들 스스로의 필요를 충족시킬 수 있도록 하는 능력을 저해하지 않으면서, 현재 우리 세대의 필요를 충족시키는 것"[2] (브룬트란트 보고서 p.43)을 의미한다. 그러나 이처

---

1) Paul Ekins, "Making Development Sustainable," Wolfgang Sacks(ed.), *Global Ecology : A New Arena of Political Conflict*(London : Zwd Books, 1993)
2) WCED(World Commission on Environment and Development)(1987), *Our Common Future*(Oxford : Oxford University Press)

럼 부정확한 정의도 없을 것이다. 이 정의는 제1세계와 제3세계 간의 상이
하고 다양한 필요를 구분하지 않았고, 인간의 보편적 필요와 소비자들의 욕
구 — 제1세계 소비자들의 욕구충족으로서의 필요 — 를 구분하지 않았다.
이러한 결함을 극복하고자 지속가능한 발전을 보다 정교하게 정의하려는
많은 시도들이 행해졌다.

피어스 보고서[3]는 지속가능한 발전에 대한 정의들을 수집해 놓았다. 하
지만 이 보고서는 많은 개념들을 나열하는 데 그치고 있다. 특히 오랫동안
불확실한 상태로 사용된 경제성장(이 경제성장은 당분간 GNP 성장으로 해
석하고자 한다.)과 지속가능한 발전의 관계는 여전히 명료화되지 않았다.

『우리 공동의 미래』의 서문을 쓰면서 이 두 개념을 연결시키고자 한 브
룬트란트 여사는 "경제성장, 특히 사회적으로도 환경적으로도 건전하고 강
력한 경제성장이라는 새로운 시대"(Ibid p.xii)의 개막을 요구하였다. 보고
서는 양자간의 연결관계를 다음과 같이 명료화하고 있다.

> 지속가능한 발전이란 개념은 한계를 갖고 있다. 물론 이 한계는 절대적 한계가
> 아니라 현재의 기술상태와 사회조직상태가 생물권의 능력, 즉 환경자원과 인간활
> 동의 충격을 흡수할 수 있는 능력에 부과한 한계다. 그러나 기술과 사회적 조직은
> 경제성장의 새로운 시대를 열기 위해 모두 관리되고 개선될 수 있다.(Ibid, p.8)

사실 이 마지막 문장은 사실이 아니라 신념에 가까운 것이었다. 그러나
이러한 정서는 특히 경영자 사회에 가장 광범위하게 확산되었고, 이들에 의
해 지속가능한 발전과 경제성장은 상호갈등 관계에 있지 않은 것으로 해석
되었다. 그래서 「국제상공회의소(International Chamber Commerce, 약칭
ICC)」의 '지속가능한 발전을 위한 경영인 헌장'[4]은 다음과 같이 선언하고
있다. "경제성장은 최상의 환경보호가 달성될 수 있는 조건을 제공해 주고,

---

3) D. Pearce, A. Markandya and E. Barbier(1989), *Blueprint for a Green Economy*(London:Earthscan), pp.173-85.
4) ICC(Internationa ; Chamber of Commerce)(1990), *The Business Charter for Sustainable Development : Principle for Environmental Management*(Paris : ICC)

여타의 인간적 목표들과 균형을 이룬 환경보호는 성장을 지속가능하게 하는 데 꼭 필요한 것이다."

이와 유사한 정서가 「지속가능한 발전을 위한 경영자위원회(Business Council of Sustainable Development)」의장, 스테판 쉬미다이니(Stephan Schmidheiny)에 의해서도 표현되었다. 그는 1992년 유엔 환경과 개발회의에서 경영자적 입장에서 다음과 같이 주장하였다. "지속가능한 발전은 두 가지 핵심적 목표, 즉 환경보호와 성장이란 목표를 결합한 것이다."[5] 이후 쉬미다이니는 『제네바 신보(neue Zuericher Zeitung)』와의 인터뷰(1990년 12월 8/9)에서 "이러한 결합(성장과 환경보호)은 서로 어울리지 않는 것을 묶어 놓은 것이기 때문에, 사실상 환상에 불과한 게 아닌가?"라는 질문을 받았다. 여기서 그는 자신의 제안을 정당화할 수 있는 근거들이 상당히 취약함을 인정했고, "얼마 동안만은 사실"이란 말로 대답을 대신하였다.

파울 에어리히(P. Ehrlich)와 안 에어리히(A. Ehrlich)가 만든 방정식[6]은 지속가능성과 GNP의 성장 모두가 달성되어야 할 경우, 기술적 도전의 규모가 어느 정도 돼야 하는가를 보여 주고 있다. 그들은 환경충격(I)을 세 변수 - 인구(P), 일인당 소비(C), 소비의 환경강도(T) - 에 연결시켰다. 특히 마지막 변수인 소비의 환경강도는 기술과 요소투입 및 GNP 구성에서 나타나는 모든 변화를 포함하는 것이다. 그래서 방정식은 I = P C T 가 된다.

지속가능한 발전에 대한 오늘날의 관심은 I 의 최근 수준이 지속불가능함을 보여주고 있다. 에너지 소비나 기후변화와 관련하여,「정부간 기후변화회의(IPCC)」[7]는 지구의 기후가 뜨거워지는 것을 방지하기 위해 빠른 시일내에 이산화탄소의 방출을 최소한 60% 수준으로 떨어뜨려야 한다고 계산했다. 동시에 세 가지의 다른 온실가스들 - N_2O, CFC-11, CFC-12 - 도

---

5) BCSD(Business Council for Sustainable Development)(1991), "Top World Business Leaders Support Major New Initiatives on Environment and Development," Geneva, BCSD, 2월 19일자에 발행된 신문.
6) P. and A. Ehrlich(1990), *The Population Explosion*(London : Hutchinson), p.58.
7) J. Houghton, G. Jenkins and J. Ephraums, J.(eds.)(1990), *The Population Explosion*(Cambridge : Cambridge University Press), p.xviii.

70% 이상 방출을 삭감시킬 필요가 있음을 지적하였다. 이와 관련하여 네덜란드의 국가 환경정책계획[8]은 아황산가스, 질산염, 메탄 방출 및 쓰레기 투하를 80~90% 감축해야 하며, 탄화수소의 경우 80%, 염화불화탄소의 경우 100% 감소시켜야 한다고 주장하였다. I 의 측면에서는 그 수준이 최소한 50%로 떨어져야만 지속가능성이 충족될 것으로 보인다. 인구와 관련해서는 2050년경[9]에 현재 수준의 두 배인 100억에 달할 것이라고 UN의 최근 통계는 밝히고 있다. 소비와 관련하여 GNP성장률이 2~3% 정도의 완만한 곡선을 그린다고 간주할지라도, 50년 이후엔 현재의 4배에 달하는 규모로 성장해 있을 것이다. 다음 방정식에서 아랫첨자 $_1$ 은 현재의 양을 지칭하고 아랫첨자 $_2$ 는 50년 이후의 양을 의미한다. 따라서,

$I_2 = 1/2 \times I_1$ (지속가능성을 위하여)

$P_2 = 2 \times P_1$

$C_2 = 4 \times C_1$ (가정에 의해)이다.

에어리히의 방정식을 유지한다는 것은 $T_2 = 1/16 \times T_1$ 임을 의미한다. 달리 표현하면 소비 한 단위가 환경에 미치는 영향은, 이미 채택된 지속가능성에 대한 보수주의적 정의에 따른다 할지라도 이를 충족시키기 위해선, 향후 50년 동안 93%까지 감소될 필요가 있다. 이것은 사실 엄청난 과제이다. 비록 그 실현가능성이 강하게 의심받는다 할지라도, 그렇다고 기술적 염세주의자가 될 필요는 없다.

지속가능한 발전과 GNP 성장 사이의 연계가 취약하다는 사실은 이 두 개념을 조화가능한 것으로 만드는 데 필요한 기술적 도전의 규모를 모호하게 하는 경향이 있다. 나아가 이러한 취약성은 GNP의 성장과 광범위한 발전개념이 과거에는 상당히 다른 개념이었음을 밝히는 데도 실패했다. 이로 인하여 현재 특정 지역에서는 GNP의 성장과 환경평등이 조화될 수 없는 갈등상황에 빠져 있음이 간과되는 경향도 있다. 이러한 지역은 최소한의 환경

---

[8] MOHPPE(Ministry of Housing, Physical Planning and Environment)(1988), *To Choose or to Lose : National environmental policy plan*(The Hague, MOHPPE)

[9] N. Sadik(1991), *The State of the World Population*(N.Y. : UNFPA), p.3.

질마저도 지속적으로 파괴되고 악화되는 대단히 큰 위험상황에 놓여 있다. 그런데도 브룬트란트가 정의한 발전 개념은 남의 발전욕구와 북의 발전욕구를 전혀 차별화하거나 구분하지 않고 있다.

이러한 문제는 오직 지속가능한 발전의 두 가지 구성부분, 즉 지속가능성과 발전의 각각에 초점을 맞춤으로써 해결될 수 있다.

지속가능성

인류의 생활양식과 경제활동을 환경적으로 지탱가능하게 만들려면, 재생가능한 자원이나 재생불가능한 자원의 사용, 쓰레기 방출, 그리고 환경충격 등과 관련하여 엄격하게 준수되어야 할 조건이 마련되어야 한다. 이러한 조건들은 다음과 같이 기술될 수 있다.

(1) 지구 생태계를 불안정하게 할 수 있는 기후패턴의 변화나 오존층 파괴는 사전에 예방되어야만 한다.

(2) 중요한 생태계나 생태적 특징은 생물종 다양성을 절대적으로 지속시키기 위해 보호되어야만 한다.

(3) 재생가능한 자원은 토양의 비옥도, 수생생물학적 순환도, 필요한 식물대의 유지를 통해 재생되고, 지속가능한 수확이 엄격히 강화돼야만 한다.

(4) 지속불가능한 자원은 지속가능한 설계와 재수선, 재조건화, 재사용, 재순환(4개의 R's)을 최대한 실천해 가능한 집약적으로 사용돼야만 한다.

(5) 재생불가능한 자원의 고갈은 최소한의 자원 평균수명을 유지하는 선에서 진행돼야 한다. 이 최소한의 평균수명선에서는 소비 수준이 새로운 자원의 발견 여부에 따라 결정돼야만 할 것이다. 나아가 특정 자원의 완벽한 고갈에 대한 예측이 궁극적으로 재생가능한 대체물로의 전환이나 새로운 대안 창출로 이어지기 위해선 연구기금이 조성돼야만 한다. 이 기금의 총크기는 엘 세라피[10]가 발견한 공식에 따라 계산될 수 있다. 세라피는 재생불가

---

10) El Serafy(1989), "The Proper Calculation of Income from Depletable Natural Resources", in Y. Ahmad, S. El Serafy and E. Lutz(eds.) *Environmental Accounting for Development*(Washington DC, World Bank)

능한 자원사용으로부터 일정한 수령액을 받되, 이를 자본흐름과 소비흐름으로 나누었다. 이 수령액의 상대적 크기는 자원의 평균수명과 할증률에 의존한다. 엘킨[11]은 영국 북해에 매장된 석유 고갈에 관련된 비용 총액을 계산해냈다. 이 계산에 따르면, 영국정부는 1990년경에 250억 파운드 내지 430억 파운드에 달하는 기금을 고갈된 석유를 대체하는 사업에 투자해야 한다. 이전에 이러한 종류의 기금은 존재한 적이 없었다. 여하튼 기존의 모든 사례에서 볼 수 있듯이 석유 및 다른 재생불가능한 자원들은 지속불가능한 형태로 소비되어 왔다.

(6) 대기, 토양 그리고 하천으로의 폐기물 방출은 이들을 흡수하고 중화시키며 재순환시킬 수 있는 지구 수용력을 초과해선 안된다. 또한 독극물이 생명을 해칠 정도로 농축되는 것을 방기해서도 안된다.

(7) 인간활동으로부터 야기된 생명파괴의 위험은 최저 수준에서 유지되어야만 한다. 장기적으로 생태계 파괴를 지속시킬 것이라고 예측되는 핵발전소 등과 같은 기술은 가능하면 사용하지 않아야 한다.

지속가능성의 기준은 이러한 조건에 근거해서 마련돼야 한다. 이 기준은 최상의 과학지식과 예방원칙을 조합하고, 나아가 모든 환경기능을 대변한 것이어야 한다. 예방적 원칙은 환경파괴가 가지고 있는 불확실성, 잠재화된 거대 비용, 파괴적인 역전성 등을 고려한 것으로 현재의 모든 행동이 신중하게 결정되어야 함을 강조한다. 지속가능해야 하는 분야 즉 방출, 집중, 사용 및 수용력 등으로 공식화된 기준은 정책적 목표들로 전환될 수 있다. 이러한 목표의 예로 「기후변화에 관한 정부간 회의(IPCC)」가 추천한 온실효과 가스방출의 감소, 또는 처음에 인용한 바 있는 네덜란드의 국가 환경정책계획에 속해 있는 방출 감소안 등을 지적할 수 있다. 이 목표가 다양한 산업분야들에 미치는 함의도 평가될 필요가 있는데, 이에 도달하기 위한 전략에는 시간계획표와 예산 등이 포함되어야 한다. 지속가능성이나 지속가능

---

[11] P. Ekins(1992) "Sustainability First", in P. Ekins and M. Max-Neef(eds.), *Real-Life Economics : understanding wealth creation*(London : Routledge)

한 발전에 확실하게 참여하기 위해서는 목표설정, 시간계획표 그리고 예산 등의 작성이 항상 수반돼야만 한다. 지속가능한 발전의 첫번째 원칙은, 지속가능한 발전과 GNP 성장이 상호갈등하는 곳에서는 전자를 위한 시간 계획표와 목표설정이 후자보다도 절대적 우선순위를 가져야만 한다는 것이다.

발전

성장과 발전 간의 관계는 성장과 지속가능성 간의 관계 못지 않게 복잡하다. 허만 델리가 주장한 바 있듯이, 가장 단순한 수준에서 "성장은 물리적 규모에서의 양의 증가를 의미하는 반면, 발전은 질적 개선 또는 잠재적 가능성의 전개를 의미한다."[12]

그러나 이런 구분은 두 가지 점에서 모호하다. 첫째 '질적 개선 또는 가능성의 전개'는 특정 상황에서 어떤 것의 양이 증가함을 전제로 하고 있다. 즉 발전은 성장에 의존할 수 있다. 대개 이 등식은 물질적으로 궁핍한 상황에 해당된다. 이 등식에 따르면 풍요로운 상태에서는 발전이 성장에 의존하지 않는다는 것이다. 둘째 삶의 다양한 측면, 즉 유용성, 복지, 환경 등을 거론할 때 양적 변화와 질적 변화를 구분한다는 것은 그리 쉬운 일이 아니다.

따라서 무엇보다도 다양한 성장 개념들을 구분하는 것이 필요하다.

■생산량의 성장 : 이 개념은 일반적으로 GDP나 GNP 수치의 증가로 표시되어 왔다. 그러나 만일 이것이 경제의 전체 생산량을 고려하는 것이라면, 비화폐적 생산도 포함해야만 한다. GDP나 GNP 성장은 자주 '경제성장'이라고 칭해지고 있는데, 이것은 엄밀히 말해 수정돼야 한다. 그러나 이러한 수정은 그리 쉬운 것이 아니다. 왜냐하면 경제의 고유한 주제가 빈곤이 아닌 생산에 관련된 것이라는 그릇된 생각이 보편화되어 있기 때문이다.(후에 팅은 1992년에 이러한 주장을 보다 명료히 한 바 있다.)[13]

---

12) H. Daly(1990), "Toward Some Operational Principles of Sustainable Development," *Ecological Economics* 2 : 1-66, p.1.
13) R. Hueting(1992), "Growth, Environment and National Income : Theoretical Problems and a Practical Solution", in P. Ekins and M. Max-Neef(eds.), *Real-Life-Economics:Understanding Wealth Creation*(London : Routledge)

■환경적 성장 : 이것은 소비(연료용 목재) 또는 환경서비스(기후통제에 대한 삼림의 역할)에 기여할 수 있는 환경자원의 증가를 의미한다. 이와 관련된 생물자원(Biomass)의 생산은 GNP 개념으로 연결되어야 한다. 이것은 다음의 두 가지 이유로 인해 단순한 GDP의 작은 집합이 아니다. ①자연물의 상당 비율은 화폐거래로 교환될 수 없다. ②이것은 소비와는 독립적으로 사람들에게 (환경서비스를 통하여) 유용성을 제공해 준다.

■유용성 또는 복지의 성장 : 이것은 후에팅[14]이 경제성장이라고 정의한 일종의 성장 범주로서 생산, 고용, 환경, 노동조건, 여가, 소득분배, 건강과 미래의 안정 등 복지에 기여하는 요소들을 포함하고 있다. 생산은 복지를 위해 사용되도록 가정된다. 그러나 이것은 부정적 되먹힘 과정을 거쳐 다른 해악들(오염폐기물, 환경파괴, 공동체의 해체)을 야기할 가능성이 있다. 이 부정적 되먹힘 과정은 긍정적인 기여의 정도를 초과하는 경향이 있고, 그 결과 생산의 성장이 복지 수준의 감소와 연결될 수 있다.

이렇듯 성장과 발전 간의 관계를 명료하게 하기 위해, 다양한 종류의 성장 개념을 구분하는 것이 필요하다. 질적 개선으로서의 발전은 복지 증가와 밀접히 연결되어 있다. 그러므로 위의 토론으로부터 발전은 GDP 성장과 더불어 일어날 수도 있고 일어나지 않을 수도 있다. 생산량 증가가 유용성을 상쇄시키고 나아가 무효화하는 부정적 되먹힘 과정을 발생시킴없이 어떻게 가능할 것인가에 관한 물음은 아직까지도 풀리지 않고 있다. 이것은 특히 소비율이 높고 환경 오염상태가 나쁜 산업국가에 해당된다. 이들 나라에서는 환경에 부정적 영향을 미치는 되먹힘 과정이 심각하고 이로 인해 여분의 복지 상태가 위축되기 때문에, 이들 나라가 누리는 여분의 소득은 가난한 나라의 복지 크기에도 미치지 못한다.

잠재력의 전개로서의 발전은 생태자원, 조직자원, 인간자원 및 제조된 자원에 접근할 수 있는 가능성에 의존하고 있다(이와 관련하여 필자는 부를 창출하는 네 가지 자본모델을 여러 번 제기한 바 있다).[15] 이 모델들은 모두 자신들이 느끼고 있는 필요를 만족시켜야만 한다. 긴급한 경우를 제외하고

---

14) Ibid

발전의 가장 중요한 구성요소는 소득이 아니라, 다양한 유형의 자본에 접근할 수 있는 가능성이어야 한다. 그래서 사람들이 자신의 소득을 스스로 창출할 수 있어야 한다.

2. 지속가능한 발전에 도달하기 위해선

위에서 간략히 거론한 논의들은 경제정책이 지속가능한 발전에 도달하기 위해선 최소한 세 가지의 새로운 방향이 추구되어야 함을 제시해 준다. 이것들은 다음과 같은 표제로써 다루어질 수 있다.
(1) 남북간 차이
(2) 전지구적 경제의 정의로움과 참여적 발전의 추구

남북간 차이

남측 국가와 북측 국가는 경제구조, 풍요로움의 수준, 그리고 전지구적 환경악화에 대한 원인제공이란 측면에서 상당한 차이를 보이고 있다. 따라서 이들은 지속가능한 발전에 대해서도 상이한 접근방식을 보인다. 북측이 지속가능성의 조건에 도달하기 위해 강조한 것은 야심찬 목표의 설정, 시간계획표의 작성, 그리고 예산설정 등이다. 이러한 조건은 수십 년 동안 지속되어야 하는 혹독한 조정과정을 통해서만 도달될 수 있다. 이 과정에서 기술부문의 거대한 혁신이 이뤄져야 하고, 또한 생활양식도 변화해야 한다. 이러한 전략이 GNP 성장에 미치는 함의는 불명료하다. 특히 이 문제를 명료하게 하고 이에 대처하는 것은 지속가능성으로 전환하는 과정에서 거시경제가 담당해야 할 몫이다. 만일 이러한 조건들이 GNP 성장보다 일차적 우선순위를 가질 수 없다면, 지속가능성은 달성되지 못할 것이다.

---

15) P. Ekins(1992), "A Four-Capital Model of Wealth-creation", in. P. ekins and M. Max-Neef(eds.), *Real-Life Economics : Understanding Wealth Creation* (London : Routledge)

남의 국가들은 적어도 중기 또는 장기적 관점에서 환경친화적 기술을 사용한 산업화, 그리고 파괴된 환경의 복구 및 재생산에 초점을 맞춘 이중과정을 통해 균형잡히고 지속가능한 성장을 추구해야만 한다. 환경의 재생산은 생물총량의 증가를 지향하여야 한다. 이 생물총량의 증가는 환경적 안정성을 강화시키고, 지역빈민들의 지속가능한 생계보장에 기여할 것이다. 북의 기술이전에 의존한 산업화는 신중하게 검토되어야 한다. 특히 상이한 문화간의 기술이전은 심각한 문제를 동반할 수 있으므로, 이 문제에 대한 완벽한 인식이 결정에 앞서 추구되어야 한다. 즉 산업화는 자신들의 문화에 적합하게 수정된 기술로 추진되어야 하며, 이전을 위한 프로그램도 재설계되어야 한다. 이것은 「남위원회(South Commission 1990)」가 권고한 과정과는 전혀 다른 것이다. 이 위원회의 원칙적 강조점은 급속한 경제성장과 급속한 산업화에 있었다.[16]

그 동안 일반적으로 발전은 근대화와 동일한 것으로 취급되어 왔다. 이 근대화는 지역민중들이 그들 자신의 지식과 자원에 기반하여 자신의 삶을 스스로 개선시키려는 과정이라기보다는 오히려 민중들에게 부과되는 과정으로 인지되었다(그래서 참여를 요구받았다). 더욱이 문제가 되고 있는 성장은 아직까지도 GNP의 성장으로 간주되고 있다. 이러한 성장은 지역빈민들이 자신의 생계를 보장받기 위해 꼭 필요한 환경적 성장이나 비화폐적 성장을 포함하지 않는 개념이다.

물론 몇몇 환경주의자들은 남의 국가들이 GNP 성장이나 산업발전을 필요로 하고 있다고 주장한다. 그러나 만일 이러한 과정이 환경의 재생산보다 지속되는 환경악화에 기반한 것이라면, 지속가능하지도 지속되지도 않을 것이고 남측 민중들의 생존조건마저 훼손시킬 것이다. 환경의 재생산에 기반하는 GNP 성장 또는 산업성장이 얼마나 급속하게 진행될 수 있을지는 아무도 모른다. 그러나 강조점이 성장 그 자체보다 환경적 재생산에 두어진다면, 그리고 복구된 환경의 주요 수혜자이며 책임자인 지역민들과 더불어 하

---

16) South Commission(1990), *The Callenge to the South*(N.Y. : Oxford University Press), pp.80, 91-2, 272.

는 과정에 두어진다면, 지속가능한 발전은 분명히 도달될 수 있다.

전지구적 경제의 정의로움과 참여적 발전의 추구

필자는 전지구 차원의 경제적 상호의존성을 보장해주는 세 가지 주요 제도 — 무역, 원조 그리고 채무 — 가 북의 이익을 위해 남을 희생시키면서 작동해왔음을 여러 곳에서 주장한 바 있다.[17] 이러한 주장이 여기에서 또다시 거론될 필요는 없다. 현재 이 제도들이 빈국의 이해관계에 적대적으로 작동하고 있음이 확실해지자, 다양한 민중조직이 상이한 종류의 발전을 추진하기 위해 폭발적으로 등장하고 있다. 버틀란트 쉬나이더(Bertrand Schneider)의 분석은 '맨발의 혁명'을 위한 세 가지 주요한 작업을 확인해 주었다. 이 혁명의 목표는 '발전과정에 실질적으로 도전'하고 있는 지역 빈민들의 삶의 질을 진작시키는 데 있다.[18]

■'지역민들을 괴롭히는 빈곤 요소'의 체거. 이러한 요소들로는 본질적으로 오도된 정책, 정부의 부패 또는 억압 또는 타자에 의한 파괴적 '개발원조' 등이 거론될 수 있음.

■지역민중들 스스로가 정의한 기본필요와 충족 방법.

■이런 필요를 바람직한 방식으로 충족시키기 위한 지역민중들에 의한 생산요소 개발. 이는 적합한 외부 원조에 의해 보완될 수 있음.(Ibid, p.223)

쉬나이더는 새로운 민중운동과 비정부 조직체들이 이러한 발전전략의 집행자가 될 것이라고 생각하였다. 그의 계산에 따르면, 이 조직들이 연간 일인당 약 6.5달러의 비용만으로도 20억 지역빈민들 중 약 1억 명에게 보다 많은 혜택을 줄 수 있다(Ibid, p213). 그는 자신의 목표집단을 나머지 19억에게로 확대 적용하기 위해선 연간 약 130억 달러의 투자가 필요하다고 주장하였다. 쉬나이더는 이 액수가 기존의 기금배당 액수로부터 이전된 자원인지, 아니면 '새로운 돈'이어야 하는지는 말하지 않았다. 그러나 그는 이

---

17) P. Ekins(1991), "A Strategy for Global Environmental Development", *Development 1991* : 2, Rome, Society for International Development
18) B. Schneider(1988), *The Barefoot Revolution : a Report to the Club of Rome*, London, Intermediate Technology Publications, p.229.

액수가 지역의 소규모 활동에 대한 투자이어야 함을 분명히 밝혔다. 이 소규모 활동에서 "수혜자들은 자신들의 실질적 필요에 적합한 개발유형을 결정하기 위해 발의권, 선택권 그리고 책임을 보유하고" 있다. 아직도 필요할 수 있는 이와 같은 거대한 프로젝트는 다양한 동기적·실천적·정치적 근거들에 기반하여 진행될 것이다. 이러한 발전을 위한 시도의 출발지점은 촌락이거나 공동체여야 한다.(Ibid, p.226)

남아시아의 학자집단은 이런 다양한 발전과정과 조건들을 상세히 연구하여 왔다. 쉬나이더가 개관한 세 항목의 발전은 다음과 같은 과정을 통해 도달될 수 있다.

거대한 다수에 의한 사회적 변혁이 가시화되어야만 한다. 제3세계에서 주요한 구조변화는 정책결정권이 가난한 자로 옮겨진다는 것, 이로써 '아래에서 위로의 결정과정'이 시작되는 것, 촌락이 발전의 핵심지역이 되는 것, 그리고 교육체제가 대중의식을 고양시키고 엘리트들을 재정향화하는 방향으로 변화하는 것과 밀접히 관련되어 있다. 이러한 기준에 맞는 구조변화가 일어난다는 것은 쉽지 않다. 이 구조변화는 스스로 전면 동원하는 과정을 통해서만 지지·수행될 수 있는데, 이 과정은 민중들의 의식, 민주적 가치의 설득, 지역자연자원의 완전한 사용, 그리고 적정 기술의 체계적 개발 등을 포함하여야 한다.[19]

나아가 위에서 인용한 학자 중 한 사람은 다른 곳에서 이렇게 지적했다.

만일 남의 대부분 국가에서 공통적으로 나타나는 부자와 빈자간의 뿌리깊은 종속관계, 그리고 사회 곳곳에 침투해 있는 기존의 권력관계를 전제로 한다면, 진정한 참여형 발전과정은 항상 자발적으로 형성될 수 없다. 때문에 때때로 이러한 악순환을 단절시키는 촉매제나 발기인이 필요해진다. 또한 가난한 자와 더불어 일하는, 그래서 그들의 이해관계와 자신의 이해관계를 일치시키고 민중들의 신망을 얻고 있는 새로운 유형의 활동가가 요구된다.[20]

---

19) G. D. Silva, W. Haque, N. Mehta, A. Rahman and P.Wignaraja(1988), *Towards a Theory of Rurtal Development* (Lahore : Progressive Publishers), p.22.
20) P. Wignaraja(1988), "Participatory People-centered Development," Geneva, mimeo for the South Commission, October

전지구적 경제가 국제적으로 부국과 빈국간 격차를 노정시켰듯이, 대부분의 남측 국가들 내부에서도 소수의 부유한 엘리트들과 다수의 주변화된 대중들간의 분업을 노정시켰다. 이러한 분업은 다수의 민중들이 참여할 수 있는 발전, 즉 지속가능한 발전과 더불어서는 유지될 수 없다. 도달할 수 있는 지속가능한 발전에 필수적 요소는 남측의 보다 평등하고 민주적인 사회체제, 그리고 고압적인 지배자로서가 아니라 민중과 NGO의 종복으로 활동하는 국가이다.

3. 결론

 지금까지의 논의들은 다음과 같은 원칙으로 축약될 수 있을 것이다.
 (1) 현재의 환경위기에 대한 북측 국가들의 일차적 책임을 인정해야만 하고, 동시에 이를 본격적으로 처리하기 위한 근본적 행동을 결정해야 한다.
 (2) 북측 국가들은 무역, 원조, 채무 등과 관련된 상호의존 구조가 남의 지속가능한 발전을 불가능하게 할 수 있음을 인정해야 한다. 따라서 GATT, IMF, 세계은행 등과 같은 기구들에 대한 전면적 개편을 시작해야만 한다.
 (3) 남측 엘리트들은 지속가능한 발전의 주요 관심이 이들 국가내의 가장 가난한 사람들과 관련되어 있음을 인정해야만 한다. 더 나아가 민초들의 운동을 지지하고 자원에 대한 평등한 접근을 보장함으로써, 이들 민중이 발전과정을 주도할 수 있도록 해야 한다.

 지속가능성을 위한 전략은 이러한 세 가지 원칙으로부터 시작될 수 있다. 북측의 국가들은 환경위기에 대한 본질적 책임을 받아들이면서, 사용된 (재생가능한 그리고 고갈될 수 있는) 자원, 방출된 쓰레기 그리고 영향받은 생물체계라는 관점에서 경제가 환경에 미치는 충격을 분야별로 분석해야만 한다. 정의된 지속가능성이란 기준 아래에서 이러한 환경충격을 제어하기 위한 보호 프로그램, 자원효율성 및 오염통제 프로그램 등 필요한 조치들이 마련되어야만 한다. 이것은 확실히 개인적 편리를 위한 자가용 사용에 대한 통제 등, 생활양식상의 중대한 변화를 포함해야 할 것이다.

이러한 프로그램을 통해 집합적인 GNP 성장은 사실상 불가능하다. 이것은 생산과 소비의 급진적 재구조화를 야기할 수도 있다. 이 과정에서 오염을 야기하거나 고갈시키는 활동은 줄어드는 반면, 환경에 영향을 미치지 않는 활동은 상대적 가격 상승을 향유할 수 있게 된다. 유기농업은 농축된 화학비료의 다양한 피해를 극복할 수 있는 이점이 있다. 자전거를 사용하는 사람과 대중교통 수단을 활용하는 사람은 자가용을 사용하는 사람보다 더 많은 혜택이 돌아갈 것이다. 에너지 보호 및 효율성에 대한 투자는 에너지 사용과 관련하여 보다 큰 반대급부를 얻을 수 있다. 그래서 이것은 파레토의 과정이 될 수 없다. 왜냐하면 몇몇 사람들의 살림형편은 더욱 악화될 것이기 때문이다. 몇 가지 상품의 가격은 상승할 수도 있다. 동시에 몇 가지 활동은 위축될 것이다. 이것은 생산의 성장을 감소시킬 것이다. 그리고 대체활동이나 대체에너지 등이 이를 완전히 보상해 줄 것이라는 보장은 그 어느 곳에서도 찾아 볼 수 없다.

이것은 I = P C T 란 방정식으로 되돌아감으로써 설명될 수 있다. 이것은 환경에 미치는 충격이 50년 이내에 반감되어야만 함을 가정하는 것이고, 인구가 두 배가 될 것이며 제3세계의 일인당 소비가 4배로 증가되야 함을 가정하는 것이다. 그러나 여기에 덧붙여 부유한 나라들에서 소비가 전혀 증가하지 않을 것이란 가정도 있어야 한다. 세계은행[21]이 발표한 제3세계의 인구증가 예상지표를 사용해서 계산해보더라도, 제3세계의 일인당 평균 소비수준은 부유한 나라의 1/5 수준에도 미치지 못할 것이다. 필자는 지속가능성에 도달하기 위하여 기술은 소비 한 단위마다의 환경충격을 78% 정도 감소시켜야만 한다[22]고 계산한 바 있다. 이것은 엄청난 목표이다. 그럼에도 불구하고 이것은 도달될 수 있을 것이며, 인간사에서 가장 큰 기술도전이 될 것이다. 이를 충족시키기 위해선 기술주의자들이 녹색 소비주의, 환경세,

---

21) World Bank(1990), *World Development Report*(N.Y. : Oxford University Press)
22) P. Ekins(1991), "The Sustainable Consumer Society : A Contradiction in Terms?," *International Environmental Affairs*, Vol.3, No.4

그리고 북측 사회가 모범을 보여야만 하는 구제 등에 대한 완전한 동의를 필요로 할 것이다. 간단히 지적하자면, 북측 사회의 GNP 성장을 기대한다는 것은 비현실적인 것이다. 대신 델리의 표현을 빌리자면 정상상태 경제로의 전환을 시도하는 데 집중하여야만 할 것이다.[23]

현재의 세계경제체제가 남의 국가들이 지속가능한 발전을 하지 못하도록 방해역할을 하고 있음을 인정하는 가운데, 북은 채무 해소, 보다 공정한 무역관계— 상품가격, 남측 제품에 대한 보호주의, 기업 행동 법전(corporate codes of conducts), 지구적 공유재산의 착취 — 그리고 전지구적 경제제도 내에서의 남의 영향력 제고 등을 포함하여 체제개혁을 시도해야만 한다. 북의 국가들은 남의 발전을 위해 효율적이고 깨끗한 적정의 청정기술을 이전해야 하고 남의 환경을 복구하는 데 필요한 자원을 이전해야만 한다. 절대적 빈곤 계층이 다수인 국가의 행정부가 지속가능성 정책에서 성공하기 위해서는 빈민층이나 중간층의 희생을 동반해야 할 것이다. 만일 이들이 부유한 나라로부터 미래를 위한 실질적 후원을 받겠다고 생각하지 않는다면, 지속가능성의 혜택은 향후 20, 30년내로 명료해질 수없다.

이러한 북의 개혁 프로그램은 남의 엘리트들이 성공하기 위한 기본조건이며, 이것은 다시 정의, 민주주의 그리고 지속가능성이란 단어들로 표현될 수 있을 것이다. 정의의 실현은 '의도된 발전(지속가능한 발전)'이란 과제를 이행하기 위하여 불법적으로 북의 은행으로 도피된 남의 자본이 본국으로 반환되길 요구한다. 이것은 또한 전면적이고 효율적인 토지개혁을 통해 농부들이나 토착민들의 토지권을 인정하길 요구한다. 민주주의는 민중들이 발전 과정에서 희생되거나 도구로 전락하는 것보다는 오히려 발전을 스스로 통제할 수 있는 주체가 되기를 요구한다. 이것은 특정의 발전패턴을 거부하는 방안, 또는 선택된 새로운 발전패턴에 완벽하게 참여하는 방안을 모두 포함하고 있다. 지속가능성은 삼림과 같은 중요한 전지구적 자원을 절대적으로 존중하고 보호하는 것을 요구하며, 모든 재생가능한 자원을 지속적으로 사용하는 것을 요구하고, 그리고 국가간에 합의된 이산화탄소 방출량

---

23) H. E. Daly(1977), *Steady State Economics*(San Francisco : W. H. Freeman)

을 엄격히 준수할 것을 요구한다.

개도국은 생산량과 생산성을 지속적으로 증가시키고자 한다. 그러나 이러한 생산성 증가는 환경의 재생과 이를 근거로 한 생물총량의 지속가능한 생산에 의존하여야 한다. 로버트 참버(Rober Chambers)가 관찰했던 것[24]처럼, 악화된 제3세계의 환경은 적절한 투자, 완벽한 참여 그리고 생산증가로 야기될 혜택에 대한 사전적 통제 등을 이용해서 지속적으로 다시 생산되어야 한다. 이것은 지방에서 도시로의 인구이동 흐름을 유도해낼 수도 있고, 다른 주요한 사회발전 문제의 해결에 기여할 수도 있다. 지속가능한 삶을 위해 지역이 참여하여 생태계를 재생하는 일에 초점을 맞춘 발전전략은, 대부분의 개도국 정부 또는 세계은행과 같은 다자간 제도의 우선순위와는 다른 발전전략이다.

이러한 발전전략은 북에게 상당량의 비용 지불을 요구한다. 이러한 비용을 우리는 약탈적 무기구입를 위한 예산에서만 발견할 수 있다. 그래서 이 발전전략의 추구는 타면에서 국제적 무기무역의 축소를 포함하고 있다. 이것은 또한 생활양식의 변화, 그리고 북측 소비의 급락 등을 포함할 것이다. 이것은 남의 엘리트들에게 전제적 권력과 북측 생활양식에 대한 유혹을 제거해 줄 것이다. 이것은 새로운 삶을 부여할 것이며, 전세계 지역 빈민들에게 희망을 줄 것이다. 또한 인류 전체에게는 보장된 미래를 제공할 것이다.

현재 위에서 언급한 세 가지 사실 — 북측과 남측의 지속가능성을 위한 차별화되고 명쾌한 전략, 남에 유리한 방향에서의 국제 경제제도 개혁, 참여적 발전에의 참여 — 과 관련하여 불행한 사실은 이것들 중 단 하나도 실천적 효과를 보여주지 못하였다는 것이다. 북측의 국가들은 GNP 성장을 지속가능성에 우선하여 추구해왔다. 그들은 전지구적 경제가 정의롭지 못함으로부터 이익을 얻었고, 이를 지속적으로 묵과해 왔다. 이들에게서 우리는 남이 필요로 하는 환경보호 기술이나 이를 위한 투자를 제공하겠다는 의사를 거의 찾아 볼 수 없다. 남의 국가들은 그들의 취약한 환경을 재생산하기보

---

24) R. Chambers(1988) Discussion Paper 240, *Sustainable Livelihoods, Environment and Development : Putting poor rural people first Brighton*, Institute of Development Studies, University of Sussex, January, pp.17ff

다는 오히려 지속적으로 악화시키고 있다. 그들 정부의 어느 누구도 내적인 평등의 축소, 또는 주변 시민층의 세력화에 거의 관심을 갖고 있지 않다. 만일 이것이 지속가능한 발전의 핵심에 놓여 있는 실질적 문제라면, 「의제 21」은 결코 이 문제를 체계적으로 언급했다고 볼 수 없다.

북이 협력 제공에 대한 보편적 합의를 제시하지 않은 상태에서 이 의제를 논의하려면, 남측의 내적 연대 창출은 필요조건이다. 이를 위해서는 다음과 같은 행동이 요구된다.

■식량안보와 더불어 자신의 필요를 충족시킬 수 있는 기술적 능력을 배양하고 이에 민중을 동원하는 것. ■소지주들에 의한 경작이 이루어지고 있는 지역에 참여적 환경투자를 하는 것. ■동일한 생각을 갖고 있는 남과 북의 동반국가들이 호혜적 자립을 위한 무역을 추진하는 것. ■재정 자원과 토착적 능력이 있는 곳에서는 모든 산업생산이 자원절약적 기술을 도입하는 것. ■거대한 내부시장을 조성함으로써 규모의 경제에 도달하기 위해 다국적인 경제 협력지역을 형성하는 것.

이것들은 남과 북 모두에게 어마어마한 프로그램이다. 그러나 어떻게 이보다 더 적은 투입을 가지고 지속가능한 발전에 도달할 수 있는가라는 물음 그 자체가 쉽지 않은 과제이다.

II. 생태전략과 새로운 경제이론의 필요성

3. 왜 생태적 통찰력이 경제이론에 필요한가? 81
1. 서론 81
2. 고전경제학과 자연조건 83
   □고전경제학 □산업혁명
3. 신고전주의 경제학과 외재성 88
   □신고전주의적 환경경제 □외재성
4. 내부화된 외재성의 불확실한 토대 95
   □외재성의 내재화에 대한 장애물 □생태적 불확실성
5. 마르크스의 결함 101
   □마르크스주의 지향적 접근법
6. 지속가능한 발전 106
7. 결론 111

4. 환경과 경제의 상관관계 : 제도적 측면 119
1. 경제성장과 지속가능한 발전 120
2. 환경과 경제의 상관관계, 그 제도적 측면 120
   □환경현상에 대한 제도적 관점 □생태경제학
3. 경제성과와 부의 지속가능성 124
4. 교정자로서의 환경정책 : 네덜란드 사례연구 126
   □산성비에 대한 네덜란드의 정책 □네덜란드 정책에 대한 평가 □네덜란드의 환경정책 : 1990~2015
5. 지속가능한 발전을 향하여 135
   □성장정책 □비용이전에 대한 제약
6. 결론 및 권고사항 140
   □경제이론 및 분석에 대한 영향 □정책에 대한 반발

3. 왜 생태적 통찰력이 경제이론에 필요한가?[1]

디츠/쉬트라텐

> Frank J. Dietz : 경제학 박사이고 네덜란드 로테르담 데라스무스 대학 공공정책학과 교수로 재직중이다. 옵셔나 쉬트라텐과 더불어 제도학파의 이론적 논의 확장에 기여하고 있다.
> Jan van der Straaten : 경제학 박사이며 네덜란드 틸버그 대학에서 여가학부의 정교수로 재직 중이다.

1. 서론

1960년대 동안 일부 생물학자와 생태학자들은 인간의 생산과 소비에 의해 자연환경이 심각하게 위협받고 있으니 인간사회는 장기적인 관점에서 대안을 마련해야 한다고 경고해 왔다. 이러한 경고는 1960년대말과 1970년대초로 접어들면서 전사회로부터 주목받기 시작했다. 세인들의 폭발적인 관심은 경제학자들에게 환경문제에 대한 보다 많은 논의를 하도록 자극을 주었다. 그 동안 경제학자들은 이전엔 자유재로 부르던 것들 - 깨끗한 공기, 깨끗한 물, 오염되지 않은 토양, 소음으로부터 벗어난 고요, 자연적 아름다움 - 이 희소재로 변화되는 것을 관찰할 수 있었다. 이런 과정에서 미샨(Mishan, 1967), 후에팅(Hueting, 1970 ; 1974 ; 1980)과 같은 경제학자들은

---

[1] Frank J. Dietz and Jan van der Straaten, "Sustainalble Development and the Necessary Integration of Ecological Insights into Economic Theory," F. J. Dietz/U. E. Simonis/J. van der Straaten, *Sustainability and Environmental Policy*(Berlin:Edition Sigma, 1992)

'새로운 빈곤'이라는 문제를 분석 대상으로 연구하기도 하였다.

그러나 경제학자들의 이러한 관심의 촉발은 일시적인 것이었다. 1970년대 후반기로 접어들면서 경제학내에서 환경문제에 대한 논의는 또다시 무대 뒷면으로 밀려났다. 대신 경제불황, 증가된 실업, 그리고 공공부문의 재정적자 등에 관련된 주제들이 경제학내 논쟁은 물론 당시 사회적 논쟁을 지배했다. 1980년대말에 이르면 그 동안 지속적으로 악화된 환경문제들이 또다시 사회의 주목을 받기 시작하게 된다. 당시의 환경문제는 국가정책적 논의에서 먼저 거론되었고 이에 언론매체와 경제학자들이 동조하였다. 특히 경제학자들 사이에서 새롭게 촉발된 관심은 이전과 달리 치밀한 논의로 이어졌다.

이 치밀한 논의는 몇 가지 문제를 중심으로 이루어졌다. 그중에서도 가장 중요한 물음은 지속가능한 발전이 어떻게 적절히 분석될 수 있을 것인가에 관한 것이었다. 우리 필자들은 경제사상의 발전과정을 역사적으로 검토해봄으로써 이 물음에 대한 답을 찾고자 한다. 이와 관련해서 우리는 경제학의 주류이론들이 환경문제의 분석에서 부분적 유용성만을 가지고 있다고 주장하고자 한다. 이러한 주장을 뒷받침하기 위해 우리는, 개별적인 경제이론들이 그것이 형성된 시대의 사회상황 및 자연자원적 조건들과 밀접한 상관성을 가지고 있음에 주목하였다. 결론적으로 우리들은 생태적 통찰력이 포함된 경제이론적 준거틀을 대략적으로 그려낼 것이다.

옵셔(Opshoor, 1990 : 11)의 정의에 따르면 '자연자원'은 자연에서 얻어진 물질, 즉 수확된 식물과 동물, 채굴된 광석과 화석연료, 사용가능한 물이나 바람과 같은 유동자원 등을 의미한다. 이러한 정의는 협의적인 것으로, 자연자원이라는 개념에는 '자연에 존재하는 다양한 완충지대'가 포함되어야 한다. 이러한 완충능력은 이용가능한 자연자원의 한 부분을 구성해주는 환경재화(a Stock of Environmental Goods)로서, 인간활동이 환경에 미치는 압력을 중화시키는 자연적 기능을 의미한다. 그런데 만일 인간활동의 압력이 자연의 완충능력을 초과한다면, 환경내에서는 실질적인 변화가 나타날 수밖에 없다. 특히 이 변화가 환경의 질을 악화시키는 것이라면, 이것은 부정적인 것으로 평가된다.

과거에는 자연이 인간의 생산 및 소비활동에 대해 가지고 있던 잠재력을 정의하기 위해 다양한 개념들이 사용되었다. 고전 경제학자들은 경작가능한 땅의 생산잠재력을 지적하기 위해 '토지(Land)'라는 개념을 사용했는데, 이것은 농업생산을 가능하게 만드는 생태적 복합군을 말한다. 이 개념은 생태사이클, 생태계, 그리고 자연자원 등과 같은 개념을 동시적으로 그리고 함축적으로 표현하는 것이다. 이러한 류의 개념들은 현존의 생물학적 저서와 생태학적 저서들을 활용함으로써 보다 정교하게 정의될 수 있다. 따라서 경제학적 맥락에서 사용되는 생태유관적 개념들이 보다 주의깊게 정의돼야만 한다는 지적이 있을 수 있겠지만, 우리는 오히려 이 개념들을 느슨하게 사용하고자 한다. 한 예로 우리 필자들이 자연, 환경, 자연자원, 생태계 그리고 생태순환 등의 개념을 사용할 경우, 이것은 자연이 인간들의 생산활동 및 소비를 위해 무엇인가를 제공한다는 느슨한 의미이다.

2. 고전경제학과 자연조건

고전경제학

고전경제학자들은 자연자원에 대해 다른 관점을 가지고 있었다. 이들은 대개 인간의 자연자원 사용이 어떠한 한계도 갖지 않는다고 생각하였다. 아담 스미스(Adam Smith)는 고전적 경제학자들 중에서도 가장 널리 알려진 학자로 미래의 생산과 소비가능성에 대해 낙관주의적 관점을 가지고 있었다. 이러한 생각은 그가 살던 당시의 사회적 발전과정에 의해 정당화되고 강조되었다. 자연과학과 기술의 급속한 발전, 새로운 세계에 대한 경제·군사적 정복 등은, 인간이 자연에 대해 가지고 있는 능력을 확인시켜 주었다. 스미스의 이론에 따르면 자연자원의 상대적 빈곤은 상대적 풍요로 전환될 수 있으며, 자연과의 투쟁은 인간에게 유익하도록 기능할 수 있다.

스미스에 의하면 경제발전, 즉 생산의 증가는 노동분업 심화와 자유시장 작동에 기원을 두고 있다. 노동분업은 노동생산성을 증가시키고, 그 결과 생산의 총체적 증가와 국가간 무역에 대한 필요로 나아갈 수밖에 없다. 또한 그러한 일련의 과정은 사회·정치적 장애물들을 해체시키면서 진행된다.

스미스는 핀 제조업을 예로 들면서 생산이 증가한다는 의미에서의 성장 잠재력을 설명한 바 있다. 그러나 그가 살던 당시의 영국은 산업국가라기보다는 농업국가였다. 사실상 농업부문에서 예상되는 생산증가는 산업부문에서의 증가 예상치보다 낮은 것이었다. 딘과 콜은 영국과 웨일즈 지방의 곡물생산이 18세기 전반기에 11%씩, 후반기에는 28%씩 증가하였던 반면, 동일 기간중 인구는 약 5%와 49%씩 증가하였음을 보여주었다. 이러한 곡물생산과 인구 증가율간의 괴리는 18세기 후반기 곡물에 대한 수요/공급간의 괴리로 이어졌고, 그것은 곡물가의 지속적 상승으로 표출되었다. 1700년과 1750년 기간 동안의 곡물가격은 약 16%씩 떨어졌던 것에 반하여, 1751년부터 1800년까지의 곡물가격은 133% 상승하였다.(Dean and Cole, 1967)[2]

곡물시장의 지속적인 긴장과 이로부터 야기된 곡물가격 인상에 대한 압박감은 귀족들로 하여금 경작가능한 농토를 증가시킬 수 있는 방법을 고려하도록 자극하였다(Tuner, 1984, pp.47-51). 영국의 토지귀족들은 이전의 공유지를 사유화함으로써 이 문제로부터 벗어나고자 하였다. 사실 영국법에 따르면 귀족들은 경작되지 않는 공유지를 분할적으로 사유 또는 경작할 수 있었다. 이러한 과정은 '엔클로저 운동'으로 알려져 있다(Turner, 1984, p.11). 그러나 경작가능한 농토의 증가에도 불구하고, 농업생산의 지속적 증가는 인구증가를 좇아갈 수 없었다.

1800년경 이러한 인구증가와 농업생산간 불일치는 고전경제학자들에게 많은 영향을 주었다. 그래서 아담 스미스보다는 덜 낙관주의적 견해를 갖게 되었다. 이들은 경작가능한 농토의 면적과 비옥도가 식량 수요를 충족시킬 수 있을 것인가에 대한 물음을 제기했다(Malthus, 1789/1982, p.71, pp.75-6).

---

[2] 18세기 후반 곡물가격의 지속적인 증가는 일반적인 가격상승 수준에 비해 상당히 높은 편이었다. 나폴레옹전쟁은 결과적으로 곡물가격 상승을 더욱 부채질하였다. 이와 관련해선 Dean and Cole, 1967, p.91 ; Tuner, 1984, p.48을 참조하라.

이 물음에 대한 답으로 경제학자들은 농업생산의 증가가 인구증가에 뒤쳐질 수밖에 없는 원인을 설명하기 시작하였다. 이러한 시도들은 차별적 지대이론과 동시에 '수확체감의 법칙'을 만들어 냈다.(Blag, 1978, pp.79-80)

'수확체감의 법칙'은 생산요소가 한 단위 첨가될 때마다 이에 비례해서 농업생산이 증가하지 않음을 설명하는 법칙이다. 고전경제학자들은 이 '법칙'을 다음의 몇 가지 사실에 대한 직시로부터 도출해냈다. 이 기간 동안 인구는 전례없는 속도로 증가했고, 기존 농토의 생산량증가는 이 속도를 좇아갈 수 없었다. 또한 새로 경작된 농토의 물리적 생산력(양)은 이전의 경작지보다 낮았다. 이로부터 감소하는 수확률에 곤혹스러움을 느끼고 있던 경제학자들은, 비옥도가 떨어지는 황무지까지 경작된다고 전제할지라도 장기적 전망에서는 식량공급이 구조적으로 부족할 수밖에 없음을 예견하였다.

그럼에도 불구하고 19세기초 고전경제학자들은 농업생산을 증가시킬 수 있는 기술적 가능성에 거의 관심을 두지 않았다(예를 들어, Richardo, 1823/1975, pp.42-5). 다만 그들은 농업생산이 생태순환을 활용함으로써 증가할 수 있다고 생각하였다.

사실 19세기 전반기의 경제학자들은 자신의 이론을 합리화하는 과정에서 '자연자원'이란 생산요소에 핵심적 위상을 부여했다. 따라서 이들 이론은 경제적 과정과 생태적 과정을 통합하고 있었다 평가할 수 있다. 이들은 일차상품이 농토(현재의 표현으로는 생태적 순환체계)에서 추출될 수 있는 정도가 생산과 소비의 한계를 결정하리라 생각하며, 생산/소비 수준 증가를 충족시키기 위해 농업생산과정에 영향을 끼치려 하지 않았다. 즉 이들은 자연과 경제를 동일한 폐쇄계의 다른 부분들로 간주하였다. 초기의 '산업혁명'도 이용가능한 자연자원의 양과 특성에 대한 이러한 견해들을 바꾸지는 못하였다. 그러나 19세기 후반 경제학자들이 시장메커니즘에 초점을 두고 가치기준으로 유용성을 택했을 때, 이러한 견해는 변화될 수밖에 없었다.

산업혁명

'산업혁명'은 시장의 양적 측면에 보다 많은 중요성을 부여하기 시작했다. 특히 재화생산은 산업적 성격을 띠고 있었다. 따라서 기계에 의해 생산된 재화들이 국제시장에서 거래될 필요성도 증가했다. 이로부터 경제학자들의 관심은 관찰가능한 경제적·기술적 발전으로 이동했고, 이러한 진보를 측정할 수 있는 도구와 방법으로 '실증주의적' 과학이 활용되었다.

이 시기에는 가치에 대한 개념 정의도 변화하였다. 고전주의 경제학자들은 일반적으로 특정 재화의 생산에 투자된 노동의 총량이 교환가치의 객관적 기준을 결정한다고 생각하고 있었다. 그러나 멩어(Menger, 1871/1968), 제본스(Jevons, 1871/1924), 왈라스(Walras, 1874/1954) 등의 저서들은 이러한 가치개념으로부터 변화가 일어났음을 알려주고 있다. 이들은 "이용가능한 재화와 용역이 개인적 필요를 만족시킬 수 있는 정도"가 교환가치를 결정하는 데 보다 중요하다고 생각하였다.[3]

신고전주의 이론의 황금기 동안(1870~1920) 한계분석은 보다 정교화되었으며, 가치의 주관주의적 개념이 이론화되었고, 일반균형 분석이 확대되었다. 고전경제학자들에게 주요한 물음이었던 자연자원의 이용가능성을 어떻게 억제할 것인가는 신고전주의자들에게 더 이상 중요한 물음이 아니었다. 예를 들어 마샬(Marshall, 1890/1925, p.180)은 그 동안의 기술발전이 맬더스 이론의 오류를 입증해준다고 진술하고 있다. 그러나 그들은 자신들이 찬양하였던 기술발전이 '자연자원'의 대규모 사용을 전제하고 있음에 주목하지 않았다. 산업혁명 이전에는 자연자원의 실질적 사용이 자연자원의 '순환적 흐름'(근력, 바람에너지, 나무)에 전적으로 의존하고 있었다. 따라서 국가의 부는 자연자원 사용 정도에 따라 결정되었다. 이러한 국부의 증대방법은 자연자원의 남용을 야기하였는데, 이는 다음과 같은 두 가지 생태적 특성을 무시한 것이었다. 첫째 광산과 화석연료는 제한된 양으로만 지구표면에 매장되어 있으며, 이것은 조만간 고갈될 것이다. 둘째 이러한 재화들은 생산 및 소비과정이 폐기된 이후에는 곧 생태사이클로 전환된다. 특히 두번

---

[3] 후에 마샬(Marshall, 1890/1925)은 생산비용원칙에 근거한 가치 개념을 한계효용성원칙에 근거한 가치 개념과 연결했다. 그에 의하면 모든 재화는 가치를 가진다. 그 이유는 이들 재화가 인간적 필요를 충족시킨다는 점과, 재화생산 및 용역이 양적인 형태로 측정될 수 있는 노동, 자본 및 자연자원의 희생을 필요로 한다는 사실 때문이다.

째 특성은 금속합성물, 향료 그리고 인공화학물질의 경우에도 그대로 적용된다. 이러한 인공물질들은 생태사이클 내에서 자연스럽게 추출된 물질이 아니다. 또한 많은 양은 아니라 할지라도 이것들은 독성적 오염을 일으키고, 최악의 경우에는 생태순환 과정을 파괴할 수도 있다. 그래서 산업혁명은 폐쇄적인 생산/소비체계를 개방적인 경제체계로 이동시켰으며, 이 개방 경제체계는 자연자원의 사용증가를 자신의 특성으로 갖는다.

이미 언급했듯이 마샬은 자연자원에 거의 주목하지 않았다. 그가 비록 토지의 가격결정적 속성을 분석했다 할지라도, 생태순환 과정은 시장에 반영되는 정도에 한해서만 다루었다. 예를 들어 그는 농업생산과정을 분석하면서 토지의 비옥도를 언급하거나(Marshall, 1890/1925, p.146), 때로는 "인구밀도가 높은 지역에서는 신선한 공기와 깨끗한 물 등을 얻는 것이 점차 어려워질 것"임을 예측하기도 하였다. 또한 그는 "휴양지의 자연적 아름다움은 직접적 형태의 화폐가치를 가지고 있다."고 덧붙이기도 했다. 그러나 마샬은 이런 생각들을 이론적으로 정교화하지 못했다. 왜냐하면 그의 가격메커니즘에서 이런 생각들을 이론화한다는 것은 거의 불가능했기 때문이다.

흔히 알고 있는 마샬의 '외재성' 개념은 경험적 관찰로부터 나온 것이라기보단 오히려 자신의 이론을 완성하기 위한 문제의식에서 비롯된 것이었다. 칭호로부터 짐작할 수 있듯이 외재성 또는 외부경제는 개별 경제주체들의 행동이 다른 경제주체들의 생산성에 미치는 효과와 관련된 것이다. 이러한 효과는 시장의 영역에서 포착될 수 없다. 예로 마샬은 특정 회사의 확장이 다른 회사의 생산능력에 의도하지 않은 영향을 줄 수 있음을 지적하였다. 또한 후자는 팽창된 회사로부터 이용가능한 노동력의 교육/숙련도의 상승, 노동자공급의 증가, 또는 부품공급회사 수의 급속한 증가 등 의도하지 않은 혜택을 받을 수 있다. 더 나아가 기존 회사들이 한푼의 비용을 들이지 않고도 투자 분위기를 일신할 수도 있다(Marshall, 1890/1925, p.314). 그러나 놀랍게도 마샬은 이 외부비경제를 결코 설명하지 않았다. 분명 그는 산업화과정이 자연자원의 고갈 및 환경파괴 등과 같은 경제적 불이익을 가져올 수도 있다고 제안하였지만, 여기에 이론적 합리화를 전혀 부여하지 않았다.

3. 신고전주의 경제학과 외재성

신고전주의적 환경경제 [4]

19세기의 마지막 30년 동안, 주관주의적 가치개념은 고전경제학자들의 객관주의적 가치개념을 희생시키면서까지 자신의 기초를 닦을 수 있었다. 개인적 경험으로서의 '빈곤' 개념은 고전경제학보다는 신고전주의 경제학에서 보다 큰 비중을 부여받았다.[5] 신고전주의적 경제분석은 어떻게 빈곤개념이 시장의 가격관계에 표현되는가라는 물음에 초점을 두고 있었다. 이 이론에 따르면 개별 경제주체들은 상대적 빈곤이라는 개념하에서 무엇을 선택할 것인지를 결정한다. 이 이론은 빈곤과 선택간 관계를 최적화 문제 (optimization problems)로 파악하였고, 이 문제틀내에서 소비자 또는 생산자로서의 경제주체들은 제한된 소득 또는 제한된 생산가능성과 같은 일반적인 억제 요인 속에서 자신의 목표를 최대한으로 구현하도록 예상되었다. 이러한 가정이 합리적 선택이론의 전형이다.

신고전주의 경제이론의 이러한 개념들은 자연자원의 상대적 빈곤을 야기할 수 있는 몇 가지 가능성을 가지고 있다. 우선 시장과정을 이론체계의

---

4) 이 장에서는 환경문제를 다루고 있는 신고전주의 저작들만을 간략히 훑어볼 것이다. 물론 그것만으로는 재생불가능한 자원의 최적착취라는 문제를 풀지 못할 것이다. 그러나 그 문제만큼 이 장에서 다루고 있는 신고전주의적 전통의 출발점내에서 다뤄지기에 적합한 물음도 없다.(재생불가능한 자원에 대한 최근의 신고전주의적 연구는 Neher, 1990을 참조하라). 우리들은 또한 환경을 악화시킨 GNP를 어떻게 수정할 것인가란 물음(Hueting, 1970 ; 1974/1980)도 다루지 않을 것이다. 이 논쟁에 대한 관심은 1970년대말과 1980년대초 가라앉은 이후, 최근 다시 불붙게 되었다(이와 관련해선 특히 Ahmed, Serafy, 그리고 Lutz, 1989를 참조하라). 최근의 내용은 새로운 차원을 가지고 있다(특히 Kuik and Verbruggen, 1991을 보라). 우리들은 또한, 자연자원에 대한 사유권의 결여, 이전, 분배 등을 환경문제의 궁극적 원인으로 다루고자 하는 '신제도주의자들'의 입장도 논의하지 않을 것이다. 우리들은 경제계와 생태계 간 관계를 양적으로 기술하는 모델 또한 논의할 수 없다(Hafkamp의 최근 개관을 보라, 1991). 이러한 모든 주제들과 접근법은 충분한 시간과 관심을 갖고 다뤄 볼 만하지만, 그런 여지를 우리들은 현재 갖고 있지 못하다.
5) 예를 들어 Lienel Robbins(1935) 저작에 의거한 상대적 빈곤이라는 개념은 현대 주류 경제학의 초석이 되고 있다.

중심에 놓음으로써 가격이 붙지 않은 희소자원은 무시되었다. 많은 자연자원들은 가격이 붙지 않으며, 따라서 시장에서 교환되지 않기 때문이다. 희소성에도 불구하고 가격이 붙지 않은 자원은 시장중심적 세계에서 희소한 것처럼 보이지 않는다.[6] 두번째로 신고전주의 이론은 주관주의적 가치판단을 생산요소들의 가치를 평가하는 기준(가격이 붙을 수 있는 것, 가격이 붙지 않는 것)으로 위치짓고 있다. 오늘날 '생태경제학자'로 칭해지는 신고전주의 경제이론에 대한 초기비판가들은, 만일 자연의 가치가 사람들의 (단기적) 필요에 의해 결정된다면 인간사회는 치명적인 생태위기에 직면하게 될 것이라 주장한 바 있다. 100여 년전 이들 생태경제학자들은 재화와 용역의 가치척도로 인간의 (주관주의적) 필요 대신에 (객관적인) 에너지총량을 사용하자고 제안하기도 했다(Martinez-Alier, 1991). 그러나 금세기에 들어서 주관주의적 가치개념에 대한 생태적 관점에서의 비판은 망각되었다.

외재성

피구(Pigou)는 외부비경제 또는 부(否)의 외재성 개념에 입각하여 환경문제에 관심을 가진 첫번째 신고전주의 경제학자였다. 이 개념의 중요성을 지적하기 위해 피구는 사회적 생산을 사적 생산으로부터 구분하였다. 이 양자간에는 상호이탈적인 경향이 존재한다. 이러한 이탈은 "계약당사자가 아닌 한 사회의 구성원 전체에게 미치는 영향, 즉 이익 또는 불이익으로부터 발생할 수 있다(Pigou, 1920/1952, p.192)." 다시 말해 이러한 영향은 긍정적, 또는 부정적일 수 있다는 것이다.

'보상받지 못하는 이익과 불이익'에 대한 피구의 사례들은 부분적으로 현재의 환경문제와 관련될 수 있다. 예를 들어 그는 부(否)의 외재성을 야기하는 공장들의 매연방출에 대해 언급했다. "공장의 매연은 공동체에 거대한 손실을 입힌다. 이로부터 건물이나 동식물들이 피해를 입을 수 있으며, 세탁

---

[6] 그러나 가격이 붙지 않은 희소자원이 전부 주류경제학에서 철저하게 배제된 것은 아니다(Robbins, 1935 ; Hennipman, 1945). 1960년대 이전의 몇몇 경제학자들은 신고전주의적 경제이론틀 내에서 가격이 붙지 않는 희소자원을 분석하고자 시도하였다.

물과 세탁소에서 깨끗이 세탁된 빨래들이 더러워질 수 있고, 실내에서는 햇빛이 있음에도 불구하고 인공적 불빛을 사용해야 하는 등의 실질적 손해가 야기되기 때문이다."(Pigou, 1920/1952, p.184)

피구의 관점에서 재화와 용역이 갖고 있는 사적 비용과 사회적 비용 간의 차이는 외재성이 만들어내는 것이다. 가령 중금속이 함유된 폐수를 강으로 방류하는 회사는 자신의 생산비 중 일부분을 강물의 질을 회복시키기 위한 비용으로써 사회에 이전시켜야 한다. 이러한 상황에서 시장가격은 희소성의 실제적 관계를 반영하지 못한다. 왜냐하면 '깨끗한 강물' 이라는 점차 희소화되어가는 재화는 소비자들의 상품선택 결정에서 배려되지 않기 때문이다. 이것은 시장이 생산요소들을 최적으로 배분하지 않음을 의미한다.

피구(Pigou, 1920/1952, p.192)에 의하면, 이 외부비경제가 생산물의 구매자들에게로 이전되는 과정을 확인하는 작업은 정부의 일이다. 따라서 그는 부(否)의 외부효과를 야기하는 행위들에 대해서는 과세하고, 정(正)의 외부효과를 산출하는 행위들에게는 보조금을 제공할 것을 제안하였다. 예를 들어 정화시설의 설치에 대해서는 보조금을 지불해야 한다. 이로부터 외재성은 그림자 가격을 획득할 수 있으며, 경제주체들은 이 가격을 고려에 넣어야 할 것이다. 이렇게 된다면 부(否)의 외재성들은 결코 사회로 전가되지 않으며, 또한 시장의 기능인 생산요소의 최적 배분은 회복될 수 있다.

피구의 지적 혁신에도 불구하고, 외재성 문제에 대한 논의들은 상당 기간 경제학의 주변영역으로 남아 있었다. 이것은 아마도 20세기 전반기의 사회 문제가 가진 성격에서 기인되는 것이리다. 양차 세계대전, 거대한 수의 실업, 그리고 생산정체 등은 이 기간 동안 지배적인 관심사였다. 이 기간 동안 피구의 외재성 개념은 실제적인 의미가 결여된 이론적 정교화에 불과한 것으로 간주되었다. 브락(Blaug, 1978, p.404)은 "양차대전 기간 동안 경제학 문헌들이 외재성에 대한 이론적 논의를 경제적 외설서로 간주하는 것이 공통된 경향이었다." 라고 진술하고 있다.

피구와는 별도로 킹(King, 1919, pp.5-49) 또한 경제학 영역에서 예외적 존재였다. 그는 2차 세계대전 이후 '국민소득' 으로 알려진 '사회소득' 개념을 분석한 후, 부의 최고수준과 국민소득의 최고수준 사이에는 부분적 대응성만이 존재한다는 결론에 도달하였다. 왜냐하면 산업화된 사회에서 높은 국민소득은 사실상 과거에 자유재로 간주되던 환경재화의 희소성이 증가하는 것과 병행하기 때문이다. 이의 예로 그는 놀이, 과일, 아름다운 경치, 광석·석탄과 같은 자연자원의 이용가능성 감소, 그리고 벌목으로 인한 생태계의 소멸 등을 지적하였다.

2차 세계대전 이후 국민소득의 계산방식과 관련된 논쟁이 일어났다. 이 논쟁에서 파브리칸트(Fabrikant,1947, p.50ff)는 킹의 생각을 다시 한번 발전시켰다. 킹의 생각에 화석연료와 비화석연료의 고갈을 비용요소로 첨삭함으로써, 국민소득 수준도 같은 양만큼 감소되어야 한다고 주장했다. 대조적으로 데니슨(Denison,1947)과 쿠즈네츠(Kuznets,1947)는 이러한 국민소득의 수정은 불필요한 것이라고 주장했다. 이들에게 자연은 무제한적으로 사용할 수 있는 장소, 즉 무한한 실체였다. 데니슨, 쿠즈네츠, 파브리칸트 간의 논쟁은 다음과 같은 지배적인 의견에 부딪쳐 결말을 보게 된다. 즉 자연은 무한한 실체로서, 특정 자연자원의 고갈을 걱정할 문제가 아니란 것이다.

당시의 사회적 관심은 전쟁기간 동안 거의 파괴된 생산능력을 유럽전역에서 회복하고, 실업을 억제하는 것에 초점을 두고 있었다. 사실 이 실업문제는 1930년대의 경제 대공황으로부터 전쟁기를 거치면서 모든 사람들의 뇌리에서 떠나지 않고 있던 문제였다. 이를 해결하는 방안으로서의 생산성 증대에 대한 강조는 한편에서 전세계적인 냉전 분위기와 절묘한 조화를 이루었다. 서구와 동구 양지역에서 생산성 증대는 이데올로기적 목적을 지닌 정치전략이자 동시에 군사전략이었다. 따라서 이러한 데니슨과 쿠즈네츠, 파브리칸트간의 논쟁은 생산성의 최대한 증가라는 사회적 합의를 위협할 수 있었다. 사실상 1950년대의 환경문제는 의식적이든 무의식적이든 사회적 토론과 과학적 토론의 주변부에 놓여 있었다.

1960년대 동안 대다수의 사회구성원들은 산업생산의 가속화 및 생산성 증대와 더불어 환경문제의 악화를 경험하였다. 서구사회에서 대기오염은 점차적으로 일반적인 현상이 되었다. '스모그 현상'이 자동차 사용의 유쾌하지 않은 부수효과로 발생하였다. 스모그로 인한 천식환자들은 덜 오염된 지역으로 이주해가야만 했다. 또한 호수와 강에서의 수영은 위험스러운 것으로 간주되기 시작하였다. 환경오염과 집중적인 농업방식은 특정 종류의 식물과 동물을 수적으로 감소시켰다. (고속)도로를 끊임없이 건설함에도 불구하고 교통혼잡 및 끊임없이 질주하는 자동차물결은 어디에서나 조우할 수 있는 일상화된 현상이었다. 새로운 산업지역과 주거지역이 개발되었다. 이러한 지역개발은 지방의 여러 지역들을 종횡으로 파괴하기 시작하였고, 개발이 안된 순수자연지를 감소시켰다. 석유화학산업의 엄청난 성장은 지구재난이라는 위기를 증폭시켰다. 한 마디로, 대다수 사람들이 환경악화를 일상적으로 경험하는 상황이 발생한 것이다. 그 결과로 1960년대말과 1970년대초에 들어서면서 환경문제에 대한 과학적 관심이 높아졌다.

    신고전주의적 신념을 가진 경제학자들은 피구로부터 실마리를 풀어나가려 하였다. 이들은 불법적인 환경파괴의 상황들이 '외재성'이라는 개념으로 만족스럽게 기술될 수 있으리라 생각하였다. 그러나 이 개념은 자연고갈과 관련된 문제를 분석함에 있어서 덜 유용한 것으로 드러났다. 그 이유는 자연고갈이 미치는 영향은 몇몇 개인적 차원으로 제한되지 않기 때문이다. 오히려 자연고갈은 인류와 사회에 영향을 미치며, '공해(Public Bad)'로 인지돼야 한다. 그렇다고 이 경제학자들은 외재성 개념의 분석도구로서의 유용성을 폐기하진 않았다. 오히려 국가 개입에 관한 피구의 주장이 강조되었고, 이 자연고갈이 가지고 있는 외재성의 집단적 성격이 이들에 대한 가치판단과 관련해서 문제제기되었다.

    화석연료의 고갈이 모든 경우에 민감한 현상이 되는 것은 아니다. 특히 미래세대들의 경우, 화석연료의 지나친 사용은 그들을 희생자로 만들 수 있다. 그렇지만 현재를 살아가는 우리들은 미래세대의 선호도를 잘 알지 못하기 때문에, 이에 대한 외재성 개념의 적용은 분석력을 상실할 수도 있다. 사실 외재성의 정의에 따르면, 현재의 경제활동이 미래세대에 미치는 모든 효과들이 외재성으로 간주될 수 있다. 왜냐하면 현재의 시장에서 이루어지는 상호작용들이 미래세대의 생산 및 소비의 가능성에 어떤 영향 — 미래세대가 이득을 얻든, 고통을 얻든 간에 ─ 을 미친다고 가정할 때, 이들은 현재의 시장에 편입되어 있지 않기 때문이다. 같은 이유에서 신고전주의 경제학자들은 초기에 환경문제를 오염문제로 국한시키는 경향이 있었다. 오염문제에서 화석연료의 고갈과 같은 보다 광범위한 문제들은 배제된다.

1960년대 후반 경제학자들은 환경문제에 대해 저술하기 시작하였다. 전반적으로 이들 저서들은 이른바 피구적 전통으로부터 영향을 받았다. 가장 유명한 저서 중 하나가 미샨(Mishan)의 『경제성장의 비용(The Cost of Economic Growth)』인데, 미샨은 산업생산이 외부비경제의 증가와 이로 인해 야기된 복지감소를 동반하고 있음을 분석하였다. 그에 의하면 그 동안 경제학은 양으로 측정할 수 있는 변수들, 즉 수출성장, GNP성장 등에 지나친 관심을 보여왔다는 것이다. 따라서 그는 양화할 수 있는 경제변수들이 어떻게 과대평가되어 왔는가를 설명하고자 하였으며, 나아가 생산증가가 항시적으로 야기하는 사회적 압박을 지적하고자 하였다. 이러한 경제성장에 대한 과대포장은 우리들의 신념, 즉 "부유하면 할수록 모든 사회악은 확실히 치유될 수 있을 것이다(Mishan, 1960)."에서 쉽게 찾아 볼 수 있다. 이러한 맥락에서 그는 건전한 환경에서 살고자 하는 권리보다 오염시킬 수 있는 권리에 보다 높은 우선순위를 부여하는 것이 불합리함을 지적하였다. 그는 시민법에 의해 쾌적한 환경권이 보호돼야 한다고 주장했다. 그 경우, 오염을 야기하는 생산과정을 들여오거나 확대하려는 생산자는 우선 오염권을 구입해야 한다. 비록 필요한 오염권의 비용이 너무 높아 첨가되는 생산시설로부터 어떠한 이윤을 보장받지 못한다 할지라도, 사회는 환경의 질에 우선순위를 부여해야만 한다. 미샨은 이러한 방식으로 외재성을 피구적 전통에 입각해 시장 가격기구로 완전히 내재화하였다. 그는 이 과정이 생산요소를 최적으로 배분할 것이라고 확신하였다.

미샨의 이론에서도 논리적 모순이 나타나고 있다. 그는 생산요소의 재배분을 자주 주장하였는데, 이 재배분이 가격기구를 통해 개인의 행위를 적응시킬 수 있는 동기가 되리라 생각했다. 그러나 다른 곳에서 그는 외부비경제를 양으로 측정하는 것, 즉 화폐 형태로 외재성을 표현하는 것이 거의 불가능하다고 기술하고 있다. 이 양화하기 힘든 외재성을 경제이론화하려고 할 때마다, 그는 후생경제학으로부터 고도의 공식적이고 허구적인 수학적 범례들로 뛰어들곤 하였다.

외재성을 내재화할 수 있는 가능성에 대해 미샨 스스로가 가지고 있던 의혹은 그의 저서들 곳곳에서 발견될 수 있다. 예를 들어 후에팅(Hueting, 1974/1980)은 환경파괴가 야기하는 전국가적 손실을 양화하고자 치밀히 시도한 후, 다음과 같은 결론을 내리고 있다.

"자연이 우리들에게 어떠한 가치를 가지고 있는가?"란 물음은 현재 사용가능한 분석도구들을 모두 활용한다 해도 답변될 수 없다. … 동시에 "환경을 대가로 생산/소비되는 재화의 가치는 무엇인가?"와 같은 물음도 대답될 수 없다. 생산과 환경이 갈등을 일으키고 이 과정에서 환경의 가치가 결정될 수 없다면, 재화의 시장가격은 해당 재화의 경제가치를 측정하는 척도로써 받아들여질 수 없다.

이렇듯 후에팅은 신고전주의적 접근법이 지닌 근본 문제들을 다루고자 했다. 가격이 붙은 희소재의 한정성, 즉 시장에서의 수요와 공급 간 긴장으로 표현된 희소성은 가격이 붙지 않은 형태의 희소재를 다소 배제시킨다.

이런 류의 문제는 다른 경제학자들에 의해서도 인식되었다. 예를 들어 구즈워드(Goudzwaard)는, 경제학자들이 가격 붙지 않은 희소재를 다루어야만 하는가에 의문을 제기하였다. 물론 그의 대답은 긍정적이었다. 왜냐하면 가격 붙은 희소재와 가격이 없는 희소재 간의 일관성이 배제된다면, 경제이론은 자신의 예측능력을 상실할 수도 있기 때문이다(Goudzwaard, 1970, p.106). 그는 가격이 없는 희소재의 문제를 경제정책의 한 부분으로 고려할 것을 제안하였다. 경제정책은 사실상 많은 주관적 요소들을 이미 가지고 있다. 그러나 이렇게 하는 것이 경제이론으로부터 생산요소로서의 자연자원을 배제시키는 것일 수도 있다. 경제학내에는 세 가지 등가의 생산요소들을 구분하는 오랜 전통이 있고, 때문에 이러한 입장은 결코 옹호될 수 없다. 사실 지금까지 경제이론으로부터 노동, 자본, 그리고 자연자원을 배제하는 원칙적인 논거는 존재하지 않는다.

4. 내부화된 외재성의 불확실한 토대

외재성의 내재화에 대한 장애물

환경문제를 축소시키려는 신고전주의적 전략은 외재성의 내재화로 요약된다. 이러한 발상은 시장을 통해 공급될 수 없는 것들을 포함하여 모든 재화와 용역에 대한 선호도가 내재화로 표현될 수 있다는 것이다. 그러나 이러한 내재화에는 근본적인 장애물들이 있다. 여기서는 신고전주의적 환경경제학의 장점과 약점에 대한 평가를 목적으로 이 장애물들을 논할 것이다.

첫번째의 근본적인 물음은 사회로 전가된 환경파괴로부터 기업이 얻는 이득에 관한 것이다. 이러한 이득은 환경파괴를 피하는 데 드는 비용과 대비해서 신중하게 고려되어야만 한다. 화폐적 관점에서 후자는 쉽고도 정확하게 평가될 수 있다. 예를 들어 회사가 방류한 중금속 폐수로부터 오염된 강을 오염이전 수준으로 떨어뜨리는 데 드는 비용은, 오염을 야기한 생산과정의 개선비용에 오염된 강의 정화비용을 합한 액수와 같다. 그러나 깨끗한 강이 높게 평가될 경우에 문제는 이보다 커진다. 깨끗한 강이 오염된 강에 비해 사람들에게 주는 혜택 중 몇 가지, 즉 식수 생산비용이나 높은 어업소득 등은 높은 시장가격을 갖는다. 반면 대부분의 혜택들은 시장가격으로 표현될 수 없다. 그 이유는 단순하다. 생태계나 자연경관과 같은 공공재화를 위한 시장은 존재하지 않기 때문이다. 예를 들어 1평방미터의 저습지 가격은 도대체 얼마인가? 결론적으로, 알려지지 않은 혜택을 무시하고 알려진 비용만을 중시하는 사고는 대단한 위험성을 내재하고 있다. 왜냐하면 환경을 평가하는 절차에서 고려되는 비용들이 과대평가되거나 과소평가될 것이기 때문이다.

시장이 결여된 상태에서 이러한 혜택을 측정하려면 다른 평가방법이 요구된다. 지난 10년 동안 '쾌락과 불쾌에 대한 가격부여'와 '불확정성의 가치화 방법' 등 대안적 가치평가방법에 대한 많은 연구조사들이 있었다. 이러한 연구조사들은 프리만(Freeman, 1985), 앤더슨과 비숍(Anderson and

Bishop, 1986), 피어스와 터너(Pearce and Turner, 1990, pp.141-58) 등의 저서에서 발견될 수 있다. 약간의 발전적 논의들이 있었다 할지라도, 이 방법들은 특정 환경질에 대한 개인적 선호도만을 지적할 수 있었다. 예를 들어 우연성을 가치로 평가하는 평가방법은 특수한 환경질에 모든 사람들이 '기꺼이 지불하려는 자세'를 과소평가하는지(Hoehn and Randall, 1987), 아니면 과대평가하는지(Crocker and Shogren, 1991) 여부를 명료화하지 못한다. 더 나아가 개인적 선호도가 어떻게 집단적 진술로 집적될 수 있을 것인가라는 중대한 문제가 만족스럽게 해결될 수 없었다. 집적을 위한 시도들은 유용성을 어떻게 측정할 것인가, 그리고 유용성을 개인간에 어떻게 비교할 것인가 등의 문제에 직면한다.

두번째 문제는 자연자원과 쾌적한 환경에 대한 미래세대의 선호도가 잘 알려져 있지 않다는 것이다. (화석연료나 광석과 같은) 재생불가능한 자원의 고갈, (열대림 벌채와 같은) 재생가능한 자연자원의 과잉착취, 그리고 (화학 및 핵쓰레기에 의한) 치유불가능할 정도의 생태계오염은 논란의 여지 없이 미래세대들이 이용할 수 있는 자연자원의 총량을 감소시킨다. 그러나 오늘날의 가치평가방법을 사용하여 이러한 문제들을 다룬다는 것은 거의 불가능하다. 결론적으로 개개 경제주체들의 선호도에 기반하여 자연자원을 평가한다는 것은 근시안적이다.

개별 경제주체들의 선호도가 전혀 알려져 있지 않거나 부분적으로만 알려져 있는 곳에서는, 정책결정자의 선호도가 대신 이용가능한 자연자원과 환경을 평가하는 데 사용되곤 하였다.[7] 물론 이것은 정치가들에게 자신의 선호도에 따라 환경기준들을 엄격히 하거나 느슨히 할 수 있는 기회를 제공한다. 만일 이들의 환경기준이 유권자의 환경질에 대한 선호도를 충족시키지 못하는 것이라면, 이는 훗날 선거에서 지지율의 하락으로 이어질 수 있다. 그러나 공적 선택에 관한 문헌들은 정치가들에게 '자신의 책임성'에 따

---

7) 후생경제학은 이를 '베르그송적 접근법(Bergsonian approach)'이라고 부른다. 위에서 언급된 적이 있는 개인간 유용성 비교의 문제점으로 인해, 정책결정가들은 사회복지의 측정이 유용성에 대한 개인들간의 가치평가에 의존해야 한다고 생각하였다.(Boadway and Bruce, 1984)

른 행동폭을 제한적으로나마 허용하려는 분위기가 있다.(van den Doel and van Velthoven, 1990, pp.99-163 ; Müller, 1989, pp.277-86, 344-7)

환경질에 대한 기준이 시민들의 평가에 근거하든, 정치가들의 우선순위에 근거하든, 환경정책은 오염유발 행위에는 조세를 부과하고 환경개선행위에는 보조금을 부과하는 것으로 설계되어 있다. 이러한 환경질의 가격으로의 표현은 경제주체들의 행동을 변형시키도록 유도해내거나, 덜 오염시키는 기술의 선택으로 이어질 수 있다.

그러나 바람직한 방향으로의 변화는 보장된 것이 아니다. 왜냐하면 정치가들은 경제주체들이 가지고 있는 환경개선 및 환경악화에 대한 실질적 선호도를 알지 못하기 때문이다. 예를 들어 가솔린에 대한 과세는 자동차 이용의 지속적인 감소를 목적으로 도입된 것인데, 만일 정치가들이 경제주체들의 자동차 이용에 대한 지불의지를 과소평가한다면, 이 과세정책은 의도된 효과를 얻지 못할 것이다. 결과적으로 그릇되게 평가된 개별주체들의 선호도와 비효율적인 환경정책은 상당한 위험성을 동반할 수 있다.

경제적인 연구조사의 도움을 받아 이 문제를 해결하려는 시도들이 있었다. 전년도의 가격변동을 수요/공급상의 변동과 조합한다면, 생산/소비과정에서 오염을 야기하는 재화와 용역의 수요/공급탄력성이 계산될 수 있다는 가정에 근거한다. 따라서 정치가들이 원하는 오염감소는 생산과 소비의 특정패턴을 변화시킬 수 있으며, 결과적으로 나타날 가격상승이나 가격하락도 계산될 수 있는 것이다. 이러한 가격변동은 과세와 보조금이라는 수단에 의해 실제화될 수 있기 때문이다.

불행히도 이러한 전략은 이론적 측면에서 보다 매력적이다. 예를 들어 네덜란드와 같은 나라에서 지속가능한 발전을 위해 필요한 방출량의 감소는 70%로부터 90%로 변화하고 있다(Langeweg, 1988). 만일 생산과 소비의 엄청난 조정과정이 과세라는 수단을 통해 가능한 것이라면, 오염을 야기하는 재화와 용역의 가격은 상대적으로 급격히 상승되어야 할 것이다. 때때로 이들 오염을 야기하는 재화와 용역의 실질적 가격은 상승하고 있다. 이러한 가격상승은 경제주체들의 구매선호도를 변화시킬 것이고 이로부터 재화와 용역의 수요/공급의 탄력성을 변화시킬 것이다. 만일 이러한 탄력성이 실질적인 변화에 의존하는 것이라면, 정치가들에게 결정적으로 결여되어 있는 것은 과세 이후 기대될 수 있는 경제주체들의 행위변동에 관한 정보이다.

피구 이후 몇 가지 종류의 경제도구들이 개발되었는데, 이것들은 예치금제도와 시장에서 교환할 수 있는 오염권제도이다. 이러한 경제정책적 도구들은 재정적 동기를 활용함으로써 개개인의 행동에 간접적인 영향을 미치고자 하였다. 특히 시장에서 교환할 수 있는 오염권은 경제학 저서들에서 이론적으로 검증되고 지지되었다. 이 장치가 지닌 장점들 중 하나는 교환가능한 오염권이 가져올 환경효과가 과세로 인한 효과처럼 그렇게 불확실하지는 않다는 것이다(Baumol and Oates, 1988, pp.178-80 ; Nenjes, 1990, pp.159-65 ; Peace sand Turner, 1990, p.115). 정치가들이 '허용가능한 것'으로 생각하는 오염방출의 총량은 작고 잘 정의된 방출단위를 기준으로 가장 높은 가격을 부르는 입찰자들에게 팔려진다. 만일 엄격한 강제조항이 발동된다면, 증가일로의 전체방출은 특정 상한선(환경의 질이라는 목표)을 초과하지 않을 것이다.

우선 교환가능한 오염권제도가 가져올 환경효과는 예측가능한 것처럼 보인다. 그러나 좀더 생각해보면 이는 그리 확실한 것이 아니다. 불행히도 오염방출이 지역적으로 집중되는 현상은 전혀 예방할 수 없다(Baumol and Oates, 1988, p.184 ; Peace and Turner, 1990, p.116). 덧붙여서 생태적으로 지속가능한 생산과 소비과정을 확립하기 위해, 절대적인 오염방출(70%에서 90%)이 규제적인 과세부과보다는 오히려 교환가능한 오염권을 사용함으로써 왜 보다 쉽게 도달될 수 있는지 안다는 것 또한 어려운 일이다.[8]

요약하자면 경제적 주체들의 선호도는 잘 알려져 있지 않거나(미래세대), 부분적으로만 알려져 있다(현세대). 그러나 이에 대한 정보는 피구적인 내재화방식에 기초하여 효과적인 환경정책의 윤곽을 그리는 데 절대적으로

---

8) 여기에서 교환가능한 오염권에 대한 찬반토론을 자세히 다룰 수는 없다. 이에 대한 경제적 논문들로는 Baumol and Oates, 1988, pp.155-296, Nentjes, 1990 ; Pearce and Turner, 1990 : pp.84-119을 참조하라. 환경정책에서 경제도구의 선택에 대한 법률적 논의로는 Peeters, 1991을 참조하라.

필요하다.[9]

생태적 불확실성

외부효과의 내재화는 사실상 어렵다. 왜냐하면 개인적 선호도에 관한 정보가 충분치 않기 때문이다. 더구나 개인적 선호도에 대한 정보가 충분하며, 이 개인적 선호도들을 바람직한 환경질에 대한 집단적 결정으로 집적시킬 수 있다고 가정하는 경우에조차도, 생태적 재난을 사전에 예방하지는 못할 것이다. 그 이유는 환경문제라는 맥락에서 합리적 선택이론이 가지고 있는 근본적 한계와 밀접히 연결되어 있다.

일반적으로 합리적 선택이론의 최적화 전략은, 이용가능한 생산요소들 ― 대부분 노동과 자본만이 내재적으로 중시된다 ― 이 경제주체들의 선호도에 따라 가능한 한 많은 수의 욕구를 충족시킬 수 있도록 분배되는 전략을 의미한다. 그러나 이러한 논리가 한계가 있음을 밝히는 것은 대단히 간단한 것이다. 현재 이루어지고 있는 자연자원 배분이 최적이 아님은, 그 동안의 환경파괴를 통해서 쉽게 증명되지 않았는가. 그런데 이에 대한 신고전주의적 치유책은 가격변동을 통해 최적의 배분을 회복하는 것이다. 그러나 이러한 최적화의 철학이 '생태적 유용성 공간'을 관리할 수 있을 것인가라는 물음은 하나의 의문으로 남는다.(Opschoor, 1987)

이에 대한 놀랄 만한 예를, 산성비로 인해 대규모로 죽어가고 있는 열대림에서 찾아 볼 수 있다. 산성비를 야기하는 원인 중 하나는 막대한 양의 아황산가스(SO_2)이다. 약 20년 전, 유럽에서 취해진 첫번째 조처는 SO_2의 해악을 감소시키는 것이었다. 이러한 조치들은 천연가스와 핵에너지로의 전환, 특히 높은 굴뚝 건설을 포함하고 있었다. 도시 및 산업지역의 대기오염이 현저히 줄어들었기 때문에, 적절한 조치로 평가받았다. 그러나 머지않아 이 높은 굴뚝들이 산성화를 야기하는 물질들을 유럽전역으로 확산시켰음을 알게 되었다. 산성 침전물들은 산업지역을 넘어서 급속도로 확산되어 갔다. 이

---

[9] 효율적 경제도구의 선택을 둘러싼 논쟁이 중요하지는 않지만, 경제문헌에서는 상당한 관심을 끌고 있다. 그러나 우리들은 이 문제를 다루지 않을 것이다. 여기에서 핵심점은 생태적 통찰력을 경제이론으로 통합하는 것인데, 문제는 현재의 경제이론이 환경문제를 분석할 가능성을 어떻게 제공하느냐에 달려 있다.

물질은 중부유럽과 스칸디나비아 반도의 산림들을 파괴시켰다. 사실상 생태계의 산성화는 예측가능한 것이었다. 초기단계에서 생물학자들은 이 높은 굴뚝들이 기껏해야 산성물질들을 다른 지역으로 이전시킬 것이라고 지적하였다. 그러나 사회는 이러한 경고를 과장이라고 쉽게 무시하였다. 왜냐하면 이 물질들이 자연에 미칠 영향을 알지 못했기 때문이다.

다른 예를 DDT와 농업제초제에서 찾아 볼 수 있다. 그 동안 이 물질들은 광범위한 생태계 파괴를 야기하였다. 또한 이산화탄소(CO_2)의 방출과 심각한 기후변화가 밀접한 연관을 가진 것으로 밝혀지자, 사람들은 이에 대해 놀라워 하였다. 염화불화탄소의 방출과 오존층 사이의 관계에 대해서도 동일한 논리를 적용시킬 수 있다. 이처럼 다양한 예들을 하나하나 열거할 수는 없지만, 우리들은 그 동안 인간의 산업활동이 자연에 미친 영향을 과소평가하였거나, 최소화하였거나, 무시하였음을 알 수 있다.

만일 인간개입으로 기인한 자연파괴가 그 동안 지속적으로 무시되어 왔다면, 신고전주의적 분석과 정책적 권고안들이 전제하고 있는 자연자원의 최적활용 가능성은 문제가 될 수 있다. 따라서 신고전주의의 최적화 이론은, 자신의 전제조건으로서 대안적 행동이 자연에 미치는 영향에 대한 통찰력을 필요로 한다. 더불어 이론에 부여한 절대적 확실성에 한계를 가하는 확률성이론을 만들어내야 한다. 절대적 확실성이란 완전한 정보를 가진 주체들이 존재한다는 가정에서 나온 것이다. 그러나 이러한 가정은 역으로 경제적 주체들이 일반적으로 지구(자연)에 대해 가지고 있는 지식의 한계를 소홀히 하였다. 반면 한계를 설정한 상대적 확률성은 보다 발전된 이론적 시도로 보이나, 이를 위해선 현재의 생태지식보다 더 많은 지식을 필요로 한다.(Drepper and Manson, 1990)

그러나 일반적으로 자연과정들, 그리고 이 과정에의 인간개입은 다음과 같은 세 가지 이유로 인해 예측불가능한 것으로 간주되고 있다. 첫째 개개의 오염물질 방출보다 이들간의 복합작용이 환경에 미치는 충격을 증가시킨다. 가령 산성화 물질인 아황산가스(SO_2), 질소산화물(NO_x), 암모니아(NH_3), 오존(O_3) 등이 복합적으로 지구에 미치는 영향은, 이 물질들이 개별적으로 미치는 효과의 선형적 총합보다 실질적으로 심각하다 (Tonneijck,1981). 둘째 그 파괴의 출발점이라는 것이 생태계에서는 동일하다는 것이다. 그 예를 우리는 다시 산성화 물질에서 찾아볼 수 있다. 1980년대초 갑작스럽게 가속화된 산림파괴와 유럽산림의 죽음은 (과학자들을 포함해) 거의 대부분의 사람들에게 청천벽력처럼 여겨졌다. 토양의 충격흡수 능력이 지난 수십 년 동안 심각한 환경파괴 물질로부터 나무들을 보호해왔다. 이제 그 물질들이 포화점에 도달하자마자, 산성물질은 나무들에게 치명적인 영향을 주었으며, 급기야는 지난 몇년 동안 고사현상으로까지 몰고갔다. 세번째 오염물질의 방출이 환경에 주는 충격은 대부분 시차를 두고 뒤늦게 나타난다는 것이다. 예를 들어 분뇨와 화학비료로부터 나온 질소가 토양표면으로부터 지하 깊숙이 침투하여 지하수의 질소오염을 야기하기까지는 수십 년이 걸렸다. 비록 지하수로의 질소누출이 지금과 같이 금지된다 할지라도, 지하수의 질소오염은 앞으로도 계속해서 몇 십년 동안 증가할 것이다.

요약하자면 복합작용, 파괴의 출발점, 뒤늦게 나타나는 반응들은 오염물질 방출과 환경악화 사이의 관계를 제대로 포착하기 어렵게 만든다. 인간행동으로부터 영향을 받는 생태계는 경제학자들의 일반적 가정보다 훨씬 변덕스럽게 변화한다. 또한 우리들이 자연자원 매장량을 정확히 평가할 수 없는 한, 이용가능한 자연자원의 사용을 최적화하려는 신고전주의적 접근법은 충분한 것이 아니다. 만일 돌이킬 수 없는 자연파괴를 피하고자 한다면 자연의 구체적 한계들에 대한 정확한 정보가 필요하며, 이것이 없다면 신고전주의의 전략인 '생태적 유용성 공간'의 최적화는 가능한 것이 아니다.

5. 마르크스의 결함

마르크스주의 지향적 접근법

위에서 우리 필자들은 몇 가지 결론을 내렸다. 그 결론 중 하나는 신고전주의 경제학자들이 '제3의 생산요소'를 오랫동안 무시해왔다는 것이다. 이로부터 신고전주의 경제이론 내의 대안적 논의들에 대해 다음과 같은 질문을 던질 수 있다. "이들은 생산·소비과정이 자연자원의 질, 그리고 자연자원의 이용가능성에 미치는 영향을 적절히 다루고 있는가?" 그 동안 주류경제이론을 신랄하게 비판해온 학자들은 마르크스주의적 정향성을 보인 학자들이었다. 이 장에서는 환경문제와 관련된 신고전주의 경제사상의 '자연적' 해독제, 즉 이들 마르크스주의적 접근법을 검증하고자 한다.[10]

불행히도 지난 100여 년 동안 마르크스주의자들과 마르크스주의 지향적 학자들은 신고전주의 경제학자들보다 더 환경문제에 무관심했다. 그러나 카프(K. William Kapp)만은 예외였다.[11] 1950년대초, 그는 환경문제가 지니고 있는 경제적 의미를 지적했다. 카프에 의하면 그 동안 자본주의적 생산양식의 발전과정은 치명적인 결과들을 동반했다. 그는 그 예로 실업, 공장내 위험사고들, 새로운 기술발달에 의해 야기된 노하우의 상실 등을 열거하면서 공기오염, 토양침식, 동식물의 고갈, 그리고 에너지 낭비 등을 첨가하였다.[12] 또한 그는 기업들이 가능한 한 생산비용의 상당부분을 다른 경제주체들, 즉 전체 사회에 전가하려 한다고 기술했다.(Kapp, 1950, p.200)

후에팅은 카프의 이론에 주목한 첫번째 경제학자였다. 카프의 저술들을 신고전주의적 접근법과 대비하여 평가한 후, 후에팅(Hueting, 1974/1980, p.72)은 카프가 환경문제에 대해 단순한 관점만을 표현했다고 결론지었다.

---

10) 우리들은 환경문제에 대한 제도주의적 접근법을 논의하려는 것이 아니다. 제도주의적 접근법을 알고자 한다면 쇠더바움(Söderbaum, 1987)과 스와니(Swaney, 1987a ; 1987b)를 참조하라. 또한 우리 필자들은 다른 논문에서 제도주의적 접근법을 논한 바 있다.(Dietz and van der Straaten, 1992)
11) 어떤 사람들은 카프가 제도의 문제들을 더 핵심적으로 다뤘기 때문에, 그를 마르크스주의자라기보다는 제도주의자라고 주장하기도 한다. 그러나 환경문제 분석과 관련하여, 카프는 마르크스주의적 논의경향을 보이고 있다. 신고전주의적 환경문제 접근법에 카프가 행한 비판은 자본주의적 생산양식을 비판하는 과정에서 나온 내용의 일부분이다. 물론 노동과 자본간 대립이 이 비판작업에서 핵심적 역할을 담당하고 있다.
12) 카프는 이 불행한 효과들을 '사회적 비용'이라고 불렀다. 카프의 사회적 비용에 대한 정의는 외재성 개념보다 더 광범위한 것이다. 시장의 상호작용에 포함되지 않은 부분에, 경제활동이 미치는 효과들뿐만 아니라 자본주의적 생산양식의 모든 실패들이 이 개념으로 구체화되었다.

환경문제에서 기업은 환경파괴의 복구비용을 노동자·소비자·전체사회로 전가시키는 일종의 착취자로 행동한다. 그런데 현 사회질서에서 이 범주의 개별 주체들은 환경파괴 비용을 받아들이려 하지 않을 것이다. 그렇게 되기 위해선외부효과를 내재화한 가격보다 훨씬 값싼 생산형태가 보상적으로 주어져야 한다.

그러나 후에팅의 분석과는 대조적으로 카프는 "… 사기업의 사회비용이 커지고 그 중요성이 증가하면 할수록, 사회의 그 비용에 대한 인식은 높아질 것이며, 비화폐적 관점의 가치들에 대한 관심도 더욱 커질 것이다." 라고 기술하였다(Kapp, 1950, p.200). 후에팅은 카프의 지적인 비화폐적 관점을 강조하는 대신, 화폐적 관점에서 환경파괴의 비용을 양화하고자 하였다.

카프와 달리 마르크스주의자들은 대개 환경문제에 거의 관심을 가지지 않았다. 이것은 마르크스의 저작이 처음부터 끝까지 자본에 의한 노동착취를 다룬다는 사실만큼이나 놀라운 것이 아니다. 마르크스주의자들의 저술에서 자연자원 또는 환경에 관한 이론이라고 불릴 수 있는 것은 거의 발견할 수 없다. 노동착취에 대한 집착은 이들로 하여금 환경문제를 제대로 볼 수 없도록 만들었다. 1960년대와 1970년대의 대다수 마르크스주의자들은 환경문제를 이데올로기 비판적 관점에서 다루었다. 그들은 환경문제를 부르조아 경제학자들이 대중들의 관심을 계급투쟁으로부터 이탈시키기 위해 인위적으로 조작해낸 문제로 간주하였다. 때문에 마르크스주의자들은 로마클럽 보고서 등에 대해 어떠한 평가도 유보하였다.

그러나 이러한 입장은 지속적으로 견지되지 않았다. 대부분의 사람들이 날로 증가하는 환경문제로부터 고통을 받고 있었기 때문이다. 자본가들과 노동자들 모두가 산성비, 핵폐기물, 오존층파괴, 기후변화, 땅과 물 표면의 오염 등의 문제를 간접적으로 경험하거나 직접적으로 피해를 받았다. 궁극적으로 이 문제들은 마르크스주의 학자들에 의해 무시될 수 없었다. 더 나아가 자연파괴에 대한 불만족은 환경 이익집단들을 등장시켰다. 이러한 사회발전은 마르크스주의자들에게 압박감을 주기 시작하였고, 최근 들어서 이들은 환경문제에 관한 입장을 개진하기 시작했다.

초기엔 정통 마르크스주의적 접근법이 환경문제에 대한 분석을 지배하였다. 이러한 접근법은 자본주의 생산양식과 사회주의 생산양식을 대비시켜, 전자는 삶의 기반을 파괴하지만 후자는 이러한 파괴를 야기하지 않는다는 마르크스의 생각에 기초하고 있었다(Marx, 1876/1977, pp.474-5). 이러한 논점을 취하는 학자들은 인간의 자연으로부터의 소외가 노동으로부터의 소외와 동일한 뿌리라고 주장한다. 생산수단에 대한 통제를 노동계급에게 이전함으로써 인간노동의 소외를 폐지하는 것이, 동시에 자연과 환경으로부터의 인간소외에 막을 내릴 수 있다는 것이다.(Heise and Hembold, 1977, pp.22-38 ; Romören and Romören, 1978, pp.35-47 ; Krusewitz, 1978, pp.81-108 ; Gärtner, 1979, p.70을 참조하라.)

또한 이 문헌들은 환경문제와 자원고갈 문제를 분석할 수 있을 정도로 포괄적 이론들을 마르크스가 갖고 있다고 주장한다. 그러나 이는 사실이 아니다. 자연과 사회간 관계에 대한 문제의식은, 마르크스가 살던 시기의 일반적 관심사가 결코 아니었다. 산업혁명의 등장과 이를 가능케 한 기술발달은 기술발전의 사회적 잠재력에 대한 사회적 신념을 확산시켰다. 이런 신념은 마르크스에게서도 발견될 수 있다. 예를 들어 그의 관점에서 생산력의 발전은 사회주의사회를 실현하기 위한 필요조건이었다. 또한 동시에 마르크스는 자연과 사회간 관계에 관한 체계적 생각을 발전시키지 않았다. 그러나 이 문제에 대한 언급은 그의 저서 도처에서 산발적으로 나타나고 있다.

마르크스는 자연과 노동이 변증법적 통일체의 두 구성요소임을 인정했으나, 노동가치에 거의 모든 관심을 집중시키고 있었다(Marx, 1867/1977, p.172 ; 1844/1964, p.112). 따라서 변증법적 통일체의 다른 한 부분인 자연으로부터 어떻게 가치들이 박탈되는가는 모호한 채로 남겨져 있다. 그에 의하면 자연은 그 자체로서 어떠한 가치도 가지고 있지 않다. 자연적 물질은 인간노동이 첨가되는 과정을 통해서만 가치를 획득한다. "인간노동이 대상으로 선정하고 있는 순수한 자연물질은 노동이 가해지지 않는 한 가치를 가지지 않는다."(Marx, 1857-8/1973, p.366)

마르크스의 논의 초점은 노동과 자본간 모순에 두어졌다. 그는 이 모순을 분석하면서 리카르도에게서 기원하는 노동가치이론을 사용했다. 이 이론의 사용은 마르크스에게 잉여가치의 창출과 노동착취의 기제를 설명하고 비판할 수 있도록 하였다. 그러나 동시에 이 이론은 경제와 자연을 양분화시켰다. 왜냐하면 노동가치론에서는 자연에서 도출되는 자원이 고갈되지 않기 때문이다(Immler, 1983a, 1983b). 노동가치론의 사용으로부터 야기된 무의식적인 결과가 마르크스에게 가치원천으로서의 자연을 무시하도록 한 것이다. 이러한 태도는 비록 마르크스가 노동과 자본을 변증법적 통일체의 두 구성요소이자, 가치의 두 근원이라고 상정했다 할지라도 이와는 상반되는 것이었다. 마르크스가 이런 모순을 알고 있었는지는 명료하지 않다. 그러나 이것은 노동요소에 배타적으로 부여한 그의 관심과 밀접히 연결되어 있다.

마르크스 이론에 잠재되어 있는 인간과 자연간의 분열은, 이후 환경문제에 대한 마르크스주의자들의 견해에 강력한 영향을 주었다. 함젠(Harmsen, 1974, p.15)에 의하면, 왜 그토록 오랫동안 마르크스주의자들이 환경문제의 사회적 중요성을 인정하지 않았는가가 그것으로 설명된다. 마르크스주의자들은 사회의 계급폐지가 합리적 환경관리를 자동 창출한다고 생각해왔다.

1970년대말경 정통 마르크스주의적 접근법에 대한 최초의 비판이 마르크스주의자들 중에서 나타났고, 다른 학자들은 마르크스주의에 기초하여 환경과 자연에 관한 대안이론을 구성하려 시도하였다(Ullrich, 1979 ; Ernst Pörksen, 1984 ; Govers, 1988). 이들은 과도한 환경착취를 설명하기 위해 '교환가치'와 '사용가치' 등의 개념들을 활용하였다. 그러나 이런 류의 시도들은 거의 설득력이 없었다. 왜냐하면 마르크스주의적 이론은 대부분 환경문제를 설명하기 위한 분석범주를 결여하고 있기 때문이다.[13]

요약하자면 '환경문제'를 특화해서 다루는 마르크스주의적 논의는 있을 수 없다. 만일 이러한 이론이 있다 할지라도, 환경오염이 어느 정도까지 감소돼야만 하는가란 핵심적 물음에 답해 줄 수 없다. 지금까지 신고전주의적 이론도, 마르크스주의적 이론도 환경문제에 대한 충분한 해결방안을 제시

---

13) 다른 곳에서 필자들은 환경문제에 대한 마르크스주의적 분석을 포괄적으로 개관한 바 있다.(Dierz and van der Straaten, 1990)

해주지 못했다. 그 이유는 부분적으로 그들 이론의 출발점에서 비롯된다.
  신고전주의 이론과 마르크스주의 이론 모두 19세기 후반기에 형성되었다. 그 이론들은 동일한 시장과정을 분석하고 기술하였다. 신고전주의 경제학자들은 생산요소인 노동과 자본의 효율적 사용의 문제를 강조하였다. 반면 마르크스주의 경제학자들은 동일한 시장과정 — 신고전주의 경제학자들에 따르면 시장에서는 생산요소의 최적배분이 실현된다. — 으로부터 발생하는 노동과 자본간 소득 및 권력의 불균등한 배분을 강조하였다. 두 이론의 사고틀은 출발부터 사회적으로 수용될 수 있는 환경악화(환경질)의 수준을 결정할 수 없도록 구조화되어 있었다. 더불어 이 두 이론들에서 '생태적 유용성 공간'의 경계는 생태계의 본질에 대한 정보를 충분히 가질 수 없음으로 인해 결정될 수 없다. 이에 대해선 이미 앞절에서 논의한 바 있다.

6. 지속가능한 발전

  앞에서 논의한 내용들은 대안이론적 개념들이 필요함을 강조하기 위한 것이다. 신고전주의는 자연자원에 대해 전혀 이론적 배려를 하지 않았다. 기껏해야 자연자원의 이용은 최적화라는 일반문제에 불과한 것으로 치부되었다. 외부효과의 내부화는 가용 자연자원을 최적으로 이용하기 위한 개념적 열쇠이다. 또한 마르크스 이론은 자연자원의 양과 질을 상수적 변수로 가정하는 고대사상에 지나치게 의존하고 있다. 자연자원의 이용가능성을 설명변수로 간주하는 19세기 고전경제학자들과는 달리, 20세기 경제학자들은 환경을 데이터로 간주하거나(신고전주의자), 상수로 생각하였다(신마르크스주의자). 이러한 태도변화는 자연자원 이용의 성격전환, 즉 고정된 저장량으로서의 성격으로부터 유동적 성격의 자연자원 사용으로 전환된 것과 밀접히 관련되어 있다. 이러한 전환은 경제학자들로 하여금 생산요소로서의 자연을 경제이론의 주변으로 밀어내도록 하였으며, 시장기제의 분석에만 관심을 집중시키도록 하였다. 그러나 최근의 환경위기는 이러한 태도가 지속불가능함을 보여주고 있다.

그 동안 여러 학자들이 경제이론을 변형시키려 하였다. 볼딩(Boulding, 1966)은 '우주선 지구호'라는 개념을 생각해냈고, 구즈워드(Goudzwaard, 1974)는 자연적 한계내에서 경제활동을 할 것을 제안했으며, 작스(Sachs, 1976, 1984)는 생태발전을 지지하였고, 쇠더바움(Söderbaum, 1980, 1982)은 정부정책들이 기반해야 하는 생태적 명제조항을 제안했으며, 옵셔(Opschoor, 1987, 1990)는 경제활동을 생태적 유용성 공간내에 유지시키고자 하였다. 그리고 브룬트란트(Brundtland, et al, 1987)는 최근 유행하는 지속가능한 발전 개념을 선택하였다. 이 모든 견해들은 생태적으로 지탱가능한 자연자원의 사용을 경제이론의 정교화 및 발전의 출발점으로 삼는다. 이러한 관점에서 우리들은 19세기초 고전주의 경제학자들의 관점으로 되돌아갈 수 있다.

지속가능한 발전은 규범적 개념이다. 사실 주장의 핵심은 자연자원을 여러 세대간 그리고 동일시대를 살아가는 제1세계와 제3세계 간에 공정히 배분하자는 것이다. 그러나 이 개념이 리우 환경개발회의 이후 특히 전세계적으로 지지되었다 할지라도, 지속가능한 발전의 실현은 문제성을 내포하고 있다(Opschoor, 1990). 여러 가지 주요문제들 중 하나를 지적한다면, 그것은 개념의 운용성 문제(Operationalization)이다. 운용성 문제에서도 여러 가지 것들이 거론될 수 있다. 예를 들어 자연이 인간생산과 소비에 부여하는 한계들은 무엇인가? 이러한 한계들은 이미 상당히 파괴된 생태적 질과 어떠한 관계를 가지고 있는가? 우리들은 생태적 질의 개선을 목적으로 해야만 하는가? 만일 물질을 최대한 재활용하는 방식을 취한다면, 고갈될 수밖에 없는 자연자원량은 어떻게 사용되어야 하는가? 이러한 의문들은 결코 최근의 지식들에 의해 풀려질 수 없다.

필자들이 보기에 생태계와 경제계가 맺고 있는 관계의 성격규정이, 이 물음의 방향을 가르쳐주고 있다. 특히 이와 관련하여 생태적인 순환과정이 자세히 관찰되어야 한다. 오랫동안 생산과 소비과정은 생태과정으로부터 독립된 자기폐쇄적 과정으로 기술되어 왔다. 만일 생태적 통찰력이 경제이론으로 통합될 수 있으려면, 이처럼 경제이론내에서 전통적으로 간주되어온 폐쇄된 경제과정은 개방된 과정으로 인식전환이 이루어져야 한다.[14]

생태학에서 '생태순환과정'이라는 개념은 생태과정의 특성을 기술하고 있다. 일반적으로 생태과정에 포함되어 있는 여러 가지 구체적인 물질들이 선택되고, 이것들이 축적 또는 분해되는 정도, 그리고 생태순환과정으로 갇혀지는 방식 등이 검증되었다. 만일 생태계내의 정보와 에너지의 흐름이 보완될 수 있다면, 생태과정에 대한 기술은 보다 완전해질 수 있을 것이다. 태양으로부터 나오는 에너지가 없다면, 이 체계는 기능하지 않을 것이다. 더 나아가 어떤 사건들이 생태계 내에서 일어날 수도 있다는 것을 근거로 하여, 특정 정도의 정보가 생태계 내에 존재하여야만 한다. 예를 들어 정보는 새로운 세포의 생성 또는 유기물질의 해체를 야기한다. 생태과정에 조화될 수 있는 생산 및 소비방식을 기술하고자 시도했던 경제모델들은 이러한 관계들을 고려했어야만 했다.

그림1은 인간의 생산 및 소비가 생태계에 미치는 몇 가지 영향을 분류하고 있다.[15] 인간의 생산과 소비체계는 무엇보다도 생태순환계(생태계의 활성적 부분)로부터 자연자원을 사용하는 것에 의거하고 있다. 농업생산은 이러한 관계의 좋은 예이다. 유기물들은 태양의 영향으로부터 형성되며, 인간과 동물을 위한 음식으로 전환된다. 이론상 이러한 자연자원은 고갈되지 않으며 영원한 재생산과정 속에서 생산된다. 대조적으로 화석연료자원과 천연가스는 고갈될 수 있다. 지표 가까이에 있는 가용 천연석유의 매장량은 인간적 시간의 지평 속에선 증가하지 않기 때문에, 석유가 함유하고 있는 탄화수소는 '저장 총량'으로 표시된다. 생태계의 화석화된 부분은 경제계

---

14) 다음 문구는 디츠와 반 드 쉬트라텐의 논의(Dietz and van der Straaten, 1988 ; van der Straaten, 1990, pp.103-16)에 그 근거를 두고 있다.
15) 생태계는 전지구적 차원(오존층을 포함한 고도의 대기층), 대륙적 차원(대륙과 대양), 강 차원(거대한 강 그리고 해양의 저지대), 지방 차원(경관), 그리고 지역 차원(작업 및 생활환경)에서 기술될 수 있다. 지구 차원에서는 방사선과 기후를 조정하는 과정이 일어나며, 대륙 차원에서는 공기순환, 대양순환과 같은 순환이 일어나고, 강 차원에선 물 생태계와 관련된 다양한 과정들로 구성되며, 지방 차원에선 토양내 여러 과정들을 의미하고, 지역 차원에선 인간에 의해 만들어진 환경을 다룬다.

〈그림1〉 생산 및 소비체계와 생태계간 관계

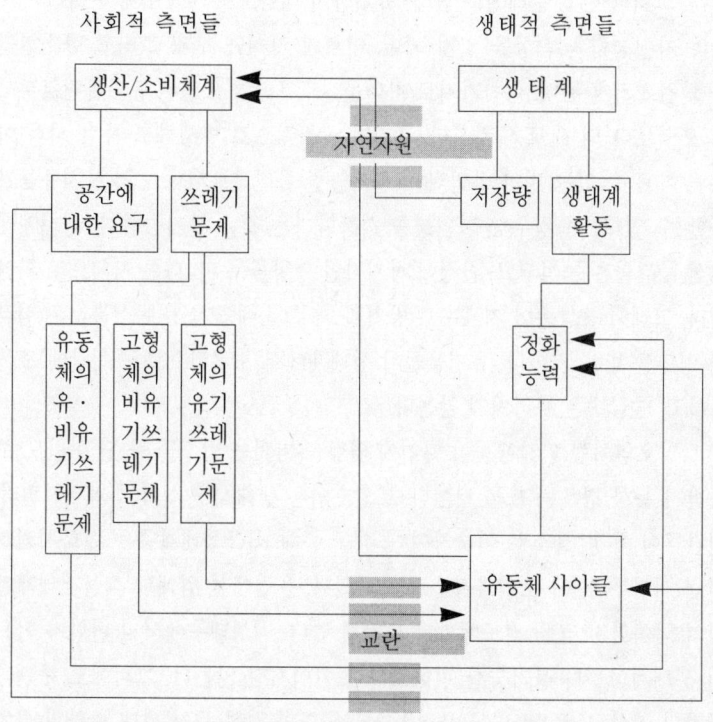

에서 발생한 쓰레기의 흐름으로부터 전혀 영향받지 않는다. 환경오염은 순환적으로 기능하는 생태계의 각 부분들에서 발생한다. 이러한 순환과정은 쓰레기생산물에 의해 교란될 수 있다.

유기물질의 생태계 방기와, 비유기적 합성물질의 생태계 방기 사이에는 큰 차이점이 존재한다. 유기물질은 정상적으로 작동하고 있는 생태계의 구성요소들이다. 반면 비유기적인 합성물질은 생태계에 낯선 이물질들이다. 이것들이 생태계에 버려졌을 때, 비록 집적도는 낮다 할지라도 교란이 일어난다. 왜냐하면 이런 류의 쓰레기를 처리하거나 해체하는 기제가 정상적인 생태계에는 존재하지 않기 때문이다. 부연하자면 분해될 수 있는 유기물질의 폐기 및 매장은 반드시 생태계를 교란하진 않는다. 이러한 물질은 이미 생태순환과정의 한 부분이며, 정상적인 방법인 박테리아에 의해 분해될 수 있다. 그러나 만일 분해될 수 있는 유기물이 대량으로 지표수에 버려진다면, 물의 자정능력은 손상을 입게 되며, 이로써 악취와 부패 그리고 산소결핍 등을 일으키게 된다. 마찬가지로 화석물질로부터의 오염은 유기물질로부터의 오염보다 더 해로운 것이다. 후자가 국소적으로 발생하고 특정 시점 이후 중화될 수 있는 것인 반면, 분해불가능한 물질로부터의 오염은 치유불가능할 수 있다. 이 경우 순환기능을 회복한다는 것은 불가능하다. 생태계에 낯선 물질들은 누적되고, 환경에 장기적인 영향을 주며, 다른 지역으로 확산된다. 그래서 중금속이 지표수로 방기될 때, 그속에 노출된 동식물군은 심각한 영향을 받을 것이다. 유기물들이 생태계에서 누적적으로 죽어감에도 불구하고, 중금속은 사라지지 않는다.

토양오염처럼 인간행동이 자연에 영향을 미치는 범주들 중 단 한번도 주목받지 못한 경우는 드물 것이다. 토양오염은 생태계를 심하게 파괴시킨다. 인간들이 특정 장소로 이주하여 농경을 통해 식물생태계층을 변화시키려 했던 시점부터, 이 오염과정은 시작되었다. 유럽에선 원래의 식물생태계가 거의 남아있지 않을 정도에까지 도달해 있다. 식생태층에서의 변화가 반드시 생태계의 치유불가능한 변화로까지 이어지진 않는다. 그외에도 주택과 공장의 건설, 도로 및 다른 물질적 하부구조의 건설 등이 생태계 파괴에 치명적인 영향을 미쳤다. 이러한 영향은 쓰레기 방기가 야기하는 변화와는 또 다른 것이다. 이것은 생태계순환의 기능에 보다 빨리, 그리고 보다 직접적으로 위협을 가한다. 가령 자연삼림지대가 경작가능한 땅으로 변화된다면 생태계는 변할 수 있다. 도로건설로 인한 벌목 또한 그러하다.

그림1의 '생산/소비체계'의 상자는 자연자원을 착취하는 인간들의 충격을 나타낸다. 가격기제는 자연자원의 질과 이용가능성에 대한 정보를 부분적으로만 개인들에게 알려주고 있다. 이러한 정보결여를 세금이나 보조금 등을 활용한 가격대안들에 의해 보완하려는 (신고전주의) 경제학자들의 권고안은 결코 가능하지 않은 것들이다. 이것은 경제활동이 환경에 미치는 영향에 대한 정보가 지속적으로 결여됨을 의미한다. 자연에 대한 파레토의 최

적 착취는 인간활동이 자연에 미치는 예측불가능한 효과로 인해 결코 가능하지 않다. 이런 상황에서는 인간활동의 생태적 지속가능성에 대한 '입증부담(Burden of Proof)'이 주로 자연에 의해 결정될 위험성이 있다.[16]

우리의 관점에서 볼 때 기존의 주류경제이론은 환경문제를 중심으로 한 대안이론의 적합한 출발점이 되지 못한다. 이와 달리 비록 불완전하다 할지라도 생태학자들의 통찰력이 출발점으로서 더 나을 수도 있다. 이러한 불확실성은 인간들이 자연을 치유불가능할 정도로 파괴시키지 않고, 자연으로부터 무엇을 그리고 얼마만큼의 양을 취할 수 있을 것인 가에도 존재한다. 이러한 불확실성은 우리 인간들을 절제하며 조심스럽게 행동하도록 한다.

7. 결론

생태적으로 지속가능한 사회를 목표로 한다면, 그 전제조건은 생태계의 기능이 치유불가능할 정도로 파괴되지 않도록 생태계순환을 이용하는 것이다. 그러나 이러한 출발을 현실에 적용한다는 것은 쉬운 일이 아니다. 어쨌든 생태순환에 낯선, 그리고 화석자연자원으로부터 추출된 물질들의 방기는 최소화되거나 금지되어야 한다. 이러한 명제는 광석 및 합성물의 재순환적 사용을 통해 화석연료의 고갈속도를 낮추는 것을 의미한다. 그러나 모든 물질을 완전히 재순환시킨다는 것은 불가능하다. 생산, 소비 그리고 재활용 과정 동안 물질의 한 부분은 '누출' 될 것이며, 궁극적으로는 생태계에 도달할 것이다. 기술발달은 '누출된' 물질의 퍼센트를 지속적으로 감소시키는 방향에서 이루어져야 한다. 지속가능한 해결방안은 완전히 재생가능한 자원으로의 전환 속에 있다. 재생가능한 자원들은 영원히 순환하는 생태계로부터 추출된 자원들이다. 그리고 궁극적으로 생산과 소비과정에서 사용된 이후, 생태계를 교란시킴 없이 처분될 수 있는 자원이다(만일 수용력이 초

---

[16] 이것은 주류 환경경제학과 최근의 환경정책이 상호연결성을 결여하고 있음을 설명하는 시도들 중 하나이다. 이에 대해선 Dietz and vander Straaten, 1992을 참조하라.

과되지 않는다면). 동일한 권고안이 에너지의 추출과 사용에도 적용될 수 있다. 현재 사용하고 있는 석탄, 석유, 천연가스는 그 저장량이 조만간 고갈될 것이다. 그것은 장기적 관점에서, 순환적 에너지로의 완전한 전환이 불가피함을 의미한다.

생태적으로 지속가능한 생산양식으로의 전환과정은, 사회관계에 상당한 영향을 미칠 것이다. 어떤 경우엔 지속가능한 발전이 역사적 기득권세력을 공격할 수도 있다. 또는 이와 반대로 시장과정의 존속으로 인해 지속가능성으로부터 이탈하는 상황이 야기될 수도 있다.

불행하게도 자발적 과정에 의거해 환경파괴를 극복한다는 것은 기대할 수 없다. 이로부터 지속가능한 사회를 창출하기 위한 집단전략 및 결정에 대한 강한 욕구가 폭발할 것이며, 이것은 단호한 환경정책을 결과시킬 것이다. 반면 지속가능한 발전을 동기부여 차원에서 유도하려는 결정들은, 환경 악화로부터 혜택을 받는 집단들에 의해서 거부당할 것이다. 석유화학산업, 수송부문, 농업과 같은 환경을 파괴하는 생산자 집단들은, 특히 엄격한 환경 정책적 절차들에 반대할 것이다. 그러나 이러한 이익집단들이라 할지라도 목표로서의 지속가능성, 그리고 지속가능성이 실현될 수 있는 속도 등에 대해서는 논쟁하지 않을 것이다.[17]

기본적으로 지속가능성을 획득하기 위한 도구들이 그 선택에서 제한되어선 안된다. 신고전주의 이론들과는 다른 것이긴 하지만, 가격기구는 중요한 역할을 할 수 있다. 지속가능한 발전은 생산과 소비과정에 대한 제한적 조건들이 공식화되어야만 함을 의미한다. 그러나 이러한 제한조건들은 앞에서 시사했듯이, 외재성의 내부화로부터 단순히 추론되어질 수 없다. 이런 조건들은 생태적 통찰력에 근거하여 민주적 결정과정을 인정하고, 공적 토론과정을 거쳐 추론되어야만 한다. 이를 후속적으로 뒷받침하기 위해서는 법률도구들과 경제도구들이 사회 내의 모든 활동을 지속가능한 과정으로

---

[17] 특정부문에서 산성물질의 방출과 관련된 이익집단들의 영향과 이의 정치결정에 대한 최근의 토론들로는 van der Straaten(1990, 1991 ; 특히 석유정련소와 전력발전소) ; Dietz, van der Straaten, and van der Velde(1991 ; 교통) ; Dietz and Hoogervorst(1991) ; Dietz and Termeer(1991 ; 농경)에서 기술되고 분석되었다.

조정해내야 한다.

특히 노동과 자본의 단기적 이해관계가 위협받는다면, 이 양집단은 생태적인 제한조건들에 저항할 것이다. 사실 이것은 '생태적 유용성 공간'을 생산 및 소비의 여러 과정들로 배분하는 것에 관련된 사회투쟁이다. 이러한 사회투쟁에서 국가정부와 지역정부는 중요한 역할을 행할 것이다. 그럼에도 불구하고 새로운 제도들이 개발되어야만 할 것이다.(Harris를 참조하라.)

위의 그림은 구즈워드와 같은 경제학자들로부터 도출된 것이다. 그들은 경제정책으로부터 경제이론을 재합리화하려고 시도하였다. 이렇듯 재합리화를 시도하는 과정에서 그들은 경제이론으로부터 가치판단을 제거하려는 시도가, 역으로 경제정책에 주관적 요소들을 삽입시켰다고 주장하였다. 그러나 그러한 과정에서 신고전주의 이론의 근본적 단점들은 고려되지 않고 무시되었다. 그 단점들이란 다름아닌 신고전주의 경제학의 핵심이 가격기구라는 것, 그리고 그것이 환경악화를 경제사상의 주변으로 밀어냈다는 것이다. 이로 인해 신고전주의 경제학은 생산 및 소비과정이 환경에 미친 효과를 '외재성'이라는 개념으로 설명할 수밖에 없었다. 우리들은 신고전주의적 경제학이 가지고 있는 일면적 정향성, 그리고 이러한 논의에 근거한 환경정책이 야기할 결과들을 인식해야만 한다.

이에 대한 대안은 생태적 통찰력을 경제이론으로 통합하는 것이다. 몇몇 학자들의 탁월한 노력에도 불구하고, 자연자원을 경제이론에 적절히 구체화하는 것은 결코 쉬운 일이 아니다. 이의 한 시도인 환경경제학은 주류경제학자들과 마찬가지로 경제가 자연과 독립해서 작동하는 체계인 것처럼 생각한다. 이제 주류경제학자들은 환경문제에 대한 분석과 치유전략을 환경경제학이라는 분야의 전문가들에게 넘기고자 한다. 경제이론이 자연자원에 대한 논의를 수용해내지 못했음에 대한 비판은 이제 이 환경경제학 분야에 의해 중화되고 있다. 이 환경경제학은 주류경제학이 자기중심적으로 폐쇄된 체계관을 유지하기 위해 만든 알리바이인 것이다.

자연자원을 경제이론 내로 구체화하는 작업의 결과를 결코 과대평가해선 안된다. 예를 들어 전통적인 국민계정체계는 장기적인 차원에서 지속될 수 없을 것이다. 왜냐하면 이 계정은 시장에 노출됨으로써 측정가능해진 경제변수들에 의존하고 있기 때문이다. 이러한 측정체계는 가격이 붙지 않은 희소한 여러 자연자원들을 통찰하고 포착해낼 수 없다.[18] 또한 인간에게 중요한 유익한 성질(환경질)이 시장가격을 갖지 못하는 한, 비용-편익 분석은 환경문제 분석에서 부분적으로만 유용할 것이다. 또 하나의 예로서, 달러로 표현된 국가채무가 자연자원의 악화로 야기된 자연채무를 고려하지 않는다면, 해당국가의 변제능력을 측정하는 적절한 지표가 될 수 없다. 더 나아가 산업관계에 대한 고려들은 환경을 치유불가능할 정도로 파괴하거나, 산업에 결정적 영향력을 미치고 있는 고용인들의 입장을 결코 소홀히 다루어선 안된다. 마지막으로 거시경제학에서 정의된 '최적성장의 길'이라는 개념이, 만일 환경요소들의 효과를 자체 내로 수용하지 못한다면, 이것은 의미없는 넌센스에 불과한 것이리라.

단적으로 추정하자면 그 동안 진행되어 온 경제학내의 환경논의, 나아가 환경경제학은 그리 충분한 것이 못된다. 자연자원의 경제이론으로의 통합은 주류경제학을 다시 정의할 것을 요구한다.

□ 참고문헌

Ahmad, Y.J., S.E.Serafy and E.Lutz(1989), *Environmental Accounting for Sustainable Development*, Washington, D.C.
Anderson, G.D. and R.C.Bishop(1986), "The Valuation Problem," In.D.W.Bromley(ed.), *Natural Resource Economics. Policy Problems and Contemporary Analysis*, Boston.
Baumol.W.J.and W.E.Oates(1988), *The Theory of Environmental Policy*, 2nd edition, Cambridge, MA.
Blaug, M.(1978), *Economic Theory in Retrospect*, Cambridge, MA.

---

18) 여기서 우리들은 녹색 GNP가 과연 가능한가에 대한 논쟁과 마주칠 수밖에 없다(최근 논의의 개관은 Ahmed, Serafy, Lutz, 1989를 참조). 그러나 동시에 녹색 GNP를 계산하려는 시도들도 역시 위에서 논의한 근본문제들과 조우할 수밖에 없다. 우리가 보기에는, 이런 맥락에서 미래적 전망을 가진 논의는 지속가능한 발전지표들을 개발하려는 시도들이다. 이 지표로 전체 국민, 그리고 독특한 부문들의 지속가능성 정도가 결정될 수도 있을 것이다. 이와 관련해선 Kuik and Verbruggen, 1991을 참조하라.

Boadway, R.and N.Bruce(1984), *Welfare Economics*, Oxford
Boulding, K.(1966), "The Economics of the Coming Spaceship Earth," in H.Jarret(ed.), *Environmental Quality in a Growing Economy*, Baltimore, pp.3-14.
Crocker, T.D, and J.F.Shogren(1991), "Preference Learning and Contingent Valuation Methods," in F.J. Dietz, F.van der Ploeg, and J.van der Straaten(eds.), *Environmental Policy and the Economy*, Amsterdam, pp.77-93.
Deane, P. and W.A.Cole(1967), *British Economic Growth 1688-1959 : Trends and Structure*, 2nd edition, Cambridge, MA.
Denison, E.F.(1947), *In Studies in Income and Wealth*, Vol.10, Conference on Research in Income and Wealth, N.Y. pp.77ff.
Dietz, F.J./J.P.Hoogervorst(1991), "Towards a Sustainable and Efficient Use of Manure in Agriculture : The Dutch Case," *Environmental and Resource Economics*, Vol.1, No.3, pp.313-32.
_ _ /J.van der Straaten(1988), "The Problem of Optimal Exploitation of Natural Resources : the Need for Ecological Limiting Conditions," *International Journal of Social Economics*, Vol.15, No.3-4, pp.71-9.
_ _ /J.van der Straaten(1990), "Economics Analysis of Environmental Problems : A Critique of Marxist Approaches," In S. Brander and O. Roloff(eds.), *Politische Ökonomie des Umweltschutzes*, Regensburg, pp.147-71.
_ _ /J.van der Straaten(1992), "Rethinking Environmental Economics : The Missing Links between Economic Theory and Environmental Policy," *Journal of Economic Issues*, Vol.26, No.1, pp.123-47.
_ _ /K.J.A.M.Termeer(1991), "Dutch Manure Policy : The Lack of Economic Instruments," In D. J. Kraan and R.J.in't Veld(eds.), *Environmental Protection : Public or Private Choice*, Dordrecht, pp.123-47.
_ _ /J.van der Straaten(1991), "The European Common Market and the Environment : The Case of the Emission of NOx by Motorcars," *Review of Political Economy*, Vol.3, No.2, pp.62-78.
Doel, J. van den/B.C.J.van Velthoven(1990), *Democratie en welvaartstheorie*, 3rd edition, Alphen aan de Rijn.
Drepper, F.R./B.A.Mansson(1990), "On the Role of Unpredictability in Environmental Economics," Paper presented at the Conference "Economics and the Environment," 17-19 September, Tilburg.
Ernst-Poerken, M.(ed.)(1984), *Alternative der Oekonomie - Oekonomie der Alternativen*, Argument Sonderband AS 104, Berlin.
Fabricant, S.(1947), *In Studies in Income and Wealth*, Vol.10, Conference on Research in Income and Wealth, N.Y., pp.50ff.
Freeman, A.M.(1985), "Methods for Assessing the Benefits of Environmental Programs," In A.V. Kneese/F.L.Sweeney(eds.), *Handbook of Natural Resource and Energy Economics*, Vol.1, Amsterdam, pp.223-70.
Gaertner, E.(1970). *Arbeiterklasse und Ökologie*, Franfurt a. M.
Goudzwaard, B.(1970), *Ongeprijsde Schaarste*, Den Haag.
_ _ (1974), *Schaduwen van het Groeigeloof*, Kampen.
_ _ (1978), *Kapitalisme en Vooruitgang*, Assen.
Govers, H.(1988), *Natuur, techniek en milieupolitiek*, Utrecht.
Hafkamp, W.A.(1991), "Three Decades of Environmental-Economic Modelling : Economic Models of Pollutant Emissions," In F.J.Dietz, F.van der Ploeg, and J.van

der Straaten(eds.), *Environmental Policy and the Economy*, Armsterdam, pp.19-45.
Harmsen, G.(1974), *Natuur, Geschiedenis*, Filosofie, Nijmegen.
Heise, K.-H./M.Hembold(1977), "Umweltgefaehrung und Kapitalverwertung", Marxismus Digest, No.2, pp.22-38.
Hennipman, P.(1945), *Economisch motief en economisch principe*, Amsterdam.
Hoehn, J.P./A.Randall(1987), "A Satisfactory Benefit Cost Indicator for Contingent Valuation," *Journal of Environmental Economics and Management*, Vol.14, No.3, pp.226-47.
Hueting, R.(1970), *Wat is de Natuur ons waard?* Baarn.
＿＿(1974/1980), *New Scarcity and Economic Growth*, Amsterdam.
Immler, H.(1983a), "Ist nur die Arbeit wertbildend?" *Sozialismus*, Vol.5, pp.53-8.
＿＿(1983b), "Naturäist wertbildend," Sozialismus, Vol.10, pp.27-30.
Jevons, W.S.(1872/1924), *The Theory of Political Economy*, London.
Kapp, K.W.(1950), *Volkswirtschaftliche Kosten der Privatwirtschaft*, Tübingen.
King, W.J.(1919),*The Wealth and Income of the People of the United States*, N.Y.
Krusewitz, K.(1978), "Opmerkingen over de oorzaken van de milieukrisis in historisch-maatschappelijke samenhang," In H. Verhagen(ed.), *Inleiding tot de politieke economie van det milieu*, Armsterdam, pp.81-108.
Kuik. O./H. Verbruggen(1991), *Search of Indicators of Sustainable Development*, Boston.
Kuznets, S.(1947), "National Income and Industrial Structure," The Proceedings of International Statistical Conference of the Econometric Society, September 6-18,Washington, D.C. Vol.5, pp.218-19.
Langeweg, F.(eds.)(1988), *Zorgen voor Morgen*, Alpen aan de Rijn.
Malthus, T.R.(19798/1982), *An Essay on the Principle of Population*, Harmondsworth.
Marshalll, A.(1890/1925), *Principles of Economics*, London.
Martinez-Alier, J.(1991), "Ecological Perception and Distributional Effects : A Historical View," In F.J. Dietz,F.van der Ploeg/J.van der Straaten(eds.), *Environmental Policy and the Economy*, Amsterdam, pp.117-37.
Marx, K.(1844/1964), *The Economic and Philosophical Manuscripts of 1844*, N.Y.
＿＿(1867/1970), *Capital*, Vol.1, London.
＿＿(1857-8/1973), *Grundrisse, Foundations of the Critique of Political Economy*(초고), translated by M. Nicolaus. Harmondsworth.
Menger, C.(1871), *Grundsaetze der Volkswirtschaftslehre*, Wien.
Mishan, E.J.(1960), "A Survey on Welfare Economics 1939-1959," *Economic Journal*, Vol.70, pp.197-256.
＿＿(1967), *The Costs of Economic Growth*, London.
＿＿(1971), "The Postwar Literature on Externalities : An Interpretative Essay," *Journal of Economic Literature*, Vol.9, pp.1-28.
Mueller, D.C.(1989), *Public Choice*, Cambridge, MA.
Neher, P.A.(1990), *Natural Resource Economics, Conservation and Exploitaiton*, Cambridge.
Nentjes, A.(1990), "Economische Instrumenten in het milieubeleid : financierings-of sturingsmiddel?" In P. Nijkamp/H. Verbuggen, H.(eds.). *Het Nederlandse milieu in de Europese ruimte. Preadviezen van de Koninklijke Vereniging voor der Staathuishoudkunde*, Leiden, pp.145-66.
Opschoor, J.B.(1987), *Duurzaamheid en Verandering : over ecologische inpasbare*

economische ontwikkeling, Amsterdam.

_ _ (1990), "Ecologische duurzame ontwikkeling : een theoretische idee en een weerbarstige praktijk," In P. Nijkamp/H.Verbruggen(eds.), *Het Nederlandse milieu in de Europese ruimte, Preadviezen van de Koninklijke Vereniging voor de Staathuishoudkunde*, Leiden, pp.7-41.

Pearce, D.W./R.K.Turner(1990), *Economics of Natural Resources and the Environment*, London.

Peeters, M.(1991), "Legal Aspects of Marketable Pollution Rights," In F.J. Dietz, F.van der Ploege/J.van der Straaten(eds.), *Environmental Policy and the Economy*, Amsterdam, pp.151-65.

Pigou, A.C.(1920/1952), *The Economics of Welfare*, London.

Richardo, L.(1823/1975), *The Principles of Political Economy and Taxation*, London.

Robbins, L.(1935), *An Essay on the Nature and Significance of Economic Science*, 2nd edition, London.

Romoeren, E./T.I.Romoeren(1978), "Marx en de ekologie," In H. Verhagen(ed.), *Inleiding tot de politieke economie van het milieu*, Amsterdam, pp.35-47.

Sachs, I.(1976), "Environment and Styles of Development," In. W. Matthews(ed.), *Outer Limits and Human Needs*, Uppsala.

_ _ (1984), "The Strategies of Ecodevelopment," Ceres, *FAO Review on Agriculture and Development*, Vol.17, pp.17-21.

Soederbaum, P.(1980), "Towards a Reconciliation of Economics and Ecology," *European Review of Agricultural Economics*, Vol.17, pp.28-32.

_ _ (1982), "Ecological Imperatives for Public Policy," Ceres, *FAO Review on Agriculture and Development*, Vol.15, pp.28-32.

_ _ (1987), "Environmental Management : A Non-traditional Approach," *Journal of Economic Issues*, Vol.15, pp.28-32.

Swaney, J.A.(1987a), "Building Instrumental Environmental Control Institutions," *Journal of Economic Issues*, Vol.21, No.1, pp.295-308.

_ _ (1987b), "Elements of a Neoinstitutional Environmental Economics," Journal of Economic Issues, Vol.21, No.4, pp.1739-79.

Straaten, J. van der(1990), *Zure regen, economische theorie en het Nederlandse beleid*, Utrecht.

_ _ (1991), "Acid Rain and the Single Internal Market : Policies from the Netherlands," *European Environment*, Vol.1, No.1, pp.20-4.

Tonneijk, A.E.G.(1981), *Research on the Influence of Different Air Pollutants Separately and in Combination in Agriculture, Horticulture and Forestry Crops*, Wageningen.

Turner, M.(1984), *Enclosures in Britain 1750-1830*, London.

Ullrich, O.(1979), *Weltniveau*, Berlin

Walras, L.(1874-1877/1954), *Elements of Pure Economics or the Theory of Social Wealth*, Homewood, Ill.

World Commission on Environment and Development(1987), *Our Common Future*, Oxford.

4. 환경과 경제의 상관관계 : 제도적 측면 [1]

옵셔/쉬트라텐

Johannes B. Opschoor : 경제학 박사이며 암스테르담 자유대학 환경경제학부 교수이다. 또한 네덜란드 환경과 자연 연구위원회 위원이기도 하다. 그의 주된 관심은 환경문제와 경제학, 그리고 환경문제를 연결시키는 것으로, 이른바 환경경제이론의 영역에서 제도학파의 분야를 열어주었으며, 특히 이 분야에서 활발한 집필활동을 벌이고 있다.
Jan van der Straaten : p.81 저자소개 참조

『우리 공동의 미래(Our Common Future)』는 지배적인 경제성장 패턴이 생태적으로 가능한 것이 아님을 밝혀주었다. 따라서 새로운 경제정책의 가능성을 요구한다. 그러나 이 새로운 경제정책은 현재의 경제를 지배하는 신고전주의적 관점과 양립할 수 없다. '지속가능한 발전'이란 개념은 경제이론내로 적절히 체화돼야 하며, 이를 충족하는 경제이론은 무엇보다도 ■생산요소이면서 동시에 인간복지의 결정인자로서의 자연자원. ■가치이론. ■시장세력에 대한 평가 등을 자체내에 반영해야 한다. 이러한 관점에서 네덜란드가 산성비와 관련해서 결정한 금지정책이 분석될 것이다. 이러한 분석은 네덜란드 정부가 확고한 환경보호보다는 오히려 오염을 야기하는 산업생산의 성장에 관심을 가지고 있음을 입증해줄 것이다. 이 분석으로부터 자연자원을 경제이론적 준거틀 내로 통합시키는 것이 환경정책의 선결적 전제라는 주장은 정당화될 수 있다.

---

1) Hans Opschoor, Jan van der Straaten, "Sustainable Development : An Institutional Approach," in : *Ecological Economics* 1993(7), pp.203-222.

1. 경제성장과 지속가능한 발전

지속가능한 발전(Sustainable Development)은 "…자원고갈, 투자방향, 기술발달의 방향, 제도적 변화 등이 조화를 이루고, 인간적 필요와 열망을 충족시킬 수 있는 현재적 잠재력과 미래적 잠재력을 고양시키는 방향에서 취해진 변화과정"(WCED, 1987, p.46)이라 정의할 수 있다. 지속가능한 발전을 옵셔(Opschoor, 1990), 피어스와 터너(Peace and Turner, 1990)는 생태적 출발점으로 정의하고 이를 실행에 옮겼다. 옵셔와 반 데어 프렉(Ploeg,1990), 그리고 다른 학자들은 지속불가능성을 저지하기 위한 실질적 도구로서 환경압박에 대한 기준 — 이것은 최소한의 안전기준(Ciroacy Wanthrup, 1952)과 적부하의 임계점을 의미한다. — 을 정할 필요가 있다고 지적했다. 이러한 기준은 다양한 환경 구성요소들이 맺고 있는 의존적이면서 동시에 적대적인 상호공존관계를 모두 고려해야 하며, '생태적 유용성 공간'을 정의해 주어야 한다. 이 생태적 유용성 공간의 경계는 사실상 환경이 이용될 수 있는 가능성(Siebert, 1982 ; Opschoor, 1987)을 결정해준다.

이 논문에서는 (1) 유엔이 정의한 지속가능성, 즉 자발적인 사회경제발전을 유인해내기 위한 문화·제도적 요소들, (2) 발전을 지속가능하게 만드는 제도적(도구적 의미도 포함한) 변화 유형의 문제를 다룬다.

제도적 적응이 요구되는 정도를 검증하기 위하여, 우리는 지난 20년 동안 변화해온 네덜란드 환경정책을 조사할 것이다. 이에 앞서 필자는 분석틀로서 환경과 경제에 대한 제도적 시각을 간략히 제시하고자 한다.

2. 환경과 경제의 상관관계, 그 제도적 측면

환경현상에 대한 제도적 관점

여기서의 목적은 환경문제에 대한 '제도적 접근'을 이론적으로 진술하는 데 있다. 제도경제학[2]은 신고전주의적 전제들에 반발하여 등장하였다.

따라서 신고전주의 경제학은 제도학파로부터 강력한 도전을 받고 있다.(Klaassen and Opschoor, 1991)

(1) 신고전주의 이론이 작동하는 영역의 외부경계들('고정된 맥락')은 상호교차하고 있다. '분리되어 한정된 공간'이라는 전제는, 생태계와 경제계의 순환적 상호의존성이라는 전제로 대체되어야 한다.

(2) 제도경제학파는 경제의 작동원리를 분석할 때 경제주체의 개별적인 행동수준 이외에도 정책적 수준을 고려한다. 개체 수준에서도 제도학파는 신고전주의가 분석한 유일한 변수인 개체 유용성의 '극대화' 말고도 다른 요소들, 즉 다양한 가치들에 관심을 가지고 있다. 이로부터 제도학파는 한발 더 앞으로 나아간다. 제도학파는 신고전주의적 전제들이 사회적 재생산 또는 사회적 지속성 — 이것의 예로서 '지속가능성' 또는 '환경적 정합성(Environmental Compatibility)'을 지적할 수 있다. — 과 관련된 가치들에 우선순위를 부여해야 한다는 새로운 전제로 대체되어야 한다(Tool, in Swany, 1987a)고 주장한다. 이 가치들의 위계질서에서 가장 높은 위치를 점하고 있는 가치는 주류 미시경제학의 구성개념들인 욕구, 필요, 선호도 등을 넘어서는 가치이다. 특히 생태계와 종의 지속이라는 가치는 사회적으로 적합한 가치들의 범주에서 개인적 우선순위나 선호도보다 우선적으로 고려되어야 한다. 이 생태계의 지속이란 가치가 집단적 수준으로 해석될 수 있다면, 정책적 우선순위는 자연보호 등에 두어져야 한다. 물론 이 자연보호는 신고전주의 경제학에서 비경제적인 것으로 분류되어 있다. 이 제도학파의 주장(Opschoor, 1974 ; James et al, 1978 ; Hueting, 1980)은 환경이 단순한 개인적 경제가치의 총합으로써 결정될 수 없는 '공공재(Merit Good)'라는

---

2) 제도주의에 대한 철학적 정당화는 베블렌(Veblen), 듀이(Dewey), 에이어즈(Ayres), 포스터(J.Fagg Foster) 등의 논의에 의존하고 있다. 최근에는 툴과 허드슨이 이 논의에 참여하고 있다. 전통적으로 제도학파는 그 당시의 주요한 경제문제들을 다뤄왔으나, 환경문제가 명료해진 다음부터는 환경문제들을 집중적으로 분석하고 있다. 그렇지만 제도학파가 다른 경제이론가들보다 내재적으로 환경문제에 더 많은 지식을 가지고 있다고 주장할 수는 없다(e.g., Hodgson, 1988, p.16). 이 책에서 언급된 저자들과는 별도로, 생태적이며 제도주의적으로 경도된 학자로 켈조(Kelso, 1977)와 티즈델(Tisdell, 1991)을 지적할 수 있다.

입장을 지지한다.

인간들의 복지수준을 측정하는 기준에서도 제도학파는 몇 가지 기준을 선택한다. 그 첫번째와 두번째는 이미 널리 인정되고 있는 기준, 즉 효율성과 세대간 평등성이다. 이외에 세번째 기준은 공진화적 지속가능성을 의미하며, 네번째 기준은 종간 균등성이다. 이 네번째 기준은 인간이 환경에 미치는 영향을 전제로 다른 종들의 번성을 사회적으로 배려한 것이다.

(3) 제도학파는 시장메커니즘이 의존하고 있는 '근사치로서의 최적성'의 가정에 반대한다. 제도학파의 환경경제학은 카프(Kapp)가 내린 결론, 즉 시장의 내재적 경향인 '비용이전'을 논의의 출발점으로 삼고 있다. 외재성은 주변적 현상이라기보다는 오히려 탈중앙집권화된 분배정책 메커니즘에 내재해 있는 고유한 질병이다. 따라서 제도학파는 현재의 제도와 환경악화가 맺고 있는 인과론적인 상호연관 관계에 관심의 초점을 두고 있다.

생태경제학 : 생산력으로서의 자연

경제학내에는 노동, 자본, 그리고 자연자원이라는 생산요소를 구분하는 오랜 전통이 있다. 그러나 과거의 역사에서 노동과 자본만이 관심의 대상이었고, 자연자원은 경제학적 관심에서 제외되어 있었다.

자연자원이란 무엇인가? 제도학파는 자연자원을 정의함에 있어 광의의 개념을 택하고자 한다. 광의적 해석에서 이 개념은 시장에서 매매가능한 자연자원만을 의미하는 것은 아니다. 만일 그 어떤 것이 생산 및 소비과정에서 중요한 역할을 담당하고 있다면, 그 모든 것은 자연자원이라는 개념에 포함된다. 따라서 지표에 묻혀 있는 광석과 화석연료도 자연자원이지만, 자기복제를 계속하는 유기체들도 자연자원이다. 더 나아가 생태계내의 특정 메커니즘은 인간의 소비 및 생산활동이 만들어 내는 오염을 흡수할 수 있는 능력을 가지고 있다. 이로부터 생태계는 오염의 완충지대 역할을 할 수 있으며, 이러한 흡수능력 또한 자연자원으로 취급되어야 한다.

경제학내의 자원논쟁은 디츠와 쉬트라텐(Dietz and Straaten, 1992)에 의해 잘 정리된 바 있다. 이 논쟁은 다음과 같이 요약될 수 있다. 고전주의 경제이론에서 노동시간은 모든 경제적 가치의 근간이 된다. 상품의 가치는 그 상품을 생산하는 데 투자된 노동의 총량에 의해 결정된다. 전반적으로 자연은 고갈되지 않는 무한한 것(Richardo, 1813/1975, p.69)으로 간주되었다.

그러나 고전주의 경제학의 몇몇 저자들은 수확체감의 법칙을 수용하였다. 이 법칙은 잘 알려져 있듯이, 경제과정의 최종 산출물은 시간이 지날수록 단위생산요소의 투입을 증가시킨다 할지라도 감소한다는 것이다. 당시 이 법칙은 농업부문에서 발견되었고, 모든 경제과정을 분석하는 준거틀로 확대되었다. 이 법칙이 자연자원에 부여하는 함의란 생산과정에서 자연자원을 사용할 수 있는 가능성에는 한계가 있다는 것이다.

산업혁명 기간 동안 풍력과 태양력 등의 유동자원(고갈되지 않는 자원)은 석탄이나 철광과 같은 고형자원에 의해 대체되었다. 이러한 대체는 생산수준을 증가시킬 수 있었다. 고갈되지 않은 원료/에너지의 사용은 감소되었고, 고갈가능한 자원의 사용은 증가하였다. 이 자원들이 만들어 내는 쓰레기들은 자연환경으로 방출되었고, 생태계의 파괴 및 악화를 야기하였다.

마샬(1850/1925)은 시장의 기능을 받아들여 자신의 이론을 정교화하였다. 그는 생산요소의 최적배분시 고려된 변수들 중 가격이 책정되어 있는 요소들을 이전보다 덜 중요하게 평가하였다. 가격이 없는 생산요소는 존재하지 않는다. 만일 가격을 부여받지 못한 생산요소가 있다면, 이것들은 경제적 중요성을 가질 수 없다. 그 동안의 경제사상에서 자연자원 중 가격이 붙지 않은 생산요소는 주변적 범주로만 취급되어 왔다. 마샬은 시장과정에서의 외부효과 발생여부를 알고 있었다. 그러나 그는 외부효과 중 긍정적인 효과에만 논의를 국한시켜 버렸다.

피구(Pigou, 1920/1952)는 외부효과를 야기하는 생산물의 사적 비용이 자신의 사회적 비용보다 낮다고 간주했다. 이러한 상품생산은 경제적 복지란 관점에서 볼 때, 복지정도를 실제보다 높게 평가할 수 있다. 그의 생각에 따르면, 환경의 최적성을 회복하기 위한 해결책 중 하나가 세금이나 부담금을 통해 사회비용을 내재화하는 것이다. 1960년대 동안 환경문제에 대한 사회의식이 명료화되자, 경제학자들(특히 Mishan, 1967 ; Goudzwaard,

1971 ; Hueting, 1980)은 부(否)의 외부효과라는 개념을 사용하기 시작했다. 신고전주의적 접근법들은 환경파괴를 화폐가치로 평가하기 위해 '불확정성의 가치화 방법'과 같은 도구들을 사용했다. 그러나 이들 도구들은 이미 최적의 오염점을 결정하는 데 부적절한 것(Opschoor, 1974 ; Van der Straaten, 1990 ; Dietz and Van der Straaten, 1991)으로 입증되었다.

자연자원의 사용은 사회체계내에서 일어난다. 자연에서 원료를 추출하는 행위를 금지시키는 것은 가능하지만, 사회체제내에서 이루어지는 자연자원의 사용은 금지시킬 수 없다. 그리고 단기적으로 이를 완수하는 것도 불가능하다. 그러나 원료사용의 절약이라는 목표는 좋은 출발점을 구성해준다. 이러한 목표하에서 생산과정상의 변화는 광석과 화석 에너지원의 사용을 감소시키는 방향으로 나아갈 수 있다. 결과적으로 환경에 낯선 이물질이 미치는 전면적 압박감은 줄어들 것이다. 기술발달은 이 전환과정에서 중요한 역할을 할 수 있다. 또한 이 정책을 실현시킴에 있어 경제도구들도 사용될 수 있다.(Opschoor and Vos, 1989)

지속가능한 발전이라는 목표는 생태계 기능을 출발점으로 택함으로써 이론화될 수 있으며, 생태적 규범으로 자리잡을 수 있다. 또한 가격 메커니즘도 생태적으로 바람직한 목표에 도달하기 위한 첨가적 도구로 사용될 수 있다. 가격은 정책개입의 상이한 유형들에 따라 달라질 수 있다. 이 접근법은 신고전주의적 출발점과는 상이하다. 신고전주의에서 가격은 원리적으로 (규제되지 않은) 시장에서 결정된다.

3. 경제성과와 부의 지속가능성

1970년대초 이후 세 가지 중요과정 — 인구성장, 경제성장, 그리고 부적절한 기술변화 — 이 환경파괴의 주요원인으로 언급되어 왔다. 그러나 이 원인들은 문화적 측면과 제도적 측면이 고려된 준거틀에서 분석되어야만 한다. 문화적 측면이란 개인적 관점과 사회적 관점을 지배하는 규범, 가치,

신념 및 태도와 행동을 의미한다. 제도적 측면이란 개인들간의 공식 및 비공식 관계, 관습적 행동패턴이나 도구적 행동패턴이란 관점에서의 사회조직, 정치조직, 경제체계 등을 지칭한다. 우리들은 경제성장과정, 인구성장과정 그리고 기술변화과정을 이데올로기적 차원과 제도적 차원에서 확산된 구조에 의해 정향화된 것으로 간주한다(Opschoor, 1990 ; Van der Straaten, 1990). 이 논문의 후반부에서 우리들은 몇 가지 독특한 제도적 측면, 즉 비용이전과 경제성장이라는 구조와 메커니즘을 다룰 것이다. 또한 우리들은 이 메커니즘의 배후에 있는 요인들, 즉 해결책을 확인하는 데 도움이 되는 요인들을 지적할 것이다. 최근의 경제과정은 '비용이전', 즉 한 사람의 행동이 결과적으로 자신의 부담을 다른 사람들에게 이전시키는 경향(Kapp, 1970)이 있다. 이러한 '외부효과'의 주요 사례들이 경제활동이 환경에 미치는 충격에 포함된다.

환경비용이전의 사례는 이른바 '거리요인(Distance Factor)'을 사용해서 쉽게 해석될 수 있다. 이 거리요인에 의해 경제활동으로 인한 환경악화는, 결과적으로 이를 야기시킨 원인 또는 주체로부터 먼 거리 — 공간이라는 과점과 시간이라는 과점에서의 거리 — 에서 발생한다. 이 거리요인은 개인적 영향력의 수준과, 이의 해결을 위해 언급되어야만 하는 전체사회의 수준간 차이의 문제이다. 만일 이 거리가 실재적인 것이라면, 개인적 관점으로부터 최적의 것은 사회적이거나 집단적인 관점으로부터 최적의 것이 될 수 없다. 거리요인들이 지배하고 있는 상황에서 환경부담을 이전시키는 경제주체들이 자신의 이해관계를 억제함으로써 시간·공간적 간극을 극복해낼 수 없다면, 정부개입은 필연적이 될 수밖에 없다.

비용이전 뒤에 숨어 있는 사회적 요인들로는 다음과 같은 것들이 있다. ■원인자에게 부과할 수 있는 책임성있는 규제 및 피해자를 보호하는 법률적 조항(피해자의 재산권보호)의 결여. ■정치체제를 통해 '통제력을 행사할 수 있는(Countervailing)' 수단의 결여.

성장과정에 대한 이데올로기적 뿌리 중 하나는 경제주체들이 '덜' 보다는 '더'를 선호하는 지배적 가치구조 속에서 살아간다는 것이다. 그러나 이데올로기적 가치구조를 전환시키는 것만으로는 성장메커니즘을 완벽히 극복할 수 없다. 완벽한 극복을 위해선 다음과 같은 기본 제도들이 포함되어야 한다. ■경제체제내 또는 경제체제간 빈부의 간격을 메워줄 수 있도록 구조적 정향화가 포함되어야 한다. 이것은 가난한 자들의 복지수준을 물질적으로 부유한 자들에 견줄만한 수준으로 향상시키는 것을 의미한다. ■지나치게 경쟁적이고 모든 것이 불확실한 상황에서는 사기업으로 하여금 성장·이윤·시장을 스스로 통제토록 하는 것도 지속성의 보장이라는 목적에 포함될 수 있다. ■정치적 안정과 지속성을 유지하기 위해, 국가는 상대적인 관점에서 부와 소득을 통제하고 동시에 해방지향적 집단들을 수용해야 한다. 이러한 경향은 절대적 관점에서 특권자들에게로 치우치는 것이 아니라, 증가하는 국민생산을 재분배하는 방향으로 나타나야 한다. ■최근에는 기술발전이 노동을 대체하는 경향이 있다. 완전고용을 선호하는 사회에서 이러한 기술발전은 생산성이나 성장률을 유인하는 기술수준을 넘어선다. 오히려 기술발전은 일정한 경제성장을 지속하도록 하는 실질적 압력체로 전환될 수 있다.(예를 들어 WRR, 1987)

4. 교정자로서의 환경정책 : 네덜란드 사례연구, 1979~2015

산성비에 대한 네덜란드의 정책

1970년 이전에 대기오염은 공중보건에 대한 위협으로 간주되었다. 산업화된 지역에서의 아황산가스 방출은 주변지역에 집중적 오염현상을 야기했다. 1960대말경부터 대기오염방지법이 효력을 발휘하기 시작했다. 이 법률하에서 환경장관은 대기오염을 감소시키기 위한 장기 프로그램을 개발·공표하였다.

이 프로그램의 정책적 목표는 대기오염의 집중도를 감소시키는 데 있었다. 그러나 국가가 택한 '해결방안'은 대다수 전문가들의 견해와는 달리 유럽 도처에 높은 굴뚝을 세우는 것(Baker and Macfarlane, 1961)으로 나타났다. 이후에도 대기오염물질의 방출은 전반적으로 상승하였다. 왜냐하면 생산이 통제되지 않고 지속적으로 증가하였기 때문이다. 따라서 오염은 전유럽으로 확산되었다. 정책과 이로 인한 부정적 결과들, 즉 환경악화는 스웨덴에서 처음으로 보고되기 시작하였다(Odén, 1968). 스웨덴 남부에 위치한 호수들이 생태적 통합성을 급격히 상실했던 것이다. 런던의 메트로폴리탄 지역, 독일의 루르지방, 네덜란드의 리즈몬드 지방에서는 환경이 불건전한 지역을 정화하는 조치들이 취해졌다. 석탄과 석유를 대체하기 위해 천연가스라는 에너지원 ― 이 가스는 아황산가스 함유량이 극히 적다. ― 의 사용량이 증가했고, 더불어 1970년대의 경제불황으로 인해 아황산가스의 방출수준이 낮아졌다(Zwerver et al, 1984). 그러나 이러한 조치들은 스웨덴의 환경상황을 개선시키는 데 기여하지 못했다. 왜냐하면 이런 류의 환경정책은 일반적으로 적용대상 및 영역을 국가내로 국한시키고 있기 때문이다.

1980년대초 서유럽의 산림이 대량 고사하는 사건이 일어났다. 이 사건은 네덜란드에서 여론의 민감한 반응을 불러일으켰다. 산성비는 중요한 이슈로 부각되었고, 대기 중 산성물질의 감소를 위한 정부차원의 엄격한 정책들이 요구되었다. 그러나 이러한 정책의 도입은 다음에 기술하겠지만 사회내 기득권 세력과의 갈등을 야기하였다.

네덜란드에서 산성물질(NOx, SO$_2$, NH$_3$)의 총량은 1980년에서 1989년까지 매년 10%씩 상대적으로 감소하였다(Rijkinstitute voor Volksgezondheiden Milieuhygiene, 1990). 물론 이 중에서 주로 감소한 것은 아황산가스였다. 아황산가스의 주발생원은 석유정화시설과 발전소이다. 그외에 이산화탄소의 주방출원으로 교통체계를, 암모니아의 주방출원으로는 농업부문을 거론할 수 있다.

암묵적이긴 하지만 1984년까지 대기오염방지 프로그램은 신고전주의적 접근방식에 의존하고 있었다. 이로부터 사람들은 비용-편익 분석에 의거한 최적의 오염수준을 추구하였다. 그러나 1984년 대기오염방지정책은 전환기를 맞게 된다. 정책의 출발점은 생태적인 규제조건, 즉 산성등가물(Acid Equivalents)을 1800년대 수준과 동일하게 유지한다는 것이었다. 산성등가물을 기준으로 사용하면, 산성화에 영향을 미치는 모든 물질을 산화성물질로 분류하는 것이 가능해진다. 이 1800년대 수준이란 산성등가물의 제한조건은 노르웨이와 스웨덴을 조사하는 과정에서 도출된 것이다. 이러한 제한수준이 현실적으로 가능해진다면, 생태계의 실질적 파괴는 더 이상 일어나지 않을 것이다. 몇년 후 이 산성등가물은 1400년대 수준으로 하향조정될 수 있을 것이다. 이러한 산성등가물의 설정은, 비용-편익간 균형을 분석하지 않고서도 생태계 파괴를 멈출 수 있어야 한다는 목표를 지향하고 있다. 이러한 규범의 도입은 사실상 환경문제를 바라보는 관점과 환경문제에 대한 대응정책에서 근본적인 변화가 일어났음을 의미하는 것이다. 이와 관련된 내용은 앞의 2절 둘째 분절에서 이미 제시한 바 있다. 그 동안 산성물질 방출의 전면적인 수준은 환경부처내의 패러다임 변형에 의해서도 거의 영향을 받지 않았다. 또한 정책과 절차들도 환경부처의 의견 변화에 의해 거의 영향을 받지 않았다. 이러한 사실은 또 다른 요인들이 실질적인 정책결정에 영향을 미치고 있음을 반증해준다. 이로부터 다음과 같은 물음이 제기될 수 있다. 어떤 변수가 집단적 결정 과정에서 지배적으로 작동하는가? 이 변수는 제도를 구성하는 부문들에 따라 달라질 수 있다.

(1) 교통

자동차에 의한 질소산화물의 방출은 국제적으로 공통된 문제이다. 따라서 이 문제의 해결은 국제협력을 필요로 한다. 특히 납성분이 제거된 가솔린을 만들어내는 정련소의 건설은 전 유럽간 협력체제를 필요로 한다. 따라서 이 문제는 이미 유럽공동체에 의해 다루어진 바 있다. 그러나 유럽을 구성하고 있는 국가들의 관심이 모두 동일한 것은 아니다. 서독은 1980년대 초 대규모 산림고사 현상이 명료해지자, 보다 엄격한 규제조치의 필요성을 제기한 바 있다. 이러한 요구는 당시 독일 자동차산업의 이해관계와 밀접한 상관성을 가지고 있었다. 독일 자동차산업의 경쟁적 지위는 영국, 프랑스, 그리고 이탈리아의 위상보다 높은 것이었다. 그러나 이들 나라들은 이러한 규제조치의 마련으로 자신들의 자동차산업이 일본, 미국과의 경쟁에서 뒤처지는 것을 우려하였다. 수년 동안의 협상 결과 새로이 생산되는 모든 자동차에 촉매시설을 설치한다는 데 합의를 할 수 있었다.

당시 네덜란드의 입장을 분석해 보면 상당히 흥미로운 점을 발견할 수 있다. 국제적 맥락에서 네덜란드 정부는 환경문제의 선두주자라는 긍정적 이미지를 갖고 있었다. 그러나 국내수준의 여러 정책적 요인들은 한 방향으로 귀결되어 있었다. 즉 자동차산업의 보호와 질소산화물 방출의 증가였다. 정부는 모든 국제협약으로부터 자국의 볼보(Volvo) 자동차를 보호하기 위해 촉매시설이 설치되지 않은 자동차를 구매하는 한 사람마다 400fl의 보조금을 지불하였다(Dietz et al, 1991). 같은 시기에 고속도로상의 제한속도는 100km에서 120km로 상향 조정되었다. 120km에서의 질소산화물 방출은 100km에서의 방출보다 약 40% 높다. 1980년대 동안 정부는 시민들이 대중 교통수단보다는 개인용 승용차를 선호하도록 가격관계를 재조정했다. 당시 일부에서는 공공 교통수단의 보조금을 삭감해야 한다는 주장까지도 있었다.

따라서 동일한 기간 동안 네덜란드 정부정책은 질소산화물 방출을 실질적으로 감소시키지 못하였다. 왜냐하면 네덜란드 환경정책이 사회의 다른 이해관계들에 의해 지배되고 있었기 때문이다.

(2) 농업부문

1984년말, 돼지 및 가금농장법(A Pig and Poultry Farm Law)이 환경성 장관과 농업성 장관의 주도로 발의되었다. 이 법안의 결정과정에서 환경적 이해관계는 다른 사회적 이해관계들과 갈등을 빚었고, 그 결과 3년 동안 사육 돼지의 총수를 30% 증가시키는 잠정조항들이 마련되었다. 1987년 이 법안은 가축오수의 총량을 제한하는 오수법으로 대체되었다. 이 법안에 따르면 농부들은 잉여퇴비를 중앙기관으로 보내도록 권장되었으며, 이 중앙기관은 퇴비가 부족한 농부들에게 이를 분배하도록 되어있다. 그러나 이 법안은 오수나 암모니아의 총량을 줄이지 못했다.

또한 잉여오수를 공장으로 보내 건조비료로 변형시키자는 계획도 작성되어 있었다. 그러나 이 조치들은 너무나 비용이 많이 드는 것이어서 문제를 해결하지 못할 것으로 예측되었다.

네덜란드 사회에서 농업은 전통적으로 긍정적인 이미지를 가지고 있다. 농업부문의 이해관계는 잘 조직화되어 있으며, 정부내에 강력한 지지세력이 있다. 이 부문은 무역 대차대조표에서 상당한 잉여가치를 창출하고 있다. 위에서 지적한 엄격한 제한조치들이 논의되었을 때, 농업부문의 주장은 상당히 중요한 비중으로 다루어졌다. 잉여오수를 감소시키기 위한 노력은 가축 사료에서 사용되는 성장촉진제의 감소, 오수가공 공장의 설립, 그리고 잉여오수를 퇴비가 부족한 지역으로 전달하는 수송체계 확정 등에 초점을 두었다(Dietz and Hoogervorst, 1991). 그러나 이러한 정책적 제한 조치들이 암모니아 방출을 감소시키는 데 효과적이었는가의 여부는 명료하지 않다. 여하튼 농업부문에서는 매년 돼지의 총수를 증가시킬 수 있었다(Minister of Housing, Physical Planning and Environment, 1989). 이러한 관점에서 가장 중요한 변수는 농업성의 입장이었다. 왜냐하면 농업성은 암모니아 방출을 감소시키려는 모든 조치들을 좌절시킬 수 있었기 때문이다.

(3) 석유정련소

석유정련소는 원유에 함유된 아황산으로 인하여 아황산가스를 야기하는 원인자이다. 석유제련소에서의 아황산가스 방출은 1980년부터 1989년까지 35% 감소하였다.

환경성은 네덜란드의 정련업이 국제시장에서 차지하고 있는 위상을 고려하여 이 부문에 대한 엄격한 조치들을 취할 수 없다(Minister van Volkshuisvesting, Ruimtelijke Ordening en Milieubeheer, 1984-5)고 발표하였다. 그러나 이러한 주장은 설득력이 없다. 왜냐하면 네덜란드 정련소의 전체생산물 중 약 70% — 이중 50%를 독일이 수입하고 있다. — 가 수출되는데, 수입국들은 오히려 석유에 대한 엄격한 기준들을 도입하고 있기 때문이다. 그래서 전체 생산의 약 65%는 심각한 불이익을 받지 않는다.

더 나아가 정련제품 시장의 발달과정을 분석하는 것이 필요하다. 수년 동안 저유황유(lighter fraction)에 대한 요구가 증가하였다. 쉘(Shell) 정유회사와 에소(Esso) 정유회사는 이러한 생산품에 대한 수요를 충족시키기 위해 노틀담에 새로운 정련소를 설립하였다. 에소의 플치쿠커(Flwcicooker) 정련소는 1986년부터 생산을 시작하였다. 1980년 에소에 의해 방출된 총물질들 중 아황산가스는 연간 28,000톤에 달하였다. 에소는 새로운 정련소 가동과 더불어 이 수치를 6,000톤 수준으로 떨어뜨릴 수 있었다. 이 시설에 대한 투자는 이윤성이 있는 것인데, 그 이유는 첨가비용을 투자하지 않아도 아황산가스 방출을 감소시킬 수 있었기 때문이다(De Bruin and Van Ooyen, 1986). 그러나 이것은 환경성 장관이 의회에 보고한 내용과는 극히 상반되는 것이다.(Minister van Volkshuisvesing Ruimtelijke Ordening en Miliebeheer, 1984-5, p.59.)

여기서 쉘(Shell)의 입장은 완전히 달랐다. 1980년 쉘의 아황산가스 방출량은 64,500톤에 달하였고, 1981년에는 58,000톤이었으나 1982년에는 59,000톤 그리고 1983년에는 70,000톤에 달했다(Oenbaar Lichaam Rijnmond,1983 ; Fransen,1985). 1983년 쉘은 리얀몽(Rijnmond) 행정당국에 새로운 승인을 요구하였다. 리얀몽은 아황산가스 방출을 규제하는 엄격한 규정이 없는 상태에서 이를 허락하지 않았다. 쉘은 이에 대해 유럽의 다른 곳에 새로운 공장을 세울 수밖에 없다는 반응을 보였다. 왜냐하면 쉘이 이 규정을 충족시킨다는 것 자체가 불가능하였기 때문이다. 이후 쉘은 보다 약화된 제한규정과 함께 정부의 승인을 얻어 내었다. 1985년 쉘은 리얀몽 지역의 모든 정련소에 대해 새로운 허락을 요구하였다. 그들은 하이콘 (Hycon)정련소에 허용된 아황산가스 방출량이 53,000톤이어야만 한다고 주장하였다. 에소와 비교해서 이 수준은 극히 높은 수치였다. 리얀몽은 보다 엄격한 기준을 주장하였다. 그러나 환경성 장관은 기준을 보다 완화하겠다는 협정을 쉘과 맺었다. 이 경우 경제부처 장관의 이해관계와 쉘의 중요성이 압도적 영향력을 행사한 것이다.(Barmentlo, 1988)

(4) 발전소
발전소에서 방출되는 환경오염물질은 질소산화물과 아황산가스이다. 지난 수년간 질소산화물을 억제하는 정책이 시행돼 왔다. 이 정책은 연간 방출 총량의 감소를 목적으로 한다. 산업체에서 전기에 지출하는 가격은 수출시장에서의 경쟁력 확보와 관련된 핵심요소이다. 질소산화물 방출을 감소시키는 조치들을 도입할 경우, 전기가격은 지배적인 이해관계를 형성한다.

아황산가스 방출의 감소가 문제가 되었을 때, 이와 동일한 반응들이 나타났다. 예비전력은 경제장관의 소관으로 되어 있다. 1980년 경제장관은 『석탄백서(Coal White Paper)』를 발행하였다. 네덜란드 산업의 경제적 위치와 에너지원의 다원화 정책은 정부로 하여금 석탄을 발전소 연료로 도입하도록 강제하였다. 그러나 이 조치들이 야기한 높은 전력 가격은 가계로 이전되었고, 네덜란드 산업체들은 낮은 전력가격만을 지불하였다. 이 순간에도 네덜란드의 에너지 가격, 특히 천연가스 가격과 전기가격은 다른 서구국가들보다 저렴하다. 따라서 방출과 관련 공개토론회에서 주도적 역할을 하고 있는 주장들은 근거 없는 지적들이다.

네덜란드 정책에 대한 평가

산성비와 관련하여 전개된 네덜란드의 산성물질 감소정책은 거의 효과가 없었다. 네덜란드 정부는 예외없이 오염을 일으키는 산업체들을 보호하고 있다. 이 산업체들에는 수출산업, 자동차산업, 정련산업(Shell), 그리고 농업부문 등이 포함된다. 더 나아가 네덜란드에서는 수 조(兆)의 길더(Guilder, 네덜란드 화폐단위)가 오염을 일으키는 경제부문으로 흘러 들어가고 있다. 이러한 폐해로부터 몇 가지 조치들이 도입되었다.

1984년 1,800여 개의 산성등가물에 대한 생태적 규범이 도입되었다. 그러나 이러한 규범들은 아무런 효과도 가져오지 않았다. 왜냐하면 전통적인 이해관계, 즉 경제적 관심이 지배적이었기 때문에 이러한 규범은 주변으로 밀려날 수밖에 없었다.

산성물질의 방출은 급격하게 감소되어야만 하는 상황에 놓여 있었다. 그러나 최근의 한 사건은 건전한 환경정책의 실현이 얼마나 어려운가를 여실히 보여준다. 최근 정부내각은 국내공항인 쉬폴(Schiphol)을 국제공항으로 만들기 위해 확장하려 하였다. 항공교통의 팽창은 의심할 여지없이 질소산화물과 이산화탄소 방출을 증가시킬 것이라는 여론이 팽배하였다. 이 부문에서 야기될 방출은 환경질이라는 목표를 강하게 좌절시킬 가능성이 있었다. 이에 대해 환경성 장관은 다른 부문에서 먼저 방출감소가 이루어져야만 한다고 발표하였다. 항공부문에서의 감소정책이 진행되는 동안 다른 부문에서는 여전히 방출이 이루어졌고, 환경목표는 실현되지 못하였다. 결과적으로 항공부문에서의 감소정책은 실패할 수밖에 없었다.

물론 환경파괴를 억제하려는 계획들이 발의되었다. 그러나 결정이 구체화되었을 때, 또 다른 요소들이 더욱 중요한 것으로 나타나곤 하였다. 이를 설명하기 위해선 경제이론적 통찰력과 제도적 요소가 혼합되어야 한다. 또 다른 측면에서 생산요소인 노동과 자본은 국가기구에서 중요한 위치를 차지하고 있으므로 환경정책은 두 생산요소에 모두 혜택이 돌아갈 것으로 확신될 때에만 확정되었고, 이 경우 언제나 확고한 환경기술이 매개되었다. 일반적으로 이 생산요소들을 강조하는 여론의 지도자들은 생산증가, 생산요소의 동원, 정부예산, 이윤수준, 고용 및 이해관계 등등과 관련하여 신고전주의적 이념들을 자신의 논거로 가지고 있다. 몇몇 경우에만 자연과 환경은 제한된 요소로서 간주되었다. 그러나 '현실적인' 경제변수들이 고려되면 이 제한적 요소는 항상 부수적인 것으로 제쳐질 것이다.

네덜란드의 환경정책 : 1990~2015

1989년 네덜란드 정부는 국가환경정책계획(National Environmental Policy Plan, 약칭 NEPP)을 발표하였다. 환경보호에 책임이 있는 부처, 즉 농업 및 자연자원부, 수자원과 교통부, 그리고 경제부 등의 장관들이 이 계획에 서명하였다. NEPP는 모든 환경문제를 한 세대 안으로 해결하겠다고 천명하였다. 예를 들면 이산화탄소의 방출을 제외한 모든 오염물질의 방출을 한 세대 안으로 30~10% 수준으로 떨어뜨린다는 것이다. 이 계획의 근저에는 네덜란드 경제를 '지속가능한 것'으로 만들겠다는 합의가 깔려 있다. 이것은 자연자원, 생태계, 환경질, 그리고 종의 다양성 등이 상술된 수준으로 복원되어야 하고, 이러한 작업은 다음 세대인 2015년까지 지속적으로 진행되어야 함을 의미한다.

NEPP는 몇 가지 정책적 시나리오를 제시해주었다. 이것은 네덜란드 중앙계획국의 장기경제성장 프로젝트(다음 25년 동안 GDP가 2배로 증가할 것임.)를 기반으로 하고 있다. NEPP는 환경에 영향을 미치는 모든 요소들을 비용-편익의 관점에서 평가, 분석하였다. 분석의 결론은 정책적 시나리오가 확정된다면 '지속가능성'은 실현가능할 수 있다는 것이다. 이 시나리오는 극적인 에너지보호, 개인중심 교통수단으로부터 공공교통수단으로의 급속한 전환, 제초제 및 비료사용의 축소, 쓰레기 재활용률의 상승 등을 포함하고 있었다. 거시경제적 비용은 2015년까지 GNP의 약 4%에 달할 것이다. 이 비용은 GDP수준, 소비, 공적 지출에는 거의 영향을 미치지 못하나 고용에는 긍정적인 영향을 미칠 것으로 예상된다.

이제 앞의 3절에서 개진시킨 바 있는 원인이란 관점에서 NEPP를 간략하게 분석해보자.

(1) NEPP는 지속가능성을 장기적 관점에서 거의 고려하고 있지 않다. 다만 이 프로젝트는 안정된 성장률이 2015년까지 지속될 것으로만 가정한다. 또한 이 계획에 따르면, 70~90%의 방출량 감소에 투입되는 비용은 GDP의 극히 작은 부분에 불과하다는 것이다. 그러나 저명한 경제학자를 포함하여 대부분의 사람들은 이 계획이 의거하고 있는 분석이 틀릴 수 있다고 생각한다. 이들은 비용이란 관점에서 NEPP가 지나친 낙관주의에 근거하고 있음을 우려하였고, 만일 성장 그 자체를 문제삼지 않는다면 특정기간내에 지속가능성에 도달한다는 것은 불가능하다고 지적하였다.

(2) 2015년 이후 시기를 고려한다면, NEPP에서 지적했던 성장과정과 성장률을 정당화하는 근거들(ortiori)이 상당한 문제점을 내재하고 있음을 알 수 있다.

(3) NEPP는 환경부담의 공간적 이전, 즉 환경오염물질이 특정 지방에서 다른 지방으로, 한 나라에서 다른 나라로, 한 지역으로부터 다른 지역으로 이전되는 것을 예방하고자 하였다. 그러나 NEPP는 '환경부담 이전'에 대해

추상적이고 '물리적'인 접근만을 시도하였고, 실질적으로 이 부담이전 현상을 야기하는 경제체계적 특징은 분석하지 않고 있다. 또한 NEPP는 시장의 실패란 관점에서 접근한 정책적 결과를 도출하는 데도 실패하였다.

(4) 시간적 간격이란 관점에서 NEPP는 환경질, 생물 다양성, 그리고 생태적 통합성과 관련하여 환경규제의 기준들을 설정한다는 입장을 가지고 있다. 환경수용력이란 관점에서 볼 때, 한 세대 이후의 네덜란드 사회는 인간/식물/동물들이 적어도 현세대와 동일한 수준, 아니면 보다 나은 수준의 환경을 누릴 수 있는 상태로 변화되어 있을 것이다.

(5) 공간적 차이, 그리고 결정수준간 차이와 관련하여, NEPP는 대단히 단순한 입장을 가지고 있다. 국경을 넘어서는 환경문제에 NEPP가 택한 몇 가지 방안들은 국제환경정책을 발전시키려는 것이다. 그러나 이것은 개괄적인 수준에 머물러 있다.

(6) 경제활동을 위한 법률적 토대(재산권)란 측면에서, NEPP는 거의 아무것도 제공해주지 않고 있다. NEPP의 기술 낙관주의가 이를 설명해주고 있으며, 정치적 구성이 NEPP에 책임을 부여할 수 있다.

(7) 환경정책의 (새로운) 도구란 관점에서, NEPP는 상당한 실망을 안겨주고 있다. 협상과 자발적 협의가 지닌 힘을 확신한다 할지라도 NEPP는 청정기술을 경제적 동기부여란 도구를 사용해 보급하려 하거나, 아니면 명령과 통제라는 전통적 방식에 의존하려 한다. 최근 개정안인 NEPP-Plus는 경제적 접근과 도구들을 검토해자는 입장을 취함으로써 어느 정도 발전했다.

5. 지속가능한 발전을 향하여 : 제도와 도구들

바람직한 제도개혁이란 관점에서 3절이 주는 주요 교훈은, 비용이전을 방지하고 경제성장을 통제하기 위해서는 제도를 정비(신설, 통폐합)하고 새로운 정책도구들을 개발할 필요가 있다는 것이다. 이제 경제성장을 억제할 제도적 장치들과 비용이전을 방해하는 제약들에 대해 살펴보자.

성장정책

만일 경제성장이 생태계의 완충역할이 작동하지 못할 정도로 환경스트레스를 유발하는 것이라면, 경제성장을 억제시킬 필요가 있다. 경제성장을 통제하기로 한 결정들은 생태적 한계가 측정될 수 있음을 전제로 함과 동시에 이 한계를 정치적 한계기준으로 전환시킬 수 있음을 전제로 한다. 만일 특정의 경제활동이 사회전반을 이러한 한계기준을 넘어가도록 몰아간다면, 그 경제활동은 그 중요성에 비추어, 특히 신기술에 의한 환경스트레스의 감소가능성에 비추어 신중히 검토되야 할 것이다. 그러나 통상적으로 기술발전이란 것도 시장의 필요에 의해 결정된다. 만일 시장가격이 환경의 희소성과, 그리고 이로 인한 환경비용을 정당하게 반영하지 못한다면, 새로운 기술개발에 의한 경제성장도 자연과 환경에 항상 이로운 것만은 아니다. 따라서 혁신은 환경부담을 감소시키는 방향에서, 그리고 노동집약적 생산품에 대한 수요를 촉발하는 방향에서 이루어져야 한다. 그러기 위해선 혁신의 방향과 내용이 지금보다 훨씬 더 파격적일 필요가 있다. 따라서 지속가능한 발전을 구현하기에 적합한 기술혁신은 행정당국의 개입, 즉 지속가능한 발전을 지향하는 연구조사나 프로그램 개발 등을 통한 개입을 필요로 한다.

만일 적정기술의 개발이 거의 가능하지 않다면, 경제활동의 수준은 사회전반으로부터 통제를 받아야만 할 것이다. 통제의 대상은 에너지 생산, 에너지 사용, 제초제 사용, 사적 교통수단, 집약적 농업, 그리고 화학산업 등이다. 이러한 통제는 궁극적으로 소비패턴 전반의 변화 및 생산패턴의 변경을 가져올 수 있다. 이러한 통제는 행정당국이 허용하는 산업이라는 보편적 형태를 취할 것이다. 물론 행정당국은 오염물질 방출의 총량을 측정하는 방식에 의거해서 통제할 산업과 육성할 산업을 구분해낼 수 있다. 또한 행정당국은 어떤 산업체가 환경에 압박을 가할 경우, 벌금을 부과함으로써 경제과정을 조작할 수도 있다. 이러한 방식을 통해 환경비용 이전은 오염을 야기한 당사자들에게 되돌려지고, 그 결과 환경에 바람직하지 않은 투자·원료·최종생산품 등에 대한 결정이 간접적으로나마 변화될 것이다. 어쨌든 이러한 조치들은 국가권력을 경제계획의 영역, 그리고 가격정책의 영역 등으로 확대 개입시킬 것이다. 또한 성장으로의 경향성은 빈곤, 불평등, 안전위협 등과 같은 구조적 요인들에 의해 작동될 수도 있음도 인지하게 된다.

전지구적 차원에서 접근할 때, 빈곤과 이로 인한 환경파괴는 오히려 장기적 차원에서만 해결될 수 있다. 빈곤은 인구 크기의 축소를 통해서 극복되고 직간접적인 환경압박을 줄일 수 있기 때문이다. 그러나 이러한 인구감소정책도 경제발전을 통해서만 실질적으로 수행될 수 있다. 만일 인구감소정책이 결과적으로 경제성장의 질을 떨어뜨리는 것이라면, 이러한 빈곤극복을 위한 정책은 최악의 선택이 될 것이다. 이와 더불어 논의할 수 있는 것이 경제성장의 내용과 방향은 동·서진영, 그리고 남·북 진영 모두에서 수정되어야 한다는 것이다. 이러한 수정은 서구 사회의 소비패턴 변화로부터 출발될 수 있으며, 그것은 환경에 대한 새로운 가치 부여를 통해서만 가능하다. 새로운 가치의 수용은 산업화된 시장경제에서 환경질을 고양시키기 위한 필수조건이 된다.

경제성장 억제에 가장 효과적인 정책은 세계시장의 경쟁과 불안정성을 감소시키는 것이다. 이 세계시장경제적 조건이란 측면에서 근본적 변화를 고려하지 않는다면 환경위기는 해결될 수 없을 것이다. 왜냐하면 경제체제의 본질이 세계시장과 밀접히 연결되어 있고, 세계경제의 작동은 일국내에서 등장하는 대안적 경제체제 가능성에 대한 신념을 위축시키기 때문이다.

비용이전에 대한 제약

환경비용의 이전은 공간·시간적 차원에서의, 그리고 결정수준에서의 원인과 결과가 서로 다르기 때문에 발생한다. 공간적 거리요인은 환경파괴 영향을 지리적으로 재분배하는 결과를 야기한다. 국제적으로 공유된 환경매질 또는 공동소유 자원의 경우, 이를 보다 적합하게 관리하고 사용시 발생하는 의견 불일치를 해결하기 위한 법률제도 및 행정제도들이 필요하다. 이것은 가끔 새로운 유형의 관할권 및 주권의 이전이 행정절차상 상위 수준에서 발생할 수 있음을 인정하기도 한다. 환경에 대한 충격이 세계시장 메커니즘 — 국제무역과 투자라는 수단 — 을 통해 재분배되는 사례는 이미 잘 알려져 있다. 이들 사례는 국제무역에 대한 기존의 규제가 새로이 변화되어야 함을 의미한다(GATT 규정 및 국제가격에 대한 규제). 이러한 규제 신설이 필요한 사례로 다음과 같은 경우를 가정해 볼 수 있다. 우선 남북무역이 개도국에서 지속불가능한 생산패턴을 초래하는 경우, 그리고 국제적 채무상환 문제로 개도국이 자신의 지하자원을 세계시장에 몽땅 팔아치우도록 강요되는 경우이다. 새로운 규제설정에서 가장 쉽게 기대할 수 있는 것들은 환경질 및 자연자원을 보호하기 위한 최소한의 기준 설정, '환경덤핑'에 대한 제재 가능성, 유해물질 및 유해쓰레기 교역에 대한 규제, 그리고 지속가능한 자원사용과 환경비용의 내부화를 보장하는 상품협정 등이다.

시간상 차이는 시간변수의 베일을 제거함으로써 극복될 수 있다. 이를 위해 몇 가지 유형의 '상속원칙'을 채택할 수도 있을 것이다. 이 원칙에 따르면 국가는 현재와 같은 수준의 자원총량과 환경질을 다음 세대에게 물려줄 의무가 있다. 이런 원칙은 제도적 측면에서 미래세대의 '이해관계'를 대변할 수 있는 절차 및 기구로 보완돼야 할 것이다. 가령 이런 특정 목적의 '옴브스만 유형의 기구(Ombudsman-type Organisation)'를 지적할 수 있다.

정책결정 수준에서의 차이는 일종의 수인 딜레마로 인해 발생하는 것이다. 이런 유형의 비용전가 문제는 보다 상위의 권위체를 창출함으로써 극복될 수 있다. 이 권위체는 충분한 결정권을 갖는 것은 아니지만, 자연자원 및 환경매질의 사용권한과 관련된 정보교환이나 토론을 이끌어내고, 정책 대강수준의 원칙을 합의로 이끌 수 있는 기구이다. 라인강 국제위원회(International Rhine Committee)는 이러한 정책 대강수준의 원칙을 결정하는 권위체의 한 예를 제시해준다. 북해위원회도 이런 종류의 기구이다.

그외에 국제환경정책과 관리비용 할당을 정당화할 수 있는 원칙들도 필요하다. 유럽공동체와 OECD가 채택한 오염자부담 원칙이 이의 대표적 예이다. 그러나 유럽대륙 및 지구차원에서 발생하는 환경문제에 대한 대응에서는 이 원칙이 지켜질 수 없음이 입증되었다. 이 오염자부담 원칙은 환경비용을 경제능력에 따라 분담하는 원칙으로 대체되어야 한다. 동시에 이러한 정책과 정책추진 기구의 운용에 필요한 재정조달원이 마련되어야 한다.

이와 관련하여 우리들은 국제적 조세, 즉 국제 탄소세, 산성물질 방출 및 개발시 지불하는 비용(일인당 국민소득 대비), 오염수준 및 자원채굴 규모에 근거한 기금 등을 생각해 볼 수 있다.

그중에서도 가장 필요한 것은 인간이 누리는 권리 유형을 변경하는 것이다. 사실 그 동안의 환경압박 및 환경위기는 새로운 유형의 권리, 즉 인간만이 아니라 살아있는 것들 모두의 생존권을 인정하도록 요구하고 있다. 이러한 생명체들의 권리는 오염자부담 원칙이 환경정책적 조치들로 확장되거나, 더 나아가 생태계파괴에 대한 보상비용 등의 확장된 형태로 나타날 수 있다. 또는 처방된 규정을 위반하는 개인 또는 집단을 일반 징계보다 더큰 중벌로 다스린다거나, 예상되는 쓰레기 발생을 사전예치금 제도[3] ― 물론 합의된 규정이 충분히 준수된다면 이 예치금은 다시 환불되는 것이다. ― 로 제재하는 방식도 이런 권리를 표현한 것이다.

환경비용 이전을 저지하기 위한 규제조항, 허가조항, 그리고 규칙들은 그 동안 환경비용을 사회로 이전시킴으로써 경제적 이득을 누려왔던 이익집단들에 의해 비판과 공격을 받아왔다. 왜냐하면 이들 이익집단들은 비용이전을 통해 상대적으로 값싼 생산을 할 수 있었기 때문이다. 이들 비판이 흔히 사용하는 정당화의 근거는, 환경오염 감축이 비용상승을 야기하고, 소비자들은 이로 인해 상승된 시장가격을 지불하려 들지 않으며, 이것은 다시 구매력 감소와 기업의 생산축소를 야기할 것이라는 우려이다. 그러나 네덜란드에서 행한 최근의 연구조사(Antonymous, 1991)는 다음과 같이 보고하였다. 만일 상품가격을 상승시킴으로써 축적한 잉여자본을 환경오염이나 생태계 파괴를 저지하기 위한 비용으로 사용한다면, 소비자 중 70%는 기꺼이 향후 10년 동안 ― 이 기간이 비록 팽창의 시기라 할지라도 ― 자신들의 구매력을 변경시키지 않을 것이란 점이다. 이러한 연구조사 결과는 환경관련 집단(행정당국과 운동단체)과 소비자 조직간 연대형성이 큰 힘을 행사할 수 있음을 시사해준다.

---

[3] 역자주 : 이 제도는 우리나라에서도 1991년부터 일회용품 생산기업에 적용되고 있다. 그러나 그 예치금액이 쓰레기 수거비용과 비교해 턱없이 낮게 책정되어 찾아가는 기업이 없다.

6. 결론 및 권고사항

경제이론 및 분석에 대한 영향

현재 자연과 환경은 이전과 달리 최악의 상태이다(Logeman, 1991). 그 어떤 원인보다도 이런 상황에는 지배적인 경제이론이 밀접히 연결돼 있다. 따라서 이 경제이론은 충분히 분석돼야 하며, 이 이론에 내재된 환경보호에 적합하지 않은 범주들은 밝혀져야 한다. 근본적 특성을 갖는 전지구차원이나 대륙차원의 환경문제들은 이를 통해서만 해결될 수 있을 것이다.

물론 환경문제를 야기하는 원인의 일부는 경제학의 영역 밖에 있기 때문에, 생물학자들과 생태학자들에 의해 분석되고 해결돼야만 할 것이다. 그러나 해결의 길은 자연자원이 경제이론 그 자체로 수용되고 구체화되는 과정에서 열려질 수 있다. 지속가능한 발전이란 개념은 논의의 여지없이 이러한 입장을 내포하고 있는 것이다. 이 개념을 구체화하기 위해 우리들은 건강한 생태적 기능에서 도출된 생태규범들을 활용하고자 하였다.

이 논문에서는 자연자원을 경제학내로 통합한다는 의미에서 녹색경제학의 청사진이 제시되지 못했다. 그러나 녹색경제학은 미래를 위해 중요한 결과를 가져올 수 있다. 가령 국민계정(National Accounts)체계라는 전통이론은 비용-편익 분석과 같은 목적에 부적절하다. 달러화로 표현된 개도국 채무는, 채무로 인한 이자지불을 위해 자연자원이 지속불가능할 정도로 파괴되고 있음을 고려하지 않는다. 이런 식의 채무 계산방식은 더 이상 이론적 논의에서 옹호되거나 정당화될 수 없다. 현재의 시장활동(작동)은 이윤율에 의해 이루어지지, 결코 미래 생태계가 지닌 중요성을 고려하지 않는다.

정책에 대한 반발

환경정책은 경제정책의 한 형태로 간주될 수 있다. 이는 환경문제가 화폐가치의 등락 및 국가재정의 적자 등과 같은 경제문제와 동일한 방식으로 대처되어야 함을 의미한다.

그래서 만일 환경정책이 다른 경제정책들과 동일한 위상을 가지지 못한다면, 건강한 환경은 보장될 수 없다. 이러한 통찰력은 굉장히 중요하다. 우리가 전에 보았듯이, 네덜란드는 그 동안 오염산업을 지속적으로 보호해왔다. 이러한 보호가 정당했음을 주장하는 근거들은 고용, 생산수준, 국제경쟁, 생산과정에서의 비용, 그리고 정부 적자 등과 같은 전통적인 경제변수의 장에 있다. 이러한 전통변수들은 그 어떠한 경우에라도 자연자원을 고려한 경제변수로 전환돼야 한다. 따라서 경제정책은 바로 앞 분절,「경제이론 및 분석에 대한 영향」에서 논의됐듯이 광범위한 개념들에 근거해야만 한다.

오염산업들은 토지의 사유화라는 방식으로 대기, 물, 등의 환경재 사용에 대한 비용을 전혀 지불하지 않았다. 사용가능한 환경매질이 감소됨에 따라, 이 오염산업들은 보다 높은 비용에 직면하게 되었다. 이것은 감소된 잔여의 환경공간을 사용하기 위한 투쟁을 가열시켰으며, 새로운 사회문제로 부각되어 논쟁을 불러일으키고 있다. 이를 빌미로 노동과 자본이라는 생산요소들은 국가기구(State Machinery)내에서 강력한 입지를 마련하려 한다. 이들은 국가기구내에서 전혀 의미를 갖지 못하던 자연자원이라는 생산요소를 자신들의 논쟁대상으로 끌어들이고 있다.

두번째로 국가기구 그 자체에 관심을 가져야 한다. 만일 비용이전을 종식시켜야 한다는 전국민적 의식이 형성되지 않는 한, 국가기구내 부처들간의 권력균형은 쉽게 변경될 수 없을 것이다. 사회적 열망이 있다 할지라도, 권력균형의 변동에 민감한 특정 부처 및 행정관료, 그리고 과학기술 및 정책연구팀 등 잘 조직화된 집단들은 자신들의 입지를 약화시킬 수 있는 모든 시도들에 저항할 것이고, 나아가 공격적 대응을 할 것이다. 물론 변화는 시간을 필요로 한다. 동시에 변화는 권력변동에 저항하는 세력을 상쇄시키기 위한 새로운 연합이 형성될 경우에 한해서만 가능해 질 수 있다. 환경운동과 소비자조직들이 이러한 연합형성에 앞장 설 수 있을 것이다. 그러나 환경문제의 발생 그 자체는 지난 세기 동안 사회적 물음을 '해결하기' 위해 사회적 권력집단들이 스스로를 조직했던 방식과 긴밀히 연결되어 있다. 이것은 우리사회의 근본적인 뿌리 몇 가지를 바꾸지 않고서는 환경문제 해결이 불가능함을 의미한다.

□ 참고문헌

Bromley, D.W.(1989), "Institutional Change and Economic Efficiency," *Journal of Economic Issues*, Vol.23, No.3, pp.735-59.
Coase, R.H.(1960), "The Problem of Social Costs," *Journal of Law and Economy*, No.3, October, pp.144.
Dietz, F.J. and J. van der Straaten(1991), "Umweltökonomie auf dem Pruefstand : Das fehlende Glied zwischen ökonomischer Theorie und Umweltpolitik" : in F. Beckenbach(ed.), *Die ökologische Herausforderung für die ökonomische Theorie*, Marburg, pp.239-56.
Dugger, W.M.(1988), "A Research Agenda for Institutional Economics," *Journal of Economic Issues*, Vol.22, No.4, pp.983-1003.
Hardin, G.(1968), "The Tragedy of the Commons," No.162, pp.1243-8.
Haveman, R.M.(1976) *The Economics of the Public Sector*, 2nd Edition, N.Y.
Hodgson, G.M.(1988), *Economics and Institutions*, Cambridge, MA.
Hoebenagel, R. and J.B.Opschoor(1990) : "Economische Waardering van Milieuveranderingen"(Economic Values of Environmental Changes), *Milieu*, No.3, pp.65-73.
Hueting, R.(1980), *New Scarcity and Economic Growth*, Amsterdam.
James, D.E., H.M.A.Jansen, and J.B. Opschoor(1978), *Economic Approaches to Environmental Problems*, Amsterdam.
Kapp, K.W.(1969), "On the Nature and Significance of Social Coast," *Kyklos*, Vol.22, No.2, pp.334-47.
Kapp, K.W.(1970), "Environmental Disruptions and Social costs : a Challenge to Economists," *Kyklos*, Vol.23, No.4, pp.833-47.
Kling, R.W.(1988), "An Institutionalist Theory of Regulation," *Journal of Economic Issues*, Vol.22, No.1, pp.197-211.
Logeman, D.(1991), "De Achteruitgang van de Nederlandse natuur(The Deterioration of Dutch Nature)," *Nature en Milieu*, March, pp.12-5.
Maeler, K.G.(1990), "Sustainable Development," *NAVF : Sustainable Development, Science and Policy*, Bergen, May 8-12, Oslo, pp.239-44.
Molle, W.(1990), *The Economics of European Integration*, Aldershot.
Opschoor, J.B.(1974), *Economische Waardering van Milieudegradatie (Econinomic Valuation of the Degradation of Nature)*, Assen
────(1987), *Duurzaamheid en Verandering(Sustainability and Change)*, Amsterdam.
────(1990), "Economic Instruments for Sustainable Development," *NAVF : Sustainable Development, Science and Policy*, Bergen, May 8-12, 1990.Oslo, pp.249-69.
────/H.B.Vos(1989), *Economic Instruments for Environmental Protection*, Paris.
O'Riordan, T.(1981), *Environment*, London.
Quiggin, J.(1988), "Private and Common Property Rights in the Economics on the Environment," *Journal of Economic Issues*, Vol.22, No.4, pp.1071-87.
Ramstad, Y.(1989), "Reasonable Value versus Instrumental Value : Competing Paradigms in Institutional Economics," *Journal of Economic Issues*, Vol.22, No.3, pp.761-77.
Swaney, J.A.(1987a), "Building Instrumental Environmental Control Institutions," Vol.21, No.3, pp.295-308.
────(1987b), "Elements of a Neoinstitutional Environmental Economics," *Journal of Economic Issues*, Vol.22, No.4, pp.7-35.
────/M.E. Evers(1989), "The Social Coat Concepts of K.W., Kapp and K.Polyani," *Journal of Economic Issues*, Vol.23, No.1, pp.7-35.
Wiseman, J.D.(1989), "Economic Knowledge, Evolutionary Epistemology and Human Interests," *Journal of Economic Issues*, Vol.2, No.2, pp.647-56.
World Commission on Environment and Development(WCED)(1987), *Our Common Future*, Oxford

III. 경제의 생태적 재구조화 시론

5. 경제조정으로서의 예방환경정책　145
1. 예방환경정책의 테제들　145
2. 환경정책의 개념적 분화　148
3. 국가의 실패와 사후형 환경보호　151
　□손쉬운 선택 : 피상적 대응 방식　□환경보호에서의 '국가의 실패'　□사후형 환경보호 : 관료와 산업　□사후형 환경보호의 한계
4. 생태적 근대화로서의 환경예방정책　161
5. 혁신동력으로서의 위기?　163

6. 경제의 친생태적 구조변화 : 경험적 연구　165
1. 서론　165
2. 환경스트레스 내 변화　171
3. 에너지 가격의 함의　175
4. 고갈되지 않는 기술능력　176
5. 산업부문들의 내부변화가 지닌 함의　177
6. 환경스트레스의 감소　181
7. 산업정책　184
8. 결론　187

7. 환경기술 선택을 결정하는 요인들　191
1. 환경정책의 세 가지 모델　191
2. 환경기술의 구분과 과정지향적 환경기술 정착의 어려움　194
3. 기술선택의 이론적 측면 : 수요　197
4. 기술선택의 구조적 측면 : 공급　203
5. 환경투자, 전체투자, 그리고 통합된 과정기술 : 서독과 미국에 대한 경험적 비교　206
6. 총론　212

5. 경제조정으로서의 예방환경정책 [1]

마틴 예닉

> Martin Jaenicke : 자유 베를린 대학 정치학부 교수이며, 환경정책연구소 소장으로 일하고 있다. 그는 81~83년 녹색당 소속으로 베를린 시의회 의원을 역임하기도 하였다. 환경보호와 관련된 시민발의 운동, 환경정책, 생태적 근대화, 그리고 국가의 실패 및 정치적 근대화 등의 주제를 중심으로 다수의 저작과 논문들을 저술하였다. 연구저서로는 『시민발의 운동』, 『국가의 실패』 등이 있다

1. 예방환경정책의 테제들

사후형 환경관리정책이란 산업사회의 환경문제를 문제발생 이후 시점에서 처리하고 접근하는 방식을 총칭한다. 이러한 해결방식은 상대적으로 비효율적이고 높은 비용지출을 동반한다. 또한 국민경제 차원에선 비생산적이며 덜 혁신적 전략을 구사한다. 사실 오늘 발생한 환경문제의 원인은 과거에 기획한 개발 및 투자에 있다. 이 간단한 사실은 오늘의 우리에게 교훈을 준다. 즉, 오늘 우리들이 선택한 발전의 방식, 기술혁신의 내용, 그리고 투자의 방향에 이미 미래 환경문제의 원인이 있으며, 환경문제의 이런 원인과 발생간의 시차성을 고려하지 못한 해결 방식은 원인을 근원적으로 파악하여 제거하지 못한다. 오히려 이러한 접근태도는 종말처리기술과 관료주의 그리고 오염다발형 산업의 성장조건만을 만들어 줄 뿐이다.

반면 생태친화형 사전예방정책은 정책의 시간구조를 변경하는 것을 의미한다. 사후 예방정책이 배려 시점을 현재에 두고 결과로서의 오염문제를

---

[1] Martin Jaenicke, "ökologische Modernisierung : Option und Restriktion präventiver Umweltpolitik," Udo E. Simonis(Hg.), Präventive Umweltpolitik (Frankfurt:Campus, 1988)

처리하는 데 초점을 맞추는 것이라면, 사전 예방정책은 배려 시점을 미래에 두고 문제발생의 가능성을 현재적 원인에 초점을 맞추는 것을 의미한다. 그래서 변경된 사전 예방정책은 우선순위를 기술에 두고, 향후 사회가 선택하는 기술들이 항상 환경친화적이고 자원절약적인 것이 되도록 통제하고자 한다. 왜냐하면 사회의 혁신방향은 이런 기술 측면에 의해 결정되기 때문이다. 기술선택의 중요 원칙은 자원비용, 환경보호비용, 환경파괴비용을 최소화하는 것이다. 그래서 사전예방전략은 경제생산성과 기술혁신율을 고양시키는 것을 의미하며, 문제의 원인을 근절 또는 제거시키는 것을 의미한다.

이렇게 글을 시작하면서 개략의 개념정의를 시도한 것은 독자들에게 이 논문의 방향과 내용을 미리 알려주기 위함이다. 이 글에서 주장하는 내용들은 전래되어 온 예방가설들에 의거한 것인데, 이에 대한 문헌확인 작업은 생략하고 아래와 같이 대략의 윤곽을 기술해 보았다.

(1) 환경정책의 예방적 측면을 주장하는 사람들은 환경정책이 곧 경제정책이라고 생각한다. 그러나 이 경제정책으로서의 사전예방적 환경정책은, 사후정책처럼 이윤계산의 근거가 되는 자본회임주기라는 단기전망에 함몰된 논의가 아니다. 그래서 이 예방정책의 경제측면은 기업경영자들이 가지고 있는 미시수준의 이해관계를 고려하는 것이 아니라, 오히려 국민경제의 거시수준에서 새로운 발전방향을 고려한다. 이 발전방향은 친환경적 혁신전략에서 그 기회를 찾을 수 있다.

(2) 환경파괴와 관련하여 예방형적 접근을 강조하는 사람들은 대부분 국가가 사후적으로만 문제해결에 개입하는 경향에 문제제기한다. 사실 생태친화적 예방전략은 현 환경정책의 특정 경향성이 동반하고 있는 해악과, 이에 대한 우려에서 비롯된 것이다. 현재의 환경정책은 국가개입 전반이 보여주고 있는 경향성으로 인해 사후처리 방식으로 경도되고 있다. 이런 국가개입 방식은 환경문제에 한에서 이미 언급했듯이 근원적인 해결을 수반하지 못한다. 따라서 예방 환경정책은 사후적으로 반응할 수밖에 없는 국가를 구조적으로 분석해야 한다. 이 구조분석은 그 동안 무시되어 왔던 것이다.

(3) 예방정책은 정치전략에도 깊은 관심을 갖고 있다. 이 정치전략에 대한

관심은 1971년 연방정부의 환경프로그램[2]이 채택되는 과정을 일별해 보면 명확해진다. 당시 이 프로그램에 대한 상당한 반대가 있었다. 왜냐하면 국가가 산업에 대해 취할 수 있는 행동반경은 제한되어 있었던 데 반해, 이 환경프로그램은 사전예방정책을 가동시킬 수 있도록 국가의 경제에 대한 제한된 개입력을 확대하도록 요구하고 있었기 때문이다. 그럼에도 이 프로그램은 그 필요성에 대한 공감대를 배경으로 채택된 것이 아니다. 오히려 이를 관철시켜야 한다는 의지가 선택과정에서 결정적으로 작용했다. 그래서 예방환경정책의 지지자들은 새로운 정치전략에 대한 필요성에 공감한다.

(4) 예방형 환경정책을 논하는 사람은 국가개입의 최적화 문제를 다뤄야 한다. 국가개입의 최적치를 추론하는 작업은 두 가지 전제조건하에 이뤄져야 한다. 첫째는 연구자의 자율성이다. 만일 연구자들이 누군가에 의해 조정된다면, 국가개입의 최적치는 명료해질 수 없다. 또한 환경문제 발생의 최종적 인과고리를 치유하는 조치들만으로 국가개입의 최적치를 추론할 순 없다. 국가개입의 최적치는 예방적 측정(생산 및 기술조절)에 두어져야 하는데, 이를 통해 국가개입을 최소화할 수 있기 때문이다. 그래야만 개입비용을 축소하고 관료화과정을 피할 수 있다. 또한 동일한 투자로부터 보다 풍부한 효과를 얻을 수 있어, 자발적 투자를 하려는 사람과 그 액수도 증대될 것이다.

(5) 예방정책의 지지자들은 자신들이 상대해야 할 대상을 신중히 선택하여야 한다. 소비자, 유권자, 그리고 시민 등 미시수준의 행위자들을 대상으로 하는 정책은 주무관청의 결정과정과 최종결재를 필요로 한다. 그런데 이 과정은 가끔씩 뒤늦게 작동하여 계획과 투자가 이루어지는 기간 동안 전혀 영향력을 행사하지 못하기도 한다. 따라서 환경정책의 예방전략은 무엇보다도 산업체라는 거시수준의 행위자를 지향하여야 한다. 예방정책의 입안자들은 그들의 권력상황에 대한 많은 정보를 가지고 있어야 하며, 그들의 이해관계도 부분적으로 반영하고 적극 활용할 수 있어야 한다. 보편적으로

---

[2] Wener Maihoferr, *Umweltpolitik. Das Umweltprogram der Bundesregierung*, (Stuttgart:1974, 26)를 참조하라. 이 프로그램은 다음과 같은 주장을 반복해서 되풀이하고 있다. 즉 "장기적 관점에서 환경법을 수단으로 한 환경계획은 국가적 사전예방정책의 최우선 과제를 자연적 토대의 지속적 보호로 설정하여야 한다."

권력상황은 서로 다른 이해관계들로 연합되어 있다. 따라서 구조적 위기 시에는 이러한 모순적 권력상황이 스스로 분열할 수 있다.[3]

2. 환경정책의 개념적 분화

"… 현명한 인간들은 자신이 내뱉는 말을 거스름 푼돈 정도로 생각하여 임시방편으로 변통해 사용한다. 그러나 바보들은 이 말을 곧이 곧대로 받아들인다."[4] 홉스의 『리바이던』으로부터 인용된 이 문귀는 예방 개념에도 그대로 적용될 수 있다. 사실 말이란 주어진 상황(이 말이 쓰이는 전체문장이나 사실적 정황)을 벗어나선 아무런 의미도 갖지 못한다. 그래서 단어의 객관적 의미에 대한 탐구는 역으로 모호한 개념적 회색지대를 등장시킬 수 있다. 나는 이것이 우리의 주제에도 해당된다고 생각한다.

의학에서 사용하는 예방 개념을 일별해 보면, 다음과 같은 사실이 명료해진다. 의학용어로 예방은 병의 구조적 조건들을 전혀 변경시키지 못하는 조치들을 의미한다. 이의 예로 예방접종이나 병의 조기발견을 위한 정기검진 등을 지적할 수있다. 이 예방영역은 현재 유행하고 있는 관리의학의 전단계에 속한다. 이 관리의학의 특징은 '초기 예방'이라는 보다 전문화된 영역에 있는데, 특히 병을 유발하는 조건들을 다룬다.[5]

환경정책의 영역에서 여과시설, 정화조 그리고 소음방지시설 등에 초점을 둔 조치들은 환경보호 영역에서의 예방의학에 비유될 수 있을 것이다. 그러나 우리들은 이러한 시설들에 그리 큰 관심을 두지 않는다. 왜냐하면 사전에 환경을 보호하기 위한 환경정책, 즉 예방형 환경정책에 대한 강조는 이러한 '관리적이고', 사후적이며, 반사적인 환경정책이 환경보호를 위해

---

3) M. Jaenicke, *Staatsversagen*(Muenchen:1986, 193)
4) Thomas Hobbes, *Leviathan*(London, New York:1950)
5) B.L. Bloom, "The Evaluation of Primary Prevention Programs," N.S. Greenfield/M.H.Miller(eds.),*Comprehensive Mental Health*(Madison:1968);L.Bickmann, "The Evaluaion of Prevention Programms," *Journal of Social Issues*, Vol.39-1(1983);*World Health Organization for Health for All by the Year 2000*(Geneva:1979)을 참조하고, G.Goeckenjan, *Kurieren und Staat machen*(Frankfurt/M:1985)을 보라.

충분한 역할을 하지 못했음을 비판하면서 출발했기 때문이다.

그래서 환경정책의 예방 개념은 원인이란 측면에서 환경을 파괴하는 구조와 기술에 초점을 둔 정책들로 구성된다. 이런 의미에서 예방형(또는 사전형) 환경정책은 개념적으론 관리형(또는 사후형) 환경보호정책에 대립된다. 그러나 이 예방형 환경정책은 보다 정교한 개념정의를 필요로 한다.

게라우(Gerau)의 논거[6]로부터 도움을 받아, 필자는 환경정책의 전략들을 다음과 같이 네 단계로 구분하고자 한다. 그중 처음의 두 단계는 사후정책의 유형들이고, 다음의 두 단계는 사전정책의 유형들이다.

(1) 반환경적인 생산과정과 생산품목으로 인해 야기된 환경파괴를 사후적으로 보수하거나 보상하는 전략

(2) 환경파괴적인 생산과정과 생산품목을 환경정책을 통해 보완함으로써 수용가능한 형태로 만드는 종말처리형 환경기술 전략

(3) 기존 생산과정과 생산품을 기술혁신을 통해 환경친화형 생산과정과 생산품으로 변형시키는 생태적 근대화 전략1 : 부문내 기술혁신전략

(4) 환경에 영향을 미칠 가능성이 있는 생산/소비양식을 생태적으로 수용가능한 것으로 대체하는 생태적 근대화전략2 : 부문간 구조조정 전략예.

다음 그림1은 환경정책의 전략들이 분화된 모습을 보여주고 있다. 이 네 가지 전략 유형은 사전배려적 관점을 한 극으로 하고, 파괴된 환경을 교정하는 정책들로 구성된 사후처방적 관점을 또다른 극으로 하는 연속체이다. 따라서 이 연속체는 과도기 전략유형들을 포함하고 있다. 이 연속체는 또한 국민경제 유형에서도 상반된 양극을 가지고 있다. 그 한 쪽에는 유해물질과 쓰레기를 남발하고 생태위기를 유발하는 국민경제 - 이 경제는 환경보호시설을 전혀 갖추고 있지 않다. - 가 놓여 있고, 반대쪽에는 원료, 에너지, 물 그리고 토지사용을 혁신된 기술로 절약하는 생태적합적 국민경제가 자리잡고 있다. 물론 이 생태적합적 국민경제는 사전예방에 초점을 둔 환경정책으로만 도달가능한 경제유형이다. 만일 현경제가 고도의 과학기술 혁신

---

[6] J. Gerau, Zur politischen Ökologie der Industriealisierung des Umweltschutzes, M.Jaenicke(Hg.), Umweltpolitik(Opladen:1978). 게라우(Gerau)의 경우엔 환경파괴를 보상 또는 복구하는 '0-단계' 설정이 결여되어 있다.

〈그림1〉 환경정책의 전략단계들 : 모델과 예

	사후처리형		사전예방형	
	환경파괴에 대한 보수/보상 전략	종말처리형 환경기술에 의한 보호 전략	생태적 근대화1 : 환경친화적 기술	생태적 근대화2 : 구조조정 정책
예	소음공해보상	수동적 소음보호	저소음 모터개발	교통체제의 변경
	산림파괴보상	발전소 배출가스의 탈황처리	발전소의 합리적 에너지 이용	전력을 절약하는 생산/소비방식
	산업쓰레기로 인한 위해성 제거	쓰레기소각	쓰레기재활용	저 쓰레기 방출형 경제 유형 개발

과 서비스 집약적 생산이란 방향으로 구조변혁을 완성한다면, 곧 이것은 이 생태적합적 국민경제의 한 유형이 될 수 있다. 그러나 이러한 경제유형에서도 환경부담은 여전히 존재할 수 있는데, 이는 사후처리형 기술로 최소화시킬 수밖에 없다. 이것은 왜 특정 사회의 환경정책이 전략범주로 명확히 구분되지 않고 여러 전략들로 혼합되는가를 잘 설명해준다.

이렇게 전략단계들을 구분한 도표는, 우리에게 환경정책의 현주소가 어디에 위치해 있는가를 명확히 보여주고 있다. 우리들은 네번째 단계인 구조조정을 지향하는 환경보호전략을 현실에서 아직 찾아볼 수 없다. 그러나 만일 적절한 '경제동인'이 제공될 수 있다면, 높은 비용을 수반하는 사후처방보다는 생태적 근대화전략이 우선적으로 선호될 것이다. 역사적으로 우리들은 환경파괴 상황을 보상하는 단계로부터 출발하여, 이 네번째 단계를 향해 이동해가고 있다. 이제 문제는 이러한 환경보호정책들이 어느 정도까지 성공할 수 있을 것인 가이다. 그러나 사전예방형 환경정책이 최적 상태에 놓여 있다 할지라도, 사후처방형 환경보호전략은 완전히 포기될 수 없다. 그 이유는 이미 위에서 말한 바 있다. 따라서 가장 높은 환경정책 수준에서도 보상형 환경정책(예, 산업지역의 정화)의 의미는 여전히 존재할 수 있다.

그래서 환경정책에는 혼합된 전략군들이 공존해야만 한다. 예방형 환경보호전략는 피해보상을 야기할 문제들을 사전에 배제하고, 동시에 오염을 사후처리하는 비용도 최소화하자는 목표를 가진 전략군으로 정의된다. 만일 현시점에서 환경문제를 구조적으로 대처하려는 경향이 있다면, 이러한 목표설정은 그 자체만으로도 의미있다.

3. 국가의 실패와 사후형 환경보호

손쉬운 선택 : 피상적 대응 방식

생태친화적 사전 예방전략의 특징은 위기 증후군을 구조 차원에서 대처하는 경향에 있다. 사전예방형 환경보호에 대한 필요성은 1970년대 초 이미 보편적으로 형성되어 있었다. 이를 반증해 주는 것이 이 시기 이후에 환경과 경제간의 상관성을 설명하는 분화된 개념들 - '환경친화형 기술', 국민경제의 근대화, 질적 성장, 탈산업주의 등 - 이 등장하였다는 점이다.[7] 그러나 당시까지만 해도 종말처리형(또는 첨가형) 환경기술에 의존한 환경보호 정책만이 현실적 의미를 가지고 있었고, 이 정책들은 위기의 증후군을 단편적이고 피상적으로만 대처하는 방식을 넘어설 수 없었다.

환경정책에서 서독은 결코 뒤처져 있는 나라가 아니다. 그럼에도 불구하고 그 동안 추진해 온 일련의 환경정책들은 환경에 좋지 못한 결과를 노정하기 시작하였다. 예로, 산림 파괴에 대처하기 위해 설치한 높은 굴뚝 - 이것은 사후전략의 원시적 형태이다. - 은 유해물질을 보다 광범위한 영역으로 확산시켰다. 이에 대해 서독 정부가 택한 두번째 대응방법은 탈황시설이나 탈질소시설 등과 같은 첨가형 환경기술(사후처방이 보다 근대화된 일종의 변종) 전략이었다. 물론 당시에 생태근대화 전략단계인 환경친화형 기술의 선택과 경제적 구조조정을 통해 질적 성장을 추구하려는 시도도 있었다. 그러나 이런 논의들은 자신의 힘만으로 현실화되지 못했다. 이를 설명하기 위해선 사회적 역학관계에 대한 분석을 필요로 한다. 왜냐하면 현실에서 환

---

7) Qualtitaet des Lebens. Beitraege zur vierten Arbeitstagung der IG Metall, Bd. I,(Frankfurt/M : 1972);V.Hauff, W. Scharpf, *Modernisierng der Volkswirtschaft. Technologiepolitik Societie*, (New York : 1973);OECD, *Declaration of Environment*,(Paris : 1986, 15)을 참조하라.

경관련 정책은 거의 모두 환경파괴(산림파괴, 땅의 오염, 부식)를 사후보상하려는 경향과 첨가형 환경기술을 선호하는 경향으로 결정되기 때문이다.

환경보호를 위한 공식기구들이 설립된 지 15년이 지난 지금, 대다수 산업국가들의 환경정책은 아직까지도 '첨가형 환경기술 단계'에 머물러 있다. 이 시기 동안 등장한 환경보호산업이 유망한 미래 산업으로 칭송되고 있음은 이러한 상황을 잘 반영해 준다. 지금까지의 환경정책은 거의 미미한 수준에서만 혁신 효과를 가져왔다. 따라서 이 환경정책들은 사회를 생태친화적으로 구조변동시키는 데 거의 영향을 미치지 못하였다. 그러나 우리 사회는 이미 오래 전부터 경제구조가 변동하는 와중에 놓여 있다. 유감스럽게도 이 구조변동은 생태위기가 아니라 경제위기에 대한 대응으로부터 등장하였다. 거의 바닥난 원료들을 사용하고 이를 유해물질로 변형시켜 왔던 부문경제들이 이 경제위기로 인해 고통을 받고 있다. 아이러니컬하게도 오늘날 이러한 위기와 이에 대한 대응은 특히 구조연관적 환경보호란 측면에서 효과를 증폭시키고 있다. 여기서 효과란 가장 적은 비용으로 환경친화형 기술과 구조조정을 취하려는 정책을 선택하였음을 의미한다.

그 동안 다양한 홍보방식을 동원하여 생태친화적인 예방 환경정책이 촉구되었다. 그러나 이러한 촉구가 경제에 준 영향은 석유파동과 유가상승이 야기한 영향보다 미미한 것이었다. 그리고 친생태적 예방정책은 이미 언급하였듯이 첨가형 환경기술정책으로 경도됨에 따라 번번히 선택될 수 없었다. 이러한 사실로부터 우리는 예방환경정책에 대한 논의가 중요한 사회적 원인들을 다루어야 함을 깨달을 수 있다. 즉, 사전예방형 환경정책과 같은 설득적 개념은 자신을 제약하는 구조 요인을 철저히 분석해 보아야 한다. 제약요인들이란 다음에 상세히 기술할 구조적 틀이다.

환경보호에서의 '국가의 실패'

다른 글에서 필자는 '국가의 실패'를 이론적으로 발전시킨 바 있다.[8] 이미 첫 절에서 하나의 테제로서 언급했듯이 이 국가의 실패는 사후형 예방정책에서 사전형 예방정책으로 전환하기 위해 적극 검토해봐야 할 개념이다.

이 개념은 '환경' 문제를 예방적 차원에서 접근하기 위해선 특정한 국가개입 능력이 필요한데, 현재의 국가에선 이 능력이 취약함을 의미하는 것이다.

한편 이 국가의 실패란 개념은 산업사회의 문제를 다루는 정교한 개념틀이 되어야 한다. 특히 이 개념은 산업사회에 고유한 문제로서의 '돈을 버는 집단'들의 이해관계를 분석대상으로 하여야 한다. 국가의 실패란 설명틀에서 바라볼 때 기존 국가유형의 핵심적 특징은 두 가지이다. 그 하나는 산업사회의 모든 문제를 국가로 수용하는 것이고, 다음은 이의 해결방식을 산업화하거나 관료화하는 것이다. 이러한 설명틀은 국유화, 산업화 그리고 관료화 전략이 동반하는 높은 비용문제과 일반적 취약점을 잘 지적해 준다.

아무리 국가가 모든 문제에 개입하려 노력해도, 국가개입의 능력은 시간과 더불어 약화될 수밖에 없다. 이것은 다음의 지표를 통해 확인될 수 있다.

■국가가 외재화된 비용을 수용하는 정도의 증가와 이로 인해 치러야 하는 (또 현재 치르고 있는) 재정위기의 대가

■개입 포기를 시민 또는 국민들에게 정당화하는 데 드는 비용

■산업지를 둘러싼 경쟁에서 국가 최고기관의 용기 있는 행동방식과 높은 비용의 선불

■초국적산업이란 거대 차원(엑슨, 제너럴 모터스 등은 전세계적인 판매망을 가지고 있으며, 이들의 무역 총량은 오스트리아 공공재정 총액을 넘어선다.)이 국내의 결정사항에 개입하는 정도의 증가

■세계시장의 확대경향과 관련, 민족국가가 갖고 있는 개입 정도의 한계

국가의 질적 측면과 양적 측면은 상호 침투하는 교환관계로 발전하는 경향이 있다. 국가가 행사하는 정치적 결정권한은 그 크기란 측면에서 경제계에서 거둬들이는 세금의 총액에 의해 주로 결정된다. 그런데 이러한 정치적 결정능력의 경제의존성은 국가관료의 수와 국가재정의 규모가 비대해짐에 따라 더욱 커져 왔다. 또한 이로 인해 국가의 결정능력은 점차 사전개입을 하기에는 부적합한 것으로 되고 있다. 왜냐하면 조세수익의 경제의존성은 국가 투자총액의 경제의존성을 의미하기 때문이다. 더구나 국가투자는 국

---

8) M.Jaenicke, a.a.O.;ders.:Wie das Industriesystem von seinen Missstaenden profitiert(Opladen, 1979)

가발전의 장기계획, 그리고 장시일에 걸쳐 개발하여야 하는 기술개발 계획의 실행에 꼭 필요한 것이다.

위에서 기술한 모든 것들은 역동적인 상호영향의 관계를 형성하고 있다. 국가는 문제발생 이전에 개입하지 못하기 때문에, '보상단계 또는 사후형 처리단계'에서만 작동한다. 그러나 이런 사후형 개입은 보다 많은 비용을 필요로 하며, 결과적으로 재정 요구를 증가시킬 수밖에 없다. 이것은 다시금 조세액의 산업발전에 대한 의존도를 제고시킨다.

이렇듯 산업력 제고가 지역 또는 국가의 주요 관심으로 자리잡고 있는 상황에서, 국가의 경제의존성 강화는 권력적 의존상황으로 발전하고 있다. 즉, 국가의 경제종속으로 귀결된다는 것이다. 이런 상황에서 산업은 다음과 같은 다양한 특권들을 누리게 된다.

(1) 산업부지를 전지구 곳곳에서 선택할 수 있는 특권 : 산업체들이 특정 지방에 입주하기 위해 상호경합하는 것이 아니라, 반대로 지방들이 산업체를 끌어들이려고 경합한다. 지방이 산업체를 유치하는 방식에는 조세 포기로부터 지방정부의 조정 포기에 이르기까지 다양하다.

(2) 이를 통해 가장 유리한 가능성은 문제와 비용을 근절시킬 수 있다는 것이다.(분배권를 통해 외재화시킬 가능성)

(3) 산업체는 자신이 입주한 사회의 조직 및 정보구조로부터 특권대우를 받을 권한을 가질 수 있다.

(4) 수용압력을 축소할 수 있는 특권 : 개별 경제의 수익 가능성 계산에서 벗어날 수 있는 배려를 받음으로써, 특정 사회의 사회경제적 상황에 강제되지 않아도 된다.

(5) 혁신압력을 축소할 수 있는 특권 : 산업들간 권력구조는 혁신을 약화시키는 핵심원인이며, 이와 연결된 경제구조적 위기의 원인이 되기도 한다.

국가의 사전배려형 행동반경을 제한하는 요인에는 이외에도 몇 가지가 더 첨가될 수 있다. 특히 의회주의적 방식으로 조정되는 시장경제의 시간관을 지적할 수 있다. 시장경제가 가지고 있는 시간관은 선거주기 및 경기순환주기에 의해 결정된다. 이러한 시간관 때문에, 미래세대의 이해관계와 생

활세계적 관심은 조직화된 이익집단들의 활동에 거의 반영될 수 없다.[9]

유럽의 헌법국가 제도는 사후적으로 반응하는 정치 유형에 가깝다. 이러한 주장은 타당성 있는 근거에서 나온 것이다. 이 사후 반응형 정치체제에서 이루어지는 결정들은 경험적 자료들에 의거한다. 이 정치체제는 사회에 부정적 영향을 미친 사건들에 대응하기 위해 정치조정을 수단으로 선택한다. 그러나 이 체제의 현재란 시점에서도 미래형 '경험' 들은 이미 존재하고 있다. 다만 이 미래형 경험들은 현실화되는 것이 금지되고 있고, 이로 인해 아직 일어나지 않고 있을 뿐이다. 이 가상의 경험들은 3차 세계대전으로부터 기후재난 또는 핵기술이나 화학기술에 의한 대재난에 이르기까지 다양하다. 그래서 예방정책은 정책결정의 근거가 되는 부정적 경험들의 축적 없이도 미래의 재난을 예측해내야 한다.

더 나아가 국가의 사전예방형 개입을 불가능하게 만드는 상황은 사회 도처에 도사리고 있다. 일반적으로 문제의 여지가 있는 생산과정과 생산품목은 투자를 연구하는 과정에서 아주 빠른 시기에 여론에 알려질 수 있다. 그러나 국가의 비관할권 원칙, 즉 사적(私的)인 영역에서 진행되는 연구 및 개발에 국가가 개입하지 않는다는 원칙은 국가의 사전개입 영역을 협소하게 제한한다. 따라서 기술발전과 생산혁신을 관료주의적으로 통제한다는 것은 가능하지 않으며, 더 나아가 의미있는 일도 아니다.

위에서 지적한 국가의 권력 및 재정상황, 시간관, 비관할권 원칙 등은 국가의 활동영역을 제한하고 있다. 만일 환경을 사전예방 차원에서 보호하기 위해 국가의 행동반경을 확대하고자 한다면, 이러한 제한요인을 확인하는 작업이 중요하다. 여기에 경제적 이해관계가 만들어내는 상황이 첨가될 수

---

[9] M.Jaenicke, "Ökologische Krise und das Versagen der etablierten politischen Strukturen, H.H.Hartwich(Hrsg)," *Gesellschaftliche Probleme als Anstross und Folge von Politik. Wissenschaftlichen Kongress der Deutschen Vereinigung fuer politische Wissenschaft*, 4-7. Oktober 1982. (Opladen : 1983, 172)를 참조하라. 더 나아가서는 「국제환경 및 사회연구소(IIUG)」가 '환경 및 자원정책에서 나타난 분배갈등' 을 주제로 개최한 회의에서 키르쉬(G. Kirsch)와 오라이어던(T. O'Riordan)간 논쟁을 참조하라. 키르쉬는 세대간 연대를 주장하였고, 오라이어던은 미래세대의 권리와 이해관계를 지지하였다.

있다. 이 상황은 사전예방형 국가개입을 방해하고 사후형 정책들을 선택하도록 한다. 대개 문제 영역을 명료화하려는 경향은 문제를 국가로 수용하려는 경향과 통합되어 있다. 그런데 이 문제영역에서 경제계는 새로운 이윤창출의 가능성을 창출하려 하고, 이러한 경제적 이해관계가 국가로 하여금 사전예방이란 차원에서 개입하는 일을 주저하게 만든다. 이로부터 국가는 환경보호 산업과 같은 독특한 산업체 육성이 자신의 임무라고 생각하고, 이에 참여하게 된다. 이를 입증해주는 표어가 바로 "환경기술을 사후에 첨가함으로써 환경은 보호될 수 있고, 이는 새로운 일자리를 창출할 수 있다."이다.

사후형 환경보호 : 관료와 산업

산업에 대한 통제기능을 국가 행정관료에게 귀속시키려는 사람은 국가와 산업이 구조적으로 유사함을 간과해선 안된다. 국가의 행정관료는 산업체를 경쟁상대자라기보다는 오히려 결탁해야 할 대상으로 생각하고 있다. 이 두 조직체는 위기 증후군에 대처하기 위한 전략 구상에서 일차적 우선순위를 동일한 그 어떤 것에 두고 있다. 이 우선순위 선정은 이해관계의 유사성에 의거한 것이다. 두 조직체의 경우, 유사한 이해상황이 상대방을 서로 강화시키고, 연합을 가능하게 하여 상당한 규정능력을 만들어내고 있다.

(1) 관료조직과 산업조직은 모두 문제발생 건수에 이해관계를 가지고 있다. 사실 이 두 조직체는 자기 조직체의 존재 의미와 관할권을 문제배태적 사회구조로부터 부여받고 있는 셈인데, 이것은 모든 역사적 경험들에서 확인될 수 있다. 그래서 이러한 문제배태적 구조를 극복하려는 전략은 자신들의 '토대'를 파괴함을 의미한다.

(2) 두 조직체는 자신들에게 위임된 문제들을 다음과 같은 영역에서 이해하고 해결하려 한다. 국가와 기업이 규칙적으로 만나는 영역, 국가와 기업 모두가 공적인 경보장치를 거쳐 '여론의 요구'를 충족시킬 수 있는 지점, 그리고 상응하는 예산확대를 정당화할 수 있는 영역.

(3) 두 조직체는 문제들을 표준화된 유형으로 되도록 많은 수를 처리할 수 있는 규칙적인 '대량생산' 방식과정을 추구한다. 그러나 사전예방형 정

책은 이런 규칙화된 일상화와는 반대되는 업무 처리과정을 전제하고 있다.

(4) 두 조직체는 고도로 노동분업화되어 있다. 규칙적으로 등장하는 증후군들은 이 두 조직체가 가지고 있는 법률, 시행규칙, 진단 장치 및 정화시설 등을 통하여 전문적으로 다뤄질 수 있다. 그러나 현실의 복잡한 문제상황은 이 조직체들이 가지고 있는 높은 전문성과 충돌할 수밖에 없다. 이것이 이 두 조직체가 가지고 있는 장점이면서 단점이다.

(5) 궁극적으로 두 조직체는 비용배태적인 정책에 일차적 우선순위를 부여하고 있다. 국가관료의 경우엔 예산을 확대할 수 있기 때문이고, 산업체의 경우엔 이윤확보란 단기적 이해관계를 충족시킬 수 있기 때문이다. 그러나 인과론적 측면에서 문제발생의 원인을 제거하는 것이 장기적으로 경제위기와 생태위기 복합군을 피하도록 해주고, 이로 인한 비용을 절감해 줄 수 있다. 이러한 조치들은 두 조직체의 이해관계에 배치되는 것이다.

사후형 환경보호의 한계

환경보호가 산업화되는 경향은 다음의 네 가지 폐해에 직면하게 된다.

(1) 산업화 방식을 통해 지불하게 되는 전체비용은 진정한 기술혁신에 드는 비용을 훨씬 초과한다. 그 이유는 이러한 기술혁신, 특히 재활용기술이나 자원절약기술의 경우 비용을 절약하는 효과를 동반하고 있기 때문이다. 그러나 이보다 더 결정적인 이유는 환경파괴가 특정한 성장 경향에서 기인한다는 가정에 있다. 이 가정으로부터 환경정책적 조치들이 의거하고 있는 비용-효용분석에 대한 반론이 가능하게 된다. 예를 들어, 아무리 오염을 제거하기 위한 기술조치들이 실행된다 할지라도 자동차가 증가하고 화학산업이 번창하며 에너지생산이 가속화된다면, 이 조치들이 가져오는 효과는 성장과정을 통해 상쇄되고 중화될 수밖에 없다. 이 경우 그림2에서 예시되고 있듯이 상승-하강-재상승 모델에 따라 전형적인 N형 곡선이 형성된다.

환경부담 수준을 동일하게 유지하기 위해서는 성장기간 동안 오염 정도의 감소율 또는 유해물질 방출 감소율이 지속적으로 증가해야만 한다.

그러나 이러한 탈오염 정도의 증가는 시간과 더불어 비용상승을 동반한다. 이는 자명한 것이다. 원인변수인 성장이 지속적으로 증가하므로 결과적으로 사후형 환경보호로 인한 비용이 증가하던가 아니면 환경에 가해지는 부담 수준이 높아질 수밖에 없다. 이로부터 성장과정이 지속되는 한, 환경보호 조치로 인한 효과가 무제한적으로 증가될 수 없음을 확인할 수 있다.

대체로 90% 이상의 부문에서 환경보호 시설확대에 투자해야 할 비용이 과도하게 상승하는 경향이 있다. 따라서 어느 지점에 도달하면 정화비용의 증가에도 불구하고 잔여방출(Rest-emission)이 중단되지 않고 다시 증가하게 될 것이다. 그러나 그 동안 산업국가들의 성장 잠재력이 약화됨으로써 현재 이 지점은 거의 비현실적인 것처럼 생각되고 있다. 분명한 것은 이 문제가 장기적 차원에서 중요성을 가질 것이란 점이다. 만일 루드비히 항에 있는 화학회사 바슾(BASF)이 1970년대 중반까지 라인강에 쏟아낸 '잔여방출'의 평균 10%가 프랑크푸르트 도시의 폐수량과 맞먹는다는 사실을 안다면, 문제의 심각성은 쉽게 현실감을 얻게 될 것이다.[10]

증가된 비용요소는 사후형 종말처리 환경기술이 고도로 전문화됨으로써 야기된 것이다. 이제 한 가지 유형의 유해물질을 제거하기 위하여 거대한 시설을 설치하여야 했다. 이 거대시설의 예로서 매연가스 중 황성분을 제거하기 위한 탈황시설, 질소성분만을 제거하는 탈질소시설, 그리고 인산염 성분만을 제거하는 인산염 제거시설 등을 지적할 수 있다. 한 가지 유해물질에 특화된 정화기술이 전체비용에서 차지하는 액수는 상당한 비중임에도

〈그림2〉 환경부담 증가의 N형곡선

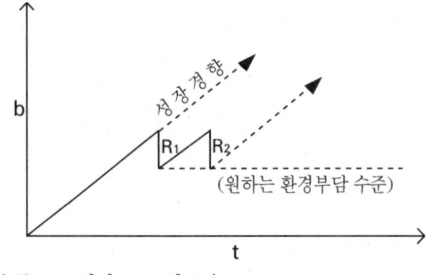

b = 부담수준, t = 시간, R = 감소율

불구하고, 또 다른 유해물질로 인하여 환경오염은 계속되고 있다. 이로부터 원인에 초점을 둔 기술혁신은 보다 효과적임을 어렴풋이 짐작할 수 있다.

사후형 환경보호 또는 사전형 환경보호의 비용과 효과에 대한 논쟁은 여러 가지 측면을 고려하기 때문에 더욱 복잡해진다. 지금까지 우리들은 이 두 가지 전략 유형들을 충분히 비교조사하지 못하였다. 여하튼 다음과 같은 것이 예상될 수 있다.

■사전예방적 조치가 지불하는 순수비용은 절약효과로 인하여 사후형 종말처리 환경보호 비용보다 적다.

■사후형 종말처리 환경보호기술의 유해물질-특화적 처리능력은 거대시설의 경우에 더 효율적이므로, 첨가형 환경보호는 거대시설을 지향한다.

■성장과정에 투입된 절약기술도 또한 위(그림2)에서 개략한 비용 재상승이란 문제에서 벗어날 수 없다.

세번째로 진술한 내용은 장기적 차원에서 국민경제가 환경보호기술을 개발하는 수준을 넘어 생태적으로 적합한 경제유형('생태적 구조변동')을 추구해야 한다는 주장을 뒷받침해 준다.

(2) 사후형 종말처리 환경기술은 한 가지 유형의 유해물질에만 특화된 처리능력을 가지고 있다. 그런데 이 기술이 야기할 전체효과를 평가할 경우, 그리 바람직한 것이 아니다. 우리들은 사후형 종말처리 환경기술에도 여전히 문제전이(問題轉移)란 개념이 작동하고 있음을 알고 있다.[11] 이 문제전이는 환경정책의 '착시현상(Optische Täuschung)'으로 인한 것이다. 유럽의 모든 산업도시들은 '파란' 하늘을 가지고 있다. 그러나 산업지역으로부터 멀리 떨어진 산악지역에는 유해물질이 집중하여 삼림들이 고사하고 있으며, 환경보호의 결과로 인하여 쓰레기 부담은 증가하고 있고, 쓰레기 소각으로 인한 대기오염 그리고 유해물질의 방기로 인한 해양오염 등이 나타나고 있다. 이것들이 환경정책적 착시현상의 대표적인 사례들이다.

(3) 첨가형 환경보호정책에는 비용과 효과란 문제틀 이외에 정당화 문제

---

10) M.Jaenicke, Wie das Industriesystem, a.a. O. S.66
11) M.Jaenicke, "Blauer Himmel über den Industriestaedten - eine optische Täuschung," Ders.(Hg.), *Umweltpolitik*(Opladen : 1978, 159)

틀이 하나 더 첨가된다. 이른바 '환경보호산업'이란 철강, 건축 그리고 화학과 같은 구 산업부문들로 구성되어 있다. 그런데 이 부문의 활성화는 환경정책적으로 문제될 소지가 있는 구조를 촉진시킨다. 이와 같은 맥락에서 환경보호시설 특히 거대한 정화시설에 반대하는 시민운동의 등장은 결코 우연이 아니다. 또한 도로와 고속도로 주변에 설치된 소음방지 방벽도 전래되는 환경보호전략의 이미지를 개선시키진 못한다.

(4) 사후형 종말처리 기술과 이를 장려하는 행정관료의 전략에 반대하는 가장 중요한 이유는, 이 전략들이 경제발전이란 관점에서 볼 때 혁신효과가 가장 미약한 전략이기 때문이다.

지금까지의 환경정책은 어떠한 혁신효과를 가져왔는가? 1973년부터 1983년까지 미국이 사후적 탈오염기술에 투자한 비율은 거의 변하지 않았다. 이 비율은 전체 투자에서 약 77%로 상대적으로 높은 편이다. 동일 기간 동안 서독이 투자한 비율은 70%에서 74% 정도였다.[12] 이렇듯 환경보호에서 '사후형 종말처리기술'이 지배적인 것은 새로운 연구주제가 될 수도 있을 것이다.[13] 베를린 기술공과대학의 한 연구에 따르면 "환경오염을 방지하기 위한 통합형 조치를 개발하는 일은 특정한 장애에 직면하고 있다."[14]

여기서 우리들은 특정 오염물질에 특화된 탈오염기술이 사용하고 있는 혁신 개념을 살펴볼 필요가 있다. 이 혁신 개념은 압도적으로 사후적 환경보호를 위한 기술수준, 이를 촉진하기 위한 조치들 그리고 허가조건 등에 관심을 집중시키고 있다. 더 나아가 전문화된 탈오염기술의 고도로 정확한

---

12) R.-U. Sprenger u. a. Struktur und Entwicklung der Umweltschutzindustrie in der Bundesrepublik Deutschland. Berichte des Umweltbundesamtes 9/83(Berlin : 1983, 21)
13) C.Mass, H.-J. Ewers, Wirkungen umweltpolitischer Massnahmen auf das Innovationsverhalten von Galvanikbetrieben(Berlin : IIUG, 83-12) ; R. F. Nolte, "Innovation und Umweltschutz," A.A.Ullmann, K.Zimmermann (Hg.), *Umweltpolitik im Wandel* (Frankfurt/M, N.Y. : 1982) ; V. Hartje, *The State of Economic Research in Innovation and Environmental Protecion*(Berlin : IIUG, 84-8)
14) C.Mass, Determinanten der Entwicklung und Nutzung umweltfreundlicher Neuerungen in Industriebetrieben, Diskussionspapier 108, hg. von der Wirtschaftswissenschaftlichen Dokumentation der TU (Berlin : 1986, IX) ; ders, "Einfluss des Abwasserabgabengesetzes auf Emissionen und Innovation," *Zeitschrift für Umweltpolitik*, 1, 1987 ; *The Promotion and Diffusion of Clean Technologies in Industry, OECD Environment Monograph*, No.9, June 1987, S.11-17.

업무수행능력이 이 혁신 개념에 적합한 것이다.

특히 서독의 물보호법과 폐수 배출부과금법의 개정(1986년 12월)은 지금까지의 기술수준을 넘어서야만 한다는 동기유인을 새로이 제공했다. 추측컨대 이 법률로 인하여 다양한 탈오염기술의 혁신에 세인의 관심이 집중되었다. 그러나 변화된 혁신개념은 생산과정의 투입 측면에 초점이 맞춰진 것이다. 이 혁신은 에너지와 물 그리고 자원 등의 사용감소를 통해 환경부담을 약화시키고자 한다. 그렇지 않다면 생산변동 및 구조변동은 실현될 수 없기 때문이다.

4. 생태적 근대화로서의 환경예방정책

우리들은 경제전략으로서의 예방형 환경보호정책를 지지한다. 이러한 환경보호는 생태 효율성과 경제 효율성이란 이중의 목표에 도달할 수 있다. 이러한 발상은 경제적 이해관계의 활용을 통해서만 기존 환경정책을 효과적으로 수행할 수 있다는 인식에 근거한 것이다. 그런 한에서 생태적 근대화전략[15]은 '생태 효율성과 경제 효율성'[16] 고양을 목적으로 한다. 이 전략은 우선 생태적으로 부적합한 기존 경제유형을 기술혁신을 통해 변화시키는 것이다.

생태적 근대화전략은 고용정책적 효과를 얻기 위하여 특히 다양한 탈오염형 환경보호전략을 수용한다. 또한 생태적 근대화 전략은 비용절감을 그 핵심 내용으로 한다. 왜냐하면 탈오염형 환경보호와는 반대로 이 전략은 투입비용을 축소하는 과정에서 재정조달의 기회를 제공하기 때문이다. 고용정책적 측면에서 이 전략은 노동을 절약하는 합리화 투자에 대치되는 하나의 대안이 될 수 있다.[17]

---

[15] M.Jaenicke : Beschäftigungspolitik ; Beitrag im Rahmen der "alternativen Regierungserklärung," der Zeitschrift NATUR, Nr.4, April 1983
[16] L.Wicke, *Umweltökonomie*(Muenchen : 1982, 247)

이러한 맥락으로부터 '생태적 합리화'가 거론될 수 있다. 생태적 합리화란 경영상 비용을 절감하는 전략으로 이해될 수 있다. 자원사용과 밀접한 상관성을 갖는 이 전략은 생태적이라고 칭할 수 있는데, 그 이유는 거의 바닥난 원료가 유해물질이나 쓰레기로 변형되는 것을 최소화하기 때문이다.

만일 환경에 위해한 투입요소의 최소화 전략이 방해받고, 또 그 방해요인들이 간과된다면, 이 전략은 확실히 하나의 환상에 불과할 것이다. 특히 에너지와 원료가격이 비싼 시기에 이 전략은 경영상의 합리화를 주장할 수 있다. 그럼에도 이에 저항하는 다양한 저해요인들이 다음과 같이 존재한다.

(1) 원료 및 지하자원 분야의 이해상황 : '구산업부문'인 이 분야는 국민경제 차원에서 그리고 정치 차원에서 나름대로의 권력, 권리, 그리고 분배적 입장을 구축하고 있다. 따라서 이들은 적합한 절차와 자신의 위상을 이용하여 혁신을 방해할 수 있다. 왜냐하면 산업구조에 미치는 효과란 측면에서, 생태적 근대화는 구산업분야의 부분적 축소를 의미하기 때문이다. 종국적으로 이 분야의 지나친 산업화는 위기를 동반할 것이다. 그래서 미래의 선택은 완곡한 사회개혁이냐 아니면 파국적 변혁이냐의 기로에 놓이게 될 것이다. 그런데 현실적으로 이러한 통찰은 어떤 대응력도 제공하지 못한다.

(2) 에너지경제의 이해상황 : 에너지를 절약하는 기술은 많은 노력을 필요로 한다. 이러한 노력에 상응하여 국민경제의 한 부분에선 석유가 어느 정도 절약될 수 있다. 그러나 에너지경제의 이해관계로 인해 이러한 절약기술의 개발은 자발적으로 일어나지 않는다. 만일 석유파동과 이로 인해 에너지 산업이 위축되지 않았다면, 그 동안 모든 산업국가들에서 나타났던 1차 에너지절약 및 절약기술 개발은 가능하지 않았을 것이다. 반면 이러한 1차 에너지절약은 대체과정을 동반한다. 이 대체과정에서 주도적인 역할은 핵산업과 2차 에너지인 전력공급 회사를 통해 이루어졌다. 따라서 국민경제의

---

17) 여기에서는 특히 Binswanger와 그의 동료들의 작업을 언급할 필요가 있다. H.C. Binswanger u.a.(Hg.), *Der NAWU-Report : Wege aus der Wohlstandsfalle*(Frankfurt/M : 1978) ; H.C.Binswanger u.a., *Arbeit ohne Umweltzerstörung*(Frankfurt/M : 1983) ; 이외에도 U.E. Simonis(Hg.), *Ökonomie und Ökologie. Auswege aus einem Konflikt*, 5. Aufl.(Karlsruhe : 1988)을 참조하라.

한 부분에선 1차 에너지인 석유의 절약현상이 나타나고, 다른 부분에선 2차 에너지인 전력의 사용이 확대되었다. 이러한 전력사용의 팽창은 그 동안 에너지정책에서 아무런 의미도 갖지 않던 난방시장을 통해 이루어졌다. 그래서 2차 에너지인 전력 공급회사 — 이들은 대개의 경우 시장지배적인 독점력을 가지고 있다. — 의 경우, 1차 석유가격 폭등(1973년) 이후 체계적인 원유채굴 감량조치에 단 한차례의 관심도 표명한 적이 없다. 동시에 전력을 생산하는 핵산업은 상당한 이윤을 벌어들일 수 있었다. 에너지를 절약하고 어떤 에너지를 공급할 것인가, 이에 어떤 에너지기술이 참여할 수 있는가는 상당부분 국가의 세금감면 및 보조금제공 등을 통해 결정될 수 있다. 그런데 이러한 정책을 결정하는 국가에 합리적인 에너지기술이 영향을 미칠 수 있는 정치 로비력은 핵산업이 지닌 로비력에 비해 일반적으로 취약하다.

(3) 하락하는 원료가격 : 원력가격은 중장기적 차원에서 다시 상승할 것이다. 그러나 원력가격의 단기적 하락은 혁신에 대한 충동을 약화시킬 것이며, 생태적으로도 좋지 못한 효과를 동반할 수 있다. 그러므로 현재 시급한 것은 세금과 공과금을 부과함으로써 원료를 대체해야 한다는 부담감을 기업에 주는 것이다. 그러나 역사적으로 기업은 생산과정에서 노동이란 생산요소를 배제하는 쪽에서 비용압박에 대한 해결방안을 찾았다.[18]

(4) 기업의 수익성 계기 : 물론 원료사용에 부과되는 조세 및 공과금 등은 기업으로 하여금 원료를 절약하거나 대체하는 기술에 투자하도록 만들 수 있다. 그러나 이러한 투자는 당장의 수익성을 동반하는 것은 아니다. 오히려 경영의 입장에서 볼 때 원료로 인한 압박감은 경영합리화 전략보다는 로비력에 의한 정치전략을 선택하도록 한다. 그 동안 자원세, 환경부과금 등 무수한 정책제안에도 불구하고, 이러한 기업의 수익성 계기로 인해 진정한 환경친화적 조세 및 공과금이란 의미에서의 정책은 아직 실현되지 않고 있다.

5. 혁신동력으로서의 위기?

---

18) 이와 관련하여 Binswangers와 그의 동료들의 작업을 기억하라. 주16을 참조하라.

1990년대에도 유럽공동체의 경제구조적 위기는 지속될 것이다. 그러나 이 사실은 과거에도 간과되었고 현재도 간과되고 있다. 이는 유럽국가의 지배적인 사후반응형 정치유형과 밀접한 상관성을 갖고 있다. 이 낡은 정치유형은 구조를 보존하려는 국가개입주의와 연결돼 있다. 낡은 '굴뚝산업'의 지속은 또다른 환경보호전략을 필요로 하는 한편, 구산업에 지불한 보조금 대부분은 노동절약형 기술부문으로 흘러들어 가고 있다. 결과적으로 환경, 고용, 국가재정 등에 다면적 위기가 동시적으로 등장하고 있는 것이다.

그러나 위기는 항상 변화에 대한 압력을 형성한다. 이 변화에 대한 요구는 혁신전략을 지지하는 정치권의 행동반경을 확대시킬 수 있다. 그동안 선진산업국가에서는 광범위한 합의가 형성되었다. 이 합의는 포괄적인 혁신전략을 통해 경제에 미래를 열어주어야 하며, 이 청사진에서 생태학은 특수한 역할을 담당하여야 하고, 이를 위해 상당한 비용을 지출해야 한다는 것이다. 그런데 문제는 이미 오래 전부터 동맥경화증으로 고통받고 있는 국가조직과 산업조직이 충분한 개혁능력을 가지고 있는가이다. 또한 위에서 기술한 생태적 예방정책들이 효력을 발휘할 수 있는 조건들을 창출해낼 수 있을 것인가이다. 슘페터에 따르면 위기는 구경제집단의 경직화 경향을 해체할 수 있는 '창조적 파괴' [19]를 만들어낸다. 그러나 자동적으로 이러한 상황이 전개된다는 보장은 없다. 위기 기제의 '생산성'은 국가와 산업의 위계구조가 가지고 있는 경직성으로 인해 소실될 수도 있다.

오늘날 세계시장에는 보다 앞선 신기술을 확보하기 위한 혁신 경쟁만이 존재하는 것이 아니다. 국가가 어떤 조정능력을 갖고 있는가도 또다른 경쟁 항목이 되고 있다. 즉, 세계시장에서 약한 조정능력을 가진 국가가 강한 조정능력을 가진 국가보다 높은 생존력을 지닌다. 이 약한 조정능력, 즉 국가개입의 축소는 최소한 구조적인 기본계획이 합의에 의해 추진될 수 있는 사회에서만 가능하다. 이 합의과정에는 처음부터 소수의 혁신자들이 배제되는 것이 아니라, 이들도 포함하여 고도로 분산되고 다원화된 주체들(중소기업과 공동체)이 참여해 국가에 대한 지지기반을 제공해준다.

---

[19] J. A. Schumpeter, *Kapitalismmus, Sozialismus und Demokratie*, 3.Aufl.(Muenchen : 1972, Kap.VII)

6. 경제의 친생태적 구조변화 : 경험적 연구 [1]

예닉/뫼히/빈더

Martin Jaenicke : p. 145 저자소개 참조.
Harald Moenich : 서독 자유 베를린 대학 정치학부 환경정책연구소에서 일하고 있으며, 수년 동안 예닉 교수의 지도하에서 동일안 주제를 연구해왔다
Manfred Binder : 자유 베를린 대학 정치학부 환경정책연구소에서 일하고 있으며, 뫼히와 마찬가지로 예닉 교수와 함께 연구하고 있다.

그 동안 선진산업국가들은 구조변화를 이중적 의미에서 추진해왔다. 따라서 한 부문에서 감소된 환경스트레스는 다른 부문에서 새로운 환경스트레스를 증가시켰다. 오늘날 환경스트레스 감소에 있어서 경제 및 산업정책은 어떠한 역할을 하고 있는가? 정책결정가들은 미래를 대비한 어떠한 종류의 대안들을 가지고 있는가?

1. 서론

환경정책분야에서는 원칙적 전략이 두 가지 유형 — 사후형 전략과 사전형 전략 — 으로 구분돼야 한다. 사후형 환경정책은 그 핵심이 종말처리 기술에 있으며, 환경에 파괴적 영향을 끼친 기존의 기술체계를 교정하는 데

---

1) 이 글은 *Intereconomics* 1993(July/August)에 실린 Martin Jaenicke, Harald Moenich and Manfred Binder, "Ecological Aspects of Structural Change"를 번역한 것이다. 이 논문은 같은 해 *Umweltentlastung durch industriellen Strukturwandel*(Berlin : Sigma Edition)로 출판되었다.

역점을 두지 않는다. 사전형 환경정책은 생산과 소비를 보다 생태적합적 형태로 변화시키는 것에 초점을 맞추고 있다.[2] 위의 두 유형은 '첨가형' 환경보호정책과 '예방형(통합형)' 환경보호정책으로 불리워지기도 한다. 예방형 환경보호정책은 생태적 동기가 부여된 모든 형태의 환경정책과 경제정책을 지칭한다. 그래서 이 정책은 경제적 구조조정을 예견하는 방향에서 수립된다. 이 경제적 구조조정은 '생태적 근대화'란 의미에서의 기술진보를 한 부분으로 하고 있지만, 나아가 기술적 내용 이상을 의미하는 것이다. 궁극적으로 구조조정이란 오늘날 다양한 내용으로 채워진 한 개념(Notion), 즉 '지속가능한 발전' 또는 '생태적 재구조화(Eco-Restructuring)'의 문제이다. 이런 종류의 환경보호는 사후형 환경정책으로 가능하지 않다. 그래서 통합형 환경정책을 추구해야 한다. 즉 구조조정을 통한 환경보호는 기술적 해결방안뿐만 아니라, 정책분야간 상호협력의 증대라는 의미에서 정치적 해결방안을 필요로 한다. 우리들은 이를 생태적 구조정책이라고 칭한다.

우리 연구팀은 생태적 구조정책이란 주제를 '구조적 환경스트레스'[3] 란 관점에서 접근하고자 한다. 구조적 환경스트레스의 폭은 사후형으로 반응

---

[2] Juergen Gerau, "Zur politischen Ökologie der Industrialisierung des Umweltschutzes," in : Martin Jaenicke(ed.), *Umweltpolitik, Beiträge zur Politologie des Umweltschutzes*(Opladen : 1978), pp.114-149 ; Martin Jaenicke, *Wie das Industriesystem von seinen Missständen profitiert*(Opladen : 1979), Udo Ernst Simonis(ed.) : *Präventive Umweltpolitik* (Frankfurt am Main, New York : 1989)

[3] 역자주 : 이 개념은 예닉의 고유한 개념들 중 하나로 그의 또 다른 개념인 '근대화(생태) 수용력'과 맞물려 있다. 이 근대화 수용력이란 한 나라의 제도적 문제해결능력과 기술적 문제해결능력을 지칭하는 개념으로, 특히 환경보호와 관련해서는 생태적으로 적합한 생산구조로 이행할 수 있는 사회전반적 능력이 관건이 된다. 이 근대화 수용력은 합의도출 능력, 장기적 목표를 설정하고 이를 관철시킬 수 있는 전략적 능력, 새로운 이해관계의 대변인과 혁신자가 발전할 수 있는 가능성의 총체인 혁신능력, 그리고 경제적 성과물들로 구성된다. 스트레스란 의학적 용어로 환경적 영향에 반응하는 유기체의 비평형적 상태를 의미한다. 유기체로서의 사회는 환경파괴라는 충격을 유연하게 체제내화시킬 수 있는 능력, 즉 근대화 수용력을 가지고 있는데, 만일 특정 사회의 수용력이 환경파괴를 소화할 수 없다면, 이 사회구조는 환경스트레스를 증가시키게 된다. Martin Jaenicke, "Erfolgsbedingungen von Umweltpolitik im Internationalen Vergleich" in. *Zeitschrift für Umweltrecht und Umweltpolitiks*(1990-3)을 참조하라.

하는 환경보호조치들에 의해 치유될 수 있는 것이 아니다. 청정기술의 첨가가 결여된 모든 경제행위는 환경스트레스를 초래하고, 실질적인 환경파괴를 야기한다. 그러나 구조적 환경스트레스는 이 정도를 훨씬 뛰어넘는다. 그래서 사후형으로 치유하는 환경보호정책은 이 정책이 완벽이 시행된 지역에서조차도 잔여 오염문제를 남기고 있다. 예를 들어 석탄을 동력원으로 하는 발전소의 경우, 종말처리형 오염정화기술은 다음과 같은 환경스트레스를 전혀 근절시키지 못하고 있다.

- ■이산화탄소 방출
- ■성장이 지속된 결과로 다시 증가된 잔여방출
- ■극히 높은 물 소비량
- ■중량급 수송체계의 발달(연료, 석회석, 석고, 그리고 다른 쓰레기)
- ■높은 쓰레기 발생량
- ■정화시설(Cleaning plant)로부터 방출된 농축폐수
- ■석탄채굴, 석회석 채석장, 전선 등으로 인한 경관 파괴
- ■정화시설로 인한 전력소비
- ■자원소비

이러한 예는 핵발전소에서 쉽게 찾을 수 있다. 비록 핵발전이 고도의 환경보호 능력과 안전성을 가지고 있다 할지라도, 고도의 물 소비량을 동반하며, 나아가 발전소 작동 및 방사성 물질의 수송 및 처리과정에서 상당한 위험성을 동반한다.

더 나아가 현존하는 오염은 사후형(종말처리형) 환경보호조치들에도 불구하고, 한 지역이나 특정 매개질로부터 다른 지역이나 다른 매개질로 손쉽게 이전된다. 뿐만 아니라 사후형 환경보호는 환경에 해가 되는 상품생산에 대한 사회적 승인을 전제로 하는 것이다.

그러므로 장기적 측면에서 환경보호는 반드시 구조정책이란 관점에서 포착되어야 한다. 왜냐하면 무엇보다도 경제적 구조정책이 결여된 상태에서는, 거의 치유된 환경문제들이 지속적인 경제성장으로 인하여 다시 악화

되고 초기수준으로 급속히 되돌아가기 때문이다. 따라서 구조조정은 생태학의 과제이면서 동시에 경제학의 과제이다. 성장형 경제에서는 성장이 생태계에 초래한 해악을 끊임없이 보완해야만 한다. 이 과정에서 초기에는 치유에 초점을 둔 환경정책이 적합한 것으로 나타날 수 있다. 그러나 그 정책적 가능성이 소진되었을 때, 스트레스를 감소시키는 기술과 구조조정이 보다 중요한 우선순위를 가진다.

바로 이 시점에서 다음과 같은 물음이 중요한 관건으로 자리잡는다. 환경정책은 단순한 첨가형 정책의 위상을 극복하였는가? 환경의 관점들이 다른 정책분야들로 통합되었는가? 이러한 물음은 환경정책의 중심을 다른 정책분야 – 에너지·교통·산업·농업 정책 등으로 이동시킨다.

이 논문은 특히 생태적 구조조정정책으로서의 산업정책에 초점을 맞추었다.[4] 생태적 산업재구조화정책이란 무엇보다도 산업생산에 의해 발생한 구조적 환경스트레스를 줄이기 위해 계획된 모든 조치들을 총칭하는 것이다. 이것은 두 축으로 구성되는데, 한 축은 부문별 구조조정 정책이고 다른 한 축은 부문내 구조개혁 정책이다.

부문별 구조정책(Sectoral Structural Policy)으로서의 환경보호는 개별 산업부문들간의 상대적 위상조정이란 의미에서의 구조변화, 즉 부문간 구조조정을 추구할 수 있다. 이러한 조정은 몇 가지 동기에 의해 가능해진다. 우선 구조조정은 생태적 동기로부터 출발한 조업중단, 부문협정, 환경부담금 등의 수단을 사용하여 정치적으로 이루어질 수 있다. 또한 구조조정은 산업의 구매고객들에게서 일어나는 모든 유형의 욕구변화, 즉 가치변화 또는 근대화과정의 변화에 의해 도달될 수도 있다. 이러한 조정은 투자가들이 다른 부문으로 관심을 돌리거나 생산을 재배치하는 과정을 통해 이루어질 수도 있다. 화물수송을 도로 교통수단에서 철도수송으로 변경시킨 것은 부문별 구조조정정책의 좋은 예이다.

---

4) Chalmers Johnston(ed.), *The Industrial Policy Debates*(San Francisco : 1984)를 참조하라.

그러나 생태적 구조조정정책은 부문간 조정만을 의미하는 것이 아니다. 동시에 특정 부문 내부의 개혁을 예측할 수도 있다. 부문내 개혁의 경우, 관건은 일반적으로 '생태적 근대화'[5]라 불리는 기술혁신에 있다. 정책적 프로그램으로서의 생태적 근대화는 장기적인 환경파괴라는 관점에서 기술발달이 지체되는 것에 반대하며, 오히려 기술발달의 가속화란 입장을 지지한다. 생태적 근대화가 채택한 기술혁신은, 생산방식 및 생산품을 생태적으로 보다 적합한 형태로 전환시키기 위한 것이다. 따라서 생태적 근대화는 생산과정에서의 혁신과 생산품의 혁신을 모두 포함한다. 이러한 예는 여러 분야에서 찾아볼 수 있다. 화학분야에선 '소프트 화학'이란 기치하에 생산품과 생산과정에서의 변화가 논의됐고, 현실에 적용되기 시작했다. 또한 전력공급분야에선 환경스트레스의 상대적 감소가 진행되고 있다. 이러한 감소는 일면 발전소의 효율성 제고와 열병합 전력생산에 기인한 것이고, 타면 수력, 가스에너지, 태양열에너지 등 청정에너지원으로의 전환에 기인한 것이다. 건축산업분야에선 생태적 건축자재 및 건축양식(낮은 공간점유율 및 물사용률을 가진 제로-에너지 빌딩군)으로의 전환이 위의 화학 및 전력 분야와 유사한 가능성을 보여주었다. 특정 부문 내부에서 채택된 산업정책은 대개 다음과 같은 생산변수들의 (첨가된 한 단위 가치당) 집중도(intensity)[6] 강화를 지향한다.

- 원료 집중도(특히 재생불가능한 자원)
- 에너지 집중도
- 물 집중도
- 토지사용 집중도
- 수송 집중도

---

[5] Matin Jaenicke, Umweltpolitische Praevention als oekologische Modernisierung und Strukturpolitik, Wissenschaftszentrum Berlin fuer Sozialforschung, IIUG discussion papers 84-1 ; Klaus Zimmermann, Volkmar J. Hartje, Andreas Ryll, *Oekologische Modernisierung der Produktion, Strukture und Trends*(Berlin : 1990)
[6] Martin Jaenicke, ibid. ; Marina Fischer-Kowalski et al., *Verursacherbezogene Umweltindikatoren. Abstract* (Vienna : 1991)

■방출 집중도
■쓰레기 집중도
■위험 집중도

　이러한 부문내 구조개혁의 한계는 부문경제의 조직적 틀과 사회적 현실이 본질적으로 변화되지 않은 상태로 남아 있다는 것이다. 이 부문내 개혁은 오직 생산방식과 생산내용에서만 나타난다. 고용정책이나 지역정책으로 인하여, 초기에는 생태적 구조조정정책을 이처럼 변형된 부문내 개혁으로 축소시켜 실현하는 것이 최상의 선택인 것처럼 보여졌다.
　환경정책이 도입된 초기에서, 대부분의 사람들이 경제를 구성하는 제 부문들마다 제각기 기술을 혁신시키고, 이를 발판으로 생태적으로 바람직한 부문내 개혁을 도입하자고 주장할 수 있다. 그러나 생태적 근대화는 제3의 영역, 즉 생산이전 활동들(연구, 개발, 상단, 질적 상승)에 대한 필요성을 증대시켰고, 환경에 영향을 주지 않는 서비스의 영역을 중시하게 된다. 한편 생태적 근대화는 에너지와 원료를 절약하는 생산을 유도함으로써 환경스트레스를 야기하는 중공업의 상대적 감소로 이어진다.
　더 나아가 일반적으로 현대의 정보산업이란 '노하우(know-how)'와 서비스에 집중된 생산을 지칭한다. '제3부문화' 형태를 취한 부문간 구조조정은 생태적으로 의미가 있을 수 있다. 이러한 구조조정은 수요 또는 구매력을 재화에 대한 팽창적 소비로부터 손으로 만질 수 없는 '상품'이나 서비스에 대한 소비로 이동시킨다.

　이러한 부 생산의 부문이동(부문간 조정)은 환경스트레스를 전반적으로 감소시키는 효과를 야기할 수도 있다. 그러나 이것은 세계시장내 노동분업을 조정하는 형태로 문제를 이전시킬 가능성이 높다. 부문간 구조조정과는 대조적으로 생태적 근대화로서의 기술변화는, 이 문제를 직접적으로 다룬다. 이러한 생태적 근대화는 문제가 되는 생산부문들을 재배치하거나 문제대응을 회피하는 방식으로 환경상태를 개선하지는 않는다.

2. 환경스트레스 내 변화

서구 산업국가에서 1970년대 이후 구조적 환경스트레스는 어떻게 변화되었는가? 이 주제는 폭스바겐 재단의 지원을 받아 자유베를린 대학이 국가간 비교조사 프로젝트를 행한 바 있다. 이 연구는 32개 산업국가들을 대상으로 1970년대로부터 1990년대에 이르는 기간 동안 7개 생산부문에서 드러난 변화과정을 검토하였다. 7개 생산부문이란 철강, 1차 알루미늄가공, 시멘트, 염소, 농약, 비료, 그리고 제지 및 판지분야를 지칭한다. 이 분야들은 환경에 가장 해로운 대표적인 기초산업분야들이다. 여기에 제조업분야의 전력생산 및 화물수송을 첨가해야 한다. 왜냐하면 이 두 분야는 구조적 환경스트레스의 배경변수(Background Varialbles)로 기능하기 때문이다(다루어야 할 또다른 중요 배경변수는 에너지 조건이다). 이처럼 구조적 환경스트레스를 야기하는 9개 분야의 선택은 객관적 근거에 의거한 것일 뿐만 아니라, 동유럽 산업국가들과의 시간차 비교연구를 가능하게 한다는 실천적 이유에 근거한다.

시멘트, 철강 그리고 비료와 같은 전통산업분야에서 선진산업국가들은 환경스트레스가 상대적으로 감소하고 있음을 보여주고 있다. 이 분야의 생산은 더 이상 전반적 경제성장에 기여하지 않고 있음이 입증되었다. 에너지 수요, 그리고 도로 및 철도로 이동하는 화물량 또한 경제성장과의 정함수 관계를 깨는 탈구현상을 보여주었다. 동구처럼 덜 선진화된 산업국가들에서는 이 분야가 고도 성장함으로써 환경이 급속도로 악화되는 경향을 보여주고 있다. 또한 남부 유럽국가들의 경우에도 역시 비록 초기수준이지만, 어마어마할 정도의 구조 악화가 확인되고 있다.(그림1과 2)

이와 반대로 대다수 선진국에서는, 도로에 의한 화물이동률/거리와 전력생산에 관계된 구조적 환경스트레스가 선진 산업국내의 경제성장률에 비례하여 증폭되고 있음을 확인할 수 있다. 이 분야에서 경제성장과의 탈구현상은 전혀 나타나지 않고 있다. 오히려 경제성장과의 밀착현상이 고도로 증대되고 있다. 몇몇 선진산업국가에서 이러한 현상은 1차 알루미늄, 염소, 제지

〈그림1〉 1970~90년 기간 동안 국가간 시멘트생산 비교
1970~90년 기간 동안 발전의 선형적 경향성

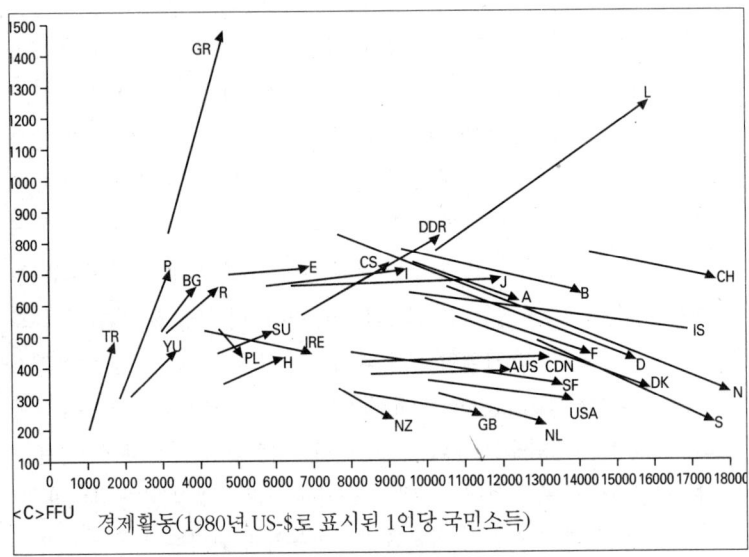

〈그림2〉 1970~87년 기간 동안 국가간 철강생산 비교
1970~87년 기간 동안 발전의 선형적 경향성

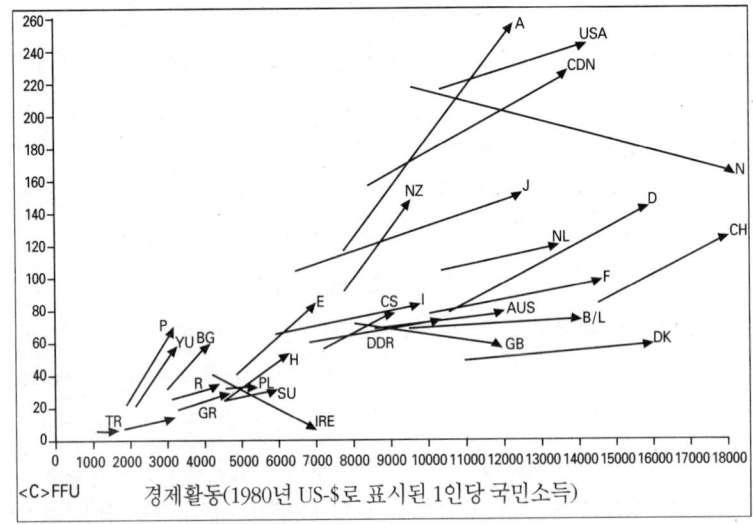

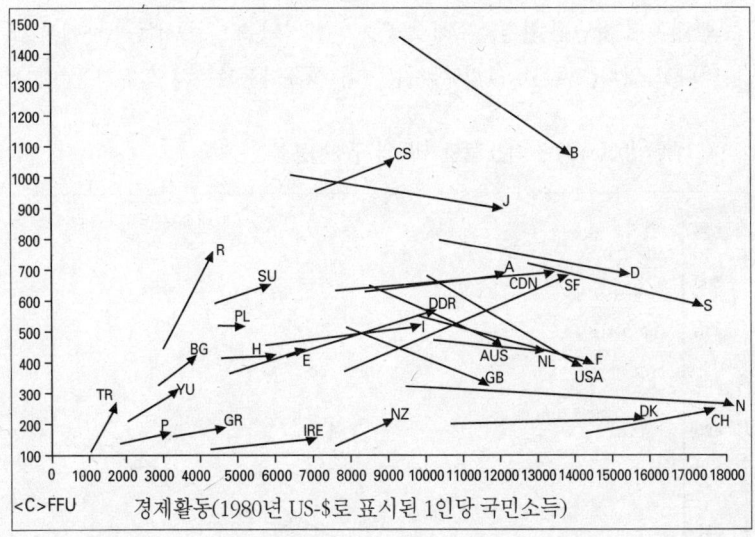

〈그림3〉 1970~87년 기간 동안의 국가간 제지생산 비교
1970~87년 기간 동안 발전의 선형적 경향성

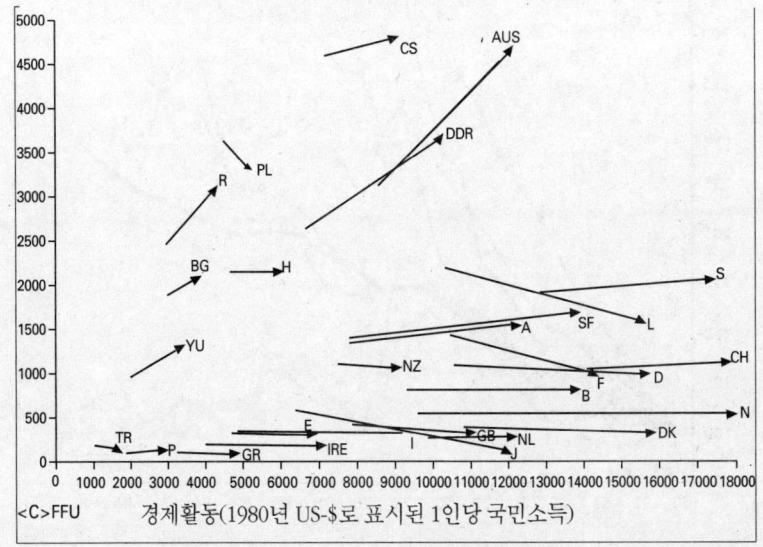

〈그림4〉 1970~88년 기간 동안 국가간 화물이동 비교
1970~88년 기간 동안 발전의 선형적 경향성

및 판지, 그리고 제초제생산에도 해당된다.(그림3과 4)

전통적인 산업생산 분야에서 확인된 환경스트레스 감소 및 보다 근대화된 분야에서 확인된 환경스트레스의 증가가 지닌 의미는 서독의 예에서 잘 나타나고 있다(그림5). 그림5에서는 1차 석유파동과 2차 석유파동(1973,

〈그림5〉 1960~90년 기간 동안 서독의 구조변동률

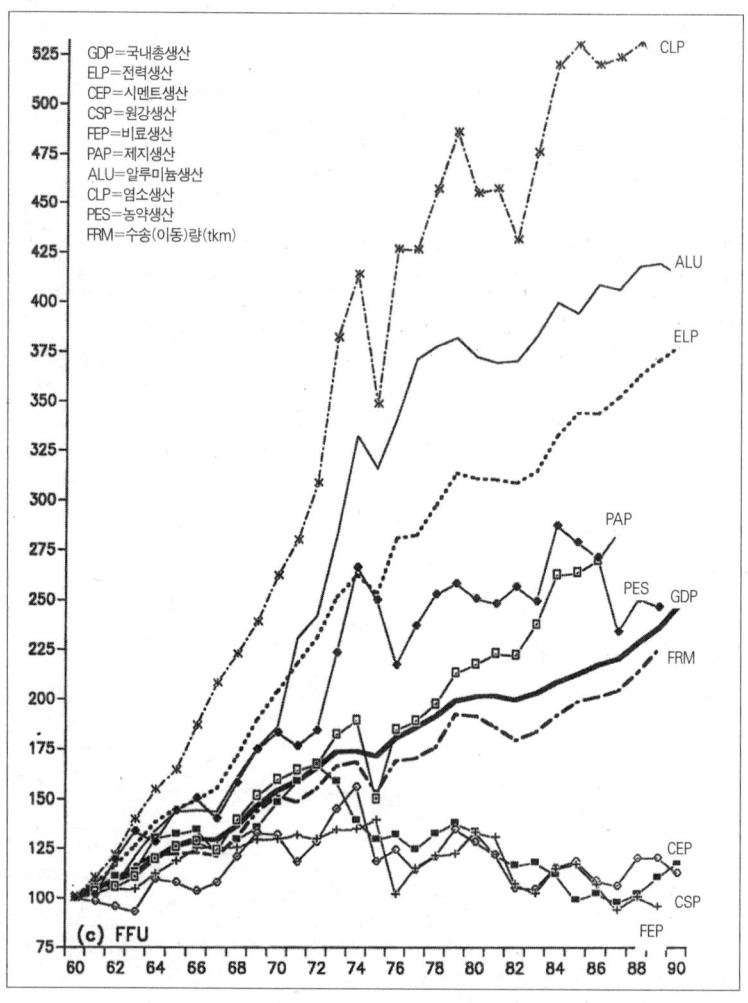

1979)이 지닌 의미가 특히 명료하게 잘 나타나 있다.

이러한 변화는 다음의 네 측면을 가지고 있는데, 이것들은 뒤에서 보다 상세히 다루고 있다.

■ 에너지 가격, 특히 산업 전력가격이 지닌 중요성
■ 특히 에너지 및 수송과 관련하여 기술능력과 현실간 대비
■ 기술변화가 지닌 중요성 그리고 부문간 조정에 부여한 낮은 중요성
■ 부문별 구조정책이 생태적으로 바람직한 발전에서 갖는 낮은 중요성

3. 에너지 가격의 함의

북부유럽(스칸디나비아와 아이슬란드), 북아메리카(미국과 캐나다), 오세아니아(호주와 뉴질랜드) — 이 나라들은 특히 전력가격이 낮은 지역이다. — 에서 에너지 수요는 불규칙적으로 변동하고, 동시에 대단히 높은 수준에 있다. 이것은 특히 전력소비에 해당된다. 만일 A국의 전기값이 B국 전기값의 2배라면, A의 전력강도는 B의 $\frac{1}{3}$ 정도가 낮은 것으로 나타났다(그림 6 참조). 또한 이들 나라에는 높은 환경스트레스를 야기하는 산업들— 알루미늄, 염소, 제지, 판지 등 —이 있다. 이들 산업은 다른 산업분야보다 2배 이상의 부정적 영향을 전체구조에 미친다. 전기값이 가장 비싼 일본의 경우, 가장 높은 구조변동률을 보이고 있는데 이는 결코 우연이 아니다.

특히 에너지세가 생태계에 미치는 영향을 둘러싼 논쟁이 있다 할지라도, 생태계에 긍정적인 결과 도출을 위해선 큰 폭의 가격차이가 필요함을 간과해선 안된다. 국제적 비교연구를 통해, 우리들은 이미 전기값과 전력소비 사이에 장기적 차원에서의 상관성이 존재함을 확인한 바 있다. 만일 이러한 장기적 상관성이 개별경제내의 단기적 탄력성을 위해서도 필요한 것이라면, 연평균 성장률 3%인 나라는 전기소비를 일정하게 유지하기 위해, 매 16년마다 전기값을 2배로 인상할 필요가 있다. 가격구조에의 지속적인 정치개입은 의심할 여지없이 정치적으로 위험스러운 시도임에 틀림없다.

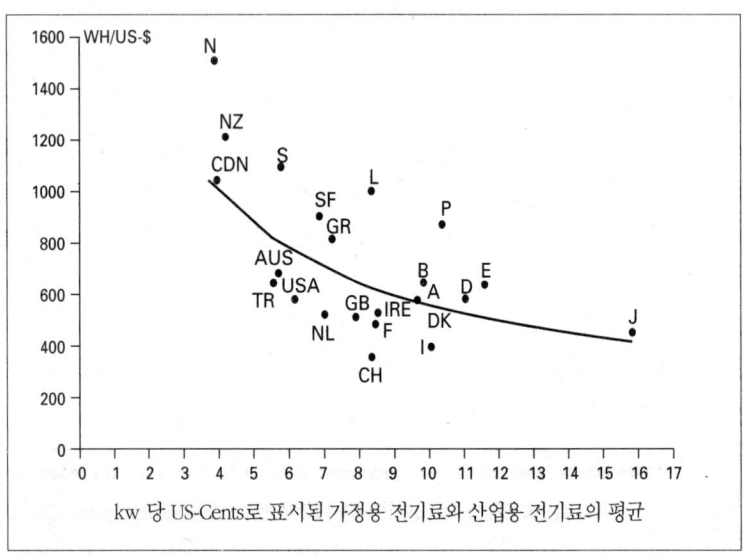

〈그림6〉 1989년 전력강도 및 전기값

kw 당 US-Cents로 표시된 가정용 전기료와 산업용 전기료의 평균

4. 고갈되지 않는 기술능력

경제성장과 에너지 수요간의 상관성이 사라지는 경향은 선진산업국가의 공통적 현상이다. 이들 중 몇몇 국가 — 미국, 덴마크, 영국, 룩셈부르그 — 에선 일인당 1차 에너지 소비량이 정체되어 있음을 쉽게 확인할 수 있다.

대다수 선진산업국가들은 어느 정도의 환경보호 잠재력을 소진시켜 왔다. 사실 이 환경보호 잠재력은 에너지 연구분야에서 현재 가지고 있는 기술수준으로 간주될 수 있다. 이들 국가에서 에너지 소비율의 정체경향은 나타나지 않고 있으며, 이에 상응하는 에너지 수요의 하락 경향도 찾아볼 수 없다. 시간과 더불어 이들 국가의 생활수준은 향상되었고, 전력생산도 지속적으로 증가되어 왔다. 이처럼 지속적으로 증가하는 전력 소비율은 몇몇 풍요로운 산업국가들(노르웨이, 캐나다, 아이슬랜드, 스웨덴)에서 확인할 수 있다. 위에서 이미 언급한 바 있듯이 이들 국가들은 값싼 전기값을 지불하고 있다. 또 다른 예로, 스웨덴이 난방용 기구에 전기를 사용하도록 허용한 것은 에너지정책적 관점에서 볼 때 상당한 문제를 내포하고 있다. 특히 전력생산에서 발생하는 상당량의 폐열은 1차 에너지원 보호라는 목적에 명백히 위배되는 것이다. 다시 말해, 만일 '탈 석유의존적' 에너지정책이 '전력을 덜 사용하는' 정책으로 표현된다면 아마도 상당량의 1차 에너지원이 절약될 것이다. 그러나 1980년대에 들어와서야 비로소 최종 전력소비를 줄일 수 있는 보호기술의 개발이 정부 당국의 관심을 끌기 시작하였다.

화물수송분야에서도 역시 기술적 가능성과 현실간 격차는 큰 것이었다. 도로와 철도로 수송되는 화물의 무게는 몇몇 선진산업국가들의 경우 정체경향을 보이고 있다(이는 '수송화물량 이데올로기'에 빠져 있는 동구국가들과는 대조적이다). 스웨덴, 일본, 프랑스, 영국, 벨기에 그리고 룩셈부르그에선 일인당 화물이동량의 감소가 확인되었다. 이것은 성장이 보다 '질적인' 내용으로 전환되었음을 의미하는 것처럼 보일 수도 있다. 또한 1990년 서독의 원료소비 수준이 1978년 수준으로 떨어졌다는 사실은 이동화물량의 정체라는 가설과 완벽히 일치할 수도 있다.

그러나 이것은 도로 수송이동률/거리의 급증과는 뚜렷한 대조를 이루고 있다(그림4 참조). 상품의 총량은 거의 증가하지 않았으나, 이 상품들은 도로에 의해 그 어느 때보다도 멀리 그리고 빈번히 이동되었다. 세계시장으로의 통합증대는 상품교환의 총거리는 물론 총량을 보다 증대시킬 것이며, 원거리 무역을 더욱 확대시킬 것이다. 어쩌면 이러한 발전경향이 청정수송의 대명사인 철도수송을 선호할 수도 있었을 것이다. 그러나 이것은 현실에서 실현되지 않고 있다.

5. 산업부문들의 내부변화가 지닌 함의

우리들은 지금까지 산업간 구조조정과 이것이 환경에 주는 영향을 다루었다. 간략히 말한다면, 남부 및 동부유럽의 산업국가들에서 환경스트레스는 거의 감소되지 않았다. 반대로 이 지역의 산업적 환경조건은 상당히 악화되었다. 이와 유사하게 고도 선진산업국에서도 전통적인 중공업부문(광산품, 철강, 비료)이 축소되었음에도 불구하고 위에서 언급한 환경스트레스의 감소는 동반되지 않았다. 왜냐하면 환경을 고도로 소비하는 현대 산업들, 특히 화학산업의 급속한 성장을 경험했기 때문이다. 이것은 일본처럼 급속한 구조변동을 경험한 나라에도 해당한다.

만일 산업부문 및 기업의 내부 변화를 고려한다면, 어느 정도 상이한 도표가 그려질 수도 있을 것이다. 적어도 지금까진 선진산업국가에서 이러한 산업부문 내부의 변화가 생태적 관점에서 의미있는 변수였다. 우리들은 불완전하긴 하지만 고도의 선진산업국들, 즉 일본, 서독, 스웨덴의 데이터를 가지고 있다. 이제 이를 덜 선진화된 산업국가인 포르투갈과 비교해보았다.

이미 지적했듯이, 부문내 변화라는 관점에서는 기술변화가 우선적으로 중요하다. 그러나 이 부문내 변화에는 본성상 기술적인 것은 아니지만, 산업들 내부에 위치한 생산집단의 상대적 위상에서의 변화도 존재한다. 예를 들어 만일 다른 회사보다 깨끗한 방식으로 생산하는 화학산업의 제품이 중요한 의미를 획득한다면, 이것은 더 이상 근대화로 간주될 수 없다. 이러한 근대화는 문제의 소지가 될 수 있는 예비 생산단계를 재배치함을 의미하기 때문이다. 그래서 우리들은 부문내 개혁을 언급하는 것이다.

부문내 변화는 위에서 언급한 산업적 생태구조를 구성하는 많은 변수들 간의 조정으로 계측할 수 있다. 그것은 일차적으로 에너지와 원료의 집중도에서의 변화이다. 도표들은 이미 언급한 바 있는 전력사용의 분화경향성을 보여준다(전력사용은 동시에 에너지사용 데이터에도 포함되어 있다). 또한 서독 및 일본 제조업부문의 원료소비 및 쓰레기 발생에 관한 데이터도 이용할 수 있다. 덧붙여 일본의 경우에는 산업이 사용하는 토지에 관한 데이터도 활용할 수 있다. 우리들은 이미 언급한 네 국가에서의 부문간 구조조정 및 부문내 개혁을 조사해 보았다. 특히 그림7과 8은 일본과 서독의 발전 경향을 보여주고 있다.

〈그림7〉 1971~1987년 기간 동안 지표 및 부문별로 본 변화 : 일본

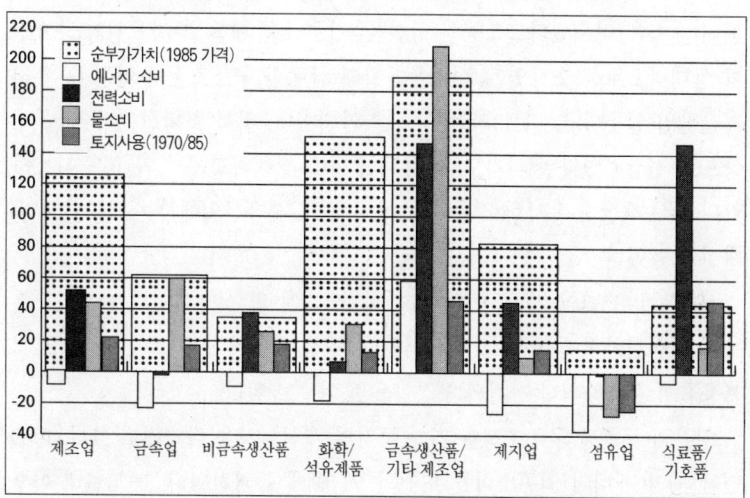

자료출처 : OECD, National Accounts Statistics ; OECD, Energy Balances Statiseics ; Japan Statistical Yearbook ; Kogyo tokei-hyo(산업통계)

〈그림8〉 1971~87년 기간 동안 지표 및 부문별로 본 변화 : 서독

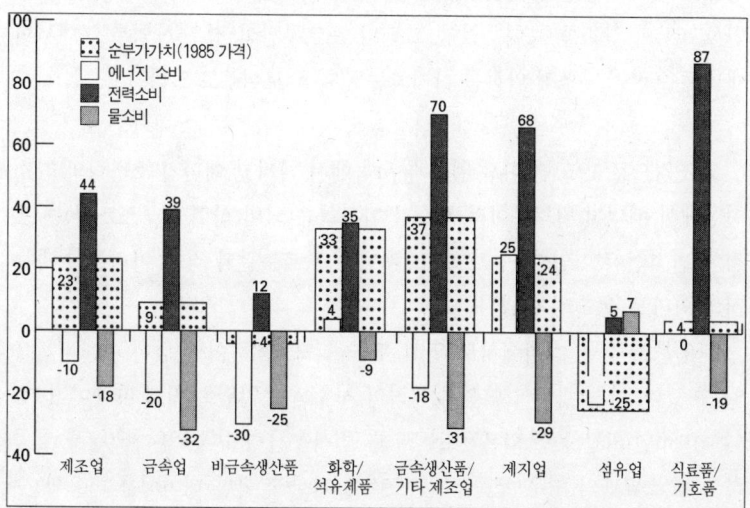

자료출처 : OECD, National Accounts Statistics ; OECD, Energy Balances Statistics ; Statistical Yearbook FRG

일본은 상당한 부문간 구조조정을 경험하였고, 비교할 수 없을 정도의 부문내 개혁을 이뤄냈다. 그 동안 광산품, 기초금속 제품, 제지산업의 중요성이 상대적으로 감소하였고, 산업부문간의 급속한 구조조종이 있은 후 특정 기간산업(알루미늄, 비료)의 몰락이 확인되었다. 비록 화학산업이 평균 이상으로 성장하였다 할지라도, 에너지 소비는 절대비교에서 약 16% 감소하였다. 금속생산도 유사한 경향을 보여 주었다. 섬유산업에서는 괄목할 만한 개선이 있었다.

1977~1987년의 기간 동안 금속, 화학, 제지 및 섬유산업의 발전경향은 보다 환경친화적 양상을 보여주고 있다. 특히 에너지 소비, 물 소비 및 토지 사용률이 감소하거나 정체되는 경향을 보여주고 있다.

일본의 부문간 구조조정은 거의 극적인 개선양상을 나타내고 있다. 1989년 산업의 에너지 최종소비는 이전의 58.6%에 불과하였다. 1970년대 이후 개별부문들에서 에너지 소비가 거의 변동이 없었다는 사실에 비하면, 이것은 대단한 발전이다. 서독에서 부문 내부의 개혁은 환경스트레스에서 30.4% 정도의 감소경향을 만들어냈고, 스웨덴의 경우엔 1973~1988년의 기간 동안 27.6%의 감소를 보여주었다. 그러나 포르투갈의 경우 산업부문 내부의 개혁은 오히려 구조적 악화를 야기하는 경향을 보여주고 있다.

대조적으로 1970년 이후 일본과 서독에서 나타난 에너지 소비량의 감소현상에서 에너지 집약분야의 축소가 차지하는 의미(산업간 구조조정)는 오직 주변적인 것이었다(약 13%). 스웨덴과 포르투갈의 경우 이러한 효과는 거의 의미를 갖고 있지 않다.

산업분야의 물 소비에서도 역시 부문내 기술혁신이 상당히 두드러짐을 알 수 있다. 산업 내부의 혁신적 개혁이 시도되지 않던 시기에 비하여, 1971년~1989년 기간 동안 일본은 29.5%를 덜 사용하였고 서독은 36.9%를 절약하였다. 스웨덴의 경우 부문별 물 소비에 관한 정확한 데이터를 이용할 수는 없지만, 산업부문들 내부에서 이뤄진 보호운동 덕택으로 괄목할 만한 감소가 가능했다. 대조적으로 일본의 경우 부문간 구성요소들의 조정은 약

8.2%의 감소만을 기록하였을 뿐이다(1972~1987). 서독의 경우엔 스웨덴과 달리 이러한 감소가 거의 중요성을 가지고 있지 않았던 것같다.

제조업 부문이 만들어낸 쓰레기와 관련하여, 부문간 구조조정은 서독의 경우 쓰레기 방출량을 감소시켰다(1977~1987년의 기간 동안 약 10.4%의 쓰레기가 감소했다). 그러나 부문내 혁신은 오히려 쓰레기 총량을 19.8% 증가시켰다. 특히 산업쓰레기 발생량의 증가는 상쇄될 수 없었으며, 역으로 가속화되어 23.5% 증가했다. 일본의 경우에도 산업쓰레기는 절대치에서 약 32%(1975-85년까지) 증가했다. 그러나 서독과 대비해 볼 때 쓰레기 증가율은 산업이 첨가적으로 창출한 가치 증가율보다 느린 것이었다.

6. 환경스트레스의 감소

그러면 생태적으로 유의미한 지표들을 상세히 고찰했던 네 나라에서의 구조조정은 어떠한 결과를 야기하였는가? 분석에서 사용된 지표들은 산업분야에서 사용된 에너지, 물, 원료, 쓰레기 생산, 그리고 도로 및 철도를 활용한 화물이동량(특히 후자는 산업재화에만 관련된 것이 아님.)이었다.

가장 큰 감소효과는 산업체가 사용한 최종 에너지 소비부문에서 나타났다. 특히 고도 선진산업국가인 일본, 스웨덴, 서독은 절대적 감소를 경험했다. 또한 산업체에서 사용한 물 소비는 생태적으로 바람직한 경향을 보여주었는데, 특히 서독과 스웨덴에선 사용량의 절대적 감소가 확인되었다. 에너지와 물 사용량의 두 지표에 대한 측정으로부터 환경스트레스의 실질적 감소를 추측할 수 있었다. 일본의 경우, 특히 급격한 감소를 나타냈다. 그럼에도 일본의 고도 산업성장은 또 다른 측면에서 물 소비의 절대적 증가를 동반했다. 그러나 이러한 증가도 1979년 이후부터는 정체상태로 돌입하였다.

산업에너지와 물 소비에서 확인된 절대적 또는 상대적 감소는 쓰레기 발생의 절대적 악화(일본과 서독)와 좋은 대조를 이룬다. 화물이동과 관련해서도 쓰레기 발생과 거의 동일한 현상이 확인될 수 있었다(세 나라). 이 경우 스웨덴은 예외이다. 스웨덴은 1974년 이후 수송활동이 안정화 단계로 들어갔음을 보여주고 있다. 일본은 에너지, 물, 쓰레기 발생 그리고 화물수송량이라는 4개 지표 모두에서 경제성장과의 정비례적 연결고리를 절단하는 데 성공하였다. 그러나 오랜 기간 경제성장이 주춤하거나 퇴보한 적은 단 한번도 없었다. 이러한 관찰결과는 토지이용도에도 그대로 적용된다.

서독의 경우 1978~1990년 기간 동안의 원료소비에 대한 데이터가 가공되어 발간되어 있다. 이 자료에 따르면 원료 소비는 절대적 수치에서 감소하였다.[7] 일본의 경우에도 1970~1990년 기간 동안[8] 원료소비는 약 50% 증가하였다. 그러나 1975년부터 1985년의 기간 동안에는 거의 정체상태를 보이고 있다.

선택된 다섯 가지 지표의 변화(표1)를 분석해보면, 선진산업국가에서의 구조조정은 상극적 방향에서의 변화를 동반했다고 주장할 수 있다. 이러한 주장은 오염을 야기하는 9개 경제부문들에 적용된 분류들을 보면 명료해진다(앞의 내용을 참조). 모든 것을 고려해 볼 때, 환경스트레스가 감소되었다고 결론지을 수는 없다. 더구나 구조조정이 없었더라면, 생태적 관점에서의 상황은 분명 더욱 악화되었을 것이다. 구조조정은 사실 생태적 동기라기보다는 석유파동 이후의 산업변동에 의해 야기된 결과였다.

포르투갈에 대한 면밀한 분석은 1973년 이후 나타난 성장패턴상의 변화가 환경스트레스의 상승을 부채질했음을 밝혀준다. 비록 자료수집 및 가공 상태가 불충분함에도 불구하고, 산업부문의 에너지와 물 소비는 절대적 기준에서 증가했을 뿐만 아니라, 경제성과를 고려한 상대적 기준에서도 증가했다. 이런 분석 결과는 화물이동량에서도 동일한 것으로 확인될 수 있다.

일본의 경우, 산업분야에서 보여준 토지이용 패턴의 변화가 고려 대상이

---

7) Statistisches Bundesamt, *Statistisches Jahrbuch fuer die Bundesrepublik Deutschland*(Stuttgart : 1992), p.713.
8) Environmental Agency, *Quality of the Environment in Japan*(Tokyo : 1992), p.156.

〈표1〉 4개 국가에서 생태적으로 적합한 지표로 측정된 산업조정 : 1970~87/89
(괄호안은 강도를 나타냄. 강도 = 첨가된 산업적 가치증식과의 관계)

	일본[1]	서독[2]	스웨덴[3]	포르투갈[4]
에너지 소비	감소(-)	감소(-)	감소(-)	증가(+)
물 소비	증가(-)	감소(-)	감소(-)	증가(+)
원료소비	증가(-)	감소(-)	-	-
화물이동	증가(-)	증가(-)	정체(-)	증가(+)
쓰레기	증가(-)	증가(+)	-	-
토지이용	증가(-)	-	-	-

[1] 쓰레기 : 1975~85 ; 1980년 이후 물소비 불변 ; 토지이용 : 1973/85 ; 원료소비 : 1970~90
[2] 쓰레기 : 1977/87 ; 원료소비 : 1978년 이후
[3] 쓰레기 소비 : 공식적 평가
[4] 쓰레기 소비 : 1980/84 ; 에너지 소비 : 1977/87
+ = 증가
- = 감소

될 수도 있을 것이다. 이 지표는 1975년 이후 거의 증가하지 않았다. 오히려 도쿄의 경우 1975년에서~1985년까지 이용률이 약 23% 감소했다.[9] 다른 측면에서 볼 때, 일본의 이러한 구조조정은 환경스트레스를 획기적으로 줄이려는 전세계적 노력의 일환으로 나타났는데, 이로 인한 감소는 급속한 산업성장에 의해 거의 상쇄되어 버렸다. 따라서 1986년부터 에너지 소비(특히 전력이란 형태의 에너지 소비)는 다시 증가하기 시작하였다. 동일한 현상이 원료 소비 및 화물수송에도 나타났다. 이 두 가지 지표에선 그 수치가 1985년까지 1972년 수준을 넘어본 적이 없었다(그림9). 일본이 보여주고 있는 최상의 실행 케이스는 다음과 같은 두 가지 것이다.

(1) 부문내 혁신을 통해 중요한 투입요소가 어느 정도 감축될 수 있는지가 분명해졌다. 일정 기간 동안 일본은 생태적으로 적합한 투입요소와의 관계를 끊은 상태에서 질적으로 성장한 대표적인 사례국가이기 때문이다.

(2) 그러나 장기적 성장과정에서 이러한 스트레스 축소적 탈구효과를 지속적으로 유지한다는 것은 어려운 일임이 명료화되었다. 질적 성장과 지속

9) Tokyo Metropolitan Government, *Second Long-Time Plan for the Toyko Metropolis*(Tokyo : 1987), p.283.

〈그림9〉 1970~90년 기간 동안 제조업이 사용한 자원량 : 일본

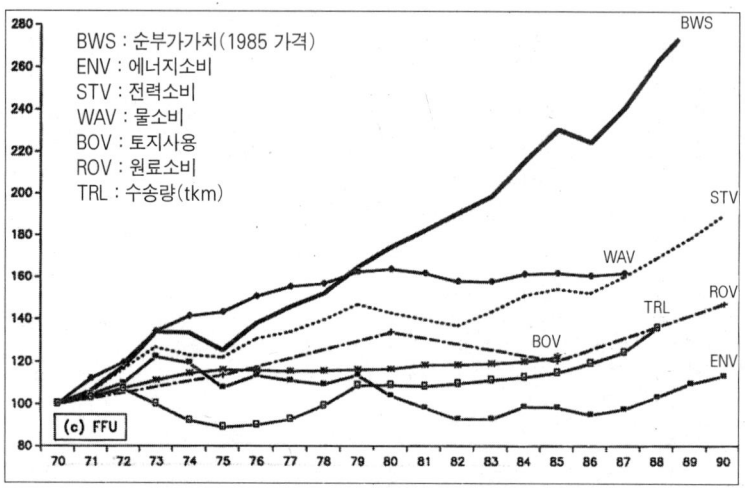

자료출처 : OECD, National Accounts Statistics ; OECD, Energy Balances Statistics ; Japan Statistical Yearbook ; Environmental Agency

가능한 발전이라는 공식은, 성장과정에서 혁신이 확대되고 환경스트레스는 지속적으로 감소될 것이라는 생각과 결코 공존할 수 있는 발상이 아니다.

덜 발달된 다수의 산업국가들과 동구권 성장 패턴을 상징적으로 대변하고 있는 포르투갈의 성장 패턴은 생태적으로 위해하다는 사실이 경험적으로 입증되었다. 또한 일본의 성장 패턴 ― 환경문제의 수출 또는 부분적 재배치 ― 도 아직 환경적으로 적합하고 또한 전지구적으로 일반화될 수 있는 대안적 재화생산 방식을 제공하진 못한다.

7. 산업정책

우리들은 현실적으로 가능한 생태친화형 구조개선에서, 산업정책 및 경제정책이 어떠한 역할을 하는지를 밝히기 위해 네 산업국가를 분석하였다. (우리들은 구조정책적 효과가 결여됐다고 판단된 에너지정책, 수송정책, 기술정책이 행한 역할은 검토하지 않았다.)

우리는 부문간 조정이 일본의 경우에만 목적지향적으로 추구되었음을 발견하였다. 사실상 1973년 이후, 다른 산업국가들에서의 에너지정책은 석유채굴 산업의 실질적 감소를 야기하였다. 나아가 상당수 국가들(미국, 영국, 캐나다 등)에서 특정 유형의 산업정책은 공식적으로 거부되었다.

대조적으로 극도의 구조조정을 경험한 일본은 산업구조정책을 지지했을 뿐만 아니라 여기에 생태적 근거를 부여하였다.[10] 1971년 '전문지식(Know-how) 집약적 생산구조' 라는 MITI(통산성)의 개념은 비록 경제정책적 고려에 의해 시작되었지만, 원료 및 에너지를 생산에 집중적으로 사용하는 방식을 거부함으로써 생태적 함의를 갖고 있었다. 석유파동 직후인 1974년, MITI는 그 동안 원료사용 의존도가 높은 부문에 의지해왔던 전통적인 경제성장 모델을 포기할 것을 요구하였다. 점차적으로 환경에도 높은 관심이 부여되었다. 1978년에는 결국, 경제적으로나 생태적으로 문제가 되었던 경제부문들을 구체적으로 제한한다는 법률이 제정되었다. 이후 1차 알루미늄생산은 극적으로 감소되었다(당시 알루미늄은 재활용률이 높음에도 불구하고 거의 전량 수입되었다). 비료생산은 규제정책을 통해 점진적으로 축소되었다. 더 나아가 이러한 규제는 합성섬유, 석유화학 제품, 전기강판, 선박제조, 제지산업에도 영향을 미쳤다. 이 부문들은 모두 원료와 에너지 소비율이 높고, 이로써 환경소비가 큰 부문들이다. 전반적 우선순위가 수입의존도를 감소시키는 일에 부여되었다. 그러나 환경적 물음이 중요한 위치를 차지하고 있다 할지라도, 구조조정을 위한 일차적 동기였던 것은 아니었다.

석유파동이 있기 직전인 1970년대 초, 서독에서는 산업구조와 환경스트레스 사이의 관계에 대한 치열한 논쟁이 있었다. 서독 정부가 1971년 발행한 연간 경제보고서는 "서독정부가 구조정책을 통해 이전보다 더욱 개선된 환경조건을 추구할 것."[11]이라고 기술하고 있다. 명확한 방향전환은 1975년

---

10) Gesine Foljanty-Jost, *Industriepolitik in Japan-Ansätze für einen strukturpolitischen Umweltschutz?*, Berlin : Forschungstelle fuer Umweltpolitik der FU Berlin 1990, FFU rep.90-6.
11) *Jahreswirtschaftsbericht der Bundesregierung*(Bonn : 1971), section No.77.

이후부터 나타났다. 그러나 실질적인 경제정책, 특히 보조금 지불정책은 구조적 위기라는 기치하에서 환경조건의 개선과는 정반대의 방향으로 나아가고 있었다. 생계유지 보조금은 당시 지배적인 유형으로 자리잡았고, 시간의 흐름과 더불어 증가되었다(1987년 연방보조금의 $\frac{1}{3}$ [12] ; 1992년 40% 이상).[13] 1980년대말경에 들어서면 경제구조적 테마를 다루는 보고서들은 생태학이라는 주제를 암묵적으로 지지하고 있었다.[14]

스웨덴은 산업정책 및 환경정책적 도구를 사용함[15]으로써 하나의 가정, 즉 "생태적 고려에 의해 동기화된 구조정책은 적어도 경제정책 영역에서 시작한다."는 가정을 받아들이고 있다. 일반적 진술에 관한 한, 이 가정은 사실이다. 그러나 우리들은 독일에서 지배적이었던 생태논의와 놀랄 정도로 유사한 논의 사이클을 스웨덴에서도 발견하였다. 1970년대초 장기 경제계획은 환경스트레스와 산업발전간 관계를 고려하였다. 그러나 서독과는 달리 논의수준을 넘어선 그 이상의 것이 나타나진 않았다. 석유파동 이후, 두 나라 모두에서 이와 관련된 문제제기가 눈에 띄게 줄어 들었다. 최근에 들어와서야 생태적으로 보다 적합한 산업구조가 무엇인가에 관한 물음이 경제 구조정책에서 주목받고 있다.

스웨덴 산업발전과정이 야기한 생태적 결과는 서독과 유사하게 이중적인 것으로 나타났다. 통계청이 발행한 자료들로부터도, 부문간 구조조정에 있어서 생태적으로 바람직한 균형을 전혀 찾아볼 수 없었다. 그러나 여기서도 역시 제지산업과 같은 오염부문의 내부적 개혁(모든 기술적 변화)이 상

---

12) Frank Sille, "Umweltpolitische Auswirkungen staaticher Subventionspolitik," in : lrich Petschow, Eberhard Schmidt(eds.), *Staatiche Politik als Umweltzerstoerung*(Berlin : 1990), P.15.
13) Deutsches Institut fuer Wirtschaftsforschung(DIW) : *DIW-Wochenbericht* No. 46/92, Berlin 1992, p.617.
14) Rheinisch-Westfaelisches Institut fuer Wirtschaftsforschung(RWI), *Analyse der strukturellen Entwicklung der deutschen Wirtschaft*(Strukturberichterstattung : 1987) ; *Schwerpunkthema : Strukturwandel und Umweltschutz*(Essen : 1987) ; WWA Institut fuer Umwelt, Spezialuntersuchung 2 im Rahmen der HWWA-Strukturberichterstattung 1987(Hamburg : 1987)
15) Martin Jaenicke, "Conditions for Environmental Policy Success : An International Comparison", in : *The Environmentalist*, Vol.12(1992), No.1, pp.47-58.

당히 중요한 의미를 가지고 있었다. 스웨덴에서는 비록 산업간 조정이 덜 급진적이었다 할지라도, 느린 산업성장 유형을 견지함으로써 생태계에 미친 결과는 일본보다 나은 상태를 유지할 수 있었다.

포르투갈의 경우, 생태적으로 의미있는 산업정책이 무엇인가라는 물음이 출발부터 배제된 것은 아니었다. 유럽남부의 주변에 위치한 포르투갈은, 상대적으로 빠른 시기에 환경정책을 위한 제도들을 마련하였다(1976년 환경보호조항이 헌법에 삽입되었고, 1974년초에는 사회환경부가 신설되었다). 그러나 친생태적으로 지향된 구조정책은 정부 의사일정에서 찾아볼 수 없었다. 유럽공동체의 지역기금은 개발지역에 구조적으로 바람직하지 못한 영향을 미치는 경향이 있었다. 1987년의 환경기본법 제정에 이르러서야 비로소, 산업발전에서 견지되어야 할 생태적 관점이 일종의 일반조항과 같은 성격을 부여받게 되었다. 1987년 에너지 계획은 에너지 집약산업이 경제성장에 차지하는 역할을 하향조절하였다. 1988년 경제구조에 관한 보고서는 자원과 에너지절약을 위한 포르투갈 경제의 재구조화에 정강정책적 위상(Programmatic status)을 부여하였다. 그러나 현재까지 포르투갈 산업은 이에 상응하는 형태로 발전하고 있지 않다.

8. 결론

비록 1970년대초 환경정책과 산업정책이 관계있다는 논제가 많은 산업국가들(일본, 스웨덴, 서독)에서 논의되었다 할지라도, 일본을 제외하고는 그 어느 곳에서도 실질적 성과를 거두지 못하였다. 1980년대말까지 환경정책은 사실상 사후형 종말처리 영역에서만 의미를 가지고 있었다. 오직 일본에서만 오염을 야기하는 산업부문들의 치밀한 축소와, 그 충격을 사회적으로 흡수하는 방안에 관심을 가지고 있었다. 그리고 이 나라에서는 석유채굴산업지역과 같은 에너지정책적 고려를 최전방에 내세웠다.

대조적으로 선진산업국가들의 경우, 전통적인 중공업과 기간산업(철강, 시멘트, 비료)에서 나타난 자율적 구조조정이, 결과적으로 환경스트레스에서의 감소를 동반할 수 있었다. 환경정책적 관점에서 볼 때, 이러한 감소는 보너스 효과 이상으로 평가될 수 있다. 그러나 이처럼 감소된 환경스트레스는 염소, 알루미늄, 제지 등 높은 환경스트레스를 야기하는 산업의 고도성장으로 인해 상쇄되었다. 물론 이 산업들은 많은 지역에서 주민들의 비난을 받았다. 그러나 이러한 비판 여론은 구매행위에서의 변화를 전제로 한 것이 아니었다. 구매행위에서의 변화, 즉 가치관의 변화는 자율적 구조조정의 또 다른 동기 형태를 구성해줄 수 있다.

선진산업국가에서 가장 큰 환경스트레스 감소효과는 부문 내부의 혁신과 기업의 내부변화로부터 나타났다. 물론 이러한 변화는 대부분 자율적인 것으로, 특히 가격패턴의 변동에 의해 시작된 것으로 보인다. 이러한 부문내 혁신이라는 관점에서도 일본은 에너지, 원료 및 물 소비, 토지사용, 그리고 화물이동과 같은 지표를 측정치에서 지속적인 규칙성을 가지고 환경스트레스를 감소시키고 있는 유일한 나라이다. 그러나 일본의 높은 산업성장률은, 시간이 흐르면서 그 동안 확보해 놓은 감소를 상쇄시킨 원인으로 나타났다.

생태적으로 동기화된 산업적 구조정책의 일반적 문제가 무엇이든 간에, 다음과 같은 결론은 정당화될 수 있다.

■에너지 세 : 우리들의 연구조사에 따르면, 조세를 부과함으로써 에너지 가격을 높여야 한다는 주장(또는 징수된 부과금은 혁신과정으로 가능한 한 100% 재투자되어야 한다는 주장)은 정당한 것이다. 이것은 생태적으로 민감한 에너지 수요를 감소시킬 뿐만 아니라, 나아가서는 생태적으로 바람직한 구조효과를 가져온다. 특히 조세와 부과금을 전력부문에 집중시킬 필요가 있는데, 왜냐하면 이 부문이 환경보호 잠재력을 가지고 있기 때문이다.

■생태적으로 해로운 유지보조금의 철폐 : 결과적으로 이것은 산업구조정책을 일종의 금기사항으로 만든다. 최소한의 방침은 이러한 금기사항을

따르는 정부가 생태적으로 해로운 구조를 유지하는 모든 종류의 보조금을 철폐시켜야 한다는 것이다. '생태보조금 감축'은 이에 상응하는 환경스트레스 감소효과를 대다수 산업국가에서 유발할 것이다. 그러나 이것이 재정적 구제를 의미하는 것은 아니다. 만일 구조정책이 없다면 사회의 생태적 재구조화는 가능하지 않을 것이다. 이것 역시 환경정책과 경제정책간 통합 및 협력이란 과제를 가지고 있다.

■적극적인 성장동기의 철폐 : 일본의 사례는 생태적으로 바람직한 경제구조로의 개조가 높은 성장률에 의해 상쇄되고 중화되는 경향을 보여주고 있다. 왜냐하면 성장률 그 자체가 환경문제이기 때문이다. 만일 성장이 야기한 생태파괴적 결과가 기술변화 및 구조변화에 의해 보상될 수 있다 할지라도, 질적 성장은 장기적 관점에서는 제한적 성장일 수밖에 없다. 연 1%의 성장률은 1970년내에 현재의 경제규모를 두 배로 증대시킬 것이고, 한편 연 5%의 성장률은 이 기간을 14년으로 축소시킬 것이며 70년 이후엔 경제규모를 현재의 30배로 확대시킬 것이다. 이러한 성장은 구조적 효과에 의해 지속적으로 보상될 수 없다. 생산의 재배치를 예외로 한다면, 이것은 장기적 해결책도 아니며 전지구적 해결방안도 아니다.

이러한 이유로 국가는 자신이 담당하고 있는 경제성장 동력기로서의 경제정책적 역할을 재고해야 한다. 산업화된 국가들은 고도성장이라는 사치품을 더 이상 장기적으로 제공해줄 수 없을 것이다. 그래서 이들 산업국가들은 보편적인 문제해결책으로서의 '경제성장'을 정치적 해결로 점차 대체하는 역할에 숙달되어야만 할 것이다(분배의 문제에서도 마찬가지이다). 이로부터 양(재정적 흐름)으로부터 질(정치적 구조화)로의 관점 이동이 국가의 임무가 될 수 있다.

□ 국가명 축어표

A	오스트리아
AUS	호주
B	벨기에
BG	불가리아
CDN	캐나다
CH	스위스
CS	체코슬로바키아
D	서독
DDR	동독
DK	덴마크
F	프랑스
GB	영국
GR	그리스
H	헝가리
I	이탈리아
IRE	아일랜드
IS	아이슬란드
J	일본
L	룩셈부르그
N	노르웨이
NL	네덜란드
NZ	뉴질랜드
P	포르투칼
R	루마니아
S	스웨덴
SF	핀란드
SU	소련
TR	터어키
USA	미국
YU	유고슬라비아

7. 환경기술 선택을 결정하는 요인들 [1]

클라우스 짐머만

| Klaus Zimmermann : 정치학 박사. 함부르그 국방대학 경제학부 교수로 재직 중이다. 그의 관심분야는 환경기술 정책을 경제적 안목에서 분석하는 것이다.

1. 환경정책의 세 가지 모델

우리들은 위기상황이 도래할 시기나, 파국으로 치달을 가능성, 그리고 그 피해범위 등을 미리 예측할 수도 없으며, 또한 그 원인을 밝혀내는 데에도 어려움이 있다. 때문에 우리 인간들은 이런 위기상황에 임시방편으로 대응한다. 그러나 파국적 상황이 (산발적이든 주기적이든) 자주 발생하게 되면, 어느 순간부터 우리 인간들은 이런 상황에 대한 경험을 개인적 또는 집단적으로 축적하게 되고, 이렇게 축적된 경험은 학습효과를 발하게 된다. 이를 통해 우리 인간들은 위기상황에 대한 대응방식을 단기, 중기 그리고 장기로

---

1) Klaus Zimmerman, "Technologische Modernisierung der Produktion : Eine Variante Präventiver Umweltpolitik," Udo Simonis(Hrsg.), *Präventive Umweltpolitik*(Frankfurt : Campus, 1988). 필자는 『예방적 환경정책』이라는 책을 준비하기 위한 워크샵에서 비판적 논평을 해준 여러 참여자들에게 감사하는 바이다. 특히 오토 켁(Otto Keck)이 정치학적 측면에서 지적해준 내용은 논문을 발전시키는 데 상당한 도움이 되었다.

구분해 유형화하게 된다. 이 유형화된 대응양식들 중에서도, 특히 행동의 중심은 단기형 유형으로부터 중장기형 유형으로 이전된다. 이러한 설명은 환경정책적 행동에도 그대로 적용될 수 있다. 위협적인 환경파국이 예고되는 시점에는 순간적인 단기처방이 시도되나, 상황이 어느 정도 진행되면 중장기적 프로그램이 작성되고 이를 통해 단기적 처방이 보완될 수 있다.

만일 이러한 일련의 과정이 체계화된다면, 환경정책은 적용기간을 어떻게 설정하느냐에 따라 정책도구와 정책대상을 세 단계 모델로 구분하여 선택할 수 있다.

(1) 환경문제에 대한 단기형 대응방식은 그 선택의 폭이 그리 넓지 않다. 이 방식은 본질적으로 사후형 치료방식으로, 의학적으로 의미있는 조치들과 같은 것이다. 이의 적절한 예로 대기오염으로 인해 발생한 호흡기 질환에 대처하는 방식을 들 수 있는데, 이는 일반적으로 약물치료에 의존하고 있다.

(2) 환경오염에 대응하기 위한 중기적 규모에서의 정책수립은 보다 자유로운 행동반경을 가질 수 있다. 중기형 정책은 배출된 유해물질의 총량을 감소시키고 쓰레기로 인한 환경파괴 둔화를 목적으로 한다. 그래서 이 중기정책의 일차적 측면은 '사후적 종말처리기술(End-of-pipe-technologie)'이란 주제와 연결되어 있다. 이 기술은 원료소모형 기존 기술이 지속될 경우, 유해물질 방출 그 자체의 감소를 목적으로 한다. 그러나 이 기술은 투입부문의 시설을 보완하거나 또는 미약하나마 유해물질을 방출하는 투입물(원료)을 대체함으로써 보완되어야 한다.

중기형 정책의 두번째 측면은 유해물질의 강력한 확산, 집중, 침전, 그리고 다른 물질상태로의 변형에 대처하려는 대응방식이다. 이러한 대응방식은 하나의 유해물질에 특화되고 전문화된 해결방법을 추구하기 때문에 빈번히 문제를 이전시키는 결과를 초래하고 있다. 이러한 문제전이라는 현상은 포괄적 접근방법에 의해서만 근절될 수 있다.

(3) 환경문제에 대한 장기 차원에서의 대응은 상대적으로 가장 큰 행동반경을 가질 수 있다. 장기형 정책은 보다 포괄적이고 체계적인 이론체계를

지향한다. 이로 인해 이 장기형 정책은 다양한 환경정책의 주체들, 도구들 그리고 대상들을 종합하는 통합적이고 다면적인 이론체계를 대변한다. 이 정책의 출발점은 생산기술과 소비기술을 총체적으로 변화시키는 조치들이다. 이러한 조치들은 '사후형 종말처리기술'과는 정반대로 통합적이고 과정지향적인 것을 특징으로 한다. 따라서 이 장기형 정책은 구조적 차원의 성격을 띨 수밖에 없다. 이 정책은 수요구조를 조정하기 위한 환경정책적 도구들을 활용하고, 또한 공급 측면에선 국민경제의 세 부문(1차, 2차, 3차 부문), 특히 2차부문의 생산구조를 환경친화적으로 조정하는 구조조정정책을 활용한다(Jänicke, 1985). 장기형 환경정책의 수행은 특히 환경부담의 원인을 만들어내는 영역마다의 개별정책 — 농업, 에너지, 산업, 기술, 지역정책 — 을 환경적 관점에서 조정할 수 있는 단초들을 마련함으로써 보완될 수 있다.

 만일 환경문제가 사회에 등장하는 초기 시점부터 환경정책을 미시정책적 문제들로만 국한시켜 구조정책적 단초들을 무시한다면, 그래서 만일 환경정책이 사회비용 내재화의 확대라는 관점에서만 접근된다면(물론 이러한 접근이 전면적으로 부당한 것은 아니다), 중·장기형 전략의 핵심은 기술지향적 측면으로 인식되어야 할 것이다. 다음 장에서 제시되겠지만, 만일 우리가 환경문제에 대한 장기적 대응방식과 예방형 환경정책이 동일한 것이라는 가정으로부터 출발한다면, 통합된 과정기술은 이런 류의 환경정책이 어떻게 작동하는지를 설명할 수 있는 주된 특징이다. 반면 사후적 종말처리기술은 중기적으로 지향된 환경정책, 즉 중기정책의 '원시산업화' 단계를 특징지우는 요소가 될 것이다.(Hasmeyer 1982, S.119)

 비록 이러한 예방형 환경정책이 산업국가들의 시각에서 '사후대응적' 환경정책을 완전히 대체할 수 없다 할지라도(OECD, 1980, S.14-5), 우리들은 통합된 과정기술의 현실화 정도를 국제적으로 비교해봄으로써 현재 실행되고 있는 환경정책과 그 도구들, 그리고 정치양식 등의 '예방능력'을 추론해 볼 수 있을 것이다.

2. 환경기술의 구분과 과정지향적 환경기술 정착의 어려움

만일 장기형 환경정책의 핵심인 환경기술의 발전을 원인자부담 원칙에 충실한 것으로 간주하여 장려한다면(Cansier, 1978), 어떻게 기업으로 하여금 환경기술을 채택하도록 할 것인가가 초미의 관심사가 된다. 특히 이 경우 종말처리기술과 통합형 과정기술을 구분하는 것이 관건이 된다. 직관적 선이해(先理解)로부터 우리들은 통제기술을 종말처리형 해결방안이란 개념과 연관지어 생각한다. 이 통제기술은 생산과정에 연결되어 있다. 반면 통합형 과정기술은 새로운 종류의 생산과정을 필요로 한다. 이 과정기술은 배출량 수준과 쓰레기 발생 수준을 원초적으로 감소시키기 위한 것이다.

이런 구분은 직관에 근거한 것이지만, 원료 방출벡터와 환경 방출벡터를 사용하여 좀더 정밀하게 다룰 수 있다(Hartje/Lurie 1984, S.6f). 우선 원료 방출벡터와 환경 방출벡터가 구분되는 것이긴 하지만, 만일 이 두 가지 벡터를 모두 환경정책적 규제대상으로 설정하고자 한다면, 이는 과정지향적 통제체계로 봐야 한다. 여기서 원료 방출벡터(Vektor der Rohemissionen)란 변형과정에서 산출물 한 단위당 발생하는 쓰레기의 총량을 의미하며, 환경 방출벡터(Vektor der Umweltemissionen)란 환경으로 방기되는 최종 쓰레기의 총량을 의미한다. 그러나 만일 환경 방출벡터에 대해선 환경정책적 규제를 적용하면서도 원료 방출벡터에 대해선 아무런 환경정책적 규제를 시행하지 않는다면, 이것은 종말처리형 통제체계라 칭할 수 있다.

특히 이러한 정의는 두 가지 특성을 가지고 있다. 첫째 종말처리기술 유형의 경우 혁신과정이 통제체제 없이도 진행될 수 있는 반면, 과정지향적 통제유형의 경우 변형적 혁신과정과 통제체제는 분리될 수 없는 것으로 정의된다는 것이다. 둘째 이렇게 구분할 경우 산출물의 기능적 속성들이 상수로 처리됨으로써, 다양한 원료 방출벡터와 환경 방출벡터을 변형하는 과정에서 나타나는 생산품의 질 변경은 처음부터 배제된다는 것이다.

그러나 이러한 구분이 모든 종류의 환경절약적 기술을 다루고 있다고 주장하는 것은 결코 아니다. 보다 다양한 구분이 가능할 수 있다. 하나의 예로 종말처리기술은 시장에서 판매할 수 있는 부산물(쓰레기)을 만들어내는 기술, 쓰레기를 다른 형태의 원료로 가공하는 기술, 그리고 폐기물을 재활용·재사용하는 기술 등으로 구분할 수도 있을 것이다. 특히 종말처리기술의 마지막 변종은 과정기술로부터 쉽게 분리될 수 없는데, 그 이유는 과정기술이 재활용기술을 자기 체계를 구성하는 한 부분으로 통합하고 있기 때문이다. 폐기물을 최소화하는 것은 모든 과정기술의 본질적 특성으로서, 이 과정기술은 투입물 단위당 산출되는 1차 산출품의 극대화를 목표로 하고 있다. 이로써 산출물 한 단위당 발생하는 폐기물은 감소될 수밖에 없다. 때때로 이 재활용기술을 종말처리 유형에 귀속시킬 것인지, 아니면 과정유형에 포함시킬 것인지가 민감한 문제로 등장하고 있다. 이것은 재활용 절차가 얼마나 '통합적'인지, 그리고 재활용 절차들이 변형과정과 관련해서 얼마나 자동적으로 작동하는지 등에 대한 평가에 달려 있다.

이와 관련해서 일련의 통제기술 체계에 대한 언급은 아마도 의미가 있을 것이다. 이 통제기술의 연속체는 두 개의 극을 설정하고, 양극 사이에 여러 계층으로 구분된 기술들을 귀속시킨다. 이 연속체에서 종말처리기술과 과정기술은 도달해야 할 두 개의 종착점인 반면, 재활용기술은 중범위기술로서 자리잡고 있다. 또한 '지나치게' 엄격한 극 귀속성으로 인해 평가가 왜곡되는 현상을 피하기 위해, 1차 자료에 기반을 둔 경험적 연구조사에 따른 분류가 의미를 가질 수도 있다. 왜냐하면 통계자료만을 활용하고 실질적으로 사례조사를 하지 않은 연구는, 거의 강제적으로 통계에 이미 주어져 있는 극 귀속성에 따를 수밖에 없기 때문이다.

기술지향적 관점에서의 과정기술과 예방형 환경정책을 이런 제한적 특징들로 동일시하는 것은 좀 문제가 있다. 이러한 동일화를 뒷받침하기 위해선 최소한 두 가지 점이 지적되어야 할 것이다. 첫째, 과정기술은 종말처리기술과 달리 환경의 자정능력에 미치는 부담을 최소화할 수 있다는 점이다. 궁극적으로 환경의 질이란 환경에 방출된 유해물질의 총량이나 위해도를 의미할 뿐만 아니라, 나아가 다양한 환경매질의 자정능력이 스스로 작동할 수 있는 수준을 의미한다. 의심할 나위 없이 종말처리기술도 하나의 환경매질이 가지고 있는 자정능력에 미치는 부담을 최소화할 수 있다. 이러한 종말처리기술의 능력은 부담을 주는 물질의 속성을 변형시키거나, 위해물질을 보다 큰 정화능력을 가진 다른 환경매질로 이전함으로써 가능한 것이다. 이러한 능력은 폐기물 총량을 감소시키는 것과는 무관하며, 역으로 이 기술은 폐기물 총량을 증가시키기도 한다. 이에 반하여 과정기술은 폐기물 총량을 감소시키며, 또한 위험도를 감소시키기 위하여 그 형태를 변형시킨다. 이를 위한 조건은 최소한 이 과정기술이 생산물 한 단위당 발생하는 쓰레기를 감소시키거나, 또는 투입물질을 대체할 수 있어야 한다는 것이다. 만일 이러한 조건이 충족된다면, 과정기술은 환경부담의 감소란 측면에서 종말처리기술을 능가할 것이다.

이로부터 두번째 점이 지적될 수 있다. 종말처리기술은 방출된 원료를 '환경방출'로 간주하여 방기하기 이전의 중간투입재로 활용해야만 한다. 왜냐하면 변형과정은 그냥 이루어지는 것이 아니라, 에너지와 화학처럼 환경에 부담을 주는 자원은 부담을 주지 않는 자원으로 대체되거나 사용량을 감소시켜야 하는데, 종말처리기술의 경우 원료 사용량이 과정기술의 경우보다 훨씬 많기 때문이다. 그러나 전반적으로 과정기술의 경우 생산과정의 잔여물 총량은 낮은 수준이다. 이에 따라 과정기술은 재생가능한 자원이든 재생불가능한 자원이든 자원절약적 특성을 가지고 있으며, 이로써 투입측면에서 원료대체효과와 더불어 주어진 생산품을 산출해낼 수 있다. 때문에 과정기술은 자원배분이란 측면에서 국민경제적 관점으로부터 볼 때, 종말처리기술보다 효율적이고 값이 싸다.

이 두 가지 지적 이외에도 세번째로 지적해야 할 것이 있다. 그것은 개개 기업들의 입장에서 생각하면, 과정기술이 종말처리기술보다 더 큰 투자위험률을 동반할 수 있다는 것이다. 왜냐하면 종말처리기술은 전체 생산과정을 이분화시켜 상품을 생산할 수 있고, 최악의 경우에 특정 시설의 작동 — 일면에선 원료를 절약하고 타면에선 환경으로의 원료방출을 중지시킬 수 있다. — 을 중지시킬 수 있기 때문이다. 따라서 이 기술의 선택은 사회적 측면에선 오히려 큰 위험부담으로 작용한다. 그러나 과정기술의 경우 이러한

'환경범죄적' 행위는 처음부터 배제되어 있다. 환경에 부담을 주는 행위 중 어떤 부분이 범죄적 행위에 해당되는지는 잘 알려져 있지 않다. 다만 여기서는 실례에 근거하여 과정기술의 주요 장점들을 제시하고자 한다.

종말처리기술과 비교하자면, 전반적으로 과정기술은 파레토의 개선(Pateto-verbesserung)을 잘 반영하고 있는 기술이다. 이 과정기술은 사회에 대해 높은 수준의 환경질을 보장해 준다. 바로 이러한 관점에서 과정기술은 예방형 환경정책의 기술지향적 변종이라고 지적할 수도 있다. 이런 한에서 우리들은 이 예방형 환경정책을 성장정책으로 이해해야 하며, 모든 가능한 원료들이 미래에 미칠 수 있는 영향력을 알고 있어야 한다고 요구할 수 없다. 이러한 전체적 앎이 결여되어 있기 때문에 제로 방출 사회(Null-Emission-Gesellschaft)를 선택할 수도 없다.

3. 기술선택의 이론적 측면 : 수요

지금까지의 개념 설명에서는, 기업이 환경정책적 조정에 기술적으로 어떻게 대응할 것인가, 그리고 기업이 종말처리기술을 선택할 것인가 아니면 통합적 과정기술을 선택할 것인가 등의 문제를 분석하지는 않았다. 이 물음은 세 가지 측면에서 분석될 수 있다.(Harje/Lurie 1984, S.7 ff참조)

첫번째 가정은 상당수의 통제기술이 존재한다는 것이다. 이 기술들은 획득비용을 기준으로 구분될 수 있다. 여기에서 획득비용이란, 어떻게 기술이 이용될 수 있을 것인가와 관련된 습득비용, 특허비용 그리고 연구개발 및 적용비용 등을 지칭한다

두번째 가정은 기존에 설치된 기술로 재화 한 단위를 생산하는 비용이 신기술을 이용한 생산비용보다 낮다는 것이다. 물론 기존의 기술은 환경정책적 조정이 전혀 없던 시점에서 선택된 것이다. 장차 신기술이란 동일한 생산품을 만들어내면서, 동시에 쓰레기 배출량을 줄이고, 그 내용을 변화시키는 기술을 의미한다. 가능한 한 신기술은 자본대체율과 노동대체율을 증

가시켜야 한다. 전통적으로 생산효율성은 노동분업을 통해 향상되었지, 전체적 맥락(생산품의 생산 및 쓰레기의 감소)을 통해서 상승되지는 않았다. 이러한 낯선 요구들이 과정통제기술 체계로 하여금 종말처리기술 체계보다 더 높은 비용을 지불하도록 한다.

세번째로 기업은 소득이 가장 높은 현재적 가치에 상응하여 가장 값싼 통제기술을 선택할 것이란 결정규칙이다.

이러한 가정들에 기초하여 기술이 선택될 때 고려해야 할 규칙들은 다음의 물음을 다루어야 한다. 종말처리기술에 유리한 편견들은 어떤 요인들에 의해 형성되는가? 이 요소들로 인해 새로운 생산을 시작하려는 기업들은 종말처리기술과 과정기술이라는 선택의 기로에서, 추측컨대 가장 적은 비용을 동반하는 기술로 결정할 것이다. 이미 기존의 생산시설을 사용하고 있는 기업들도 원칙적으로는 새로 등장한 기업들과 동일한 선택 가능성을 가지고 있다. 물론 이러한 가능성은 단기적이든 중기적이든 판매될 수 없는 자본재들로 인한 '매몰비용(Sunk Costs)'이 큰 기업의 경우에는 해당되지 않는다(Baumol/Panzer/Willig, 1982). 이러한 자본재는 비용계산 과정에서 폐기 직전 단계에 있는 자본재의 전형으로 간주되기 때문이다(Myers/Nakamura, 1980). 자본비용이 생산의 기회비용을 구성하지는 않는다. 기업은 '낮진 않지만' 변화하는 비용에 근거해서 결정을 내려야만 한다. 만일 기존 시설을 이용한 생산비용 — 물론 이 경우 종말처리체계를 이용하는 전체비용이 포함되겠지만 — 이 새로운 시설인 과정 통제체계를 활용한 전체 생산비용보다 낮아진다면, 기업으로선 당연히 종말처리기술 체계를 선택할 것이다. 이것은 환경에 높은 부담을 주는 생산부문 영역 대부분에 해당된다. 더구나 형성중인 시장에서는 구시설을 구매하려는 사람들이 거의 없기 때문에, 자본비용은 상당부분이 '매몰(sunk)' 된다. 이러한 경우 기업이 첫번째 규칙에 따라 대체나 확대를 위한 생산시설을 완전히 새로 세우겠다고 결정하지 않는 한, 기업은 두번째 기술선택 규칙에 따를 것이다.

기술선택 규칙 그 자체가 기술선택을 위한 결정에 영향을 줄 수 있다. 새로운 시설에서의 전체비용이 동일하다면, 두 개의 대안적 선택간에는 거의 차별성이 존재하지 않는다. 그러나 이런 상황이 기존 시설에는 해당되지 않는다. 여기에서 생산시설의 전문화에 의거해 가변비용이 선택되고, 이 비용은 항상 전체비용보다 낮기 때문에, 기업은 종말처리기술을 선택할 것이다. 그렇지 않은 경우 과정기술 체계가 낮은 회피비용(Vermeidungskost)을 동반해야 할 뿐만 아니라, 보다 낮은 단위 생산품당 생산비용을 제시하여야 한다. 그러나 만일 과정기술을 이용한 생산체계의 전체비용이 종말처리기술을 활용한 전체비용보다 낮아진다면, 종말처리기술에 유리한 선택은 일어나지 않는다. 그 이유는 매몰비용이나 가변비용 규칙으로 인한 것이다.

기존 시설을 그대로 유지한 상태에서 기업이 선택할 수 있는 기술은 종말처리 유형이다. 이것은 또 다른 기술선택의 원칙이 된다. 그리고 새로운 시설이 설치되거나 건설되는 경우에 한해서는 일반적으로 과정기술이 경쟁력을 가질 수 있다.

기술선택의 규칙들이 종말처리기술에 유리한 쪽으로 동전을 던질 경우, 국가가 제공하는 재정적 동기는 이러한 경향을 더욱 강화시킬 것이다. 미국의 깨끗한 대기와 맑은 수질법은, 기업들이 세금에서 이자지불을 감면받을 수 있는 '오염통제 채권'을 발행할 수 있도록 규정하고 있다. 물론 이 경우 기업들은 이렇게 마련된 재정으로 환경보호물품을 구매하고 있음을 입증해야 한다. 그러나 종말처리기술은 과정통합기술보다 시장경쟁력이 있는 상품을 생산하기가 훨씬 용이하다. 이러한 문제는 독일의 경우에 7dEStG조항에도 적용된다. 특수감가상각비의 혜택과 이로 인한 이윤보장은 차치하더라도, 기업들은 입증문제와 관련하여 종말처리기술을 선호하고 있다. 또한 과정기술의 높은 비용은 자본시장을 상당히 잠식할 것이다. 만일 기업의 한계자금 조달비용이 증가하는 재정총액으로 인하여 높아진다면, 이것은 특별한 환경정책적 이해관계에서 기인한 것이다. 신기술이 야기할 위험도와, 회사마다 상이한 재정동원 능력은 특히 중소기업에게 큰 부담감을 안겨줄 수밖에 없다. 만일 이 두 기술이 투자비용과 작동비용의 현재적 가치에서 동일하다 할지라도, 높은 재정동원 비용으로 인하여 투자결정은 과정기술에 결코 유리할 수 없다.

이외에도 기술선택의 규칙을 토론하면서 명시적으로 고려하지 않는 요소들이 몇 가지 있다. 그중 가장 중요한 것은 기업의 적응비용과 치환비용이다. 대개 이 비용들은 종말처리기술 체계를 설치할 경우보다 과정기술 체계를 설치할 경우에 더 높을 것으로 추정된다. 이미 설치된 기계시설의 경우, 이 시설의 정상적인 작동을 중단하거나 변경시킬 수 없다. 기존 설비를 이용할 경우에는 또한 노동력의 질을 향상시킬 필요성도 없을 뿐더러 이에 상응하는 재교육비용도 없다. 그러나 새로운 시설의 경우, 이 시설을 가동시키는 데 필요한 노동력의 확보 문제는, 과정기술의 선택에 불리한 조건으로 작용한다. 어떠한 경우에도 이런 비용의 기술연관적 차이는 기존 시설들에 투자할 경우보다 미미하다.

기술선택에 대한 결정에서 기술적 위험과 경제적 위험도 고려 요인으로 작용하고 있다. 실패시의 기술적 위험은, 특히 아직 상업화되지 않은 신기술의 경우에 보다 크다. 또한 과정기술 체계가 실패할 경우, 이로부터 야기될 경제적 여파는 종말처리기술 체계보다 심각할 것임은 자명한 사실이다. 왜냐하면 과정기술의 경우 방출에 대한 통제기술이 생산과정기술에서 분리될 수 없으므로, 실패시 시장경쟁력이 있는 재화의 생산도 중단할 수밖에 없기 때문이다. 여기에 작은 1인 경영기업들이 통합된 생산과정 설치를 주저하는 이유가 있다. 이런 기피현상은 실패시의 기술적·경제적 위험도를 극복한 기술이라 할지라도, 초기 기대치보다 높은 경영비용을 기업에 부과할 경우에도 나타난다. 왜냐하면 예측되지 않은 경영비용도 기업에게는 위험부담을 의미하기 때문이다. 반면 환경당국은 기준 확정시 대개 상업화된 종말처리기술을 대상으로 하기 때문에, 이 기술의 경영비용은 거의 오차없이 정확하게 알려져 있다. 이러저러한 위험부담에 대한 계산은 체질적으로 위험부담을 지지 않으려는 기업들로 하여금 종말처리기술을 선택하도록 만든다.

이러한 종말처리기술에 대한 편향은 두 가지 선험적 전제로부터 출발한다. 즉 기술처리 후에 남는 잔류물(쓰레기)이 시장적 가치를 가질 수 있다는 것과, 그리고 잔류물에 대한 수요가 있다는 것이다. 경영비용이 동일할 경우 기업은 당연히 시장성 있는 잔류물(폐기물)을 방출하는 환경기술을 선택할 것이다. 이 경우 쓰레기 시장의 존재여부가 결정적인 기준이 된다.

초미의 관심사가 되고 있는 마지막 요소는, 구매력 증가라는 맥락에서 실천에 의한 학습현상이다(Arrow, 1962). 실천을 통한 학습은 경영비용 또는 단위 산출물당 가변비용이 경험축적 또는 기계사용 시간의 증가와 더불어 감소함을 알려준다. 이러한 비용감소 현상은 이미 앞서 지적한 매몰비용과 공통된 그 어떤 것을 가지고 있다. 만일 이러한 비용감소가 기계설비 특화적인 것이 아니라 그보다 더 제한적 현상이라면, 그것은 아마도 경영 특화적인 것일 것이다. 그러나 이러한 비용감소 현상에 주목하여, 우리들은 대안기술들의 경상비 비교 또한 기술선택 기준으로 충분한 것이 못되며, 오히려 생산량 증가와 더불어 발생하는 비용감소가 더 적절하다고 결론내릴 수 있다. 또한 기술선택에서는 현재적 가치도 관심의 대상이 되어야 한다. 생산비용의 출발수준, 실천을 통한 학습결과와 이로부터 발생한 생산량 증가에 따른 비용감소, 그리고 구매력의 성장률에 대한 주목은 특수한 과정통제 시스템에 유리한 결정을 내리도록 한다. 특히 비용 문제에선 두 가지의 비용계산 시점을 구분하여야 한다. 즉 문제가 되는 기술의 초기 가동시점에서 산출한 비용과, 환경규제가 확대되는 시점에서 산출되는 특수비용이다.

모든 기술의 학습커브가 동일하다고 가정한다 할지라도, 다음과 같은 세 가지 상황이 발생할 수 있다. 따라서 이 세 가지 상황에 따른 기업의 기술선택은 다음과 같이 구분되어야만 한다.

(1) 종말처리형 표준기술이 작동하는 초기시점의 비용과 신과정기술의 초기작동 비용이 동일한 상황이다. 기업이 산업영역에 새로이 진입한 신참 기업이고 종말처리기술에 대한 경험을 전혀 갖고 있지 않다면, 두 통제체계 간에는 거의 차별성이 존재하지 않는다. 만일 기업이 기술경험을 가지고 있다면, 종말처리기술이 선택될 것이다. 왜냐하면 실천을 통한 학습기준에 의거해 환경기준이 충족되는 시점에서의 비용은 새로운 대안기술의 비용보다 저렴하기 때문이다.

(2) 최초 작동시점에서 종말처리기술 비용이 과정기술 비용보다 낮은 상황이다. 여기서 기업은 표준기술에 대한 경험유무를 떠나 종말처리기술을

선택할 것이다. 왜냐하면 실행을 통한 학습결과, 비용감소가 동일하다 할지라도 특정 시점에서의 종말처리기술 비용이 과정기술의 비용보다 낮기 때문이다.

(3) 세번째 경우는 초기 작동시점에서 표준형 종말처리기술의 비용이 과정기술보다 높은 복잡한 상황이다. 일반적으로 가정하자면, 적어도 이러한 경우에 과정기술의 우월함이 명료하게 증명될 수도 있지만, 동시에 잘못 유도될 수도 있다. 왜냐하면 다음의 두 가지 경우가 관찰될 수 있기 때문이다. 첫번째는 환경기준이 충족되는 시점에서, 초기에 작동된 종말처리기술의 비용이 새로운 과정기술보다 높다고 가정되는 상황이다. 이 경우 선택이 과정기술에 유리한 쪽으로 결정된다는 것은 분명해진다. 환경정책적 기준이 충족되는 시점에서의 비용 역시, 종말처리기술의 경우가 과정기술의 경우보다 낮지 않기 때문이다.

그러나 만일 학습효과가 높고 두 가지 기술의 초기 작동비용이 그다지 차이가 나지 않는다면, 특정 산업분야에서 오래 전부터 활동해온 기존 기업들은 과정기술의 개발에 주저할 것이다. 반면에 신참 기업들은 아무런 고려 없이 처음부터 이 과정기술을 채택할 것이다. 더구나 예상되었던 생산물 증가가 미미하면 할수록, 과정기술이 종말처리기술보다 우선적으로 선택될 수 있는 시점은 늦어진다. 그러나 환경정책적 규제가 도입되고 정책으로 인한 효과가 충분히 나타난 후, 그리고 예상성장률이 충분히 높은 경우엔, 과정기술 비용의 현재가격은 종말처리기술보다 낮아질 수 있다. 이 경우 높은 성장전망을 지닌 산업분야에서는, 기존의 표준형 종말처리기술을 사용하고 있는 회사들이라 할지라도 합리적 근거에 의해 새로운 과정기술을 채택할 수 있다. 이에 반해 낮은 성장전망을 가진 숙성된 산업분야에서는 기존의 기업들이 종말처리기술로써 기존의 생산시설을 보완하고자 할 것이다.

기술의 수요 측면에서 볼 때, 다음과 같은 중간결론에 도달할 수 있다. 재정조달 비용, 기술적·경제적 위험도, 실행을 통한 학습효과, 구매력 증가 등을 종합해보면, 기업들간에는 기술선택에서 종말처리기술의 선호 경향과 함께 예방적 환경정책의 거부 경향이 뚜렷해짐을 확인할 수 있다.

4. 기술선택의 구조적 측면 : 공급

의심할 여지없이 기술의 수요 측면 못지않게 공급 측면도 기술선택에 중요한 영향을 미친다. 간단히 말하자면 종말처리기술로 할 것인지, 과정기술로 할 것인지는 기술제공자의 마음에 달려 있다는 이야기이다. 이러한 기술의 공급구조는 기초기술 모델에 의해 영향을 받는데, 이 모델은 대개 기술발달과정에서 형성된다. 동시에 이 기술공급구조는 환경보호기술 공급자들이 혁신동기를 부여받을 수 있는 경제적 요인에 의해 영향을 받는다. 이러한 두 가지 요인군의 상호작용이, 논의되고 있는 배출 통제기술체제의 상대적 비용을 결정하기도 한다.(Hartje/Lurie, 1985)

우선 기술사의 관점에서 고찰해 보자. 변형과정으로서의 생산과정은 적은 원료투입에 의한 생산품 산출의 최대화, 그리고 잔유물 발생의 최소화를 지향하는 방향에서 역사적으로 형성되었다. 그러나 이 경우 잔유물 발생의 최소화는 이차적이고 부수적인 것에 불과하다. 즉 기술발전의 주요목적은 일차적으로 (사경제의) 전체비용의 감소에 있는 것이지, 환경보호 비용의 감소에 있는 것은 아니다. 따라서 완벽하게 개발된 기술이 정보비용이나 일반비용 때문에, 또는 유혈적 경쟁으로 인해 사용되지 못한다면, 사경제적 계산 방식에 의한 선택은 비용을 지불하지 않은 방출이다. 만일 외부효과를 내부화하지 않기 위해 사회비용을 발생시키는 환경재 사용에 '가격'을 부여하였음에도 불구하고 이를 행하지 않는다면, 이것은 명백히 정책적 실패이다. 이러한 정책적 실패가 일반화될 경우, 과정기술의 선택을 위해 노력하는 기업이라 할지라도, 현상유지에 동의하여 과정기술에 대한 정보 그 자체를 폐기해 버릴 수도 있다. 이로부터 단기적인 과정혁신에 대한 가능성조차도 제한받게 될 것이다.

두번째로 중요한 기술사적 관점은 배출 통제체계에서의 혁신이 '지배적인 기술디자인'으로부터 벗어나지 못한다는 것이다. 예를 들어 만일 사람들이 자동차의 기술발전사의 전과정을 고려한다면, 이런 지배적 기술디자인이란 개념은 명료해질 수 있다(Abernathy, 1978). 물론 이 지배적인 기술디자인도 변화될 수 있다. 그러나 이러한 변화는 점진적으로만 일어난다. 배출통제기술과 관련하여 종말처리기술이 압도적으로 선호되고 있다는 것은 자명한 사실이다. 왜냐하면 이 기술은 지배적인 기술디자인의 안정성을 근본적으로 문제삼지 않고도 생산변형 과정의 질을 변화시킬 수 있기 때문이다. 또한 문제를 동시에 푸는 방식(과정기술)보다는 차례대로 해결하는 방식(종말처리기술)이, 보다 간단한 지름길이라는 결론이 첨가될 수도 있기 때문이다.

환경기술의 혁신 동기로 경제요인을 고려할 경우, 기술을 제공하는 기업은 세 가지 유형으로 집단화될 수 있다. 과정기술을 공급하는 기업은 기술의 질적 차이가 '의도된 가격'으로 반영되는 한에서만, 생산과정에서 산출되는 폐기물량의 감소 및 폐기물 성분의 개선에 관심을 가질 것이다. 그러나 종말처리기술 공급기업은, 환경기준을 가장 적은 비용으로 충족시킬 수 있는 해결방안을 제공하는 데 관심을 갖고 있다. 이처럼 기술혁신의 동기는 연구개발 및 투자비용과 예상 순이익간의 관계로부터 결정된다. 여기에서 중요한 차이점들이 지적될 수 있다. 즉 과정기술 제공기업은 혁신목표를 원료 한 단위당 높은 생산성과 폐기물 발생의 최소화에 두고 있다. 목표에 도달하는 방법, 특정 원료의 선택 등은 과거의 가격 및 현재의 가격 변화, 그리고 미래의 예상된 가격에 달려 있다. 예를 들어 에너지가격의 상승은 에너지절약적 과정기술의 개발이 미래에 높은 수익을 약속해줌을 지적할 수 있다(Gürtler/Schmalholz, 1982). 그러나 반드시 원료를 가장 효율적으로 사용하는 기술일 필요는 없다. 왜냐하면 기술자 집단에서는, 높은 원료 효율성이 상대적으로 높은 에너지에 의한 원료 대체율을 동반하기 때문이다. 따라서 과정기술의 판매수준은 여러 가지 제약조건에 의해 결정된다. 일면에서는 신설에 관한 전망을 가지고 있는 기업이나 보충투자를 계획하고 있는 기업만이 이 과정기술의 수요자로 고려될 수 있다. 타면에서는 특히 발전하고 있는 국민경제의 환경집약적 생산부문이 사양 산업부문에 속한다는 사실이다. 위의 두 가지 제약조건들은 모두 과정혁신의 수익 전망을 완곡하게만 보장하고 있다.

종말처리기술을 제공하는 기업들의 경우, 상황은 달라진다. 이미 앞에서 기술선택 기준을 위한 논쟁을 검토하면서, 환경부담형 기업이 특히 종말처리기술을 선호함을 지적한 바 있다. 때문에 이 종말처리기술을 제공하는 기업의 경우, 성장에 대한 전망과 혁신에 대한 전망은 긍정적이다(Ullmann, Zimmermann 1981 ; Sprenger et al 1983). 이 경우 환경정책적 기준들이 가지고 있는 특징은 상당한 영향력을 가지고 있다. 특히 기술유관적 기준들 — 이 기준들은 미래에 더욱 엄밀해질 것이고 구산업시설로 확대될 것이다. — 은 배출량 감소의 방향에서 기술혁신을 유도해낼 수 있다. 물론 1차 혁신의 잠재적 시장성을 약속해야만 한다. 반면 환경정책이 기술기준을 설정하고 있지 않는 경우, 기술의 방향은 비용절약을 지향하기는 하되, 배출량 감소를 유도하지는 않는다. 더 나아가 해결방안은 산업조직에 의해 처음부터 조건지워져 있음을 간과해선 안된다. 원료회사와 환경집약적 기업간의 수평적 통합, 또는 제조회사와 엔지니어회사 간의 짝지움은 일면에서는 자원절약적 혁신에, 타면에서는 높은 효율성을 가진 개인화된 기술혁신을 유도하는 데 유리할 수 있다. 궁극적으로 생산과정설비와 종말처리설비를 겸한 기업은 종말처리기술 부문에서 보다 혁신적이다. 그 이유는 가능한 환경에 부담을 주는 생산설비 시장을 위축시키지 않기 위함이다.

이 모든 것을 요약하자면, 수요 측면이든 공급 측면이든 기술혁신 노력과 시장공급은 대부분 종말처리기술을 지향하고 있으며, 지향할 것이라는 추론이다. 그러나 만일 미래의 에너지와 원료의 가격상승을 고려한다면, 이러한 종말처리기술로의 편향은 경향적으로 약화될 수도 있다. 이럴 경우 미래에는 원료와 에너지를 절약하는 과정기술이 최대한 활용되는 방향으로 강제될 것이다. 이 새로운 과정기술이 적용된 생산설비는, 특정부문에서 구시설보다 배출절약적일 수 있다. 여기에는 궁극적으로 가격작용과 가격예상, 그리고 미약하나마 환경정책적 효과 등이 작용한다. 물론 여기서 환경정책은 종말처리기술에 의한 해결방안보다는 환경유관적 과정기술에 보다 많은 배려를 유도하는 정책을 의미한다.

5. 환경투자, 전체투자, 그리고 통합된 과정기술
: 서독과 미국에 대한 경험적 비교

최근 들어 배출량이 적은 통합된 과정기술로 발상을 전환하자는 주장이 구체화되고 있다. 이것은 실천적 기술선택이라는 관점에 충실한 주장이다. 경험적인 데이터가 부족한 상태에서는 데이터를 가공할 수도 없고, 이로 인해 경험적으로 검증가능한 설명 모델을 만들어 낼 수도 없다. 따라서 현재로선 기업의 기술선택을 '예방의 구성요건들'이라는 관점에서 검토해보는 것이 첫걸음일 수 있다.

그렇다고 기업의 기술선택 및 적용행태를 연구하기 위해 축적된 정보 서비스가 그리 형편없는 것은 아니다. 미국(Rutledge/O'Connor 1981 ; Russo/Rutledge, 1983)과 서독(Statistisches BVundesamt 1975-81)의 경우, 사경제의 환경투자 관련자료들이 존재한다. 대개 이러한 자료들은 종말처리기술, 또는 과정기술 등 기술의 특성에 따라 분산되어 있다. 또한 이 자료들 — 미국의 경우엔 1973~1983년까지의 자료, 서독은 1975~1981년까지의 자료 — 은 방법론적으로 경기후퇴와의 상관성 분석을 위한 계산방식에 따라 가공된 것들이다. 필자는 다음과 같이 세 가지 문제에 초점을 맞추어 이 자료들을 분석하였다.

(1) 투자의 종류와 방식을 다룬다. 즉 두 나라의 경우, 사경제의 전체투자량과 비교하여 환경보호투자는 어떻게 이뤄졌는가? 특히 분석기간이 위기 내재적 발전기간이었다는 점에 초점을 맞춘다면, 환경보호에서의 반순환적 투자행태와 순환적 투자행태에 관한 자료분석이 용이해질 것이다.

(2) 통합된 환경보호투자에 관한 것이다. 여기서도 또한 비교시점에서의 발전과정들이 관심의 대상이 된다. 특히 시간의 흐름에 따른 전체투자의 변화와 관련된 해석은 의미가 있다. 이 경우 통합된 환경보호투자가 가지고 있는 특성으로부터 전체투자와의 밀접한 상관성이 추론될 수 있다.

(3) 과정시설에 대한 투자가 환경투자 전반에서 차지하는 비율, 그리고 환경투자가 전체투자에서 차지하는 비율을 다룬다. '환경보호의 투자주기'

가 어느 정도까지 환경보호를 위한 기술의 질 — 통합된 과정들에 적합한 예방적 구성요소 — 과 관련되어 있는가도 검증되어야만 한다. 이러한 물음에 대한 답은 실천적 환경정책, 환경정책적 도구들, 시간적 제약요건, 그리고 정치적 스타일 등에 중요한 암시를 제공한다.

미국의 기초자료 축적 및 가공은 이미 오래 전부터 시작되었고, 이에 대한 일반인의 접근이 가능하며, 이용하는 데도 그리 시간이 많이 걸리지 않는다. 그리고 서독에서는 일련의 자료들이 7년 정도 보관되는 반면, 미국에서는 11년 정도의 보장기간을 가지고 있다. 따라서 서독의 자료들은 상대적으로 빠른 기간 내에 폐기된다. 이러한 진술은 특히 독일의 경기후퇴와의 상관성 자료로부터 내용적·경제적 경향을 일별할 수 있도록 해준다.

① 이 경험적 논의의 첫번째 부분은 두 나라에서 환경보호투자(UI)가 어떻게 변동하고 있는가, 특히 사경제적인 전체투자(GI) — 이것이 친순환적 과정이든 반순환적 과정이든 간에 — 와 비교하여 어떻게 변동하는가에 대한 물음에 집중할 것이다.(Zimmermann 1985a를 참조할 것.)

양국가의 비교가능한 환경부문(물과 대기)에서 논의를 시작한다면, 예상대로 이 부문에선 증가경향이 확인되었다. 물론 이 증가경향에는 부분적으로 물가상승이 가산된 것이다. 이러한 가산은 전체 투자경향에도 해당된다. 이 분야에서의 시간적 경과과정은, 양국가에서 사경제부문의 전체 투자경향이 극히 유사함을 보여주고 있다. 여기에서는 상당히 높고 의미심장한 상관계수(r = 0.96 ; sign. 0.001)가 나타나는데, 이 계수는 환경보호투자의 경우 항시적으로 반복되지는 않는다(r = 0.4457 ; sugn. 0.158). 양국의 전체 투자과정은 7년이라는 단위기간(Schnittperiode)동안 완전히 유사한 반면, 환경투자과정은 경향적으로 유사하고 상승적이나, 동시에 그 변동하는 방향에서는 역행적 경향을 보이고 있다. 미국과 서독 양국에서 보이는 전체투자 및 환경투자의 보편적 발전경향에 따라 예측할 수 있듯이, 양변수간 상관관계는 양국에서 모두 정비례적인 것으로 나타나고 있으며, 서독의 경우엔 특히 약 10% 수준에서 의미있는 상관관계를 보여주고 있다. 이러한 상관관계는 크기와는 현격하게 구분된다. 미국에서는 환경투자가 전체 투자경향과 비교적 유사하게 진행되는 반면(r = 0.8563 ; sign. 0.001), 서독의 상관관계는 정비례적이나 미국보다는 취약한 것으로 나타나고 있다(r = 0.5603 ; sign. 0.095). 이로부터 전체투자에서 환경투자가 차지하는 할당률 및 변동률을 추론할 수 있음은 명약관화해진다. 두 나라의 경우 관찰기간 동안, 시간상관성의 부정적 계수는 최소한 5% 수준임을 보여주고 있다. 이로부터 더 나아가 경향방정식들이 상당히 유사한데, 이것은 r = 0.78(0.02)인 국가들 간 전체투자에서 환경투자가 차지하는 비율의 상관계수를 통해 확인될 수 있다. 이 비율은 서독에서와 마찬가지로 미국에서도 시간의 경과와 더불어 의미심장하게 떨어지고 있다. 관찰기간 동안 환경압박이 있었음에도 불구하고, 전체 투자부문에서는 '환경보호 호경기' 뿐만 아니라 더 나아가 '환경보호 경기후퇴' 도 이야기될 수 없다.

환경부문들에 따른 투자분산도를 살펴보면, 양국 모두에서 대기부문에 대한 환경투자는 0.5723(sign. 0.09)이란 중간 수준의 상관성을 보여주는 반면, 물 부문에선 -0.27이라는 별 의미없는 수치를 보여주고 있다. 양국 모두에서 대기부문의 환경투자는 시기적으로 다소 유사한 경향을 보여주고 있는 반면, 물부문에서는 정반대의 모습을 보여주고 있다. 물부문에 대한 투자는 서독에서는 약간 떨어지는 경향을 나타내는 반면, 미국에선 이와 반대로 약간 상승하는 경향을 보여주고 있다. 양부문에서의 전체투자와 환경투자간 상관성은 본질적으로 응집결과(Aggregatergebnis)에 상응한다. 즉 양국 모두 대기와 물 부문에서 긍정적인 상관성을 보여준다. 특히 서독에서 이 상관성은 의미성 경계(Signifikanzgrenze : 10%)를 약간 상회하고 있다. 미국의 경우 환경투자와 전체투자간 상관성과 동일한 경향을 환경투자부문들 모두에서 확인할 수 없었다. 서독의 경우 물이나 대기와 비슷한 정도의 상관성을 다른 분석영역, 즉 쓰레기와 소음의 경우에도 발견할 수 있었다. 그러나 보다 흥미있는 것은 쓰레기부문이다. 서독의 경우 이 부문에 대한 환경투자는, 분석대상인 모든 환경부문들에서도 전체투자와 가장 강력한 상응성(r = 0.60 ; sign. 0.078)을 가지고 있다. 이 분야의 환경투자가 가지고 있는 특성은 '사업-투자' 연계지표가 가능하다는 것으로, 재활용, 재사용,

폐기물의 성분표기가 직접적 수익 창출의 근거가 되고 있다.

환경투자가 전체투자와의 상관성 속에서 시기적으로 어떻게 변동하는가를 살펴보면, 환경투자가 반순환적이라고 주장할 가능성은 전혀 없다. 이러한 집합체의 성장률에 대한 보완 분석은, 비록 전반적으로 그 정도가 취약하다 할지라도, 양국 모두에서 긍정적 상관성을 보여준다.

② 환경투자의 발전과정을 전체투자와 관련하여 분석한 것을 살펴보면, 앞의 이론적 논의 부분에서 고려한 내용들을 통합된 환경보호비용 - 실제로 행해진 환경정책의 '예방적 구성요건들'을 결정하는 과정혁신비용 - 에서 확인할 수 있다.(Zimmerman, 1985a)

우선 통합된 환경투자의 변화과정에 대한 고찰은, 두 나라 모두에서 상승하는 경향을 명료히 보여주고 있다. 물론 미국의 경우는 높은 중요성(hochsignifikant)을 가지는 반면, 서독의 경우에는 10%의 위험률 수준(signifikanznivieau)을 약간 상회한다. 통합된 환경부문에 대한 투자는 국제적 사안에 지출하는 환경투자총액(USA : r = 0.9532 ; sign. 0.001/BRD : r = 0.7213 ; sign. 0.034)이나, 종말처리기술에 대한 환경투자(USA : r = 0.7913 ; sign. 0.002/BRD ; r = 0.6523 ; sign. 0.056)보다 더 밀접한 전체 투자변동과의 상관성을 가지고 있다. 이러한 상관성은 과거에도 예상될 수 있었다. 물론 현재에도 통합된 환경부문에 대한 투자가 종말처리기술에 대한 투자보다는 특성상 전체투자에 더 유사하다. 이 경우 통합된 환경부문에 대한 투자의 변동과정들은 미미한(nicht-signifikant) 수준에서 국가들간에 느슨한 정비례관계(schwach positive)를 가지고 있다. 이러한 상관성은 부문영역들 내부에서의 보상적 발전을 암시한다.(r = 0.3784 ; sign. 0.201)

통합된 환경부문에 대한 투자규모와 전체 환경투자 규모, 이 양자간의 상관관계를 분석한다면, 물과 대기영역에 대해서 다음과 같은 결론이 도출될 수 있다. 두 국가들의 경우 대기부문에서는 고도로 긍정적이고 의미있는 상관관계를 보여준다(USA : r = 0.9164 ; sign. 0.001/BRD : r = 0.9134 ; sign. 0.002). 그러나 물분야에서는 미국의 경우 극히 긍정적인, 그러나 점차적으로 약화되고 있는 상관관계(r = 0.7843 ; sign. 0.002)를 보여주고 있다. 이와 관련해서 독일측 자료는 10% 수준을 약간 상회하는 반비례적 상관관계를 보여주고 있다(r = 0.4936 ; sign. 0.130). 이렇게 결론을 내릴 수 있는 근거는 두 국가간에 물 영역에 대한 통합된 환경부문 투자가 반비례적(signifikant negative) 상관관계계수(r = o.5646 ; sign. 0.093)에 놓여 있기 때문이다.

독일에서는 통합된 환경부문에 대한 투자경향이 하락 양상을 보여주는 반면, 미국에서는 약간 상승하고 있다. 미국에서의 통합된 환경부문에 대한 투자는 투자부문들간에 차별성없이 전체투자 경향에 상응하여 변동하는 반면, 서독에서는 최소한 부분적인 '탈상관성'이 관찰된다. 독일에서는 경영 투자심리에 따른 생산과정의 혁신이 (대기부문과는 반대로) 물부문을 전체적인 환경투자 문맥으로부터 배제시켰다. 그렇다고 이러한 현상을 폐수배출세가 야기한 '부정적' 결과로 성급히 해석해서는 안된다.

③ 이 절의 마지막 내용으로서, 산업의 환경보호 행위에서 '예방적 구성요건' (Uiint/UI)이 차지하는 비율이 변화하는 과정을 전체 투자총액내의 '환경보호국면' (UI/GI)과의 관계 속에서 살펴보고자 한다. 이것은 환경보호투자가 전체투자에서 차지하는 몫이 높아지는 현상이, 환경보호의 '기술적' 질과 관련하여 어떠한 의미를 갖는가에 대해 다루도록 한다. 만일 장기적인 과정기술의 적용이 단기적인 종말처리기술의 적용보다 더 효율적인 것으로 평가된다면, 이것은 적용의 효과에 대해서도 유의미할 것이다.

이제 집합 자료들(Aggregat-Daten)로 관심을 돌려보자. 표1에서 나타난 상응하는 경기하락(regressionen)의 총괄 분류는, 양국에서 예방적 구성요건의 지표와 전체 투자내 환경보호투자 지표간의 부정적 상관성을 보여준다. 이러한 상관성은 미국의 경우 5% 수준의 상위에서만 의미를 갖는다. 서독의 경우 이러한 상관성은 거의 의미없음이, 몇 가지 사례들만 관찰해봐도 예상될 수 있다. 그러나 여기서는 경향적으로 예상되는 부(否)의 상관성이 문제가 되며, 이것은 시간단위가 길어짐에 따라 강화된다. 만일 우리들이 개별적인 경기후퇴 방정식을 관찰한다면, 두 나라에서 놀랄 정도의 유사성을 발견할 수 있다. 사실상 미국내에서 예방적 구성요건들의 출발음가 (Ausgangswert)는 약 1% 정도 높았다. (부정적인) 후퇴계수는 거의 완벽하

〈표1〉 전체투자에서 차지하는 환경보호투자의 주기적 변동 (선형)함수
: 환경보호의 예방적 구성요건들

서독(n=7)	미국(n=11)
세계데이터 UIint/UI =0.2480 -1.6023 UI/GI (r = -0.3620)(0.213) F = 0.4524 DW = 3.1091 (0.549)	UIint/UI = 0.2572 -1.16170 UI/GI (r = -0.5537)(0.039) F = 1.3265 DW = 1.0390 (0.333)
환경부문 데이터 물 UIint/UI = 0.0587+8.0909 UI/GI (r = 0.4313)(0.167) F = 0.6856 DW = 2.0798 (0.4668)	물 UIint/UI = 0.2373 - 1.8307 UI/GI (r= -0.2518)(0.228) F = 0.2030 DW = 1.0927 (0.683)
대기 UIint/UI = 0.4258 - 10.9072 UI/GI (r = -0.6741)(0.048) F = 2.4987 DW = 1.6749 (0.212)	대기 UIint/UI = 0.2691 -3.5968 UI/GI (r = -0.5578)(0.037) F = 1.3547 DW = 1.4100 (0.329)
쓰레기 UIint/UI = 0.0657 + 32.4046 UI/GI (r = 0.3246)(0.239) F = 0.3532 DW = 2.0673 (0.594)	
소음 UIint/UI = 0.4042 - 23.8203 UI/GI (r = -0.5501)(0.100) F = 1.31016 DW = 1.2494 (0.337)	

자료출처:Russo/Rutledge 1983, Rutledge/O'Connor 1981, 그리고 Statistisches Bundesamt 1975-81을 토대로 고유하게 작성한 것임.

게 일치하고 있다. 만일 거꾸로 전체투자에서 환경보호투자가 1% 강화된다면, 이러한 후퇴계수는 예방적 구성요건들이 몇 %까지 회복될 수 있을 것인지를 표현해준다. 여기에서 만일 환경보호투자가 1% 강화된다면, 서독내 예방적 구성요건은 1.602%, 그리고 미국의 경우엔 1.617% 하락함을 의미한다.

전지구적 상관성이라는 측면에서는, 기술채택이 양과 질에서 균형을 이룰 것이라는 추측이다. 환경투자 전체량의 증가, 그리고 전체투자량 대비 환경투자량의 증가 그 자체가 결코 질적으로 건전한 환경보호를 보장할 수는 없다. 반면 통합된 과정환경 기술부문이 차지하는 할당률이 증가한다는 의미에서 환경보호의 질 상승을 주장하고자 한다면, 과정투자의 증가를 위한 필요조건은 전체투자의 상승, 긍정적 투자분위기 조성 등이 된다.

덧붙여 환경투자의 부문영역들을 평가하자면, 미국의 경우 두 개의 환경부문에서 후퇴하는 양상을 보여주는데, 이것은 앞에서 개략적으로 기술했던 모델을 좇고 있다. 이로부터 더 나아가 대기부문에서 환경보호를 기술적으로 대응하려는 생각은, 물부문보다 더 강력할 것으로 추측된다. 극히 적은 관찰 횟수에 근거해서 외람되지만 독일의 평가를 미국의 경우와 비교하자면, 최소한의 변수들간의 역관계가 대기영역과 소음영역에서 확인될 수 있다. 평행적으로 발전해 오던 두 변수간 관계가 물과 쓰레기 영역에서 확인되지 않는 모습에 대한 평가 — 일시적이거나 과도기적인 경향인가의 여부 — 는 이후 다른 종류의 연구조사(예, 평균분석)를 필요로 한다.

6. 총론

환경정책은 백지상태와 같은 공백에서 만들어지는 정책(Tabula-rasa-Politik)이 아니라, 오히려 역사적으로 성장하고 있는 구조 — 개인적 행동방식이든 산업적 생산절차이든 — 에 관계된 것이기 때문에, 기술적 근대화 또는 성장정책의 '생태화' 란 의미에서도 자신의 존재영역을 가질 수 있다. 이것은 특히 재고의 크기(적용된 기술 일반)가 운동의 크기(환경정책적 규제, 또는 경제적 유인동기를 통해 유도된 기술적용)보다 미약하게만 변화하기 때문이다. 어쨌든 환경정책은 환경친화성이란 의미에서 기술사에 지속적인 영향을 줄 수 있음을 암시하고 있다. 따라서 환경정책의 최적화문제는 일면에선 이러한 관점들을 가능한 한 광범위하게 적용시키는 것이고, 타면에선 장기적인 환경정책에 대한 긍정적 이미지를 기업들에게 형성시켜 주는 것이다.

특히 두번째 지적이 이 논문의 핵심이다. 왜냐하면 종말처리기술과 통합된 과정기술이 대립적으로 경쟁하는 속에서, 정책 적용기간의 선택은 기업 내 기술선택의 예방적 특성 여부와 환경정책의 규제양식을 결정하기 때문이다.

그 때문에 기술선택의 이론적 측면을 하나하나 상세히 설명하였다. 일면 수요의 측면에서 종말처리기술과 비교하여 통합된 과정기술체계를 선택할 시 어떠한 변수들이 영향을 미치는지, 그리고 그 경우 어떠한 경향들이 예상될 수 있는지가 설명되었다. 또한 공급의 측면에서는 상황에 따른 해결방안들이 어떠한 요구들에 순응하는지, 그리고 환경보호산업의 기술연구는 어느 정도까지 발전하는지가 설명되었다.

이러한 고려들에 근거하여 경험적 분석에서는 미국과 서독의 데이터들을 활용하였다. 이를 통해 통합된 과정기술이 환경정책에 순응하여 기업이 행한 전체투자량을 어느 정도까지 결정하는지가 조사되었다. 이 조사는, 환경정책적 규제의 결여가 성장주의 못지 않게 영향을 미쳤음을 보여주었다. 한편 기업내 순응적 행동들의 특성에 상응하여, 통합된 과정기술을 채택하는 방향에서 국가의 환경정책에 순응하려는 시도들이 연속적으로 나타났다는 것은 놀라운 일이 아니다. 만일 환경정책 – 특히 예방적으로 접근된 – 이 통합된 과정기술의 채택을 목표로 한다면, 환경정책에 고려를 요하는 증명서를 교부해야 한다.

조사기간 동안 예방적 구성요건들이 평균 20.7%(미국)나 20.5%(서독)의 수준에 도달하였다면, 이것은 수요 및 공급 측면에서의 기업규제로 인한 것이다. 물론 더 나아가 이러한 결과는 환경정책적 규제양식으로부터 가능했을 수도 있다. 환경정책적 도구를 선택할 때, 보수주의는 정치적으로 유권자들의 요구에 대응하기 위한 인기 위주의 단기정책이나 부과금을 통한 해결방안을 지향한다. 이런 정책의 특성은 정책실행 기간의 빈번한 변경(vgl. Zimmermann, 1985b)과, 종말처리기술의 채택을 강요하는 후원조항 등으로, 필연적으로 역동성과 효율성을 결여하고 있다. 더구나 이와 같은 기술을 지향하는 정치사회적 맥락에서는 단기적 적용방안과 중기적 적용방안이 지배적이다. 그러나 장기적 관점에서 볼 때 이런 해결 모델하에선 기업뿐만 아니라 환경도 번성할 수 없음이 필연적 결론이다.

단시일내에 기업을 친환경적으로 만들기 위해서는 위에서 기술했던 해결 모델을 강화, 집중시켜야 한다. 그러나 이것은 오히려 반생산적으로 작동할 수 있다. 자유시장경제 체제는 기업의 자유로운 결정을 강조하고, 또한 이에 의거하고 있다. 그런데 전체투자에서 차지하는 환경보호투자의 비율을 '강제적으로' 증가시키는 것은 환경보호의 기술적 질을 약화시킴으로써 얻은 효과를 상쇄시킬 수 있고, 특히 장기적 차원에서 자원낭비의 의미를 가질 것이다. 비록 단기적으로 그리고 피상적으로 이러한 활동이 '환경보호를 위해 보다 많은 것을 하는 것'처럼 보인다 할지라도 말이다.

이제 결론적으로 무엇이 지적돼야 하는지는 자명하다. 즉 통합된 과정기술 및 예방적 환경정책이라는 의미에서 환경보호의 질을 고양시키기 위해 필요한 조건은, 경제전반 및 투자분위기의 긍정적인 발전이다. 이것이 실질적으로 긍정적이라면, 국민경제의 생산잠재력이 친환경적으로 근대화될 수 있는 기회는 더욱 많아질 것이다. 달리 말해서 만일 환경정책이 환경질의 장기적이고 지속적인 보호를 목표로 한다면, 많은 사람들이 단기적·단견적 활동주의가 지배하는 정책에 반대해야 하며, 합리적이고 예방적인 환경정책을 지지해야 한다. 물론 이러한 환경정책은 정책의 장기적 특성을 강조한다. 이로부터 기본조건들이 도출될 수 있는데, 이러한 조건하에서만 비로소 장기적으로 환경과 자원을 절약하는 정책에 대한 기업의 호응이 가능해질 것이다. 만일 생태학이 장기경제학(Langzeitökonomie)이라면, 환경정책적 도구들의 '장기경제학적' 형애화는 논리적 결과가 아니며, 오히려 이러한 프로그램을 위한 충분조건이다.

IV. 정치적 생태민주화의 영역

8. 서구산업사회의 생태정치적 근대화 217
1. 왜 근대화를 지향하는가? 217
2. 생태적 근대화 220
3. 독특한 환경보호의 문제들 220
4. 정치적 근대화 225
5. 근대화 수용력 227

9. 관료형 정책과 시민사회의 갈등 235
1. 성장논제로서의 생태논쟁 236
2. 근본주의자와 현실주의자간
   논쟁으로서의 생태논쟁 238
3. 성장개념의 분화 240
4. 체제적 관점에서의 생태근대화 242
5. 오염의 이전인가? 혁신적 통합인가? 246
6. 시민사회의 전략과 관료적 전략간의 대립 249

10. 환경문제의 특성과 민주주의의 근대화 요구 257
1. 국가의 민주주의화인가?
   민주주의의 근대화인가? 258
2. 대의민주주의에 대한 환경문제들의 도전 260
   □장기적 결과의 문제 □복잡성과 협력 □관련성과 수용
3. 제도적·과정적 근대화에 대한 제언 264
   □독일의 연방환경재단과 같은 국가정책포럼 □미국의 토론을 통한 대안적 해결방식 □미국의 공적 중개인, 오스트리아의 환경변호사 제도

8. 서구산업사회의 생태정치적 근대화 [1]

마틴 예닉

| Martin Jaenicke : p. 145 저자소개 참조

1. 왜 근대화를 지향하는가?

환경문제는 산업국가의 기능변동 및 구조변화에 관한 논쟁을 새로이 불러일으켰다. 예를 들어 이것은 '생태적 커뮤니케이션'이라는 루만의 개념에 해당된다. 루만에게 생태문제는 "정치가 많은 일을 할 수 있어야만 했음에도 불구하고, 거의 할 수 없었던 문제"였다(Luhmann 1990 : 169). 바이메(Klaus v. Beyme)도 역시 생태적 도전이 정치적 조정의 문제를 부각시켰다고 생각한다. 마인츠(Mayntz)도 이와 동일한 맥락에서 '규제 정치'가 지닌 문제를 주제로 부각시켰다. 울리히 벡(Ulich Beck)에게는, 규제정치적 문제들이 위기사회를 구성하는 특징들 중 하나이다. 구조적 결정력 약화, 비효율성 및 비능률성 등을 지칭하는 '국가의 실패'라는 개념도 정치학적 측면에서 환경문제를 거론한 것이다(Jaenicke, 1979). 만일 정치적 근대화라는 개념이 환경정책적 문제틀로부터 형성된 것이라면, 이는 놀랄 만한 일이 아니다.(Beck 1986, 1988 ; Jaenicke 1986, 1990 ; Prittwitz 1990)

---

[1] Martin Jaenicke, "Ökologische und politische Modernisierung in entwickelten Industriegesellschaften," Volker von Prittwitz(Hrsg.), *Umweltpolitik als Modernisierungsprozess*(Opladen : Leske+Budrich, 1993)

이러한 맥락보다 더욱 중요한 사실은, 1970년대와 1980년대에 진행된 정치적 근대화가 환경문제들에 의해 결정적으로 형성되었다는 사실이다. 만일 생태위기라는 문제들이 없었다면, 국가의 새로운 이중구조 ― 다수에 의해 정당화된 관료적 개입 메커니즘이자, 동시에 대화과정의 창출자 ― 는 이해되기 힘들었을 것이다. 헬무트 바이드너(Helmut Weidner, 1992)는 주목할 만한 분석을 통해, 이러한 맥락이 생태적 근대화의 선두주자인 일본에게 어느 정도까지 합당한 것인지를 명료화한 바 있다. 추측컨대 일본은, 산업사회가 만들어낸 문제의 상당 부분을 국가로 구조화시켜 재포착한 새로운 전략의 가장 특징적 사례지역이 될 것이다. 그러나 대개 국가의 근대화는 생태 근대화와 병행해서 진행되며, 민중들의 저변에서 올라오는 변형의 압박감에 대한 반응으로부터 등장한다. 따라서 다수의 산업국가들에서는 다음과 같은 경향성이 나타나고 있다.

■기능적 분화, 그리고 지역간 권력분배
■참여권의 확산('시민참여', 국민투표 메커니즘)
■국가만이 아니라 비국가적 기제를 통한 정보 조정기구의 이용강화
■대화구조와 계약에 의한 해결구조의 집중적 활용
■법률체계의 역동적 활용(체포, 정보권, 중재절차, 제도로부터 확대된 국가 목표의 결정 등)

전래된 정치체제가 급박한 환경문제를 적절히 다루지 못했다는 사실에 대한 보편적 경험이 없었다면, 이러한 구조 및 기능의 변화는 상상하기도 힘들었을 것이다.

그러나 만일 환경문제들이 화학, 핵, 도로교통 수단 등과 같은 산업 ― 이 분야는 근대의 국가가 가장 개입하기 좋아하는 분야이다. ― 으로 인해 야기된 것이라면, 그리고 만일 이러한 '근대성'이 생태운동에 의해 비판되는 점이라면, 하필이면 왜 '근대화'를 재론하는가?

아마도 근대화 개념의 확장은, 1980년대의 환경논쟁을 통해 다음과 같이 설명될 수 있을 것이다. 환경논의는 혁신논쟁에 의해 크게 영향을 받았다. 여기에서 혁신이란 새로운 제품이나 개량(근대화의 지속)이 정상화되기보

다는 오히려 기본혁신과 패러다임 변형이라는 의미로, 장기적 발전의 추진력은 이러한 의미의 개혁에서 등장한다(Mensch 1975 ; Schumpeter 1942 ; Kuhn1962 ; Kontraieff 1926). 환경논의, 구조논의, 그리고 기술논의에서 중요한 볼커 하프(Volker Hauff)와 프리츠 샤프(fritz Scharpf)의 저서 『국민경제의 근대화(Modernisierung der Volkwirtschaft)』는 이미 1975년에 이를 강조한 바 있다. 이들에게서도 역시 기술혁신은 사회혁신을 전제로 해야만 한다는 생각을 발견할 수 있다.(Hauff/Scharpf, 1975)

오늘날 개념적, 이론적, 방법론적 패러다임 변화는 기존의 피상적인 구조혁신, 또는 '지능기술'의 혁신에 첨가돼야만 할 것이다. 그렇다면 근대화는 근본적인 체제문제를 지능기술적 혁신을 통해, 그리고 현실적이며 사회적인 혁신을 통해 해결하려는 시도로 정의돼야 할 것이다(Jaenicke 1986 : 154ff). 구정치적 근대화 이론이 근대화란 개념으로 위기유발적 스트레스를 수용할 수 있는 체제능력의 성장을 의미했다면(Rokkan 1969 ; Binder u.a. 1971), 생태적 근대화는 새로운 기술적, 정치사회적, 그리고 과학문화적 문제해결 차원을 근본적인 패러다임 변화에 기초하여 제도화한 것이며 확산한 것이다. 만일 이러한 관점으로부터 근본적으로 생태파괴적인 구조들이 '근대성'이 아니라 '제도적 경화증'(Olson)과 동일한 것임이 확인된다면, 이것은 놀랄만한 것이 아니다. 우리들은 여기에서 사실 두 가지 근대(Die Zwei Moderne)가 갈등하고 있음(Beck, 1991)을 다루어야만 한다. 변화된 근대성이라는 발상의 핵심은 진보가 현존하는 것의 선형적 지속이 아니라, 오히려 근본적인 단절상황과 혁신적 노선변경이라는 점에 놓여 있다.

이러한 방식으로부터 장기적인 환경보호는 생태적 근대화이며, 산업사회의 구조변경이고, 나아가 정치적 행위체계의 근대화라는 주장으로 이해할 수 있다(Hesse/Benz, 1990). 여기에서 이러한 발상은 궁극적으로 위기에 의해 조건화된 수용력의 성장을 전제로 하고 있다는 점이 중요하다. 이와 관련하여 독일 정치학계는 초기에 이러한 방식의 연장선상에서 위기론적으로 접근하였음을 기억할 필요가 있다(Ronge 1972 ; Glagow 1972 ; Weidner 1975 ; Jaenicke 1973). 아주 빠른 시기에 환경정치학자 중 한 사람인 폴커

롱에(Volker Ronge)가 준국가적(Parastaatlich) 문제해결 형식을 다뤘다는 것은 결코 우연이 아니다. 당시 그는 환경정치적 위기관리가 생태위기라는 문제틀을 보이지 않게 잠복시킬 수 있음을 알고 있었다.

2. 생태적 근대화

'생태적 근대화'라는 공식은 1982년 1월 22일, 베를린 하원에서 전개됐던 논쟁에 의거한다. 당시의 논쟁에서 야당 환경담당 대변인은 집권 여당에게 네 가지 부문, 즉 산업, 에너지, 교통, 건축 부문의 생태적 근대화를 제안하였다. 이 제안의 요체는 이 부문에서 고용효과적인 혁신, 그리고 생태적으로 의미있는 합리화 혁신 ― 이 형식은 노동, 에너지, 자원사용의 요소에 부담을 적게 주는 방식 ― 이 촉진돼야만 한다는 것이었다(베를린 하원 총회 의정서 9/14 : 756 ff). 당시 한 의원이 우연히도 정치학자였고, 그는 환경보호에 필요한 정치적·경제적 '근대화 수용력'이라는 문제를 제기하였다(Jaenicke 1978 : 32). 이러한 문제제기 뒤에는 정치적 근대화 이론과, 이미 언급한 바 있는 하프와 샤프의 책으로부터 받은 영향이 깔려 있었다. 이 생각은 기존의 근대화이론을 재정향화하고 새로운 정의를 가능하게 할 수 있는 '합의적인 공식(konsensfaehigen Formel)'을 추구하였다. 이후 이와 동일한 의미의 생태적 근대화라는 개념이 후버(Huber, 1983)와 유도 시모니즈에 의해서도 사용되었다. 이들은 1983년부터 이런 류의 입장이 노조와 사민당내에서 여러 번 표명될 수 있도록 상당한 기여를 하였다.

생태적 근대화는 특히 경제관련적 개념이면서, 동시에 기술관련적 개념이다(Zimmermann/Hartije/Ryll, 1990). 이 생태적 근대화에서 논의된 기술에 대한 기피란 개념은 전진을 위한 기술적 전환이란 개념으로 답변되어야 한다. 물질 집약도, 에너지 집약도, 수송 집약도, 쓰레기 집약도, 위기 집약도 등은 증가상태에서 지속적인 감소상태로 떨어지고 있는데, 이러한 경향은 기술변화의 발전방향이 변경되고 가속화된 것과 동시적으로 나타났다

(Jaenicke 1984). 고용체제와 사회체제는 기존의 생산체제에 의존하고 있고, 그래서 근대화는 환경에 부담을 줄 수 있는 잠재력을 키워왔다. 이로부터 산업주의의 변화는 자기 스스로를 철폐하는 것에서 대안을 발견하고 있다. 이의 연장선상에서 일자리의 기술적 무효화와 부분적 대안이지만 환경요소의 사용을 비용절감적 차원에서 합리화할 것을 제안하고 있다. 이 모든 것을 이유로 환경사용에 대한 높은 과세, 그리고 노동요소의 배제가 가장 중요한 주장점이 되고 있다.(Binswangeer u.a. 1983)

그 동안 일차적인 연구조사들이 시행되었다. 이 조사를 통해, 환경에 부담을 주는 경제부문에서 나타난 부분적 탈산업화(부문간 변화)가, 생태적으로 부담을 덜어주는 작용을 했다기보다는 오히려 산업내 근대화를 야기시켰음이 증명되었다. 예를 들어 스웨덴의 산업부문들간의 구조조정은 생태계에 미친 전체효과란 방향에서 결코 유익하지 못하였다. 그럼에도 불구하고 산업이 소비하는 에너지와 물의 양은 절대적 수치에서 감소하였고, 재화의 수송부담량도 정체상태를 지속하고 있다. 왜냐하면 그 동안 고도로 환경에 부담을 주는 중공업부문이 급진적으로 근대화되었기 때문이다. 일본에서도 이러한 기술적 구성요건은 특히 강력한 영향을 주었으며, 에너지사용, 물사용, 토지사용의 경우에 탈연계화 현상이 나타났다. 이러한 탈연계화는 때때로 '질적 성장'을 가능하게 하였다. 그러나 우리들은 이러한 사례들로부터, 생태적으로 유익한 근대화가 높은 산업성장을 통해 실질적으로 중화된다면, 장기적 차원에서 환경부담은 감소되지 않는다는 것을 배웠다. 더 나아가 일본의 예에서 다음과 같은 사실이 밝혀질 수 있다. 성장과정과 더불어 이러한 방향의 노력이 영속적으로 시도되는 경우에만 환경부담이 감소할 수 있는데, 이러한 감소 또한 기술적 진보를 통해서 가능하다는 것이다. 그러나 만일 산업성장과 자연소비간 연계고리가 해체되지 않는다면, 환경부담 곡선은 재상승 국면으로 발전할 것이다(Jaenicke u.a. 1992). 기술진보 외에 환경에 부담을 주지 않는 (부문간) 구조변화가 성장과정에서 관철되어야만 한다. 그리고 성장에 대한 문제제기는 적어도 성장동력기로서의 국가 역할에 대한 문제제기로 이어져야 한다.

생태적으로 지속가능한 발전이라는 개념에서 '구조적 근대화'는 피할 수 없는 것이다. 일본에서 과거 1970, 1980년대에 생태적 동기를 가지고 제기된 이러한 구조개혁은, 정치적으로 다뤄진 것이 아니었다. 장기적 측면에서 지속가능한 발전은 핵심적인 국가 기능을 새로이 결정하는 것인데, 당시 일본은 이를 결코 생각하지 못했다. 이 '근대화의 과제'가 의미하는 것은 성장정책의 목적이 궁극적으로 자동적인 분배정책의 변화, 그리고 이의 결과에 의해 측정될 수 있다는 것이다.

3. 독특한 환경보호의 문제틀

국가의 탈주술화와 이로부터 도출된 정치적 근대화에 대한 요청이, 환경정책이라는 관점에서 논의되기 시작한 것은 결코 우연이 아니다. 이에 대한 근거는 다음과 같이 다양하게 존재한다.

■정책분야에서는 국가의 개입능력을 규칙적으로 검증한 사례가 거의 존재하지 않는다. 그리고 일반국민들의 문제인식과 국가가 마련한 정책간 간격이 환경영역 만큼이나 명료한 곳은 없다.

■정책분야에서 (루만의 의미에서) 다음과 같은 두 가지 사항이 확인되지 못했다. 그 하나는 국가의 조정충동이 사회적 부문체계들의 프로그램과 법률에 그 기준을 두고 있다는 것이고, 다른 하나는 국가의 생태지향적 행위가 상반되는 동기나 정책들로 인해 스스로 동기부여된다는 것이다.

■동시적으로 등장한 세계화와 탈분권화 과정 속에서 국민국가의 부분적 와해(Wilke 1991a : 182)는 생태적 지방주의-전지구주의-연결망(Ökologische Lokalismus-Globalismus-Konnex)의 연결고리를 통해 다시 한번 강조될 수 있다.(이 경우 "지구적으로 생각하고 지방적으로 행동하라."는 생태운동의 주제적 슬로건으로부터 출발한다.)

■그 동안 중앙국가의 환경보호관련 부처들과 이에 참여하려는 분권화된 개입자들 - 분화된 심급은 법원, 공동체 또는 사적인 집단행위자를 의

미한다. - 간에는 줄기찬 경쟁이 있어 왔다. 부분적으로는 환경보호가 후자, 즉 분권화된 개입자들에 의해 중앙국가보다 더잘 시행될 수 있기 때문에, 국가와는 무관한 개입이 상당한 영향력을 행사할 수도 있다. 이의 사례로 우리들은 환경을 파괴하는 생산활동이 생태적으로 인정받고자 하는 언론캠페인을 통해, 혹은 생태적 욕구를 충족시킴으로써 이윤을 얻는 무역업체를 통해, 시장으로부터 추방될 수도 있음에 주목해야 한다.

■ '시간지평의 전치' - '국가의 탈주술화'를 구성하는 주요변수로 빌케는 사회적 부문체계들의 복잡성과 '세계복합성' 이외에 이 변수를 지적하고 있다. - 현상이란 점에서, 환경정책보다 더 불안정한 정책영역은 결코 존재하지 않을 것이다. 의회제도는 본질적으로 경험을 통한 학습과 이에 의거한 사후반응형 정책을 지향한다. 그러나 논리적 추론으로는 예측가능하지만, 구체적 경험으로는 검증되지 않은 현상들이 무수히 존재할 수 있다.(Jaenicke 1986)

■ 이를 근거로 환경문제 영역은 다음과 같은 본성을 갖는다고 정의될 수 있다. 우선 산업국가가 환경정책을 시행해온 기간이 오래될수록, 지금까지의 사후반응형 환경정책이 대단히 부적합함은 보다 명료화된다. 그 뿐만이 아니다. 환경정책이 장기적이고 전지구적 차원에서 고찰될 경우, 국가가 떠맡게 될 거대한 조정이라는 과제는 곧 전체산업의 생산방식을 개축하는 것이 되어야 한다.

환경정책이 가지고 있는 본질적 문제를 달리 표현하자면, 현재의 정치행정체제가 아무리 뛰어난 행동능력을 가지고 있다 할지라도 해결에 전혀 도움이 되지 않는다는 점이다. 왜냐하면 현재의 환경정책적 주제들은, 사실상 분야에 따라 잘게 파편화된 부분주제들에 불과하기 때문이다. 이러한 문제제기는 사전에 저지될 수 없는 새로운 환경부담(Neulast)뿐만 아니라, 잘 알려지지 않은 구폐기물(Altlast)문제 등으로 인해 상당히 급진적으로 파급되었다. 또한 만일 산업사회의 복지 모델이 전지구적으로 일반화될 수 있는 문제해결 능력을 갖지 못한다면, 장기적인 파국 상황을 초래할 것이라는 인식도 이러한 문제제기를 가속화시켰다(Weizsaecker, 1990). 이러한 우려는 자원의 대체나 방출총량의 감소 등이 문제 해결에 거의 영향을 주지 못하였다는 사실과, 산업주의의 환경영향이 고도로 산업화된 사회에서는 이미 높은 수준으로 누적되었다는 사실을 통해서도 더욱 급진화되었다.

산업성장 과정에서 종말처리형 환경보호와 같은 기존의 탈오염 전략은, 그 해결 가능성이 거의 전무하다는 인식이 보편화되어 있다. 특히 이것은 지수적 성장이 야기한 지구황폐화 작용과 밀접히 연관된 것이다. 경제성장이 3.5%를 유지할 경우, 약 60년 이후의 경제규모는 현재의 8배에 달해 있을 것이다(Meadows/Meadows/Randers 1992). 그리고 만일 문제해결의 관료적 측면이 증가된다면, 이는 생태적으로 보다 많은 문제를 내포할 것이다.

보다 광범위한 문제영역은, 경제성장의 근대화 모델이 전통적으로 생태계에 미친 부정적인 효과이다. 예를 들어 동구권에서 찾아볼 수 있듯이, 전통적인 산업사회는 굴뚝산업, 특히 중공업이 배출하는 폐기와 폐수로 인해 고통을 받아왔고 현재에도 받고 있다. 현재는 생태계에 과잉부담을 주는 것으로 판명된 근대화 모델도 한때는 산업도시들에게 맑고 청명한 파란하늘과 물고기가 뛰노는 강을 약속했다. 그러나 결과적으로 다양한 유형의 환경부담을 동반하였다. 일반 쓰레기는 물론 환경보호시설에서 방출된 특수 쓰레기를 포함하여 급격히 증가하는 쓰레기량과, 모든 수준에서 급격히 증가하는 교통량(도로를 이용한 재화수송, 항공수송, 그리고 PKW), 높은 수준으로 증가한 토지오염 및 이로 인한 지하수 오염, 점차 증가하고 있는 전기사용량 및 새로운 독극물 방출 등. 여기서 말하는 독극물 방출은 작은 양으로 방출되고 분산되어 있기 때문에, 일반화된 문제로 인지되기 어렵다.

전지구적이고 장기적인 측면에서 고찰해 볼 경우, 산업국가에서 현재 마련되어 있는 생태적 현황을 단순히 유지하고 보전하는 조치들도 그리 충분한 것은 못된다. 따라서 생태적 근대화와 이로부터 출발한 산업사회의 개축은 객관적 필연성을 갖게 된다.(Weizsaeker 1990)

그런데 국가가 이러한 생태적 개축을 수행할 수 있는가? 이 물음에 회의적인 태도를 보이는 사람들은 환경보호라는 과제가 국가에게 지나친 부담을 주고 있다는 주장으로까지 나아가 있다(Jaenicke 1992b). 따라서 환경문제를 해결할 수 있는 행동잠재력을 확대한다는 의미에서의 정치적 근대화, 그리고 이의 가능성에 대한 물음은 극히 일목요연해질 수 있다.

4. 정치적 근대화

만일 정치체제의 행동 수용력이 향상된다면, 그 향상되는 방향은 어느 쪽이어야 하는가? 이 물음은 그 동안 명료하게 제기되진 않았다. 일본이나 스웨덴처럼 발전된 산업국에서는 이미 1970년대초부터 이러한 모색이 정치개혁을 통해 일정 부분 시도되었다. 1980년대가 지나면서 정치학에서도 국가개입 능력을 지속적으로 향상시키려는 유토피아적 발상을 포기하라고 권고한다. 대신 중앙국가 주도의 개입양상을 축소하라고 추천한다. 그러나 국가의 축소가 정치근대화에서 차지하는 국가역할의 방기로 이어져선 안되고, 이 역할을 중앙국가에서 이탈해나간 주체들에게 이전하거나 분할하는 형식이 취해져야 한다. 이러한 분할은 기능, 혹은 공간에 따른 것으로, 새로운 유형의 협력적 통합메커니즘과 짝을 이뤄 논의될 때 그 의미를 증폭시킬 수 있다.(Schuppert 1989)

또한 그 동안 중앙국가는 고도로 조직화된 거대 행위자들에 대해선 통제력을 행사하지 못하는 무능함을 노정시켜왔다. 이러한 무능은 국가개입의 폐기보다는 보다 섬세한 전략들로 대체되거나 충족되어야 한다. 이와 관련하여 몇몇 학자들은 재미있는 생각들을 개진시킨 바 있다. 빌케(Wilke 1983)는 '전사회적 조정', 또는 '탈중심적 문맥조정'을 거론하였다. 울리히 벡(Beck 1986 : 371)도 '중앙집중화된 국가폭력의 허구성'을 포기하라고 주장하였으며, 정책의 탈독점화 경향을 '위험사회'의 결정 공간에서 분권화된 '아류정책'에 유익하게 활용하고자 하였다. 얼마전 샤프(Scharpf 1991a)는 다수결 원칙에 따라 정당화된 주권적 국민국가의 개입 이외에도,

두번째 조정심급으로서 탈중심화된 타협메커니즘이 대단히 중요함을 지적한 바 있다. 이러한 논의들은 우리의 주제와 관련하여 대단히 인상적이다.

오늘날 논쟁점은 바이메가 "정치로 집중된 조정 가능성에 대한 망상이 거의 그림자조차 남기지 않고 사라지고 있다."(Beyme 1990 : 462, 473)고 지적했듯이, 바로 그 점에 놓여 있다. 이미 앞에서 거론한 바 있듯이, 이것은 논쟁의 여지가 있는 극단적 입장이다. 어쨌든 환경정책적 측면에서 우리들은 오늘날 (납, 먼지, 이산화물, 황화산화물, 질소산화물, 그리고 고전적인 하천오염의 경우에) 악화된 상황에 직면해 있다. 아마도 우리들은 정치로 집중된 조정 요구, 그리고 이에 대한 정당성 요구를 기존의 정치·행정체계에서 찾을 수 없을 것이다.

이에 반하여 일반적 합의는 국가관료제가 모든 사람이 동의한 유일한 조정자라는 생각에 있다. 그러나 국가 밖의 준국가적 제도(Parastaatliche Instanzen)도 이런 조정을 할 수 있는 능력과 기회를 부여받을 수 있어야 한다.

우리들은 오늘날 산업사회의 전문위원회에서 근본적으로 일어나고 있는 이중적 패러다임의 변화를 경험하고 있다. 그중 하나는 성장모델을 생태적으로 적합하게 변화시키려는 것이고, 다른 하나는 국가이해에서 나타난 변화이다. 만일 이 두 경향이 지속적으로 추진된다면, 미래는 이러한 패러다임 변화에 길을 열어줄 것이다.

성장모델과 관련하여, 첫번째 패러다임 변화는 의심의 여지없이 자연자원절약적이고 방출량·쓰레기량·수송량·위험이 적은 생산방식의 형태로 나타날 것이다(Huber 1991a ; Schmidheiny 1992). 이것은 특히 기업분야에서 호응을 얻을 것이다.

두번째 패러다임의 변화는 발전된 국가들의 정치적 조정메커니즘에 관계된 것이다. 이러한 변화는 학자들이 '국가의 실패', '조정정치의 한계', 또는 '국가의 탈주술화'라고 진단한 현실상황 분석에서 알 수 있듯이, 이미 시작되고 있다. 따라서 다음과 같은 정치적 재정향화가 확인될 수 있다.(Hesse 1987b ; Jaenicke 1992b)

■관료주의적 세부규칙의 개정으로부터 행위가 일어나는 사회전반적 맥

락과 구조조정이라는 방향에서의 재정향화
　■문제처리 비용을 예산에 편성시키는 일로부터 문제해결의 모색을 사회로 확산시키는 방향에서의 재정향화
　　■중앙집중형 문제해결 방향에서 탈중심형 문제해결 방향으로의 재정향화
　　■배제적 결정구조에서 포괄적이고 참여적인 결정구조로의 재정향화
　　■강제형 정치스타일로부터 대화를 통한 해결방식으로의 재정향화
　　■반응형 정치양식으로부터 예방형 정치양식으로의 재정향화
　　■공적 지출에 대한 조정으로부터 공적 수입에 대한 조정 강화로의 재정향화(조세, 사용료, 관세, 부과금)

　패러다임의 변화는 사실상 구체적인 정책 유형보다는 오히려 전문위원회와 전문적 토론 유형에서 나타나고 있다. 이 패러다임 변화에서 가장 의미있는 것은 자유주의적 '방임주의'와 관료적 국가개입을 넘어선 정치모델, 그리고 탈중심적이고 합의강조적 정치모델이다. 이 모델에서 중앙국가는 전략적 과제를 집중적으로 담당하고, 탈중심적 행위자들이 세부적 조정 및 규제에 특화된 역할을 담당하고 있다. 이를 환경정책적 영역에 적용시키면, 중앙국가의 역할은 생태적 최소한도(Minima)의 기준설정과 '전략적' 구조 조정기능으로 한정된다. 중앙국가의 과제는 아마도 환경문제를 장기적으로 전망하고 규정하는 것 이상이 아닐 것이다. 탈중심적 행위자들에게 특화된 일은, 그들의 독특한 혁신잠재력을 활용하여 국민국가적 기본조건들과 여기에서 규정한 최소한도 역할을 넘어서는 그 어떤 것이다.

5. 근대화 수용력

　근대화 수용력은 광의에서는 정치체제의 근대화 수용력, 그리고 협의에서는 환경의 장기적 탈오염화와 관련해서 무엇을 의미하는가?
　우리들은 정치 패러다임의 변화를 궁극적 위기해결의 지향점이라고 생

각할 수 있다. 국가기구는 거대한 산업체 이해관계를 통제하는 데 극히 무기력하고, 이를 위한 개혁능력도 갖고 있지 않다. 때문에 이러한 지상최대의 명제를 추구하는 국가기구 대신 합의를 통해 도출된 이행가능한 목표를 추구하는 조직이 등장해야 한다. 또한 국가의 개입은 일반적으로 비효율적/비능률적이기 때문에, 이로 인한 압박감이 다른 조직에게도 형성되고 있다. 동시에 분권화된 행위자들은 부분적으로 영향력있는 개입을 하고 있기 때문에, 이러한 개입에 대한 정당화도 고양되고 있다. 전반적으로 서구 사회는 정치적 이원구조화라는 새로운 질적 변형을 암묵적으로 발전시키고 있다.

위기론적 측면에서 위기의 해결은 정상적 현상이다. 그런데 만일 이 해결방안이 혁신적이고 장기적 측면에서 생산적인 것으로 판명된다면, 이는 근대화를 의미한다(그러므로 논쟁은 위기가 잠재화될 것인가, 아니면 인과론적으로 해결될 것인가를 둘러싸고 일어난다). 추측컨대 지금까지 논의한 생태정치적 근대화와 정치 패러다임의 변화는 동형변종에 해당되는 것이다.

만일 위에서의 정의가 유용하다면, 그래서 정치적 근대화 ─ 의미있는 문제해결 수준의 제도화 ─ 가 본질적으로 위기에 의해 조건화된 사후적 반응이라면, 정치적 근대화의 수용력 역시 단계적으로 성장하고 있는 것으로 봐야 할 것이다. 예를 들어 이와 동일한 의미에서 '정치의 참여 수용력'은 선거권 획득을 위한 갈등축을 저변화시키면서 현재의 시민참여 영역으로까지 확장되어 왔다. '분배 수용력'의 확대도 다면적 분배위기로 인해 가능한 것이었고, 정당화 수용력은 정당화위기에 그 근거를 두고 있다. 사후반응적인 정치양식이라는 관점에서 볼 때, 대개 새로운 단계는 높은 문제압박감으로부터 등장한다. 물론 여기에서 탈출구, 또는 폭발력을 발견할 수 있는 능력도 필요하다(Prittwitz를 참조하라). 그렇지 않으면 동구권의 환경문제처럼 단 한번도 지각된 적이 없다가 돌연 파국의 위기에 봉착하게 된다. 이 새로이 제도화된 수용력은 자신의 고유한 역동성을 발전시킬 수 있다. 만일 이러한 역동성이 광범위하게 확대된다면 문제들은 스스로를 드러내게 될 것이고, 또한 문제해결을 위한 수용력도 형성될 것이며, 생태적 도움 증후군들(Helfersyndrom)도 등장하게 될 것이다.(Prittwitz, 1990)

환경정책적 제도화의 제1단계는 환경보호정책을 위해 국가기구에 이를 수행할 수 있는 조직들을 만드는 방향에서 제도화하는 것이다. 오늘날 우리들은 이러한 초기단계 이론을 비판하고 있고, 이로부터 미루어 볼 때 두번째 단계로 접어들고 있는 것같다. 이 두번째 단계는 생태적 근대화를 위해 첨가된 준국가적 수용력(parastaatlicher Kapazitaet)을 확장하는 것이다.

산업국가의 환경정책적 근대화 수용력을 환경정책적 성과 대차대조표에 비추어 다시 수정하려는 시도는, 높은 문제압박감을 폭발시키는 능력 이외에도 다음과 같은 네 가지 특징을 강조한다.

■높은 경제력 : 이것은 환경오염의 수위에 영향을 미칠 뿐만 아니라 자원사용의 감소에도 영향을 미친다.

■의견형성 구조라는 의미에서 높은 혁신 능력 : 이 구조는 새로운 이해관계와 새로운 혁신자들에게 개방되어 있어야 한다.

■높은 전략적 능력 : 이 능력은 장기적인 목표설정이라는 관점에서 긴 숨을 전제로 하고 '정책간 협력'(Knoepfel u.a. 1991)을 추구하는 정책이란 의미에서 사용된다.

■높은 합의도출 능력 : 이것은 빠른 시기에 혁신자들을 통합하고 광범위한 영역에서 대화구조를 창출하며, 나아가 포괄적인 변화를 받아들일 수 있는 능력을 의미한다.

이러한 특징들 중 의견수렴을 위한 혁신, 합의도출 능력, 목표로의 전환 능력은 이미 경험적 연구를 통해 검증된 바 있다. 또한 정치학 관련 논문들이 발표되는 논의장에서도 정치체계의 투입 측면이 새로운 이해관계를 가지고 있는 구성원들에게 공개되어야 하며, 또한 이들의 요구가 새로운 정책적 목표로 전치되어야 한다는 주장이 심심찮게 거론되고 있다. 특히 바이드너는 이러한 특징들을 다시 한번 강조하였는데, 효율적 환경정책의 세 가지 구성요건으로 정보, 참여, 법률적 무기의 평등성(Waffengleichheit)을 지적하였다. 비록 이러한 논의가 정치적 스타일보다는 의견수렴 메커니즘의 제도적 최저층에 그 초점을 두고 있다 할지라도, 합의도출능력은 조합주의 논쟁에서 커다란 역할을 하였다.

환경 및 에너지정책을 국제적으로 비교해 봄으로써, 우리들은 정치적 의견형성 메커니즘이 가지고 있는 공개성이 생태적 혁신에 대단히 유익하다는 것을 알고 있다(Kitschelt 1983 ; Jaenicke 1990 ; Weidner 1992). 이러한 공개성은 특히 다음과 같은 것에 해당된다.

- 정보체계(과학과 매체)의 공개성
- 정당체계의 공개성
- 국민투표의 공개성(네 개 국가에서 새로운 에너지정책이 이러한 국민투표제를 통해 강제되었다.)
- 정치적 결정 공간의 공개성, 그리고 정치적 네트워크의 내적 다원주의
- 새로운 (보호) 이해관계에 대한 판결의 개방
- 혁신에 개방적이고 유연한 경제체계(강력하고 수직적인 독점화, 권력화, 경화증 등을 통해 특징화된 경제구조와 반대되는 체계이다.)

정책적 목표를 관철시킬 수 있는 통합능력은, 국가 내외의 계약당사자들이 결합할 수 있는 협력형 정치스타일이 정착한 곳에서 성장한다. 비교연구 조사에 따르면, 이와 유사한 결론을 노동시장 정책이나 산업정책의 영역에서도 발견할 수 있다(조합주의 모델). 분명한 것은 네트워크화와 이를 통한 집중화(표어 '종합효과')가 성공적인 지역정책을 위한 전제조건이며, 이에 근거한 지역정책만이 모든 지역에 유익하다는 것이다. 또한 이러한 협력형 정치스타일은 환경정책에도 바람직한 배경을 형성해 준다. 이러한 스타일은 정책이행의 통합성을 촉진시킨다. 또한 이러한 스타일은 혁신적 요소도 가질 수 있다. 이러한 요소는 혁신자들이 정치적 대화과정에 참여하고, 이로부터 조합적 국가구조가 이탈적 경향성을 스스로 보여주면서 대중화된 가치들을 수렴하게 될 때 나타난다.

이미 인용된 정치적 근대화 수용력이 가진 특징들은, 국가의 환경정책적 모델에서 발전된 것들이다. 특히 오늘날 의미있는 정치적 근대화는, 정치적 수용력이 국가의 외곽을 벗어나 산업구조를 변화시키기 위한 동력으로 제

도화된 준국가적 메커니즘을 통해 확장된 것이다.

특히 이것은 공간적인 차원에서나 사회기능적인 차원에서 분권화된 것을 의미한다. 현재 국가 안팎에서 진행되는 환경보호를 위한 모든 종류의 사회적 개입이 이에 해당된다. 사회적 개입의 첫번째 유형에서는 국가의 존재를 거의 찾아볼 수 없다. 즉 이 경우는 환경보호자와 그 조직이, 국가 관청이 아니라 원인자에게 직접 문제를 제기하는 상황이다. 또한 언론에서 환경문제를 야기한 원인자를 직접적으로 공격하는 경우, 또는 거대한 기업이 환경파괴적 제품으로 인해 소비자로부터 외면당하는 경우도 이에 해당된다. 이러한 국가개입 없는 환경보호적 조치들은 오늘날 국가정책보다 더 효과적인 것으로 나타나고 있다. 만일 전자매체가 발암성 상품이라고 경고된다면, 그 다음날로 이 상품은 시장에서 사라져 버릴 수도 있다. 만일 거대한 제조회사들이 자기 상품의 환경친화성을 중심으로 경쟁하기 시작한다면, 이것은 생태적으로 지속적인 생산을 위한 조정효과를 빠른 시일에 광범위하게 만들어 낼 수도 있다. 이러한 사적 개입을 법률적 제한장치나 정치적인 제한장치, 그리고 정치행정 체계의 결정과정과 비교해 보라! 여기에서 정치학자들은 전통적인 의미에서의 정책적 작동범위 및 속도를 넘어서는 행위자가 있음을 인정해야만 한다. 사실 분권화된 개입방식들은 국가적 개입과 현재 경쟁상태에 있다.(s.o.)

사회적 자기조정의 두번째 유형은 국가 — 또는 넘어서 — 가 간접적으로 참여하고 사적 개인들이 중심으로 활동하는 것이다. 모든 종류의 사적 소송(Privatklagen)이 이에 해당된다. 그리고 국가가 통제 및 결정 메커니즘을 제3자에게 부여하는 정책, 또는 국가가 제3자에게 스스로 대화파트너가 되는 모든 정책들이 이에 해당된다.

만일 가장 중요한 생태적 과제가 전지구적 경제성장 과정이 야기한 '환경위기'를 장기적으로 보상할 수 있는 방향에서 산업주의를 기술적이고 구조적으로 근대화하는 것이라면, 전사회가 정당화해준 개입을 위한 위계적 최종심급으로서의 전통적 국가는 포기될 수밖에 없다.(Offe 1987을 참조)

□ 참고문헌

Beck, Ulich(1986) : Risikogesellschaft, Auf dem Weg in eine andere Moderne, Frankfurt/M.
＿＿(1988) : Gegengifte. Die organisierte Verantwortungslosigkeit, Frankfurt/M.
＿＿(1991) : Der Konflikt der zwei Modernen, in : Zapf(Hg.), S. 40-53.
Beyme, Klaus von(1991) : Theorie der Politik im 20. Jahrhundert. Von der Moderne zur Postmoderne, Frankfurt/M.
Binder, Leonard u.a.(1971) : Crises and Sequences in Political Development, Princeton, N. J.
Binswanger, Hans Christoph u.a.(1983) : Arbeit ohne Umweltzerstörung, Frankfurt/M.
Glagow, Manfred(Hg.)(1972) : Umweltgefährdung und Gesellschaftssystem, München.
Hauff, Volker/Scharpf, Fritz(1975) : Modernisierung der Volkswirtschaft. Technologiepolitik als Strukturpolitik, Frankfurt/M.
Hesse, Joachim J.(1987) : Staatliches Handeln in der Umorientierung-eine Einführung, in : Hesse/Zöpel(Hg.), S.59-72.
Hesse, Joachim J./Benz, Arther(1990) : Die Modernisierung der Staatsorganisation. Institutionspolitik im internationalen Vergleich : USA - Grossbritannien - Frankreich - Bundesrepublik Deutschland, Baden-Baden.
Huber, Joseph(1982) : Die verlorene Umschuld der Ökologie. Neue Technologien und superindustrielle Entwicklung, Frankfurt/M.
＿＿(1991) : Unternehmen Umwelt. Weichenstellungen für eine ökologische Marktwirtschaft, Frankfurt/M.
Jaenicke, Martin(1973) : Die Analyse des politischen Systems aus der Krisenperspektive, in : Ders.(Hg.), S.14-50.
＿＿(1979) : Wie das Industriesystem von seinen Misständen profitiert, Opladen.
＿＿(1984) : Umweltpolitische Prävention als ökologische Modernisierung und Strukturpolitik, Wissenschaftszentrum Berlin(IIUG dp 84-1).
＿＿ (1986, 1990) : Staatsversagen. Die Ohnmacht der Politik in der Industrigesellschaft, München(überarbeitete engl. Ubersetzung 1990).
＿＿(1992a) : Conditions for Environmental Policy Success : An International Comparison, in : Jachtenfuchs/Strübel(Hg.), S.71-97.
＿＿(1992b) : Ökologische und politische Modernisierung, in : Österreichische Zeitschrift für Politikwissenschaft, Heft 4(i.E.).
Kitschelt, Herbert(1983) : Politik und Energie, Frankfurt/M.-New York.
Knoepfel, Peter u.a.(1991) : Implementation of Environmental Policies through Interpolicy Cooperation on the Level of the Swiss Federal Government, Beitrag zu dem internationalen Kongress "Implementing Environmental Policies by Means of Interpolicy Cooperation", Crans-Montana, 24. 9.-27.9.1991.
Kontraidff, Leonard(1926) : Die langen Wellen dir Konjunktur, in : Archiv für Sozialwissenschaft, Bd. 56, Tübingen(wiederabgedruckt in : Die langen Wellen der Konjunktur, Berlin 1972).

Luhmann, Nikolas(1990) : *Ökologische Kommunikation*, 3. Aufl., Opladen.
Meadows, Donnella/Meadows, Dennis/Randers, Jorgen(1992) : *Die neuen Grenzen des Wachtsums. Die Lage der Menschheit : Bedrohung und Zukunftschancen*, Stuttgart.
Mensch, Gerhard(1975) : *Das technologische Patt. Innovationen überwinden die Depression*, Frankfurt/M.
Prittiwitz, Volker(1990) : *Das Katastrophenparadox. Elemente einer Theorie der Umweltpolitik*, Opladen.
Rokkan, Stein(1969) : Die vergleichende Analyse der Staaten- und Nationenbildung. Modelle und Methoden, in : Zapf(Hg.), S.228-252.
Ronge, Volker(1972) : Die Umwelt im kapitalistischen System, in : Glagow(Hg.), S.97-123.
Scharpf, Fritz W.(1991) : *Die Handlungsfähigkeit des Staates am Ende des zwanzigsten Jahrhunderts*, Politische Vierteljahresschrift 32, S.621-634.
Schmidheiny, Stephan(1992) : *Kurswechsel. Globale unternehmerische Perspektiven für Entwicklung und Umwelt*, Müchen.
Schumpeter, Joseph A.(1942) : *Kapitalismus, Sozialismus und Demokratie*, 3. Aufl., München.
Schuppert, Gunnar F.(1989) : Zur Neubelebung der Staatsdiskussion. Entzauberung des Staates oder 'Bringing the State Back In'?, in : Der Staat, Bd.28, Nr.1, S.93-104.
Weidner, Helmut(1975) : *Die gesetzliche Regelung von Umweltfragen in hechentwickelten kapitalistischen Industriestaaten*, Freie Universität Berlin(Schriftenreihe des FB Politische Wissenschaften, Nr.8).
＿ ＿ (1992) : *Basiselemente einer erfolgreichen Umweltpolitik. Eine Analyse der Instrumente der japanischen Umweltpolitik unter Berücksichtigung von Erfahrungen in der Bundesrepublik Deutschland*, Dissertation, eingereicht beim Fachbereich Politische Wissenschaft der Freien Universität Berlin.
Weizaeker, Ernst von(1990) : *Erdpolitik. Ökologische Realpolitik an der Schwelle zum Jahrhundert der Umwelt*, 2. Aufl., Darmstadt.
Wilke, Helmut(1983) : *Entzauberung des Staates. Überlegungen zu einer sozietalen Steuerungstheorie*, Königstein.
＿ ＿ (1991) : Regieren als die Kunst systemischer Intervention, in : Hartwich/Wewer(Hg.)(1991/2), S.35-51.
Zimmerman, Klaus/Hartije, Volkmar/Ryll, Andeas(1990) : *Ökologische Modernisierung der Produktion. Strukturen und Tredns*, Berlin.

9. 관료형 정책과 시민사회의 갈등 [1]

요셉 후버

> Joseph Huber : 1992년 이후 할레의 마틴 루터 대학 사회학부 및 산업 및 생태학부 교수로 재직하고 있다. 그는 주로 환경문제의 등장 및 해결이 국가체제 및 민주주의 체제 변동에 어떤 영향을 미쳤는지를 연구해왔다.

1980년대 중반까지도 이 논문의 내용을 '근대화과정으로서의 환경정책'이란 표제하에 다룰 수 있으리라고는 생각할 수 없었다. 왜냐하면 당시까지만 하더라도 근대화의 핵심은 산업화와 경제성장으로 이해되었고, 이를 환경문제의 주원인으로 간주하였기 때문이다. 그 후로 생태적 근대화는 생태적 산업화, 또는 '생태적 경제성장', 또는 환경문제 해결을 위한 이와 유사한 종류의 대안을 의미하게 되었다. 그리고 더 나아가 환경문제를 야기한 산업이란 원인자에게 해결을 위한 권한을 부여하는 것이라고 생각되었다. 이러한 생각이 다수는 아니라 할지라도 상당수의 사람들에게 해결능력이 있는 대안으로 간주되고 있는 오늘날과 달리, 그 당시에는 거의 동의를 얻지 못하였다.

지난 25년간 환경논의는 일련의 특징적 단계들을 경과하였다. 처음 논의

---

1) Joseph Huber, "Ökologische Modernisierung : Zwischen bürokratischem und zivilgesellschaftlichem Handfeld," Volker von Prittwitz(Hrsg.), *Umweltpolitik als Modernisierungsprozess : Politikwissenschaftliche Umweltforschung und -lehre in der Bundesrepublik*(Opladen : Leske+Budrich)

는 학문 영역에서 시작되었다. 그것도 특정인에 의해 직접 발표되었다기보다는 학자집단들간 공개토론의 형식으로 도입되었다. 전세계적 환경운동집단들, 특히 로마클럽 등과 같은 시민단체에 의해 이 논의가 제기되고 지속적으로 거론되었다. 이러한 과정에서 종교적 프로테스탄티즘은 사회정책적으로 '젊어지는 샘'을 발견하게 된 것이다. 1980년대 초 새로운 사회운동이 폭발하고 이 운동이 보편적인 확산과정을 거치게 되면서, 생태문제는 기존의 정책, 경제, 사회제도는 물론 기존의 학문분야에서도 빠지지 않고 다뤄지는 주제가 되었다.

1. 성장논제로서의 생태논쟁

공개적 환경논의의 첫번째 단계는 1960년대말경부터 1970년대초까지의 시기에 이루어졌다. 이 시기는 '성장의 한계'가 공식화되고 이와 관련된 논쟁이 일어났던 시기이기도 하다.[2] 산업화와 경제성장은 "더 많이, 더 크게, 더 빨리, 더 멀리"라는 이데올로기로 특성화되고 또 옹호되었다 (Beckerman 1974). 이 경우 산업화의 확산을 지지하는 사람들이나 반대하는 사람들에게서 나타나는 동일성은, 이들이 사용하는 성장개념이 단순화된 것이거나 양적인 측면만을 강조한 것이란 점이다.

■지속적인 인구성장 : 이것은 도시화와 거대도시로의 인구집중 현상과 맞물려 있다.
■지속적 생산력 증가 : 이것은 대량생산 법칙(규모의 경제)과 대량소비에 근거하고 있다.
■원료, 에너지, 그리고 환경재 소모의 지속적 증가 : 이로 인한 소모는 화석연료인 석탄과 석유를 핵심내용으로 한다.

---

2) Forrester/Meadoe, Bericht an den Club of Rome 1972 ; 이외에 성장논쟁에 대한 축약은 Mishan 1980을 참조하라.

사람들은 "어느 정도가 충족한 양인가?", "언제 파괴 비용이 생산으로 인한 소득을 초과할 것인가?"(Kapp 1963, 독일판 1977)를 묻고 있었다. 발달된 생산기술을 사용해도 성장이 더 이상 가능해질 수 없는, 그리고 약탈로 인해 지구자원이 바닥나게 되는 경계는 어디에 있는 것인가? 이러한 물음에서 경제학과 생태학은 화해할 수 없을 정도의 대립관계에 있었다. 여기에서 자연에의 개입은 문명화나 구조화로 이해된 것이 아니라, 파괴로만 해석되었다. 왜냐하면 당시의 사람들은 자신의 행동을 생태적 관점에서 광범위한 성장에 반대되는 것으로 정의하였기 때문이다.

개인적 기질이나 정치적 성향에 따라 사람들은 급진적 반응을 보이기도 하였고, 보다 온건한 대응조치를 선택하기도 하였다. 온건한 입장은 정상상태의 경제[3]와는 다른 제로-성장을 요구하였고, 반면 급진적 입장은 경제 축소를 요구하였다. 이들은 산업사회로부터의 '이탈'을 목표로, 과학·기술 이전(以前)의 문화를 이상화하기도 하고, 이를 새로이 부활시키기도 하였다(Stavrianos 1976). 당시 그 일환으로 비록 신시민운동적 제어장치가 작동하였다 할지라도, 영적이고 동양의 신비적인 사조가 다양한 형태로 번창하였으며 '뉴 에이지' 운동 등이 등장하였다.

그런데 온건한 입장과 급진적 입장, 둘은 모두 맬더스주의와 특히 루소적이며 낭만주의적인 문명비판의 전통 속에 놓여 있었다(Huber 1991b, 이러한 전통적 요소들은 이반 일리치의 저작에서 다시 등장하고 있다). 이들은 자신의 주장을 보편타당한 것으로 입증하기 위해 엔트로피 법칙을 경제학에 적용하였다. 이로부터 이들은 질서의 재확립이 아니라, 해체를 자신들의 주요 주제로 다루었다.

그 동안 녹색의 반근대주의자들과 제로-성장의 지지자들에 반대하는 입장도 형성되었다. 이들은 반대의 근거로 두 가지 핵심주장을 제기하였다. 첫 번째 주장은 의심의 여지없이, 근대화는 인간 중심적 과정이지만 동시에 인간적 자의에 종속된 과정은 아니라는 것이다. 따라서 지금까지의 단순한 과

---

[3] 허만 델리의 이 개념은 존 스튜어트 밀의 정체된 상태의 경제(stationary state economy)란 개념을 다시 차용한 것이다. 이와 관련 Daly 1977을 참조하라.

정으로서의 근대화는 중지되어야 한다. 산업적 권력화과정을 비판하는 자들은 이로부터 이탈하는 자들의 세력화 가능성을 추구한다. 두번째 주장은 이러한 이탈이 가능하다 할지라도, 궁극적으로 이탈은 산업조건에서든 산업이전의 조건에서든 어디에서나 빠른 속도로 파국적 상황으로 치닫는다는 것이다. 왜냐하면 생산의 동결이나 위축은 (생태적으로 덜 발전된) 주어진 생산력 수준에서, 그리고 과잉인구의 상황에서 틀림없이 파국적 결말만을 결과시킬 것이기 때문이다. 그리고 상당히 많은 수의 인구와, 이와 관련된 물질 및 에너지 유입은 멀지 않은 미래의 특정 시점부터는 더 이상 지속가능하지 않을 것이기 때문이다.

2. 근본주의자와 현실주의자간 논쟁으로서의 생태논쟁

산업주의와 경제성장이라는 기차에서 하차할 것을 주장하는 자들은, 지속적으로 다음과 같은 몇 가지 사항을 오해해 왔다. 즉 근대성이 스스로를 교정하는 방향으로 발전하려면 비판은 꼭 필요하다는 오해, 개혁과 혁신의 출발점은 과학 그 자체가 자신의 패러다임을 체계적·진화적인 의미에서 새로이 하는 것이라는 오해, 유용성에 대한 생각이나 소득 및 소비를 증대시키기 위한 노력 등은 삶의 질이라는 측면에서 새롭게 상대화될 수 있다는 오해, 규모의 경제가 범위의 경제로 분산될 것이라는 오해, 화폐적 가치증식이 화폐적 양의 증식으로부터 부분적으로 벗어날 수 있을 것이라는 오해 등이다. 더 나아가 이들은 자본을 통한 노동대체 이외에도 자연요소의 대체가 산업합리화를 증폭시킬 것이라고 생각한다. 왜냐하면 이들은 원료 효율성과 에너지 효율성의 상승, 이와 더불어 상승된 환경생산성을 소득원으로 고려하기 때문이다. 이들에게 생태학은 수익성있는 경제조건이라는 관점에서, 그리고 경제학과 생태학 간의 갈등이라는 관점에서 원칙적으로 지양되어야 할 대상이다.

생태학과 경제학 간의 갈등을 산업사회 그 자체, 서비스사회, 정보 및 커뮤니케이션 사회, 과학사회라는 보다 근대화된 수단을 통해 해결하려고 시도하는 과정에서, 근대성 논쟁은 새로이 해석되고 확대 적용되는 형태로 발전하였다. 체계의 성장은 동일한 것, 또는 동일한 종류의 것만을 더욱 많이 만들어 내는 것을 의미하지 않는다. 오히려 체계의 성장은 체계를 구성하는 부문들의 구조 및 기능 변화 및 분화과정을 통해 새로운 그 어떤 것으로 이동해가는 것을 의미하기도 하고, 혁신 — 예를 들어 새로운 환경친화적 상품개발 및 생산절차의 도입, 환경의식적 소비행동의 확산 등을 통해 전혀 새로운 체계로 변동하는 것 — 을 칭하기도 한다.

그런데 여기에서 다음과 같은 문제가 제기될 수 있다. 도대체 이것이 가능하느냐는 것이다. 현실적으로 사람들은 현재 습관과는 완전히 다른 환경친화적 소비방식으로 살아갈 수 있을 것인가? 혹은 더 적게 소비할 수 있는가? 우리들은 산업체제를 이탈하는 대신 이를 생태적으로 적합한 유형으로 '개축' 할 수는 없는가? 단순하게 '무기감축' 과 '무기증강' 사이에서 현실정치적인 '무장' 은 보다 친숙하고 편리한 길을 발견할 수 있는가? 만일 이와 관련된 많은 근거들이 발견될 수 있고, 그리고 만일 이로부터 출발할 필요가 있다면, 생태운동은 더 이상 탈산업화, 탈화폐화에 매달릴 필요가 없다. 그 이유는 생태적으로 건전한 사회의 등장 여부는, 이제 산업체제의 생태적 재구조화에 달려 있기 때문이다. 산업체제의 재구조화란 보다 새로운 과학기술의 도움을 받고, 동시에 전문적 노하우에 기반하여 생산순환과 소비순환을 자연순환과정에 통합시키는 재적응과정이다. 이러한 과정은 권리의식, 자본윤리 그리고 개인적 책임성의 윤리를 통해 조정된다. 지속적인 산업화 과정에서 이러한 수용력을 확보한다는 것은 생태적 근대화를 '통합된 구조적 생태화 과정'으로 까지 확대하는 것을 의미한다.(Prittwitz 1990)

1980년대를 통해 이러한 생각들은 새로운 전선을 만들었다. 생태적으로 지향된 성장비판론자들은, 현재처럼 성장을 확대하자고 주장해온 '강경파'를 논의의 장에서 쫓아냈다. 그리고 이들 성장비판론자들은 소위 '생태현실주의자(Öko-Realisten, Realos)' 와 '생태근본주의자(Öko-Fundamentalist, Fundis)' 로 분열되었다. 전자인 현실주의자들은 생태적 근대화란 관점을 그

형태가 무엇이든지간에 자신의 것으로 만들었던 반면, 후자인 근본주의자들은 부분적으론 지금까지 논의되어 온 산업화로부터의 이탈 또는 무효화 관점을 고수하고 부분적으로는 개혁 대신 혁명적 체제변동을 요구하였다. 그런데 이 근본주의적 관점은 사회주의적 유토피아의 소멸 및 현실 사회주의의 붕괴와 더불어 소수파의 길을 걷기 시작하였다. 생태근본주의적 흐름이 지속적으로 존재하는 한, 이러한 입장은 준경건주의, 경제성장의 폐기, 정치적 보수주의의 영향력으로부터 벗어날 수 없을 것이다.

3. 성장개념의 분화

생태적 근대화 개념으로의 전환은 이미 1970년대에 시작되었다. 그 당시 일련의 논문들이 다양한 성장개념을 상호보완적으로 정의하고 사용하였다.

■ '유기적 성장' 개념(Mesarovic/Pestal 1974)은 인구변동론의 생물학적 모델을 지향한다. 이 모델을 통해 성장은 초기에 S-곡선 모양의 경과과정을 통해 지수적으로 상승한다. 그 이후엔 새로운 평면가에 가까워지는 단계로 돌입하게 된다.

■ '선택적' 성장(Gartner/Riesman 1978 ; Eppler 1981)은 고용 및 경제의 구조변동을 분석 대상으로 하여 설정된 개념이다. 이 개념에서 농업 및 공업의 의미는 상대적으로 위축되는 반면, 증가하는 서비스 활동, 정보산업 활동, 또는 과학에 기반한 활동은 환경친화적인 것인 것으로 간주되어 증가한다.

■ '환경사용과 탈연계화된' 성장(Binswanger u.a. 1983)은 소규모 자원투입과 적은 환경부담을 동반한 생산품 및 에너지 체계를 지향한다. 이에 도달하기 위해선 합리적 절차, 새로운 방법, 그리고 변형된 생산구조의 도움을 받아야만 한다. 사실상 1970년 석유가격의 상승 이후 에너지 소비와 경제성장 사이의 탈연계화가 진행되었다. 예를 들어 1980년과 1990년 사이에 서독의 GDP는 연 2.1% 상승하였지만 1차 에너지 소비는 연평균 0.1% 하락

하였다.(앞글 22/1991 : 6)

■ '질적 성장' 개념은 하나의 가교 역할을 하였는데, 이를 통해 생태학 지지자들과 경제학 지지자들이 서로 가까워질 수 있었다. 이 개념이 누구에 의해 만들어졌는가는 분명하게 제시될 수 없을 것 같다(Wickee 1982 ; Binswanger u.a. 1983 ; Majer 1984). '질적'이란 의미는 양적으로 고정된 성장논의로 더 이상 나아가지 않고, 이를 넘어 추상적이고 무결정적인 상태에 머물겠다는 인식을 상징한다. 이 표현은 1970년대 중반을 넘어 삶의 질이라는 개념(IG 금속노조 총회를 통해)과 더불어 확산되었다. 이 표현은 앞서 언급한 이념들을 성장개념의 내부로 끌어 들였고, 이를 넘어 성장의 구조변동적 요소를 강조하였다. 기술혁신의 지지자들과 시장변동의 지지자들도 사회개혁의 지지자들만큼이나 이 개념을 선호하는 집단이다.(Strasser/Traube 1981)

이 다양한 성장개념들은 생태학과 완전고용이라는 이해관계를 공유하고 있다. 이로부터 이들 개념들은, 노동절약적 기술과 조직유형에 대한 투자를 미래지향적 측면에서 에너지절약적 생산방식과 생산품에 대한 투자로 조정한다는 것을 의미한다(Binswanger u.a. 1978, 1983). 이 개념들은 생산집중화 과정을 통해 노동력과 환경요소를 소모하거나 노동을 일차적으로 합리화하는 대신, 역으로 원료대체와 에너지대체, 그리고 환경매질의 이용을 합리적으로 조정하고자 한다. 이러한 관점 이동의 주요 도구로서 다양한 종류의 환경세들이 논의되어 왔으며, 이것들의 일부는 현실에 적용되었다.(Ewringmann/Schafhausen 1985 ; Opschoor/Vos 1989)

1970년대에서 1980년대로의 전환기에, 새로운 국민경제이론에서는 외재화된 환경비용으로부터 환경비용의 내재화에 대한 논의가 활성화되기 시작하였다.[4] 이 개념은 법률적인 원인자 부담원칙을 경제에 대응시킨 것이다. 또한 이 논의는 환경매질의 이용을 합리적이고 책임성있게 관리하기 위하

---

4) 예로, 독일권에서는 Siebert 1978, 1982, 1983 ; Frey 1980 ; Flassbeck/Maier-Rigaud 1982를 참조하라.

여 이에 대한 규제를 소유권적 측면에서 접근한 것이다. 원인자 원칙과 동등하게 내부화 가정도 처음부터 광범위한 지지를 획득할 수 있었다. 왜냐하면 이 내부화 가정은 도덕적으로 설득될 수 있는 생각들을 배경으로 하기 때문이다. 그러나 이 가정의 현실적 적용은 다양하고 부분적으로는 상반되는 해석들을 포함하고 있다.

그래서 환경비용의 내부화에 대한 요청과 더불어, 주정부와 기초의회는 합목적적 환경세라는 여러 색채로 혼합된 양탄자를 짤 수 있었다. 또한 이들은 보편적으로 조정력있는 에너지세 또는 생태관세가 어떻게 재무장관의 자유의지에 따라 정당화될 수 있는가를 보여주었다. '생태적 부기' 라는 관료적 개념은 자의적으로 가치가 설정되고, 가격이 부여된 개념(Mueller-Wenk 1978)이다. 이 개념은 어떻게 기존 계산법을 환경적 관점에서 현실가에 엄밀히 관련시켜 새로이 설정할 것인가를 정당화할 수 있다.

특히 값으로 홍정될 수 있는 환경오염 인허증이라는 개념이, 내부화 가정으로부터 정당화되고 있다(Bonus 1984a, 1984b). 그 동안 내부화 가정에 대한 논의가 확산되면서 다수의 의견이 시장에서 팔기에 적합한 환경정책적 재정도구의 학습 모델을 이 인허증제도에서 파악하자는 쪽으로 기울었다. 이러한 인증제도가 환경사용의 권리와 의무를 법률화하고, 이에 의거하여 마치 계획경제처럼 방출량과 유입량을 할당하고자 한다면, 현실적으로 관료주의적 계획경제의 정책 도구들이 그 무엇보다도 중요한 의미를 갖게 된다. 이 도구들은 허가비용, 통제비용, 기타의 행정비용 등을 포함하고 있다. 그러나 이러한 인허증제도는 궁극적으로 생태적 유해물질을 억제하기보다는 오히려 환경관료들의 금고를 풍요롭게 하는 데 기여할 뿐이다.

4. 체제적 관점에서의 생태근대화

질적 성장의 내용이 무엇인가에 대한 논의는 그 동안 지속적으로 논의되어 왔으며, 그 과정에서 내용상의 변화를 겪었다. 특히 1980년대 후반부터 이 논의는, 자신의 발원지인 사회운동의 영역을 벗어나 점차적으로 과학자, 전문관료, 그리고 산업체 종사자들 집단으로 이전되었다. 또한 환경정책도 여론형성 역할이나 의견형성 역할을 하는 대중운동 – 이 운동이 오늘과 같은 환경이슈를 등장시키는 데 영향을 미칠 수 있었다. – 의 공간을 넘어서, 이론적으로나 현실적으로 전문화되는 경향을 보이고 있다.

이 경우 유기적 성장과 선택적 성장이라는 개념은 이러한 논의가 등장하게 된 배경적 역할을 하였다. 이 개념들의 단점은 재고문제(기존 제도들이나 기존 기술체계의 유지와 관련된 문제들)를 해결할 수 없다는 데 있다. 또한 서비스 사회와 정보 사회에서도 역시 막대한 양의 에너지와 물질 소비가 진행되고 있다. 물론 이 사회가 현산업사회에 투입되는 노동인구의 3%, 또는 30% 만으로도 동일한 양을 생산할 수 있다는 것은 생태적으로 의미있는 일이다.

환경사용과 탈연계화된 성장, 그리고 질적 성장이라는 개념은 이 재고문제를 해결하기 위해 노력한다. 그런데 현실정치적 측면에서 이 기존제도나 기술체계를 포기한다는 전략은 여러 가지 측면에서 연결가능한 것이 아닐 수 있다. 그래서 가난한 나라보다는 오히려 복지 수준이 높은 나라에 더 적합한 것으로 나타나고 있다. 이러한 전제조건하에서 많은 양의 물품을 생태적으로 해로운 방식이 아닌, 오히려 해롭지 않은 방식으로 거래하는 길을 모색해봐야 할 것이다.

자연은 더 이상 문명에 대립되는 상이 아니라, 오히려 사이버네틱한 의미에서, 그리고 생물공학적 의미에서 보다 사실적합적인 경제의 모델이 되어야 한다. 만일 인간 중심적 개입과정이 없다면, 지구의 자연관리과정은 일상적인 원료 흐름 및 에너지 흐름을 유동적으로 순환시킬 수 있다. 우리의 문명세계는 이러한 순환적 흐름을 언젠가 회복해내야 할 것이다. 태양은 어떠한 문명도 다 사용할 수 없을 정도로 많은 에너지를 지구에 아낌없이 보내주고 있다. 이러한 태양의 활동은 거대한 질서를 유지하고 있고, 지구를 향한 폭발적인 에너지 흐름도 통합된 방식과 방법으로 이루어진다. 이러한 방법과 방식은 생태계의 확대 재생산에 기여하고, 예외적인 상황에서만 생태계를 파괴시킬 뿐이다. 이미 널리 보편화된 생태공식이 말해주듯이, 생산과 소비의 '탈물질화'는 엄밀한 의미에서 '가능한' 것도 '필요한' 것도 아니다. '필요한'이란 용어를 사용하는 것은, 인간에 의해 만들어진 물질 및 에너지 흐름이 자연이라는 전체 가계에 가능한 한 신속히 재통합되는 것을 의미하고자 함이다. 이것이 사실상 가능하냐라는 물음은, 생태위기라는 역사적 과제를 다루기 위한 이론적 측면보다는 실질적 관리를 위한 생활실천적 측면에서 유의미할 수 있다. '탈물질화'와는 달리 '필요하고 가능한' 관점에서 생태적 근대화는, 현대 문명을 수단으로 한 인간중심적 물질교환을 자연의 물질 순환과정에 접속시키고 첨가시키고자 한다.

여기에서 생태적 근대화 개념은 자연과학과 기술이란 측면에서만 의미를 가지는 일면적 개념이 아니다. 오히려 일면화된 근대화 개념은 현대의 과학기술 문명권의 특성이다. 19세기 이후 경제로의 편향이 두드러지면서 전세계적 현상이 자본운동의 일환으로 환원되었고, 절대주의 시대인 17/18세기에는 합리적 국가체제 및 행정체제에 대한 편견이 지배적이었으며, 근대를 향한 개혁주의적 변혁이 시작되던 16/17세기에는 세계상 및 세계관이 신앙에 대한 투쟁이라는 방향으로 고정되어 있었다. 이렇듯 사회의 상이한 하위체제내에서 근대화의 충동은 시대마다 상이한 전염성을 보여주고 있다. 그럼에도 불구하고 어떤 하위체계도 지속적으로 근대화의 일반과정에서 벗어나지 못하였다. 오히려 개개 하위체계들의 자기 근대화과정은 다른 하위체계들과 더불어 속해 있는 전체체계의 (자기) 근대화라는 맥락에 속해 있기 때문이다.(Buehl 1990 ; Wilke 1989)

생태적 근대화는 상공업자, 무역업자, 소비자, 유권자, 언론인, 과학자, 정치인, 정부관료 그리고 관청 등과 같은 환경관련적 집단들의 행동을 지속적으로, 그리고 전체적 맥락에서 합리화하는 것을 의미한다. 생태적 합리화 과정은 항상 다양한 행동 수준에서 동시에 이행되어야 한다. 이 수준들은 서로를 구조적으로 틀지우고 있으며, 이러한 특성들로 인해 개별 체계들의 비동시성은 허용될 수 없다. 그래서 생태적 근대화는 다음과 같은 것들을 중요한 것으로 간주한다.

■대기, 물, 그리고 토양오염을 사전에 예방하기 위한, 그리고 원료 및 에너지 효율성을 고양하기 위한 기술적 조치들
■경제적 생산기능의 확대 및 완성(특히 외부화된 환경효과를 내재화하는 것)을 위한 경제적·재정정책적 조치들

또한 더 나아가 다음과 같은 것들에 초점을 맞춘다.

■법률적인 행위근거를 지속적으로 발전시키고, 정치적 결정의 합리성 및 행정적 절차의 합리성을 발전시키는 것.
■사회문화적 행동의 합리성과 규범형성을 변화시키는 것.(이 변화에는 관점의 변화, 가치 선호도의 우선순위 변경, 과학과 사회에서의 보편화된 '패러다임 변화', 앞에서 지적한 질차들의 '합리화' 등이 포함된다.)

현실에서 진행되는 환경관련 행위들이 어떠한 엄밀성을 가지고 발전하는가를 도식화할 수는 없다. 그러나 학문적 토론과정을 중심으로 한 환경행동은 다음과 같은 세 단계 모델을 중심으로 진행된다.

(1) 첫번째 단계는 사후적 보상조치, 사후적 종말처리기술, 그리고 복구조치 등 이른바 사후형 처방들이 시도되는 단계이다. 이런 류의 정책들은 항상 대기특화적, 수질특화적, 토지특화적, 그리고 독극물 특화적으로 지향된다. 이 조치들은 환경의식과 행동이 비교적 거의 형성되지 않거나 오래 지속되지 않은 상태에서 시도되는 조치들이며, 그래서 질서법적이고 치안법적인 국가개입전략과 상당한 친화성을 가지고 있다. 이 단계에서는 이른바 정책 적용상의 결함과 한계 현상이 나타나고, 환경행동의 반생산적 관료화 현상이 다양한 형태로 나타난다.

(2) 이러한 정책의 다음 단계에서는 통합된 환경보호 및 자원보호 전략, 즉 환경생산성을 원천적으로 고양시킴으로써 환경에 주는 부담을 사전에 감소시키거나 회피하는 전략으로 발전할 수 있다(Simonis 1988, 1990a). 이 단계에서는 새로운 과학기술의 발명, 절차의 혁신 그리고 생산품의 혁신이

전면에 부각된다. 이 단계의 정치행정 분야는 점차적으로 시민권적 기본질서(예를 들어 생산책임, 환경책임, 토론에 의해 통일된 집단적 자기의무, 중재를 통한 협력적 해결, 생태적 시장질서정책, 그리고 경쟁정책 등등)에 의해 다시 조정되도록 요구된다. 환경지식과 환경의식도 일반적으로 상당히 고양되어 있다. 그럼에도 불구하고 이 의식과 지식들은 불연속적이며 단기적으로만 존재한다. 그 이유는 생태 파괴의 원인을 사법의 영역으로 축소시키려는 생각과 시도들이 여전히 지속되기 때문이고, 이러한 견해들은 오염물질의 '기술적 근원'에 그 해결방안을 고정시키기 때문이다. 반면 오염을 야기하는 또 다른 원인자들은 아무런 해도 입히지 않는 것으로 간주된다.

(3) 구조적 생태화 단계는 이러한 일면적인 축소 경향을 극복·지양하고자 한다(Jaenicke 1986 ; Prittwitz 1988). 생태적 활동이 일어나는 자연 그물망은 개별영역을 뛰어넘는 복합성으로 분석되어야 하고, 다층·다원적으로 연류된 것들의 평균이라는 의미에서 다뤄져야 한다. 통합된 환경보호는 정밀할 뿐만 아니라 전문적으로 숙련화된 과정을 요구한다. 경제구조는 산업부문에서나 경영 차원에서 서비스 사회, 정보사회, 그리고 커뮤니케이션 사회를 지향할 수 있다. 이 구조적 생태화 단계에서 환경법을 성문화하는 작업은, 더 이상 추가조항이나 새로운 세칙을 필요로 하지 않을 정도로 본질적 의미에서 완결되어야 한다. 질서법이나 시민법에 의거한 규제조항들은 다양한 방식으로 정교화되어야 하며, 국민투표를 통해 결정되어야 한다. 또한 환경지식과 친환경적 행동들은 사회화 및 문화화의 전과정에 통합되어야 한다. 왜냐하면 이것들은 교육, 매체, 학교 및 직업교육, 직업적 삶, 노동 현장, 교통, 사적인 가정, 여가시간 등과 같은 일상생활의 행위들이기 때문이다. 이것은 너무도 자명한 사실이다.

5. 오염의 이전인가? 혁신적 통합인가?

사후형 환경보호정책과 통합형 환경보호정책을 어떻게 구분할 것인가에 대한 논의는 환경관련 행위들을 단계화하려는 시도, 즉 이른바 단계 모델의 출발점을 구성한다(Huber 1982/86 ; Jaenicke 1988 ; Kreikebaum 1991, 1992). 사실 현실에서 환경문제들은 사후적 처방을 통해 거의 해결되지 않는다. 오히려 물질의 유형별로 시간을 경유해 이전될 뿐이다. 예로 정화시설을 통해 우리들은 폐수를 정화한다. 그러나 이 시설을 통해 생산된 농축된 환경오염의 침전물들(오니)은, 또다른 비용을 유발하면서 소각·매립되거나 다른 방식으로 가공되어야만 한다. 오염된 공기도 여과기를 통해 정화되지만 이면에선 특수한 쓰레기를 남긴다. 사후형 기술들은 항상 악마-바알세불-문제해결방식[5]과 동일한 것이다. 물론 시간을 다루는 오염은 단기적으로 제어되어야만 할 것이다. 그러나 이것은 문제를 해결하는 것이 아니다. 오히려 지적한 바 있듯이, 물질의 3상태(三狀態)를 거쳐 이전되고 시간을 경유해 미래로 옮아갈 뿐이다. 이 경우 좋지 못한 부작용이 일어날 수도 있다. 왜냐하면 오염의 원인은 교정되지 않고, 오히려 장기적인 오염축적을 야기하기 때문이다.

이에 반하여 통합된 환경보호는 생태문제의 지속적 해결을 지향한다. 여기에서 '통합적'이란 다양한 의미를 가진 어휘일 수 있다. 사후적 환경오염을 제어한다는 개념과 대비시켜 보면, 이 '통합적 보호'가 무엇을 의미하는지 보다 명료해질 수 있다. 이 통합적 보호 개념은 환경보호 및 자원보호의 출발점을 혁신을 통해 생산 사이클의 보다 앞쪽인 생산전 단계로 옮겨가는 것을 의미한다. 만일 자원소모와 환경부담이 생산품 생산과정 및 재활용과정 전반을 통해 처음부터 축소되거나 회피될 수 있다면, 환경보호조치는 통합된 것이라고 분류할 수 있다. 때문에 환경문제의 전방위적 해결인 통합형 해결방안은 환경기술에 달려 있는 것이 아니라, 환경에 유익한 기술혁신과 기타 다른 혁신과정에서 추구될 수 있다.(Strebel 1991 ; Steger 1991)

리사이클링 또한 다면적 형태를 가지고 있는 개념인데, 이는 통합된 환경

---

[5] 역자주 : 이 악마-바알세불-문제들은, 작은 화를 피하려다 큰 화를 자초하는 문제해결 방식을 의미한다. 이것은 성경 마태복음 12:24절에 근거한다. 이 성경구절에 의하면 당시 이방인들은 바알세불의 힘을 빌려 귀신을 쫓아내려 하였다. 그러나 예수는 이러한 행위들이 작은 화를 덜려다 큰 화를 자초하는 것이라고 비난한다.

정책과 사후형 환경오염 정책이 결합된 것이다. 여기에서 중요한 것은 리사이클링이 생태적으로 모호한 의미를 가지고 있다는 인식이다. 우선 100% 리사이클리닝은 존재하지 않는다. 그래서 단기적으로는 환경질의 고양에 상당히 기여할 수 있다. 두번째로 리사이클링 과정의 결과에 대한 물음이 제기되어야 한다. 특히 세번째로 리사이클링에는 무엇이 재순환되어야 하는가라는 물음이 남는다. 즉 그 무엇이 자연에 가깝고 해롭지 않은 물질인가, 아니면 자연에 낯설거나 자연순환을 파괴하는 독극물인가에 대한 질적인 물음이다. 이를 우리들은 환경친화적 물질과 환경파괴적 물질 중 어느 것인가라고 물을 수 있다. 전자와 관련된 기술을 영어권 언어로는 청정기술(Clean technology)이라 하고, 후자와 관련된 기술을 더러운 기술(Dirty Technology)이라 칭한다.

예를 들면 금속들은 대부분 환경친화적이고 위해하지 않으며 재활용하기가 편리하다. 환경친화적 생산절차와 에너지 기반의 조성이 전제된다면, 어마어마한 양의 철 생산 및 재활용은 원칙상 거의 위해하지 않을 수 있다. 그러나 이것은 유기적 해결방식에서 바라보면, 거의 정반대로 나타난다. 마치 인공물질인 플라스틱의 경우와 유사하게 상대적으로 자연에 낯설 수 있으며, 자연순환과정에 통합되는 것이 쉽지 않을 수 있다. 환경친화적이고 건강친화적인 그래서 리사이클링에 적합한 생산형태는 통합된 환경보호의 핵심이다.(Kreibich/Rodall /Boes 1991)

경영의 측면에서 파악해 볼 때, 사후형 환경보호는 항상 보다 많은 비용을 지출한다. 반면 통합된 절차에 대한 투자는 사후적인 이익 창출을 동반하고 있다. 그래서 환경파괴형 기술이 가진 경제성과, 적절한 예방장치가 배려된 청정기술의 경제성은 서로 상이할 수밖에 없다. 전자의 기술은 사후에 오염처리 비용이 유발됨으로써 오히려 비용구조, 이윤성, 그리고 경쟁능력이 시간과 더불어 악화되는 경향이 있다. 후자의 기술은 보다 좋은 경제성을 가지고 있다. 전자의 기술은 종말처리기술이라 불리기도 하는데, 이는 질서법에 의거하여 통제경제정책적으로 부과되기 때문에 첨가적 비용요소가 발생하고, 그래서 경영적 이해관계에 상치되는 경향을 보이고 있다. 통합된 해결방식은 경영의 이해관계에 적합한 것으로 나타난다. 왜냐하면 문제가 될 수 있는 투자지출이 성공했을 경우에는, 이를 사후에 발생하는 이윤과 비용축소로 상쇄할 수 있기 때문이다. 이것은 지속적인 비용회피, 비용대체 그리고 높은 생산성을 동반하고, 나아가 환경친화적 생산품을 통한 대체율 상승 및 수익률 상승을 동반할 수 있다. 그 동안 많은 경험적 연구들이 이러한 연관관계를 충분히 뒷받침해주고 있다.(Huisingh 1986 ; Steger 1988 ; Meffert/Kirchgeorg 1991)

현재의 환경보호는 사후형 환경보호로 편향되어 있다고 볼 수 있다. 예를 들어 오늘날 폐수처리에 들어가는 비용은 압도적으로 높다. 1980년대 동안에만도 사후적 폐수 및 오수처리가 전체 지출 중 64%에 달하고 있다. 오직 29%만이 폐수를 공장 외부로 방출하지 않고 이를 재처리하여 생산과정에서 재순환·재사용하는 시스템 개발에 사용되고 있다. 또한 원천적으로 폐수발생을 억제하는 생산기술 개발에 대한 투자는 겨우 7%에 불과하다.

6. 시민사회의 전략과 관료적 전략간의 대립

그 동안 사후형 환경보호와 통합형 환경보호가 서로 구분되어야 할 필요에 관한 인식이 점차적으로 확산되어 왔다. 이와 더불어 1990년대로 넘어가는 과도기에서는 현실정치적 정향 속에서 새로운 논쟁이 등장하고 있다. 이 새로운 논쟁으로는 생태적 근대화를 중심으로 국가가 주도하는 계획경제의 노선에 따라야 한다고 주장하는 자들과, 시장경제의 노선에 의거해야 한다고 주장하는 자들 사이의 논쟁이 있고, 나아가 자원과 환경을 보호하기 위한 관료적 전략과 시민사회적 전략 사이의 논쟁도 있다.(Huber 1991a)

일반 여론에서는 시장참여자들의 분권화된 자기책임성을 강조하는 시장경제와, 중앙집중적으로 통제하는 계획경제가 상호공존할 수 없다는 인식이 지배적이다. 그래서 1980년대 말까지의 환경논의에서는, 이 두 경제의 장·단점에 대한 고려가 전혀 존재하지 않았다. 따라서 친생태적 경제구조는 시장경제에 대한 친화성을 보여주었고, 이로부터 관심은 생태적 시장경제로 모아졌다. 그럼에도 불구하고 일각에서는 환경보호가 현실에서 구체적 성과를 얻으려면 국가 역할이 필요하다는 생각도 형성되었다. 그러나 이러한 차원에서 생태적 계획경제보다는 관료적 환경정책이 주로 논의됐다.

관료형 환경정책은 1970년대초 이후로 질서법과 치안법에 의존해왔다. 그래서 이런 유형의 정책은 환경관리주의를 표방하고, 노조정책적 도구들을 모방하는 경향이 있다. 이 정책은 생태적 질을 인간 건강에 유익하도록 유지하기 위해 우선 법률에서 환경기준을 설정하고, 이로부터 다양한 종류의 금지사항과 강제 명령조항을 만들었다(따라서 새로운 논쟁에서는 이 정책이 과연 필연적이었는가라는 물음이 제기되기 시작하였다). 경제적 측면에서는 국가의 기술정책 및 계획경제정책이 촉진되었는데, 이와 더불어 인가 및 통제를 위한 행정관료수가 늘어났고, 현재의 기술상태에 대한 혁신이나 설치를 명령하는 일이 많아졌으며, 배당량을 정해주어야 하는 사례와 행정처리비용도 증가하였다. 이 관료형 환경정책은 기술적 측면에서 이미 지적한 바 있는 사후형 종말처리기술을 동반하였다.

그러나 이러한 정책과 기술로는 대부분의 환경문제가 거의 해결되지 않았을 뿐만 아니라, 오히려 이를 시간적으로 그리고 물질적으로 이동시켰을 뿐이다. 윤리적 측면에서 이러한 모든 것들은 녹색의 지조윤리를 등장시켰다. 그러나 이 윤리가 공공의 우선순위를 환경친화적 행동에 두어야 한다고 주장함에도 불구하고, 사적으로는 개인들의 단기적 경제이익에 우선순위를 둠으로써, 현실에서는 두 개의 도덕이 공존하도록 했다. 사후형 환경정책의 경우 경제적 목표와 생태적 목표는 상호갈등을 일으키는데, 이러한 조건하에서 환경행동은 법률을 통해 강요될 수밖에 없고, 환경복지에 대한 국가의 약속은 의심스러운 것이 되어 버렸다.

이에 반하여 시장경제형 모델은 시민법에서 출발한다. 그 예가 계약 — 이 계약은 쌍무적일 수도 있고, 다자간에 성립된 것일 수도 있다. — 을 통해 성립된 협력과, 이를 통해 묶인 자기의무의 경우이다. 이것은 더 나아가 계약을 통해 합의된 목표와 체포 의무, 특히 생산위협적이거나 환경위협적 행동을 자제할 의무에 의거한다. 경제적으로 이것은 비용을 줄이려는 경쟁이나, 성과를 올리려는 경쟁은 물론, 환경시설 등과 마찬가지로 생태적 경영방식과 밀접한 연관성을 가지고 있다.(Pfriem 1986 ; Winter 1987 ; Steger 1988 ; Hopfenbeck 1990 ; Kirchgeorg 1991 ; Wicke u.a. 1992 ; Schmidheiny 1992)

기술의 측면에서 이것은 환경친화적 절차 및 생산품에 대한 사전예방적 투자를 포함하고 있으며, 혁신을 통한 통합형 환경보호를 지향한다. 이 통합형 환경보호는 독립된 개별 환경문제를 사후에 해결할 수도 있다. 이러한 모델의 도덕성은 확실하게 조건지어진 현실상황과 반대상황의 다면성을 인식하고 있다는 점에 있다. 그럼에도 불구하고 이 통합형 환경보호는 전혀 이원적인 토대를 가지고 있는 것이 아니다. 왜냐하면 실천적 책임윤리를 다루고 있기 때문이다. 이 책임윤리는 소득, 자유 그리고 우리들의 외양과 밀접히 연결되어 있다.

이 경우 정부의 행정관료들과 입법자들은 환경운동가로서의 자신의 역할을 결코 잃어버리지 않는다. 따라서 통합형 환경정책에서는 '보다 작은 국가(weniger Staat)'가 거의 의미를 갖지 못한다. 또한 동시에 일면에선 자신의 역할을 축소하지만, 다른 측면에선 자신의 역할을 증가시키는 국가 유형도 중요하지 않다. 오히려 통합적 환경보호에 적합한 국가는 사회의 기본 골격을 생태적으로 적합하게 만듦으로써 시민사회적으로 정향화될 수 있거나, 아니면 질서법이나 행정법에 의거하여 스스로를 통제할 수 있는 유형이다. 예를 들어 쓰레기문제 및 잠재화된 미래 재난의 위험성을 가지고 있는 구폐기물처리장의 경우, 계획경제적인 국가의 독점구조가 사전에 규정될 수밖에 없다(질서법적 '인증 해결방식'). 그러나 잠재적 환경위해지역에 살고 있는 사람들은, 이를 야기한 원인자들과 더불어 국가의 중재 및 감독 하에 상황적합적이고 이해관계 적합적인 계약을 체결할 수 있다(시민사회적 '협력해결방식'). 일상적으로 공동체는 쓰레기처분장을 자체 경영할 수 있으며, 쓰레기 수거료 및 장소선택 그리고 다른 경제적 문제 등을 보호할 의무가 있다. 이 공동체는 스스로 매립장을 확정할 수도 있고, 매립회사에

임대할 수도 있으며, 잔여물을 쓰레기 시장의 수요에 맞게 재처리하여 넘길 수도 있다. 국가는 시설 및 생산품에 대한 투자를 강요할 수도 있으며, 스스로 표준화된 환경친화성에 대한 의무를 강조하고, 생산주기 사이클을 분석하며, 허가절차 및 통제절차를 준수하도록 요구할 수도 있다. 그런데 이것들은 시장의 투자가들에겐 번거로운 일이다. 더 나아가 이들은 특정의 책임부담과 경영위험으로부터 벗어나고자 한다. 이로 인해 국가는 이러한 투자동기를 저해하는 장애물들을 무조건 최저 수준으로 낮추어 놓고자 한다. 그 대신 완벽한 책임과 의무를 생산자와 경영자에게 전가시키고자 한다. 이것은 고유한 사전예방적 이해관계로부터 처리가능한 정보에 대한 관심을 증가시키며, 이 활동은 보험경제와 더불어 보다 비판적으로 철저하게 이행될 수 있다. 위기상황이 충분히 명료화되지 않은 투자는 거의 발생하지 않는다.(관료형 환경정책에 대한 세부적 비판, 국가통제형 환경정책 도구와 시민사회-시장경제형 환경정책 도구를 대립시키는 것에 대한 비판 등은 여기에서 더 이상 언급하지 않았다.)

냉전의 종식과 더불어, 쓸모없는 도그마 논쟁이 더 이상 재개되어선 안된다. 현실적으로 우리들은 항상 혼합된 체제에 살고 있으며, 이와 관계를 맺고 있다. 그러나 질서법은 특정 범위내에서 가까운 미래에도 포기되지 않고 지속될 것이다. 현실적으로는 양 체제를 구성하는 요소들이 최적의 형태로 조합되는 것이 중요하다. 왜냐하면 두 체제는 보다 근대화될 사회영역의 문제상황 및 발전수준에 따라 장점과 단점을 동시에 가지고 있기 때문이다. 질서법에 기초한 개입은 비록 생태적으로 바람직한 상태에 지속적으로 도달할 수는 없다 할지라도, 상당히 빠른 시기에 환경보호에 도달할 수 있고, 이에 상응하여 빨리 작동할 수 있다는 장점을 가지고 있다(이 체제는 통합형 해결방식 대신에 사후형 처방을 택하고 있다). 이에 반하여 시민사회-시장경제형 전략의 장점은 지속적으로 바람직한 상태를 실현할 수 있다는 것이다(사후형 해결방식보다는 통합된 해결방식을 추구한다). 그럼에도 불구하고 이 경우 상당히 긴 시간대를 필요로 하는데, 이것은 국민경제가 가지고 있는 자본 중 상당량을 혁신에 대한 투자로 돌릴 수 있는 시간적 리듬과 밀접한 연관성을 맺고 있기 때문이다. 관료형 환경정책은 덜 발전된 나라에서나 보다 발전된 나라에서 모두 일어날 수 있다. 이 경우 이러한 정책은 유용성보다는 위해성을 지속적으로 증가시킨다. 이에 반해 시민사회적으로 지향된 환경정책은 덜 발전된 사회관계에서는 거의 생각할 수 없지만, 이러한 정책관이 자리잡은 사회일수록 특정 전문지식, 공적 의사소통체제와 정치적 논의, 자유법치국가와 법의무, 시장 및 자본형성, 그리고 기업활동을 의한 일반조건 등이 보다 잘 발달되어 있다.

환경정책의 발전단계마다에는 환경행동을 구성하는 두 가지 구성요소가 서로 다른 비중을 갖고 공존한다. 이러한 비중은 최적화문제(Optimierungsproblem)를 중심으로 결정된다. 오늘날의 환경정치는 산업국가의 보다 근대화된 영역에서 볼 때, 최적의 상태와는 거리가 먼 것이다. 왜냐하면 시장경제적-시민법적 요소들이 덜 발전된 상태로 지속되고 있기 때문이다. 그러나 반면 환경정책의 질서법적 구성요소들은 환경정책에서 관료형 환경정책이 대부분을 차지할 정도로 지배적이다.

오늘날 환경정책은 그 중심이 관료형 환경보호로부터 시장경제적-시민법적 환경보호로 옮겨져야 한다. 그 경우 문제해결의 열쇠는 엔지니어, 화학자, 생물학자, 상인, 그리고 법률가뿐만 아니라 기업가들에게 주어져 있다. 만일 산업체가 스스로 발의하지 않는다면, 경제 및 산업의 생태적 재구조화는 존재하지 않는다. 생태화 과정에서 산업은 없어져도 안되고, 투쟁의 대상이 되어서도 안된다. 다만 생태화는 산업체와 긍정적인 갈등관계로 설정되어져야 한다. 어떠한 국가관료도 사전예방적 측면에서 통합된 환경보호를 할 수 없다. 그리고 소비자 역시 통합된 환경보호를 자발적으로 시행할 수 없다. 이를 위해선 모든 기술자, 상인 등의 솔선수범이 요구되며, 그들은 자신의 행동을 통해 발전의 규모와 방향을 적절히 결정하여야 한다. 다양한 환경프로그램이 등장하는 곳에는 이와 관련된 많은 지식이 축적되어 있게 마련이고, 해결에 보다 적합한 방식이 존재할 수 있다. 요약하자면 산업은 문제의 원인자인 동시에 잠재적인 문제의 해결자인 것이다.

생태적 시장경제의 토대는 기업들이 환경친화적 발전과정에 투사하고,

소비자대중들이 자신의 구매력을 통해 시장공급을 견인하며, 이에 필요한 동의를 창출해내는 것에 있다. 국가는 고유한 기본구조를 결정하는 맥락조정적인 역할을 통해서 이러한 방향에 영향을 줄 수 있다. 그럼에도 불구하고 이미 산업활동의 방향을 결정하는 생산자와 소비자들은 주어진 맥락에 존재하고 있다. 때문에 생태적 물음을 해결하기 위한 열쇠는 생산자와 소비자 간 동반관계의 형성 여부에 달려 있는 것이다.(이것은 노동공급자와 노동수요자간의 사회적 동반관계 형성을 통해 노동문제가 해결되었던 것과 상당히 유사하다.)

생산자와 소비자가 맺은 환경적 동반관계에서, 국가는 항상 제3자의 입장을 취할 것이다. 그러나 이러한 경우 시민법적이고 시장경제적으로 지향된 맥락조정 대신에 치안법으로 정당화된 계획경제가 지배적인 한, 환경상태의 지속적 개선은 전혀 가능할 수 없다. 발전된 산업국가들은 지난 25년 동안 치안법에 의거해서 결정된 환경보호정책을 시행하였다. 그러나 오늘날 문제를 이전시키는 환경정책에 의한 비용은 지속적인 상승 국면에 놓여 있다. 따라서 이러한 조치들을 통한 환경사용은 거의 가능하지 않은 상태에 놓여 있는 것이다. 오히려 현재 이를 예방하기 위한 투자비용 및 경영비용이 상승하는 상황에 도달해 있다. 때문에 우리들은 문제의 원인을 편파적으로 산업에 귀속시키는 것, 동시에 이들의 문제해결 의지와 능력을 부인하는 것, 사적인 가계를 철저하게 배제하는 것, 국가의 관점에서만 이 문제들을 파악하고 국가행위자의 관점에서만 강제조치들을 작성하는 것을 그만두어야 한다. 처방들은 시장 참여자적 관점에서 미래 지향적으로 설정되어야 할 것이다.

☐ 참고문헌

Binswanger, Hans Chistopher u.a.(1983) : *Arbeit ohne Umweltzerstörung*, Frankfurt/M
Bonus, Holger(1984a) : Ein ökologischer Rahmen für die soziale Marktwirtschaft, in : Geissler(Hg.), S.131-146.

――(1984b) : *Marktwirtschaftliche Konzepte im Umweltschutz*, Reihe Agar- und Umweltforschung in Baden-Württemberg, Bd.5, Stuttgart.
Buehl, Walter L.(1990) : *Sozialer Wandel im Ungleichgewicht*, Stuttgart.
Daly, Herman(1977) : *Steady State Ecomomics*, San Francisco.
Eppler, Erhard(1981) : *Wege aus der Gefahr*, Reinbek.
Ewringmann, Dieter/Schafhausen, Franzjosef(1985) : *Abgaben als ökonomischer Hebel in der Umweltpolotik*, Berlin(UBA-Forschungsbericht).
Flassbeck, Heiner/Maier-Rigaud, Gerhard(1982) : *Umwelt und Wirtschaft*, Tübingen.
Frey, Bruno(1980) : Umweltökonomik, in : Albers u.a.
Gartner, Alan/Riesman, Frank(1978) : *Der aktive Konsument in der Dienstltistungsgesellschaft*, Frankfurt/M.
Hopfenbeck, Waldemar(1990) : *Umweltorientiertes Management und Marketing*, Landsberg am Lech.
Huber, Josepf(1982/6) : *Die verlorene Umschuld der Ökologie. Neue Technologien und superindustrielle Entwicklung*, Frankfurt/M.
――(1991) : Fortschritt und Entfremdung. Ein Modell des ökologischen Diskurses, in : Hassenpflug(Hg.).
Huisingh, Donald(1986) : *Proven Profits from Pollution Prevention*, Washington.
Jaenicke, Martin(1986) : *Sraatsversagen. Die Ohnmacht der Politik in der Industrigesellschaft*, München(überarbeitete engl. Übersetzung 1990).
――(1988) : Ökologische Modernisierung. Optionen und Restriktionen pärventiver Umweltpolitik, in : Simonis(Hg.), S.12-26.
Kapp, William(1963, 1967) : *Social Costs of Business Enterprise*, Bombay(dt. : Soziale Kosten der Marktworschaft, Frankfurt/M. 1977).
Kirchgeorg, Manfred(1991) : *Ökologieorientiertes Unternehmensverhalten*, Wiesbaden.
Kreibich, Rolf/Rodall, Holger/Boes, Hans(1991) : *Ökologisch produzieren*, Weinheim.
Kreikebaum, Harmut(1991) : *Integrierter Umweltschutz*, Wiesbaden.
――(1992) : *Umweltgerechte Produktion*, Wiesbaden.
Majer, Helge(Hg.)(1984) : *Qualitatives Wachstum*, Frankfurt/M.
Meffert, Heribert/Kirchgeorg, Manfred(1992) : *Marktorintiertes Umweltmangement*, Stuttgart.
Mesarovic, Mihailo/Pestal, Eduard(1974) : *Menschheit am Wendepunkt. Zweiter Bericht an den Club of Rome zur Weltlage*, Stuttgart.
Mueller-Wenk, Ruedi(1978) : *Die ökologische Buchhaltung*, Frankfurt/M.
Opschoor, J. B./Vos, Hans B.(1989) : *Economic Instruments for Enviromental Protection*, Paris.
Pfriem, Reinhard(1986) : *Ökologische Unternehmenspolitik*, Frankfurt/M.
Prittiwitz, Volker(1988) : Gefahrenabwehr - Vorsorge - Ökologisierung. Drei Idealtypen präventiver Umweltpolitik, in : Somonis ; (Hg.). S.49-64.
――(1990) : *Das Katastrophenparadox. Elemente einer Theorie der Umweltpolitik*, Opladen.
Schmidheiny, Stephan(1992) : *Kurswechsel. Globale unternehmerische Perspektiven für Entwicklung und Umwelt*, Müchen.

Siebert, Horst(1978) : *Ökonomische Theorie der Umwelt*, Tübingen.
―――(1982) : Instumente der Umweltpolitik. Die ökonomische Perspektive, in : Möller/Osterkamp/Schneider(Hg.). S.284-294.
―――(1983) : *Ökonomische Theorie natürlicher Ressourcen*, Tübingen.
Simonis, Udo Ernst(1988) : *Präventive Umweltpolitik*, Frankfurt/M. -New York.
―――(1990) : *Beyond Growth. Elements of Sustainable Development*, Berlin.
Stavrianos, L.S.(1976) : *The Promise of the Coming Dark Age*, San Francisco.
Steger, Ulrich(1988) : *Umweltmanagement*, Wiesbaden.
―――(1991) : Integrierter Umweltschutz als Gegenstand eines Umweltmanagements, in : Kreikebaum(Hg.), S.33-44.
Strasser, Johano/Traube, Klaus(1981) : *Die Zukunft des Fortschritts*, Bonn.
Strebel, Heinz(1991) : Integrierter Umweltschutz. Merkmale - Voraussetzungen - Chancen, in : Kreikebaum(Hg.), S.3-16.
Wicke, Lutz(1982) : *Umweltökonomie*, München(3. Aufl. 1990).
Wilke, Helmut(1989) : *Systemtheorie entwickelter Gesellschaften*, Weinheim.
Winter, Georg(1987) : *Das umweltbewusste Unternehmen*, München.

10. 환경문제의 특성과 민주주의의 근대화 요구[1]

호르스트 찔레슨

| Horst Zillessen : 올덴부르그 환경정책 및 환경계획부 연구교수로 재직.

 독자들은 근대화의 결함이 두드러지는 현실에서, 왜 '근대화' 란 용어를 재삼 거론하는지 의문을 제기할 것이다. 이와 관련해서 필자는 근대화를 거론하는 학자집단을 두 부류로 구분하고자 한다. 그 한 집단은 정치적 근대화이론에서 국가에 초점을 두고 그 정치적 발전을 설명하는 반면, 다른 집단은 국가가 아니라 사회적 행위자의 측면에서 기존 정치근대화의 틀을 넘고자 한다. 물론 필자는 근대화가 야기한 폐단을 인정하고 있으며, 현재 근대화를 다시 거론한다는 것이 이미 '시대가 어떻게 흘러가는지 알지 못하는 반동' 의 소리로 들림도 잘 알고 있다. 그럼에도 불구하고 근대화를 주장하는 것은, 바로 근대성의 어두운 측면을 긍정적인 측면으로 순화한다는 면에 강한 집착을 가지고 있기 때문이다. 그러므로 필자는 근대성을 포기하지 않음을 이 글의 제목을 통해 밝히고자 한다.

---

[1] Horst Zillessen, "Die Modernisierung der Demokratie im Zeichen der Umweltproblematik," H. Zillessen/P.C. Dienel/W.Strubelt(Hrsg.), *Die Modernisierung der Demokratie*(Opladen:Westdeutscher Verlag, 1993)에 실린 글이 요약된 것이다.

1. 국가의 민주주의화인가? 민주주의의 근대화인가?

지난 20여 년 동안 서독의 국가학과 행정학 영역에서는 새로운 용어들이 등장해 왔다. 이 용어들은 국가와 행정부의 일상적인 작업과정에서 나타나고 있는 괄목할 만한 변화를 보여주고 있다. 그중 주목할 만한 것들로는 '협력적 국가'(Ritter 1979), '비공식적 행정부 행위'(Bohne 1984), '국가의 매개기능'(Ellwein/Hesse 1987 : 55), '국가의 근대화'(Hesse 1990 : 13ff) 등을 지적할 있다. 이 용어들은 전반적으로 국가와 행정부의 자율성이 높아졌고, '주권적' 행동능력을 회의적 시각에서 조명하는 경향이 두드러졌으며, 그리고 '국가와 사회간 관계가 탈위계화'로 발전하는 경향이 강화되었음을 표현하고 있다.(Scharpf 1991a)

20세기 이후 국가기구가 담당해야 할 업무는 점차적으로 증가되어 왔다. 지금 상황에서 국가기구의 업무 이행은 정치・행정적 결정과정에 있어 사회적 행위자들의 자발적 참여를 유도해내는 경우에만 보장받을 수 있다. 물론 이들 개개의 행위자들은 문제의 실제 관련 당사자일 수도 있고, 간접적으로 사회의식화된 개인일 수도 있다. 그래서 정치현실을 분석하는 학자들은 환경정책적 현실에서 협동과 협력, 그리고 '탈위계질서화' 등을 일상적으로 거론하고 있는 것이다. 그 동안 루만의 행동 및 행위연관적 이론에 대해 유보적 자세를 취하던 입장들은, 이미 오래 전에 낡은 것이 되어 버렸다.

개개의 사회적 행위자들이 환경정책에 미치는 영향을 경험적으로 조사한 연구 결론은, 정치발전을 국가적 행위자가 아니라 사회적 행위자를 중심으로 이론화한 정치근대화론과 유사하다. 이런 입장에서 '민주주의의 근대화'란 통치자간의 합의보다는 피치자의 합의에 근거하여 정치・행정적 결정을 내리는 정치형태를 지향함을 의미한다. 민주주의적 기본원칙은 이념상 시민들이 자신의 생활에 영향을 주는 결정과정에 직접 참여함으로써, 역으로 이 결정구조에 영향을 줄 수 있다는 가능성을 인정하고 있다.

이에 반해 위에서 거론한 '국가의 근대화'라는 개념을 주조한 헤쎄는, 국가기구라는 의미에서 국가를 취급한다. 이런 관점에서 국가의 근대화란 개념은 제도적, 과정적, 실체적 및 내용적, 그리고 개인적 차원에서의 혁신을 의미한다. 한편 이러한 혁신으로서의 근대화 개념은 이의적으로 해석될 수 있다. 왜냐하면 이 혁신은 경제, 과학기술, 사회문화적 영역과의 관련성 속에서 이루어지기 때문이다. 만일 헤쎄가 근대화에의 호소를 정치적으론 변화된 경제적·기술적·사회문화적 틀에 적응할 필요가 있음에서 찾고자 한다면, 그리고 기능적으론 그 동안의 근대화가 미진한 이유를 이 분야에서의 국가의 성과 결여와 추진력 결여에서 찾고자 한다면, 이러한 국가의 근대화는 어렵지 않게 환경문제들과 연결될 수 있다. 그러나 만약 헤쎄의 국가 근대화 개념을 제도적 근대화와 정치적 조정에만 초점을 맞추고자 한다면, 그리고 과정적 측면과 직업공무원만을 거론함으로써 이들의 개인적 측면만을 문제시한다면, 이 개념은 국가제도의 근대화만을 의미하게 되고 최소주의적 관료제에 관한 논의로 빠져 버리게 될 것이다.

그래서 '근대성 이후'를 논하는 현실에서 근대화 개념을 다시 거론하려면, 이 테제가 지향하는 목표와 관점을 명료히 할 필요가 있다. 헤쎄의 관점과는 달리 이제 국가는 국가기구로만 조명되어선 안되고, '사회의 지배기구'로도 분석되어야 한다. 이렇게 될 때, 동일한 국가의 근대화 개념하에서 지금까지와는 정반대의 관점에 의거한 서술과 분석이 가능해진다. 이제 시민과 사회적 시각에서 국가제도와 행정절차들이 조명되고 분석될 수 있다. 이로부터 시민들이 자신의 삶과 관련된 결정을 통제하기 위해 영향력을 행사할 수 있는 영역 및 공간들이 명료해질 수 있다. 또한 이곳에서 이뤄지는 결정들이 얼마나 관련자들의 의지를 배려한 것인지를 문제시할 수도 있다.

만일 제도적 측면에서의 국가 근대화, 즉 규제절차의 마련이 국가가 담당해야 할 의사소통적·협력적·중개적 과제로 대체된다면, 이것은 바로 위에서 거론한 근대화 관점과 완전히 일치하는 것이다. 특히 시민 및 사회적 시각에서 '인증절차'를 확립시켜야 한다는 요구의 관철은 시민들의 '저항능력이 성장했음'을 의미한다. 국가개입적 관점에서 이러한 저항능력은 공동대화 및 참여요구에 대한 반응을 필요로 한다.

2. 대의민주주의에 대한 환경문제틀의 도전

이처럼 근대화 논쟁에서는 기존의 논의와 정반대의 시각을 가진 주장이 나타나고 있다. 최근의 환경문제틀 - 이는 위에서 거론한 '인증절차' 라는 용어로부터 예시될 수도 있다. - 은 이론의 여지가 없을 정도로 이와 유사한 모습을 보여준다. 그 동안 환경문제틀의 한 축이었던 '생태지향적 혁신'은 보편적인 개혁욕구를 상징하는 것으로 간주되어 왔다. 그러나 이 '생태지향적 혁신' 논의는 이미 알려져 있듯이 상위영역, 즉 국가(이론)와 국가의 조정역할(이론)에서 출발한 것이다. 이에 반해 환경문제틀의 다른 한 축인 '민주주의 이론틀에 대한 환경문제의 도전'은 이와 전혀 다른 것이다. 왜냐하면 이런 유형의 환경문제틀은 일상적이고 구체적 삶을 통해 분명히 인식될 수 있는 물음들로 구성된 것이기 때문이다. 이러한 물음들로는 "시민들의 개인적 이해관계와 가치정향은 대의민주주의 체계에서 어떠한 역할을 담당하고 있는가?", "일상적 삶을 살아가는 시민들은 이 체계에서 이루어지는 결정과정에 참여할 수 있는 공동결정권을 가지고 있는가?", "일상 생활인들은 이러한 결정의 결과가 후손들의 삶을 위협할 수도 있음을 알고 있는가?" 등을 지적할 수 있다.

장기적 결과의 문제

'사회의 혁신' (Jaenicke 1986), '헌법국가의 생태적 개혁' (Schneider 1990) 등 민주주의의 결정구조 및 그 절차를 근대화하라는 요구들은, 환경정치적 문제틀로 인해 새로운 내용을 가지게 되었다. 왜냐하면 이 환경문제는 다음과 같은 흥미로운 물음을 제기하기 때문이다. "사회는 현재의 국가 및 행정부가 내리는 결정들로 인해, 먼 미래에 발생할 수 있는 결과들을 어떻게 다룰 것인가?" 지금까지 선택된 해결방안들은 이 문제를 실용주의적으로만 접근하였다. 예를 들면 일반적으로 예측가능한 결과에 대한 사전통제, 즉 환경친화성 검증이나 기술평가제도라는 형태들로 접근하고자 했던 것이었다. 그런데 이러한 통제조치들이 구체적으로 어떠한 효과를 발생할 것인가와 관련하여, 이 조치들에 귀속된 적용영역에 한해서 다룬다 할지라도 확정된 판단을 내릴 수 없다. 왜냐하면 그 동안 축적된 경험이 극히 미약하기 때문이다.

물론 이러한 유형의 사전통제는, 단기적 결과를 지향하는 정치체제에서는 의미를 가질 수 있다. 왜냐하면 이러한 정치체제에서는 현재의 이용과 만족도를 미래에 대한 결과보다 높게 평가하기 때문이다. 환경문제의 성격도 단기지향적이고 현재지향적인 사회행위들이 야기한 결과와 유사하다. 왜냐하면 환경파괴의 결과는 그 성격상 특정 수준을 넘어선 경우에만 드러나기 때문에, 이것 또한 단기적 시간대에서는 첨예화된 인간행동의 욕구를 절제시키지 못한다.

때문에 단기적 전망하에서 결정이 이뤄지는 구조로 인해, 대의민주주의는 이중적 딜레마에 봉착해 있다. 첫번째 딜레마는 경쟁적 민주주의가 단기간의 선거결과만을 지향한다는 것이다. 이로 인해 정치적 결정이 구조적으로 단기간의 시간대만을 지향한다는 취약성은, 그렇다고 보다 장구한 세월 동안 존속해온 행정부처의 관료들에 의해 교정될 수 없다. 왜냐하면 이들 부처 관료들도 본질상 동일한 정치적 관점을 가지고 있기 때문이다. 사회의 측면에서도 이러한 구조적 취약성은 더욱 악화될 수밖에 없다. 사회에 뿌리를 두고 국가목표를 정의하는 데 결정적 역할을 하는 다양한 이익집단들이, 대부분 현재를 중시하고 미래를 간과하는 방식으로 자신들의 이해관계를 관철시키려 하기 때문이다. 이익집단들은 개인의 인맥을 동원하거나 법률이 규정하고 있는 한정된 참여를 통해서 국가에 영향을 미친다. 이렇게 영향을 미치는 방식에는 두 가지가 있다. 그 하나는 '자율적인 단체의 이해관계'를 중심으로 정치에 영향력을 행사하는 것이다. 이 경우 이익집단 단체장의 이해관계는 이익집단에 참여한 구성원 개개인의 이해관계로부터 분리될 수 있다. 이러한 분리는 단체활동이 성공적 결과에 도달하기 위해선 단체장의 자율성이 반드시 필요하다는 논리에 근거한다. 또한 그렇지 않은 경우에도, 이러한 이익집단 자체의 관심이 장기적 이해관계를 지향할 것이란 보장은 없다.

대의민주주의의 두번째 딜레마는 바로 이러한 이익집단과 행정부간 교섭방식에 있다. 오늘날 이익집단들간의 협동작업은 행정부의 모든 수준에서 규칙화·통례화되어 있다. 그런데 문제는 설사 기존의 이익집단들이 집단이기주의적으로 사리사욕적인 이해관계를 대변하는 반면 이익집단의 개개 구성원이나 시민들은 공동체의 장기적이고 보편적인 미래를 걱정한다 할지라도, 행정부처들은 이들 시민 개개인보다는 단체와 대화하려 한다는 것이다.

이로써 시작에서 제기된 물음, 즉 사회가 현재의 결정이 야기한 장기적 결과를 다룰 수 있을 것인가란 물음은 대답될 수 없는 것으로 드러나고 있다. 따라서 국가의 근대화란 관점이 아니라, 민주주의의 근대화란 관점에서의 실체적이고도 내용적인 혁신이 필요하며, 이를 통해 정치적 결정이 공동체의 미래를 지향하도록 유도돼야 한다는 결론이 내려질 수 있다.

복잡성과 협력

두번째로 환경정책적 문제들은 현대사회의 복잡성을 새로운 차원에서 관리하자는 요구이자, 보다 많은 그리고 광범위한 근대화를 창출하자는 요구이다. 오늘날 등장한 사회문제들은 대단히 복잡하다. 이 문제들을 현시점의 정치체제로는 다룰 수도 없고 해결할 수도 없다. 이러한 상황에서 정치체제는 상대적으로 가능한 해결방안을 선택함으로써, 오히려 자신의 기능을 스스로 마비시키고 있다. 이의 대표적인 예가 환경문제이다. 환경문제는 대단히 복잡하다. 그래서 환경문제의 폭발은 이러한 유형의 문제해결에 적합한 공개성을 요구한다. 때문에 환경문제와 관련된 사람들은 정치에 보다 많은 압력을 행사하고 있다. 이러한 상황에서 정치체제는 사회집단들과 협력하는 모습을 보여주었고, 정치·행정적 문제처리의 새로운 방식과 형태를 발전시켰다.

그러나 기존 이익집단들의 행동방식과 이익집단들간의 협력방식에 의존해서는 정치가 문제해결능력을 가질 수 없다. 특히 환경문제는 다면적이고 일상적이어서 이익집단에 적합한 대변방식으로는 충분하지 않다. 물론 행정부는 가능한 한 문제를 구성하고 있는 모든 층을 포착함으로써, 적절한 해결방안에 도달하고자 추구할 것이다. 그러나 환경문제에는 다양한 사람들이 관련되어 있고, 각각의 상황에 따라 나름대로의 합리성을 가지고 판단하기 때문에, 기존의 협력방식에 근거하여 도출된 해결방안은 부분적 합리성들을 조합한 것에 불과하다. 그렇다고 해서 이러한 부분적 합리성의 합이, 복잡성과 협력을 필요로 하는 문제에 대해 적절한 전체합리성을 보장해주지는 않는다.

따라서 국가기능이 정치행정의 분화된 수준들로 이전되어야 하고, 이 경우에 적용되는 협력절차와 협력유형들은 시민/주민들을 결정권을 소유한 주체로서 포착해야 한다. 이러한 맥락에서 민주주의의 근대화는 부분적 합리성과 부분적 이익을 정치·행정적 결정절차에 가능한 한 광범위하게 통합할 수 있는 전제조건을 창출하는 것이다.

관련성과 수용

환경문제의 일상성과 독특성은 궁극적으로 사회구조적 변화를 추진하는 도전과 계기를 마련하였고, 정치적 근대화에 대한 잠재력을 일깨워 주었다. 독특한 도전이란, 예를 들면 쓰레기 정책분야에서 빈번히 등장하는 것처럼, 결정이 어려운 상황을 만든다는 의미이다. 이러한 어려움은 입지선정과 밀접한 연관성을 갖고 있다. 이 점에 있어서 규칙이나 원칙은 더 이상 존재하지 않는다. 이렇게 주장하는 근거는 일면 시민들이 정치적 결정의 영역에 직접 관계되어 있다는 점에 있으며, 한편 쓰레기문제는 모든 시민들이 야기한 문제인데 어째서 이런 결정으로 인해 특정 시민만이 고통을 받아야 하는가를 이해시킬 수 없다는 점에 있다.

공동체를 위하여 공동체 구성원 개개인에게 동일한 부담을 부과하자는 결정 또한 잘못된 것이다. 이러한 결정의 수용은 오히려 민주주의적 권리를 인식하기 위해 반드시 필요한 주·객관적 전제조건을 변형시키고, 이로부터 제3의 조건으로 나아갈 가능성이 있다. 주관적 전제조건으로는 사회내 보편적인 교육수준의 향상을 거론할 수 있다. 즉 이를 통해 시민들은 정치

적으로 의식화됨으로써 더이상 자신들을 정치와 행정의 신민(臣民)으로 이
해하려 하지 않고, 일하는 국가를 통해 자신들의 이해관계가 관철되길 바라
며, 자신들의 이해관계를 중심으로 국가와 대화하길 요구한다. 객관적 조건
에선 시민들이 점차 정치결정이나 행정절차들이 야기한 위기와 부담에 민
감해졌다. 따라서 시민들은 국가에 대해 상당한 불신과 저항으로 반응하기
도 한다. 사회전반에서는 부당한 정치적 결정들에 대해, 전통적 행동유형에
의거하든 비전통적 유형에 의거하든, 이를 거부하거나 저항하려는 정치적
시민불복종운동에 참여하려는 의지와 각오들이 분출하게 된 것이다.

수용성의 수준이란 문제는 민주주의론과 국가론에 대해 새로운 유형의
정치·행정적 결정절차를 요구한다. 이 새로운 유형은 '참여자들의 동기와
협력에 대한 물음 및 관련자들의 수용에 대한 문제제기'를 받아들인 것이
다. 환경문제들이 사회의 민주주의적 자의식 성장에 중요한 역할을 했다는
점을 모든 사람들이 다 인정하는 것은 아니다. 그러나 이러한 자의식의 성
장이 행동으로 이어진다는 사실은 의심의 여지가 없는 자명한 사실이다.

3. 제도적·과정적 근대화에 대한 제언

그 동안 많은 사람들이 정치의 미래준비 능력과 문제해결 능력을 어떻게
개선할 수 있을지를 논의해 왔다. 다음에는 정치적 혁신에 관한 외국의 경
험을 독일의 근대화논의로 끌어들이고자 시도한 사례들을 중심으로, 세 가
지 제언을 하고자 한다.

독일의 연방환경재단과 같은 국가정책포럼

원칙적이고 장기적인 문제로서의 환경문제가 정치의사 일정에 올려졌으
나, 이를 공개적으로 토론하고 결정할 제도적 장치가 결여되어 있는 사회에
서는 예외없이 환경정책적 결정들이 매우 단시일에 태동한다. 때문에 환경
문제를 다룰 주무부서가 정부부처들내에 새로 신설되거나, 아니면 독일 연

방환경재단과 같은 기존 제도들이 국가차원의 정책포럼을 개최하는 과제를 위임받기도 한다. 물론 이 포럼에서는 모든 문제와 주제들이 연방차원에서 공개적으로 논의될 수 있다. 국가포럼에서 어떠한 주제를 다룰 것인가는, 조직이나 재단의 전문위원회에 전적으로 위임된다. 가능한 한 이 위원회는 정당적합성에 맞추어서 구성되어선 안된다. 이 포럼은 최소한 모든 주에 꼭 필요한, 그리고 현실상황에 적합한 주제를 중심으로 개최되어야 하며, 준비과정은 주제와 밀접한 관련성을 가진 이익집단, 정당, 시민단체의 대표자 및 학자들과의 사전 워크샵을 통해 이루어져야 한다. 이러한 국가의 정책포럼 제도는 필요한 경우에 다음과 같은 의무부과로 연결될 수 있다. 즉 연방의회는 이 포럼이 내놓은 결과와 권고를 함께 상의해야만 한다.

이 제안은 그 자체로 미국의 '자연보호' 재단이 조직한 정책포럼과 밀접한 관련성을 갖고 있다. 그러나 미국의 포럼은 대개 개개 주의 주지사 및 연방정부, 해당관청의 수장급 관료의 참여하에 일회적 모임으로 개최된다.

미국의 토론을 통한 대안적 해결방식

환경문제들은 일면에서 국가의 조정을 필연적으로 확장시키고, 타면에선 정치행정체계에서 행정영역으로 중심을 이동시키는 전형적인 예이다. 이렇듯 환경문제와 관련해서 행정부가 중요하게 주목받는다는 것은, 이 문제로 인해 행정부가 자신의 중요한 결정과정을 본질적으로 변화시켜야만 하는 강제상황, 즉 현실·사회적 복잡성에 적응할 수 있도록 결정관계자들의 참여를 공개화하고 투명화시켜야만 하는 강제상황에 놓이게 된다는 것을 의미한다.

그런데 미국의 토론을 통한 대안적 해결(Alternative Dispute Resolution) 방식과 이 과정에서 마련된 독특한 중재절차는, 정치·행정적 결정절차의 투명성, 관련자들의 참여보장, 모든 이해관계의 대변, 그리고 갈등의 생산적 해결이라는 방향에서 변화를 가져오는 데 도움을 줄 수 있다.

통상적이고 관례적인 결정-공고-옹호절차의 경우, 관련자들은 대개 마지막 단계에 참여할 수 있어 저항의 형태로 반응하게 된다. 그러나 이러한 대안적 해결방식에서는 관련자들이 초기의 결정단계, 즉 문제처리 및 해결단계에 참여할 수 있다. 관련자들은 이미 자신의 능력을 넘어서 결정된 방안에 반대하는 입장을 취하는 것이 아니라, 초기부터 자신의 이해관계를 적극적으로 대변할 수 있는 것이다. 이러한 절차에는 장단점이 있다. 일반적인 단점은 관련자들이 중재자 및 갈등관리자들의 행동방식이나 그 기능을 넘어서 결정과정에 보다 적극적으로 개입할 수 없다는 것이다. 그러나 이러한 절차의 장점은 다음과 같은 사실에 있다. 결정과정에서 이해관계들이 초기에 포괄적으로 조정될 수 있음이 보장된다는 사실이다. 또한 특정 경우에, 중재자들은 대화 테이블에서 자연이나 미래세대와 같이 스스로를 대변할 수 없는 관계자들을 대변할 수가 있다.

미국의 공적 중개인, 오스트리아의 환경변호사 제도

대의정부체제에서 '구조적 책임성 상실'이란 문제는 새로운 제도의 도입이 필요함을 정당화해준다. 이 제도는 특히 정치적 결정이 차후 먼 시점에 야기할 결과를 고려하여 사전에 정치과정을 통제하기 위한 것이다.

연방차원에서 보다 큰 '구조적 책임성'은 다음과 같은 과정을 통해 제도화될 수 있었다. 즉 '정치체에서 이념의 힘과 절차 및 방식의 힘에 대한 물음'(Jonas 1984)은 전문위원회, 상원, 하원 등의 제도로써 대답되고 있다. 근본적이고 장기적으로 영향을 미칠 의회결정의 경우, 이들 제도들은 유예된 거부권을 소유하고 있다. 의회는 이러한 방식으로 자신들이 결정한 내용이 전체에 미칠 결과를 심사숙고할 수 있는 시간과 과정을 가질 수 있다. 때문에 거부권은 '관련된 결정'을 공개토론에 부치고, 이에 대한 찬반을 결정할 의무와 연결되어 있다. 이러한 방식을 통해 의회는 자신의 결정이 지닌 정당성을 강화시킬 수 있고, 동시에 의회 결정에 대한 책임성을 구조적으로 고양시킬 수 있다.

이와 관련하여 위스콘신주의 공적 중개인 제도나 오스트리아의 환경변화사 제도는 중요한 의미를 가진다. 이들 제도는 특히 공식조직의 결정권을 제도적으로 통제하기 위한 것인데, 지역단위와 기초단위에서 다른 형태로 개선되어 적용될 수도 있다. 공적 중개인은 행정부처의 결정절차와 인가절차에서 환경에 대한 보편적이고 장기적인 관점을 도입시켜야 할 의무를 지니고 있다. 동시에 결정의 결과로부터는 영향을 받지만, 절차 및 과정에선 아무런 영향력도 행사하지 못하는 이해관계의 소유자들도, 이 공적 중개인 제도를 통해 자신을 대변할 수 있다. 중개인들은 행정부의 관행·및 절차들에 정통해 있으며, 행정부로부터 법률로 규제된 조항이나 사건들에 관한 정보를 보고받을 수 있고, 이를 통해 행정절차에 개입할 수 있다. 또한 그들은 특정 절차에 적합해 보이는 참고인이나 증인을 요구할 수 있으며, 나아가 법원에 소송을 제기할 수도 있다.

오스트리아의 환경변화사 제도 역시, 이미 발표된 환경관련 결정에 시민이나 관련당사자의 요구를 대변할 수 있는 절차와 지금까지 경향적으로 무시된 환경요구를 정책결정 과정에 강력히 반영시킬 수 있는 절차들에 대한 이론적 출발점을 제공해준다. 환경변화사는 행정의 한 부분으로서 그리고 대화과정의 참여자로서 활동하고 있으며, 법률적 규범의 참고인으로서 그리고 환경문제에서 공동체와 시민을 위한 대변인으로 활동하고 있다. 이러한 제도는 최근 국제적으로 형성되고 있는 환경문제해결의 경향과 맞아떨어지는 제도이다. 동시에 독일 연방에서도 상당한 관심을 갖고 있는 제도이기도 하다.

□ 참고문헌

Bohne, Eberhard(1984), "Informales Verwaltungs - und Regierungshandeln als Instrument des Umweltschutzes," in : Verwaltungsarchiv(75), 343-373.
Ellwein, Thomas/Hesse, Joachim(1987), Das Regierungssystem der Bundessrepublik Deutschland, 6. Aufl.(Opladen)
Hesse, Joachim(1990a), "Staatliches Handeln in der Umorientierung - eine Einfuehurung", in : ders/Zoepel(1992b)
_ _/Zoepel, Christoph(Hrsg.)(1990b), Zukunft und staatliche Verantwortung(Baden-Baden)
Jaenicke, Marin(1986), Staatsversagen. Die Ohnmacht der Politik in der Industriegesellschaft(Muenchen)

Jonas, Hans(1984), Das Prinzip Verantwortung(Frankfurt.M)
Ritter, Ernste-Hasso(1979), "Der kooperative Staat," in Aus Politik und Zeitgeschichte, B 16/79, S.22-39.
Scharpf, Fritz W.(1991a), "Die Handlungsfaehigkeit des Staates am Ende des zwanzigsten Jahrhunderts, Politische Vierteljahresschrift 32, S.621-34
Schneider, Hans-Peter(1990), "Vom Wandel staatlicher Verantwortung," in : Hesse/Zoepel(1990b), S.127-45.

V. 세계화의 생태전략

11. 지속가능한 발전을 위한 국제기구 개편론   271
   1. 전지구적 생태위기의 차원들   271
   2. 현 국제기구 무용론   278
   3. 케인즈적 이념의 부활   282
   4. 생태계, 엔트로피, 그리고 경제이론   285
   5. 전지구적 발전을 위한 새로운 제도들   290
   6. 정치·경제적 실현가능성   293

12. 합리적 세계지배 질서?   297
   1. 국민국가들의 세계질서로부터
     '경쟁국가들'의 세계로   298
   2. '합리적 세계지배'의 프로그램을 추구하며   304
   3. 화폐와 '석탄'의 동맹   309
   4. 원료채굴 대 공산품생산   313
   5. 경쟁 및 지구적 생태계의 지속가능성   315
   6. 자연에 대한 요구의 합리화   318
   7. '지속가능성' — 하나의 그릇된 약속인가?   321
   8. '정당한 가격'이라는 환상   326
   9. '전지구촌'에서의 행위자 또는,
     초국적 시민사회를 향한 한걸음   328

13. 지구생태계와 발전의 그림자   341
   1. 트루먼과 그 이후   343
   2. 정의에 대한 모호한 요구   346
   3. 관리문제로서의 지구의 유한성   349
   4. 지구의 나머지를 위한 협상   354
   5. 효율성(Efficiency)과 충족성(Sufficiency)   358
   6. 전지구주의(Globalism)의 헤게모니   362

11. 지속가능한 발전을 위한 국제기구 개편론[1]

요나단 해리스

Jonathan M. Harris : 경제학 박사이며 미국 메드폴드의 터프 대학교 외교 및 법학대학 국제경제학 담당 교수로 활동하고 있다.

1. 전지구적 생태위기의 차원들

20세기말경부터 고도로 가속화된 환경문제들은 공통된 특성을 가지고 있다. 이 공통된 특성이란 이들 환경문제들이 점차 전지구적인 속성을 갖기 시작했다는 것이다. 특히 최근의 관심은 CO_2의 증가와 이로부터 야기된 기후변화 및 오존층의 고갈 등 대기권에 영향을 미치는 문제들로 정향화되어 있다. 또한 과거에는 특수한 지역문제로만 분석되던 환경문제들도 전지구적 차원으로 확산되었다. 예를 들어 토양침식 및 토양생산성의 악화는 일부 개도국들에서 누적적으로 강화되었지만, 동시에 전세계적 문제로서의 성격을 지니고 있다. 지구상 곳곳에서 지하수가 오염되고 있으며, 관개시설의 개발은 지나치게 증가하고 있다. 열대림파괴와 사막화, 농업시 사용된 독성물

---

[1] Jonathan M. Harris, "Global Intitutions for Sustainable Development," in. *World Development* (19-1)

질의 방류와 토양산성화의 강화, 산업과정에서 방출되는 유해폐기물의 증가 등도 전지구적 현상이다. 이러한 환경파괴는 대체적으로 세계인구의 급속한 증가로 인해 가속화되고 있다. 1950년대 이후 세계인구는 2배 이상(25억에서 54억으로) 증가하였다. 2050년경에는 다시 2배 증가할 예상이다. 그 때가 되면 아마도 인구는 100억에 달할 것으로 보인다. 과거 인간들의 경제활동은 제한적으로만 — 특정 이슈에 국한되거나 지역적으로 한정된 — 생태계에 영향을 미쳤으나, 작금의 세계 농업생산 및 산업생산의 규모는 전지구적인 규모에서 생태계에 영향을 미치고 있다. 이 생태계파괴의 대부분은 예측불가능하고 치유불가능한 방식으로 이뤄진 것들이다.

이러한 현실에 대한 대중적 인식과 전문가들의 인식이 증가하였음에도 불구하고, 최근까지 생태문제에 대응하기 위한 국제기관은 거의 존재하지 않았다.「유엔 환경프로그램(UN Environmental Programm, 약칭 UNEP)」과 같은 기존 조직은 활동영역이 제한적이며, 그 시행능력이나 강제력 동원의 측면에서 상당한 한계를 가지고 있다. 더구나 국제통화기금이나 세계은행처럼 재정능력을 가지고 있는 국제조직들은 환경파괴를 가속화시키는 프로젝트와 정책들을 최근까지 추진시켜왔다. 다만 대중적 저항운동들만이 세계은행으로 하여금 환경에 해로운 거대 프로젝트(Mega-Project) — 브라질의 포로노뢰스테(Polonoroeste) 도로건설 프로젝트, 인도의 신그로리(Singrauli) 에너지종합단지 조성, 인도네시아의 이주 프로젝트, 보츠와나/수단의 영농 및 축산의 기계화 프로젝트 — 에 대한 재정지원을 철회 또는 수정하도록 요구해왔다. 이와 더불어 국제통화기금도 환경문제에서 자신이 얼마나 주요한 역할을 담당하고 있는가를 인식해야만 한다.

세계은행이나 국제통화기금의 정책 수정을 요구하는 캠페인은 환경파괴적인 정책에 대한 지원을 제한적이나마 삭감할 수 있었다. 반면 이들 기구의 핵심정책을 생태적으로 건전한 발전 방향으로 재정향화하려는 시도들은 거대한 제도적 난관에 봉착하고 있다. 아직까지도 세계은행은 중앙집권화된 대규모 프로젝트에 경도되어 있기 때문이다. 이들 프로젝트는 빈번히 환경파괴적인 기술 — 이런 류의 기술은 로빈(Amory Lovins)의 개념에 따르면 연기술이라기보다는 경기술이다. – 을 사용하고 있다. 물론 그 동안 친생태적으로 정향화된 전문가들이 세계은행의 몇 가지 정책들을 수정할 수는 있었지만, 은행의 행정/관리를 뒷받침하고 있는 경제분석방식을 근본적으로 변경시키지는 못하였다.

1992년 리우에서 개막된 「유엔 환경개발회의」는, 현란한 수사와 표현들에도 불구하고 국제제도적 상황을 거의 변화시키지 못하였다. 당시 새롭게 출범한 지구환경기금(Global Environmental Fund, 약칭 GEF)은 공식기관인 UNEP, 세계은행, 및 국제통화기금으로 구성되도록 되어 있으나 재정적 측면에서는 세계은행이 가장 많은 분담금을 맡고 있다. 따라서 GEF는 세계은행이 지향하는 정책방향에 경도되어, 그 정책적 우선순위 및 목표가 세계은행이 전통적으로 강조했던 경제성장 증가로부터 벗어날 수 없다. 오히려 이 GEF는 대규모 에너지 프로젝트와 농업 및 벌목 등의 '근대화' 개발전략을 정당화하기 위한 '녹색적' 방어막으로 작용할 것이다.

국제통화기금 및 세계은행의 등장 배경과 이 조직의 목표를 고려한다면, 이들 국제제도를 친환경적으로 개혁하는 것은 상당한 한계성을 전제로 한 것이다. 이 한계성은 태생적으로 내재되어 있었다. 2차 세계대전의 종식과 함께 등장한 세계은행 및 국제통화기금은, 경제발전 및 전세계적 산출물의 안정적 팽창을 활성화하기 위해 만들어졌다. 따라서 이들 조직의 목적은 본질적으로 생태적 현실을 간과한 경제분석 방식으로부터 도출된 것이다.

국제 차원에서는 1970년대에 들어서야 처음으로 환경문제에 대한 인식이 형성되었다. 그후 경제학자들은 환경파괴를 '외부' 비용으로 인식하고, 이를 오염세 또는 이와 유사한 시장의 수정을 통해 내부화시키는 데 관심을 갖고 있었다. 그러나 환경문제에 대한 이러한 접근은 비용-편익분석을 통해 변수화할 수 있는 환경파괴에만 초점을 맞춤으로써, 경제팽창의 전지구적 효과를 포착하는 데 실패하였다.

만일 위에서 지적한 바 있는 몇 가지 생태문제들을 고려한다면, 이러한 외부효과의 내부화라는 경제분석이 문제의 본질을 어떻게 놓치고 있는 지를 알 수 있을 것이다.

실례로 모든 산업과정과 교통체계는 화석연료(석탄, 석유, 그리고 천연가스)에 기반한 에너지에 의존하고 있다. 이산화황이나 아질산 등과 같은 오염물질은 연료의 선택이나 기술적 교정(Scrubber, Fluidized bed combustion) 등에 의해 감소될 수 있지만, 이산화탄소의 방출은 화석연료 연소에 내재적이며 필연적인 것이다. 이산화탄소의 방출과 대기층에의 집중적 누적은 산업혁명이 시작된 이후 오늘에 이르기까지 지수적으로 증가되어 왔다. 결과적으로 전지구적 차원에서의 기후온난화는 이미 오래 전에 시작되었음이 명료해진다. 이를 입증하기 위한 과학방법상의 차이에도 불구하고, 화석연료의 사용은 대기 구성을 불가역적으로 변경시킬 수 있는 위험성 — 이는 기후에 치명적인 영향을 미칠 가능성이 있다. — 을 가지고 있다. 그러므로 이산화탄소의 증가에 효과적으로 대응하는 방법은 에너지체계, 산업체계 및 수송체계를 본질적으로 변화시키는 것이어야 한다. 점차적으로 개선된 에너지 효율성과 재생가능한 에너지기술들은 경제성장을 중지시키거나 역전시키지 못한다. 이와 같은 기술변화에 필요한 자본대체의 거대 프로젝트는, 시장가격으로부터 동기를 부여받을 수 없다. 화석연료의 고갈이라는 관점에서 접근하기 이전에는 거의 불가능할 것이다. 그러나 유감스럽게도 환경억제 요인은 화석연료의 공급적 측면에 있지 않았다. 오히려 화석연료가 방출한 특정 화학물질을 생태계가 흡수할 수 있는 능력만이 문제의 초점이 되었다. 따라서 화석연료의 공급과 생태계의 흡수능력이 전혀 고려되지 않는다면, 그리고 전세계적 규모의 제도 구성 및 이의 개입이 전제되지 않는다면, 지구온난화과정은 계속적으로 악화될 것이다. 1992년 리우 회의의 결과는 이산화탄소 방출을 억제할 수 있는 구속력있는 제도나 시간적 일정을 결여한 선언만을 채택한 것에 불과했다.

염화불화탄소에 의한 오존층 파괴는 현재 하나의 협약을 만들어냈다. 대기층에 장기적으로 존속할 수 있는 이 가스는, 앞으로도 수십 년 동안 오존층을 지속적으로 파괴할 것이다. 또한 연화불화탄소가 성층권에 도달하는 과정이 상당한 시간을 필요로 하므로, 비록 염화불화탄소의 생산이 현재 시점에서 중단된다 할지라도, 오존층 고갈은 계속될 것이다. 오존층 파괴는 지구상의 모든 생명을 위협한다. 시장의 상징체계는 이로 인한 위협을 다룸에 있어 상당히 비효율적이다. 유일한 정책은 염화불화탄소의 사용을 완전히 금지하는 것이다. UNEP에 의해 시작된 1987년 몬트리올 협정은, 1999년까지 산업국가들의 염화불화탄소 생산을 50%수준으로 감소시킬 것을 명문화하였다. 이러한 협정은 국제적인 환경협력의 개가로 칭송받고 있지만, 환경파괴에 대한 과학적 증거들은 CFCs의 생산감소단계를 1999년까지 100% 완료하도록 요구하고 있다. 이처럼 이 협약이 그 자체로서는 불완전한 것임에도 불구하고, 여기까지 도달한 과정도 쉽지 않았으며 긴 시간을 필요로 하였다. 선진국들만의 동의는 사실상 의심스러운 것이다. 특히 미국은 CFCs 사용의 대가로 개도국들에게 최소한의 보상도 제공하길 꺼리고 있다. 필자의 생각으로는 CFCs, 오존층 고갈과 관련된 화학물질들의 지속적 위협에 대응하는 능력을 평가해 본다면, 이러한 협약이 낙관적 분위기를 만들기에는 역부족이다.

농업이 전지구에서 팽창하는 현시기에, 일련의 문제군이 농업생산의 미래적 가능성을 위협하고 있다. 토양침식과 토질악화는 거의 대다수 개도국들이 봉착하고 있는 세계적인 현상이다(World Reaources Institute, 1992 ; Worldwarch Institute, 1990). 농업과정에서 야기된 수질오염은 농도높은 농약을 사용하는 데 그 원인이 있다. 이러한 유형의 비점원오염이 산업국가에서는 비중이 점차 높아가는 문제들로 확인되고 있다. 비점원오염은 점원오염 통제시에 사용하는 배출 허용기준제도를 활용할 수 없다. 개도국의 경우 농약사용은 생산증가와 긴밀한 관계를 맺고 있다. 이 지역에서 방출된 오염의 양은 인구증가와 관련된 사회적 요구에 비례한다(Harris, 1990). 미국과 구소련 지역의 경우 농업부문에서 차지하는 관개농업 비율이 급증하면서 지하수 개발이 증가하고 있다. 예를 들어 오갈라라 어퀴터(Ogallala Aquiter)와 아랄해(Aral Sea)의 고갈은 이 지역에서의 농업을 위협하고 있다. 이러한 농업용수 부족은 대부분의 아시아 지역에도 적용된다. 이 지역에서도 농업발달의 미래를 예측하기란 힘들다. 또한 중국 및 몇몇 아시아 국가들에서는 기존의 관개시설 공급량을 지나치게 남용하였는데, 이것은 심각한 물 오염과 토양염분의 증가를 결과시켰다(Worldwatsch Institute, 1990 ; Harris, 1990). 제충제로 인한 생태계 파괴와 오염은 개도국에서 너무도 광범위하게 발생하고 있으며, 이것은 살충제에 대한 저항력과 내성이 강한 전염균을 만들어내고 있다.(Pimentel, 1980)

농업분야에서 나타나는 문제의 대부분은 급속한 생산증가로 인한 것이다. 이 경우 문제의 핵심은 경작의 집중화를 가능하게 한 '녹색' 혁명 기술이다. 인구의 지속적 증가와 제한된 농경지는, 다음 반세기 동안 단위 면적당 농업생산량이 지속적으로 증가해야 한다는 주장을 정당화해준다. 따라서 시장유인 동기는 현재와 같은 고도 생산체제를 채택하도록 하거나 급속히 확장시키는 방향으로 나아가고 있으나, 오히려 저투입형 농업방식과 지속가능한 농경기술은 긴박한 사항이 되고 있다. 몇몇 유엔 기관들(UNEP, IFAD : 농업발전을 위한 국제기금)은 지속가능한 기술을 진작시키고자 하나, 이에 투입된 제한된 예산으로부터 미루어 짐작컨대 이러한 시도는 전세계적인 생산방식에 거의 영향을 주지 못할 것이다.

점차적으로 증가하고 있는 유해폐기물량은 통제불가능한 속성을 내재하고 있어 또하나의 전지구적 환경문제로 등장하고 있다. 대부분의 산업생산은 자신의 부산물로 유해한 쓰레기를 남기고 있다. 2차 세계대전 이후 유해한 합성물질의 생산은 점차적으로 증가하여 왔다. 그 동안 대중의 관심을 끈 유해 화학물질과 관련된 거대 재난들(이탈리아의 세베조, 인도의 보팔, 스위스의 바젤)이 여러 차례 발생하였다. 또한 이들 물질의 장기적 누적과 부적절한 쓰레기장 문제는 세계 도처로 확산되었다. 미국에서 슈퍼펀드(Super Fund)가 조성되었으며, 이것은 기존의 유해쓰레기들을 정화시키는 데 사용되었다. 그러나 점차 증가하는 유해쓰레기를 어떻게 처리할 것인가, 이들 쓰레기들이 감소될 수 있을 것인가 등의 물음은 여전히 답변되지 못하고 있다. 최근들어 몇몇 산업국가들이 개도국을 쓰레기 처리장으로 활용하고자 '매수'하는 사례가 늘고 있다. 또한 개도국들은 자신의 경제발전과정으로 인해 유해독소의 생산국이 될 것이다. 장기적 차원에서 이러한 문제해결의 열쇠는 생산기술의 변화와 재활용과정의 개발에 있다. 이를 위해선 대규모의 연구개발과 새로운 자본지출이 요구된다. 이것은 '산업생태학' (Duchin, 1992), 또는 '산업적 신진대사작용' (Ayres and Simonis, 1992)이라는 개념으로 표현되기도 한다. 여하튼 이를 체계적으로 촉진하기 위해선 정부차원의 세밀한 계획수립, 원료에 대한 세금책정, 개도국으로의 광범위한 기술이전, 그리고 시장 동기유인의 수정 등이 필요하다.

1970년대 동안 환경문제에 대한 대중적 인식은 증가되었고, 이것이 일국 차원에서는 환경관리를 목적으로 한 정부부처들과 기관들을 만들어냈다. 현재 대다수의 국가들이 환경정책을 입안·시행하기 위한 제도적 메커니즘을 가지고 있다. 그러나 이 제도들과 기관들은 일차적으로 특정 환경문제, 지역환경문제, 일국적 환경문제에 대응하도록 설계되어 있다. 따라서 이의 대변자들은 환경문제를 상대적으로 편협하게 정의한다. 전통적으로 이들은 특정 환경문제와 관련하여 규제, 기준, 그리고 벌칙금 등을 부과할 권력을 가지고 있다. 그러나 이러한 제도적 기본틀에는 처음부터 환경보호와 경제성장/기술진보/소득분배/산업조직 등간의 관계가 포함되어 있지 않다. 이로부터 환경유관 정부기관과 예산 및 경제유관 정부기관은 때때로 갈등관계를 보이고 있다. 특히 몇몇 개도국들과 구공산주의국가에서 이러한 분화는, 환경목표의 경제목표로의 완벽한 종속을 결과시키고 있다. 또한 환경문제는 본질적으로 국경을 초월하는 문제이기 때문에 국가간, 지역간, 그리고 관할권간의 갈등 및 불일치를 야기한다.

1990년대의 10년 동안, 기존의 환경기관들이 전지구화된 환경문제를 다루는 데 부적절하다는 사실이 명료해졌다. 국가제도들은 일국적인 틀에서만 영향을 미칠 수 있다. 또한 이들 제도적 메커니즘과 기관들은 환경문제가 경제발전과는 별개의 관심이라는 가정하에 설치된 것들이다. 더구나 전지구적 차원에서 환경문제를 다루는 UNEP와, 다른 기존의 국제기구들이 가지고 있는 권력은 제한된 것이다. 따라서 전지구적 차원의 문제에 대응하기 위한 기존 국제기구의 권력을 강화시키자는 의견도 약간의 타당성을 가질 수 있겠으나, 이것은 가장 근본적인 문제를 해결하지 못한다. 오히려 이들 기구는 경제발전의 진작을 목적으로 하는 국내·국제 기구들과의 갈등을 가속화시킬 수 있다. 그러므로 요점은 국제제도들을 현실의 문제점에 비추어 재고해보고, 이를 재구조화하는 것이다. 향후 세계에서는 생태적인 지속가능성이 경제발전의 지도적 요소로 자리잡아야 한다.

이러한 필요성은 현국제제도적 조직들의 등장 시점과 그 연륜을 지적함으로써 보다 명료해질 수 있다. 환경적 관심을 제쳐놓고 경제개발만을 진행시켜온 지역에 있어서 전지구적 경제체제내의 주요 긴장요소는 무역정책, 국제적 채무, 남북관계, 그리고 지역적 경제균형 등이다. 여기에 공산주의국가들이 세계경제체제로 통합됨으로써 야기된 문제와 기회들이 첨가될 수 있다. 전지구적 환경위기의 해결방안에 접근하기 위해선, 기존의 국제제도들이 담당하고 있는 권한, 제한, 그리고 단점 등이 고려되어야만 한다.

2. 현 국제기구 무용론

현존하는 전지구적 제도들 — 국제통화기금(IMF), 세계은행(World Bank), 관세 및 무역일반협정(GATT), 유엔(UN), 그리고 기타 다른 기관들 — 은 대부분 2차 세계대전 이후에 형성된 것들이다. 지금까지도 이 기관들이 국제관계의 주요 부분을 담당하고 있으며, 따라서 이 제도들은 영원할 것이라고 간주되고 있다. 그러나 이들 제도의 기원과 원칙적 권한은 몇몇의 정치·경제적 강대국에 의해 만들어진 것이며, 이들의 세계정치구조 및 경제발전에 대한 견해를 구체화한 것이다. 1940년대 이후로 국제질서는 이 제도들에 기반하고 있었다. 1950년대와 1960년대의 국제질서는 전세계적 경제성장과 무역확대로 특징지워질 수 있고, 1970년대와 1980년대는 긴장이 증가하던 시기로 특징지워질 수 있다. 따라서 국제통화기금, 세계은행, 그리고 국제무역 및 관세협정 등의 기관이 1950/60년대 동안 담당하였던 역할은 세계경제발전을 틀지우고 지도하는 것이었던 반면, 1970/80년대에는 세계적 불안정을 야기하는 사건 및 문제를 관리하는 역할을 담당하였다.

GATT는 전세계적으로 관세를 낮추는 데 일단 성공하자, 관세장벽 또는 신중상주의적 정책을 전면적으로 철폐하려 노력하고 있다. 국제통화기금과 세계은행은 제3세계의 채무문제로 인한 위기를 관리하는 데 몰두하고 있다. 다른 한편에서 세계은행은 생태 파괴적인 거대 프로젝트에 재정지원을 하고 있다. 비록 유엔의 특정 전문기관들이 이러한 문제에서 제한적이나마 중요한 기능을 수행한다 할지라도, 유엔 그 자체는 국제관계에서 주변적으로만 영향력을 가지고 있다. 여기서 분명한 것은 현국제기관이 특정 사안을 처리할 수 있는 능력은 대단히 축소되어 있다는 것이다. 따라서 지구적 제도들의 미래는 불확실한 상태에 있다. 인류는 현 국제기구 및 제도들로써 미래에 대비할 수 있을 것인가? 아니면 새로운 국제제도를 만들어내야만 할 것인가? 또는 중요 정책결정권을 국가행정부에 양도한 채, 우리들은 멸망의 길로 단순히 치달을 것인가? 여하튼 현재의 상황을 이해하기 위해선 기존 제도의 기원을 검토해 보는 것이 필요하다.

프란시스 스튜워드(Frances Stewart, 1987)에 따르면, 1944년 브레튼 우즈에서 결정된 국제통화기금과 세계은행의 창설은 케인즈 혁명을 국제적 차원에서 제도화한 것이다. GATT의 구성에서도 케인즈의 이념은 상당한 영향을 주었다. 케인즈적 관점에서 경제성장은 정부의 지도를 필요로 한다. 1930년대의 전세계적 불황과 보호무역주의가 부활하는 것을 방지하기 위해선, 거시경제적 차원에서 적극적인 국민경제정책과 국제간 협력이 필요한 요건들이다. 따라서 국제 경제기구들을 그 기원에서 접근해보면, 명백한 케인즈적 임무를 부여받고 있다. 이 임무는 세계적인 경제팽창을 촉발시킨다는 것이다. 사실상 전후시기는 미국경제의 전세계적 지배, 일본 및 유럽의 재편, 세계무역에서의 지수적 증가 등으로 특징지워질 수 있다. 이 국제기관들이 이룩해낸 성공은 케인즈적 이념을 완성한 것처럼 보이며, 이로부터 자신들 존재의 정당성을 인정받았다.

그러나 1960년대말과 1970년대초부터 경제이론가들과 정책결정가들은 케인즈적 관점으로부터 벗어나기 시작하였다. 최근 경제이론의 지배적 경향은 정부정책에 대한 역할기대와 그 성과를 최소화하는 것이다. 실질적으로 국제채무문제에서 국제통화기금이 택한 정책은 팽창적인 것이 아니라,

긴축적이며 수축적인 처방이었다. 따라서 케인즈가 남긴 유산은 이 시기동안 전복되었다. 물론 보다 정확하게 말하자면, 지속적인 성장과 높은 채무율이라는 경제상황에서 수축정책을 사용하는 것은, 오히려 케인즈가 자신의 책『평화의 경제적 결과와 일반이론(The Economic Consequences of the Peace and the General Theory)』에서 경고한 것이다.

오늘날 대다수 경제학자들은 케인즈적 관점을 이보전진을 위한 일보후퇴란 차원에서 포기하고 있다. 전세계적으로 확산된 한편에선 1970년대의 인플레이션은 케인즈적 처방에 지나치게 의존한 결과라는 지적도 나오고 있다. 이러한 관점에서 볼 때 통화팽창주의자들의 조악한 정책이 1980년대 초의 불황(국제적인 채무문제의 등장)을 야기하였고, 이러한 현실은 통화팽창주의적 정책에 대한 수정을 요구하고 있다. 더구나 통화팽창주의적 관점이 지속적으로 신뢰를 받기 위해선, 경기후퇴 이후 급격한 경기회복 및 경제성장이 뒤따라야 한다. 그러나 이러한 경기회복이 과연 과거에 있었던 적이 있는가?

물론 이러한 현실이 개도국이 아닌 경제적으로 성장한 나라들에서 일어나고 있다고 주장할 수도 있다. 1980년대말 세계경제의 팽창은 지속적인 미국의 무역적자에 의존하고 있다. 유럽, 일본, 그리고 수출지향적 신흥산업국가들은 모두 1조 달러의 대출한도액을 가진 제1의 국제소비자인 미국의 역할로부터 혜택을 받았다. 지속적으로 진행되어온, 그러나 한편으로 치우친 세계경제의 팽창은 케인즈적 수요를 전지구적 차원에서 창출하는 기능을 해왔다. 그러나 예기치 못한 원인들로 인해 많은 나라들이 구조적인 무역불균형, 스태그플레이션, 불황으로 빠져 들어갔다.

1980년대 세계경제팽창은 불균등성을 가지고 있었으며, 이로부터 연유된 경제불황은 심각한 것이었다. 이러한 상황에서 국제경제기관들은 부적절한 정책적 도구들을 가지고 경제위기의 증후군들을 제거하려 하였다. 국제통화기금은 구조적 무역불균형을 공공연하게 비난하였으며, 미국의 예산균형과 일본/독일의 팽창정책을 촉구하였다. 그러나 이 기구는 거시경제적 정책들을 국제적 차원에서 입안할 수 있는 실질적 권위를 가지고 있지 않았다. 동시에 채무국들에게도 긴축정책을 강요하였다. 이로써 1980년대 동안 라틴아메리카와 아프리카에서는 '발전'을 상실했으며, 미국은 무역적자를 누적시켰다. 세계은행의 장기 발전목표는 제3세계의 채무부담에 의해 조정되고 축소되었다. 그럼에도 불구하고 세계은행은 채무위기의 등장에 단기 정책적 차원에서 대응하였다. 물론 이러한 세계은행의 정책들은 국제통화기금과 때때로 갈등을 빚었다. 우루과이 라운드의 GATT협상은 무역을 억제하는 신중산주의정책을 제한하는 데 그 목적이 있다. 신중산주의체제는 채무변제 또는 시장점유율의 유지 및 확장을 목적으로 개별국가들에 의해 채택된 것이다. 현재라는 시점은 거시경제정책적 관리를 전지구적인 수준으로 확장하자는 케인즈적 접근법으로 회귀하고 있는 시점인가?

국제통화기금내에서 경제학자들은, 정책결정가나 전문가들보다 자유방임이나 통화정책적 엄밀성에 덜 매료되어 있다. 그럼에도 불구하고 이들 경제학자들은 자유방임노선이나 통화정책적 노선에 따라 독특한 제안들을 하고 있다. 제프리 작스(Jeffry Sachs, 1989)는 '국제 채무기금(International Debt Facility)'을 제안하였다. 이 기금은 은행에 의한 채무탕감의 대가로 빚보증 또는 채무변제를 해주고, 채무를 약간의 프리미엄이 붙은 이차적 시장가치형태로 전환시킴으로써, 외형상 해소될 것같지 않은 채무위기를 해결하는 것이다. 프란시스 스튜어드는 또한 국제통화기금과 세계은행의 재구조화를 제안하였다. 재구조화된 국제통화기금은 무역잉여를 개도국에 대한 자본투입의 형태로 전화시킬 수 있는 권한 그리고 '특수 인출권(Special Drawing Rights)'을 가진다(Stewart, 1987). 이러한 구조변화는 IMF와 세계은행의 정책을 보다 팽창지향적으로 변화시킬 것이다. 또한 변화된 정책은 사회/경제 과정의 지표들(편협한 통화정책적 초점보다는 투자, 부문간 생산성에 더 큰 초점을 둠)을 포함하는 '조건성'의 확대로 나타날 것이다. 파울 스트레튼은 국제제도 전반의 혁신을 제안하였는데, 여기에는 국제중앙은행의 설립, 국제적인 소득/소비세의 설치, 그리고 장기투자계획과 잉여순환곡선의 조정을 담당할 국제투자기관 설립 등이 포함된다(Streeten, 1989). 또한 스튜어트와 스트레튼은 상품가격의 안정화를 위한 국제기관을 제안하였다. 로버트 큐트너는 만일 GATT가 관리된 무역, 잉여생산능력의 계획된 축소, 그리고 협상된 할당제도 등의 정향성을 결여한다면, GATT의 문제는 해결될 수 없다고 주장하였다. 이러한 접근법은 리카르도의 자유무역논리와는 상이한 것으로, 이 논리가 그 동안 GATT의 무역정책 유관적 협정에 대한 이론적 기반을 제공하였다.(Kuttner, 1991)

그러나 이러한 정책적 제안은 그 동안 정부나 국제기구들로부터 냉대를 받아왔다. 기존제도를 가지고 어물쩍 넘어가려는 가능성이 존재하는 한, 그 이면에는 현상유지에 대한 강력한 정치적 편견이 깔려 있다. 현 국제구조는 21세기로의 발전을 위한 확고한 발판을 세계에 제공해줄 수 있는가? 이 질문에 대한 답변으로, 부정 이상의 다른 어떤 것을 기대하긴 어렵다.

만일 우리들이 국제적인 경제조정문제에 생태위기를 첨삭시킨다면, 이 질문에 대한 답은 더욱 어려워질 것이다. 개별화된 이슈들은 국제조직의 재구조화에 대한 강력한 지지사례들을 제공해준다. 이 모든 사례들을 취합해보면, 어마어마한 것들이 될 것이다. 그러나 현세계의 정치지도부들은 국제조직의 재구조화를 결코 받아들이려 하지 않고 있다. 이러한 거부와 주저는 경제위기와 생태위기의 가능성만을 증폭시켰다.

3. 케인즈적 이념의 부활

2차 세계대전 이후 케인즈 이념에 의거하여 설립된 국제기구들은 이제 그 소임을 다한 것같다. 현재의 국제사회는 다음과 같은 특징들을 가지고 있다. 전세계적 패권국으로서의 미국의 침몰, 신중상주의적 성향의 국가 등장, 구조적 경제불균형의 지속, 미국 및 동맹국들내 군사·경제적 세력의 불균형, 공산주의체제와 냉전구호의 종말, 부동하고 있는 동·서균형 등등 (Calleo, 1987 ; Gilpin, 1987 ; Mead, 1987 ; Garten, et al., 1992). 그렇다면 세계사는 지금 새로운 시대의 막을 열고 있는 것인가? 이러한 물음 속에서 칼레오(Calleo), 길핀(Gilpin), 큐트너(Kuttner) 등은 미국이 지배하는 세계질서로부터 보다 다원주의적 세계질서로의 이행을 진단하고, '부드러운 이류'을 위한 정책을 토론하였다. 이러한 이류의 본질적 요소로 이들은 군사부담의 공유, 군지배적 산업정책보다는 상업지배적인 산업정책으로의 이전, 국제제도에서 차지하는 일본역할의 강화 등을 주장하였다. 또한 베르그스텐(Bergsten, 1988)과 프리드만(Friedman, 1988)은 미국의 대내경제개혁, 그리고 주요 강대국간의 거시경제적 조정정책 등이 세계사적 이전을 위해 필요하다고 주장하였다. 이들 분석의 일차적 관심은 악화되고 있는 국제상황에 어떻게 대응할 것인가에 있었다. 새로운 국제제도들이 최소한 45년전에 고안된 현재의 국제제도들과 유사한 지속력(Staying Power)을 가질 수 있으려면, 미래에 대한 포괄적이고 긍정적인 견해에 기반한 것이어야 한다.

필자의 생각으로는 현세계경제제도의 실패가, 곧 이 제도의 지적 뿌리인 케인즈적 관점의 실패를 의미하는 것은 아니다. 오히려 자신들이 의도했던 작업을 수행하는 차원에서 이 제도들은 상당한 성공을 거두었다. 그러나 오늘날 정치경제적인 세력균형과 세계에 관한 본질적 물음들이 상당히 변화되었다. 1944년 당시의 긴박한 물음은, 일면 전쟁으로 황폐화된 국가를 재건하는 것이었고, 타면 경제가 전세계적으로 팽창할 수 있는 분위기를 조성하기 위하여 정치경제적 안정성을 유지하는 것이었다. 그러나 현재의 긴박한 물음은 부분적으로는 경제팽창의 지나친 성공에 관한 것이고, 부분적으로는 세계경제발전에의 저개발국 참여, 그리고 전후세계를 설계한 자들이 예측하지 못했던 환경문제 등에 관한 것이다.

그러므로 오늘날 필요한 것은 케인즈주의를 폐기하자는 것이 아니라, 전지구적 차원에서 이를 다시 한번 부활시키자는 것이다. 부활된 케인즈주의는 저개발국가들이 가지고 있는 미해결문제들에 초점을 두어야 하며, 경제활동의 생태적 토대에 대한 분석으로 자신을 보완해야만 한다. 만일 이러한 케인즈적이면서 동시에 생태적인 관점이 개략적으로 그려 질 수 있다면, 21세기의 새로운 세계정책 및 제도들은 자연스레 그 모양새가 그려질 것이다.

케인즈적 통찰력의 핵심은 시장자본주의체제가 불안정, 불균형, 비평형으로 치닫는 경향이 있음을 간파한 것이다. 그리고 시장의 안정성과 성장을 지속적으로 유지하기 위하여 정부개입을 요구한 것에 있다. 바로 이점에서 케인즈는 맬더스의 경제이론적 전통에 입각해 있으며, 경제체제가 스스로 균형을 찾아 움직인다는 리카르도적 이념과는 정면으로 배치되는 것이다. 물론 맬더스는 자신을 유명하게 만든 인구론에서 경제계와 생태계 간의 불균형을 강조한 바 있다. 로버트 도르프만(Robert Dorfman, 1989)이 지적하였듯이 리카르도와 맬더스 간 논쟁은, 본질적으로 순수한 이론가(리카르도)와 현실경제학자(맬더스) 간의 갈등이다. 이러한 분열은 오늘날까지 지속되고 있다. 그러나 전반적으로 리카르도의 평형접근법이 지배적 추세이다. 이것은 국제정책적 결정, 특히 국제통화기금에서 지배적 견해를 대변하는 통화론자들의 정책이나 자유방임주의적 정책과 일치한다. 그러나 역사적으로 위기시기마다 불균형/개입주의적 접근법이 많은 기여를 하였다. 이의 한 사례를 케인즈적 혁명에서 찾아 볼 수 있다. 현재의 세계는 이러한 위기적 상황에 놓여 있다. 이 상황을 조성하는 긴급한 요소는 생태적 위협이 만일 자유방임주의가 이 위기적 국면을 돌파할 수 없다고 가정한다면, 현상황에 맞도록 변형된 케인즈정책의 가능성을 검토해 보는 것도 의미가 있다.

몇몇 후기케인즈이론가들이 강조하듯이(Eichner, 1979), 케인즈 관점의 정책적 함의는 재정 및 금융정책에만 고정된 것이 아니다. 그러나 힉스(Hicks) 등은 케인즈주의를 신고전주의적 관점으로 제한 해석하였고, 이것은 사무엘슨(Samuelson)을 비롯한 몇몇 학자들에 의해 체계화되었는데, 이들의 초점은 재정정책과 금융정책의 양영역에만 맞추어져 있다. 반면 다른 형태의 정부개입과 지도도 케인즈적 분석에 의거할 수 있다. 즉 소득재분배정책, 사회적 차원에서의 투자관리정책, 특정의 시장안정화정책, 그리고 무역관리정책 등에서 케인즈적 정부개입 유형을 찾아볼 수 있다. 이미 케인즈는 이러한 정책 중 몇 가지를 제안하거나 암시한 적이 있다(General Theory 의 23, 24장). 그 외에 다른 정책들은 후기케인즈학자들에 의해 발전되었다 (Eichner, 1979 ; Minsky, 1986 ; Kuttner, 1991). 오늘날 새로운 정부프로그램에서 빼놓을 수 없는 것이 자원관리와 환경관리정책인데, 이것들도 역시 케인즈적 전통과 맥을 같이 하고 있다(Davidson in Eichner, 1979). 물론 이것들은 환경보호와 고용창출이라는 이중의 기능에 봉사하여야 한다.

현재 지구가 당면하고 있는 위기는 케인즈적 정책도구 전반을 요구하고 있다. 그러나 동일한 정책적 도구라 할지라도, 그 강조점은 환경정책에 두어져야 한다. 이로부터 상이한 이론적 논거가 필요하다. 특히 환경분석은 경제이론에서 거의 발전되어 있지 않다. 기껏해야 환경파괴를 비용과 편익이라는 차원에서 분석하기 위해 환경에 화폐적 가치를 부여한 것이 전부이다. 그러나 전지구적 생태문제의 폭과 깊이는 이러한 관점이, 지구상 모든 생명의 기반을 위협한다는 의미에서의 생태계 교란을 개념화하는 데 부적절함을 나타내준다. 현재 경제체제를 지구생물체계 및 지구물리체계와 연관지어 재정향화하는 작업들이 진행되고 있다. 이 작업은 조르제스크-뢰젠(Georgescu-Roegen, 1974)과 허만 델리(Herman Daly)에 의해 시도되고 있다. 그들의 작업은 경제활동을 엔트로피라는 근본적인 물리법칙에 종속시킨다. 이 법칙이 전지구적 범주의 환경문제가 지니고 있는 역동성을 이해하는 데 핵심적 열쇠가 된다. 그러므로 거의 모든 경제학자들에게는 낯선 이 이론체계를 케인즈적 분석 및 정책도구들과 종합하기 위해선, 이러한 이론적 논의 그 자체를 깊이 숙고해볼 필요가 있다. 이 논의를 전지구적 생태위기에 적용하는 것은 2차 케인즈혁명 — 일국차원의 경제정책일 수도 있고 지구적 차원의 경제정책일 수도 있다. — 을 촉발시키는 촉매가 될 것이다.

4. 생태계, 엔트로피, 그리고 경제이론

'순환적' 흐름은 경제이론에서 기본개념이다. 노동은 상품생산으로 흘러 들어가고, 생산된 상품은 인구들에 의해 소비되며, 이 인구는 미래의 생산을 위해 보다 많은 노동력을 제공한다. 생산된 상품 가운데 일부는 자본재이다. 이것들은 다음번 생산주기에 투입된다. 자연자원도 또한 주기적 흐름으로 투입된다. 그러나 자연자원이 상품으로 전환되는 과정은 명료하지 못하다. 예를 들어 금속은 광산의 채굴활동을 통하여 생산될 수 있다. 그러나 동시에 광석의 매장량은 채굴활동으로 인하여 감소된다. 시간이 지나면서 기술발전은 채굴비용을 낮출 수 있으며, 이로 인해 자원에의 접근가능성은 증가한다. 그러나 동시에 고갈률도 가속적으로 증가한다. 결과적으로 초래되는 것은 순환적 흐름이 아니라 기술발전과 자원고갈간의 반비례적 경쟁뿐이다. 경제학자들은 이러한 경쟁에서, 기술이 과거에도 그랬듯이 미래에도 승리할 것이라고 가정하는 경향이 있다. 이로써 이들은 자연자원이 경제활동에 지속적으로 공급될 수 있다고 확신한다. 그러나 생태적 원칙과 물리적 원칙은 이와는 다른 분석과 전망을 제공하고 있다.

경제내 노동과 자본의 순환적 흐름은 자연자원/에너지/생물체계의 흐름 가운데에서 또는 종속적으로 이루어지고 있다. 물 순환, 질소 순환, 탄소 순환, 산소 순환처럼 자연자원/생물의 흐름은 순환적이다. 그러나 다른 것, 특히 에너지는 엔트로피법칙의 작동에 의해 지배된다. 이것은 단선적으로만 진행된다. 전통적으로 경제이론가들은 이러한 자연체계의 평형화과정을 전혀 설명하지 않았다. 산업생산의 발전과 더불어 경제체계와 다른 체계들간의 상호의존성, 또는 경제체계의 타체계에의 의존성은 보다 복잡해졌다.

우리들은 경제체계, 생물체계, 그리고 지리물리학적 체계가 하나의 거대한 순환적 흐름 — 정확히 말하자면 3개의 작은 순환적 고리가 마치 삼각형처럼 모여 있는 흐름구조이다(그림1 참조). — 을 이룬다고 생각할 수 있다. 물론 이들 개별체계들은 자신의 고유한 내적 발전법칙을 가지고 있다. 그러나 하나의 핵심법칙이 지리물리적, 생물적, 그리고 경제적 과정들의 복합체를 조정/규제한다. 이 법칙이 '열역학 제 2법칙' 인 엔트로피법칙이다. 이 법칙에 따르면 어떠한 체계이든, 이용가능한 에너지의 총량은 시간과 더불어 감소한다. 엔트로피는 이용불가능한 에너지의 총량이다. 따라서 이용가능한 자연자원(예로 석탄매장량)들은 낮은 엔트로피를 갖고 있다. 쓰레기들(석탄이 연소한 후의 재, 폐열 등)은 높은 엔트로피를 가진다. 모든 생명과정은 낮은 엔트로피의 흐름을 요구하며, 높은 엔트로피인 폐기물을 자신의 몸밖으로 방출함으로써 환경의 엔트로피를 상승시킨다. 낮은 엔트로피는 두 가지 원천, 즉 지구자원저장량과 태양광선의 흐름으로부터 얻을 수 있다.

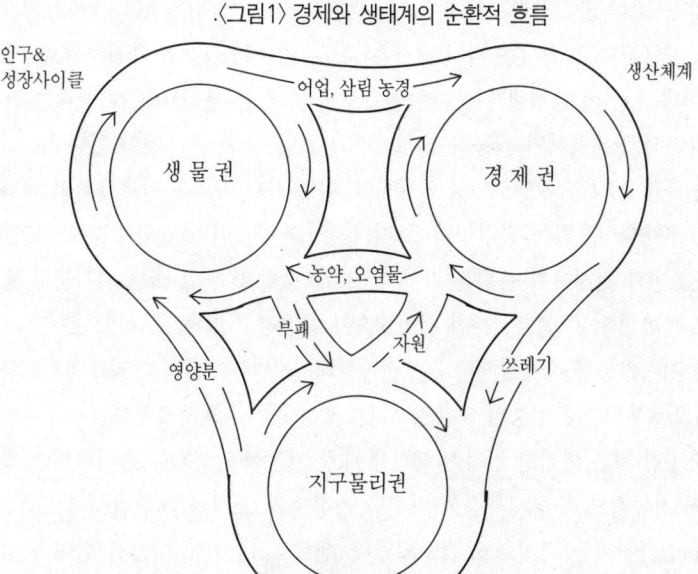

〈그림1〉 경제와 생태계의 순환적 흐름

　현존하는 생태계는 낮은 엔트로피를 효율적으로 포착하도록 조직돼 있다. 역사적 진화과정은 복잡하고 상호의존적인 생명체계를 발전시켰는데, 이 체계는 태양유입을 활용함으로써 낮은 엔트로피를 자신의 환경으로부터 끌어들였다. 생태계의 기본과정은 광합성으로, 이 과정을 통해 녹색식물은 태양에너지를 활용하여 생명에 필수적인 유기복합물을 생산한다. 모든 동물들의 생명은 식물의 광합성에 전적으로 의존하고 있다. 왜냐하면 동물은 태양열을 직접적으로 활용할 수 있는 능력을 갖고 있지 않기 때문이다.
　엔트로피법칙의 관점에서 보면, 경제과정은 본질적으로 생명활동을 지지하기 위해 낮은 엔트로피를 포착하는 생물과정의 확장이다. 그러나 이 과정은 엔트로피 수준을 상승시킨다. 이 주장의 기본 요체들은 죠르제스크-뢰겐의 저서 『엔트로피법칙과 경제과정』(1974)과 허만 델리의 『정상상태의 경제(Steady-State Economy)』(1991)에서 상세하게 개진되고 있다.
　전반적으로 산업체제는 낮은 엔트로피의 사용률을 증가시키고 있다. 광석 또는 화석연료형태로 저장된 낮은 엔트로피는, 산업과정을 지속시키기 위해 채굴된다. 또한 집중적인 경작은 '토양'이라는 저장된 자연자원을 '채굴'한다. 동시에 산업체계는 높은 엔트로피의 폐기물을 환경으로 방출한다.

따라서 경제체제가 작동하고 성장하기 위한 두 가지 조건이 있다. 그 하나는 충분한 낮은 엔트로피의 공급이고, 다른 하나는 높은 엔트로피의 폐기물을 흡수할 수 있는 환경이다. 그러나 산업과정들이 팽창함에 따라, 낮은 엔트로피의 전지구적 총량은 점차적으로 고갈되고, 오염 또는 폐기물의 형태로 변환된 높은 엔트로피가 점차적으로 증가하고 있다. 궁극적으로 단 하나의 지속가능한 세계경제체계는 정상상태의 경제로, 이는 태양에너지로의 유입으로부터 이용가능한 저엔트로피를 활용하는 경제체계이다.

분명한 것은 이러한 관점이 생산에 대한 전통적 관점과는 상이하다는 것이다. 전통적으로 경제과정은 자원을 자본재와 소비재로 전환시킴으로써 부를 증가시키는 과정으로 간주되었다. 엔트로피법칙에 따르면 현대의 경제생산은 이용가능한 자원이라는 관점에서 자신의 부를 감소시키고 있다. 필자는 경제성장이 일정 기간 동안만 지속가능하다고 생각한다. 여기서 일정 기간이란 낮은 엔트로피를 생물계와 지구물리계로부터 흡수하고, 역으로 자신의 높은 엔트로피인 폐기물을 방출할 수 있는 기간을 의미한다. 그러나 어느 시점에 도달하면 현재의 경제성장과정은, 이 체계가 받아들일 수 없을 정도의 스트레스를 야기시킨다. 이러한 스트레스는 생태적 안정성을 교란·파괴시킬 수 있다. 일시적으로 다른 체계의 낮은 엔트로피를 활용할 수도 있을 것이다(예를 들어 고갈된 토양을 복원시키기 위해 질소비료를 사용하는 것인데, 이 경우에도 질소를 고정시키는 데 화석에너지를 필요로 한다). 그러나 이 과정은 제2의 체계에서도 낮은 엔트로피의 자원들을 고갈시킬 수 있으며, 높은 엔트로피 폐기물의 흐름을 증가시킬 수 있다.

이처럼 엔트로피법칙은 성장에는 한계가 있다는 가정을 정당화해준다. 따라서 경제체계의 작동은 다음과 같은 제약요건을 고려해야 한다.

■제한된 저엔트로피 자원의 총량, 특히 양질의 광산과 가용 화석연료의 한계성

■토양과 생물계가 지닌 식량생산능력의 한계성
■고엔트로피 폐기물을 흡수할 수 있는 생태계 능력의 한계성

지구생태계적 접근에 있어서 성장에 대한 상호연관적 한계, 혹은 스트레스 증후군은 분명히 드러나고 있다. 그러나 경제체계의 가격과 유인동기들은 생태계 악화를 감지할 정도로 충분히 민감하지 못하다. 미래시장과 자산능력이 긴박한 자원고갈 및 환경파괴를 반성할 수 있을 지 의심스럽다. 특히 공유자원과 장기적 관점을 고려 대상으로 설정한다면, 이러한 의구심은 더욱 커질 수밖에 없다. 따라서 생태계에 치유불가능할 정도로 해를 입히고 필수적인 지하자원을 탕진하는 붕괴 증후군의 가능성까지도 예측할 수 있다.(Meadows and Randers, 1992)

이와 같은 경제발전의 파국적 결과를 피하기 위해, 엔트로피법칙은 경제발전을 관리할 새로운 효율적 제도들이 필요함을 암시하고 있다. 델리가 자신의 저서 『정상상태의 경제』에서 제한한 바 있듯이, 이 제도들은 다음과 같은 기능을 가지고 있어야 한다.

■자원관리 : 자원고갈의 최소화 및 재활용 촉진
■인구성장에 대한 통제
■생태계의 균형 유지
■필요와 지나친 욕구간의 구분, 및 사회평등을 위한 소득재분배

생태지향적 제도들이 가져야 할 기능은, 현국가내 환경부처들이 갖고 있는 보조적 역할 - 이 기관들은 외재성을 다룬다. - 이 아니라, 장기적으로 경제발전을 틀지우는 기능이어야 한다.

케인즈적 관점과 생태적 관점은 양립가능한 것이다. 이러한 결론은 이 두 관점이 모두 맬더시안적 전통에 뿌리를 두고 있다는 사실에서 쉽게 내릴 수 있다. 또한 이 두 관점은 거시경제의 순환적 흐름에 관심을 가지고 있다. 케인즈적 분석은 특히 노동과 자본의 순환에, 엔트로피법칙은 자연자원의 순환에 초점을 두고 있다. 이외에도 양자는 모두 불안정성, 불균형, 잠재적 붕괴를 회피하기 위해 경제계를 관리하고 지도해야 한다는 필요성을 강조한다. 1920년대와 1930년대의 대공항기에, 주기적 불안정성의 문제와 대량실

업 문제는 케인즈적 정책결정제도를 채택하도록 강제하였다. 역으로 2차 세계대전 이후에는 케인즈적 정책결정제도가 세계경제를 틀지우고 있다. 향후 50년 후의 지구모습은 인구문제, 발전문제 그리고 환경문제 등에 의해 좌우될 것이다. 케인즈적 관점과 생태적 관점간의 정합에 기초한 일련의 제도들은 전지구적 불평등, 경제갈등, 그리고 환경악화에 대한 대안이 될 수 있을 것인가?

5. 전지구적 발전을 위한 새로운 제도들

전지구적 수준에서 재정향화된 케인즈적 제도는 파울 스트레튼(Paul Streeten, 1989)에 의해 그 모형이 제시되었다. 그는 국제중앙은행의 설립, 국제적인 소득세 및 분배제도의 설치, 투자계획 및 재정지원을 위한 조직구상 그리고 상품가격의 안정화 계획안 등을 요구하였다. 그러나 필자의 생각으로는 이러한 요구에 생태계, 생물계, 그리고 지구물리계의 상호의존성을 목표로 하는 제도들도 첨가되어야 한다. 만일 엔트로피법칙이 주는 메시지를 받아들일 수 있다면, 경제정책의 초점은 경제성장을 진작시키는 것으로부터 경제활동을 관리하고 지속가능한 형태를 유지하는 쪽으로 이동되어야만 한다. 이것은 선진 산업국에서는 주요한 기술변형 — 특히 화석연료, 화학합성물, 높은 자원 및 에너지 투입, 화학의존적 농업 — 이 일어남을 의미한다. 또한 개도국에 대해서는 GNP 성장에의 의존과 적하이론적 발전이론으로부터, 기본적 필요의 충족이라는 접근법(Streeten/Stewart) — 이 접근법에서는 생태 파괴적인 높은 원료투입과 높은 폐기물 방출에 의존하는 생산체계(산업국가의 전형)보다는, 생태적으로 균형잡힌 농업 및 산업체계를 우선시한다. — 으로 이동하는 것을 의미한다.

21세기의 국제제도들은 다음과 같은 두 가지 기능을 충족시켜야만 한다. 즉 고용창출, 소득재분배, 경제안정과 같은 케인즈적 기능, 그리고 자원보존, 쓰레기관리, 환경보호, 생태적 안정성 등을 지향하는 계획과 같은 새로운 기능이다. 다행스럽게도 이 두 기능은 많은 점에서 상호보완적이다. 예를 들어 생태적으로 건전한 농업은 노동집약적이어서 안정된 고용창출에 적합하다. 또한 생태적으로 지향된 공공업무는 고용과 훈련을 위한 중요한 기회를 제공한다.

 문제의 성격이 범지구적이기 때문에 초국가적 공공제도에 대한 필요성은 논란의 여지가 없다. 도프만(Dorfman, 1991)은 국제환경협약을 사례별로 접근할 것을 제안하였다. 이 사례별 접근은 오존층 보호를 위한 몬트리올의정서 모델에 입각한 것이다. 이러한 실용주의적 정책은 국제정치적 현실들을 반영할 수 있다. 그러나 위에서 제시한 엔트로피적 접근법에 의거한다면, 이러한 실용주의적 정책은 장기적인 경제적·생태적 안정성을 제공해주기에는 부적합하다. 필자는 이러한 이중적 기능을 수행할 수 있는 세계제도의 윤곽을 다음과 같이 개략적으로 제시해보았다. 이러한 제도는 유사한 국내 제도들에 의해 보완될 수도 있을 것이다.

 (1) 국제적 재정기구는 현 IMF에 근거해야 하지만, 보다 큰 유동성을 창출할 수 있는 능력이 있어야 한다. 이 '세계 중앙은행'의 과제는 개도국들에게 확대된 유동성을 제공하고, 이전 공산주의국가들을 현재의 세계재정체계내로 통합하는 것이다. 채무관리와 채무축소 또한 이 기구의 또 다른 기능이 되어야 할 것이다. 조건부 프로그램들은 상호갈등을 일으키는 정책들을 요구하기보다는 오히려 자신의 조건을 환경남용근절, 부패근절, 사회적 평등, 그리고 기본필요에 대한 지표 등으로 정향화하여야 한다.

 (2) 국제 개발기구는 세계은행의 노선에 입각하여야 한다. 그러나 그 능력은 보다 확장되어야 하며, 생태적으로 지속가능한 발전, 그리고 환경이 파괴된 영역의 복구 프로젝트에 초점을 두어야 한다. 이러한 프로젝트는 효율적인 관개시설, 지속적인 물공급관리, 농림 및 산림관리, 곡물생산의 다양성 및 유기적이고 노동집약적 농업, '경(soft)'기술 또는 중간수준의 산업기술 및 농업기술, 교육과 여성고용창출에 중심을 둔 인구관리 프로젝트 등을 포함한다.

 (3) 전지구적인 공공업무관장 기구(Global Public Works Institutiopn)는

개도국에게 공중건강, 교육 및 문자습득, 쓰레기관리 및 재활용, 인구통제, 환경보호 및 복원프로젝트를 제시해주고, 이에 대한 직접적 재정지원을 담당해 줌으로써 이를 활성화시킬 것이다. 이 프로그램들은 선진국으로부터 숙련된 인적 자원(교사, 의료관계자, 엔지니어 등)들을 고용할 것이며, 동시에 지역 주민들에게 훈련기회를 제공할 것이다. 이것은 선진국내 국가서비스 프로그램에 연결될 수도 있으며, 군사서비스에 대한 하나의 대안으로 작동할 수도 있을 것이다.

(4) 전지구적 환경보호 기구는 환경모니터링의 임무를 가진다. 따라서 일련의 방출기준을 제공하고, 부담금이나 이전가능한 배출허용권 등의 규제 및 동기유인체계를 창출하며, 대기권, 대양, 토양 등 전지구적 환경에 악영향을 미치는 경제활동에 대해서는 벌칙을 제공한다.

(5) 전지구적 자원관리 기구. 이 기구는 공유재산(대양, 어장, 대륙붕, 극지방)의 관리와 관련하여 정부간 협상을 거쳐 '세계공원'의 창출과 관리를 자신의 업무로 한다. 이 기구는 고갈세를 부과하거나 쿼터제를 실시할 수 있는 권한을 가지며, 또한 환경적으로 민감하고 국가간에 무역이 가능한 상품에 대해 환경세를 부과할 수 있는 권한을 가진다.

(6) 국제 연구 및 기술이전 기구. 이 기구는 생태적으로 건전한 기술을 진작시키고 이를 산업, 농업 그리고 수송 영역으로 확산시키는 기능을 가진다. 이 기구는 열대농업, 지역적 곡물의 다양성, 통합된 전염병 관리, 그리고 효율적인 관개 등에 주초점을 맞춘다. 또한 태양에너지나 대안에너지체계와 친환경적인 합성물에도 관여해야 한다.

(7) 국제 무역기구. 이 기구는 관리된 무역을 다룬다. 이 관리된 무역에는 개도국내 노동집약적인 산업의 발전, 선진국으로부터 개도국이나 구공산국으로의 자본재 수출, 과잉생산을 회피하고 토지보존에 대한 동기를 부여하는 균형된 농업무역, 상품가격의 안정화, 전략상품의 보존 등이 포함된다.

(8) 국제 평화유지 기구. 이 기구는 현존하는 유엔군보다 확장된 권한을 가져야 한다. 이 기구는 핵확산 및 생화학무기확산을 통제하는 협정, 그리고 핵무기와 재래식무기를 축소하는 협정을 토론할 수 있는 기회를 제공해야

한다. 개별 국가들이 현재 지출하고 있는 군사비 및 군사요원은 국제평화군 육성으로 전환되어야 할 것이다.

이러한 세계제도는 현 국제정치적 현실에서 '거의 생각할 수 없는 것'일 지도 모른다. 하긴 현재 미국의 제도들, 즉 사회보장제도, 실업보상제도, 노조의 유니언쉽보호, 대량적인 연방기금을 동반한 재정정책, 그리고 팽창적인 통화정책 등도 1920년대엔 존재하지 않았다. 그뿐만이 아니다. 미국의 소득세, 트러스트 금지법, 그리고 연방적립금체제(Federal reserve System) 등도 1890년대까지 존재하지 않았다. 또다시 우리들은 경제발전이 과거 자신을 관리한 제도를 뛰어 넘어야 하는 역사적 시점에 도달해 있다. 왜냐하면 현대의 제도들은 경제발전을 더 이상 수행할 수 없기 때문이다. 그러나 지금의 문제는 일국적 차원이 아니라 전지구적 차원이다. 따라서 그 해결도 전지구적 수준에서만 가능하다. 이러한 상황의 가장 좋은 선례는 1940년대로, 이 시기에 현존의 국제제도들은 강렬한 케인즈적 영감에 사로잡혀 창출되었다. 보다 강력한 힘을 가진 제도가 보다 다원화된, 그래서 갈등내재적인 현세계에 등장할 수 있을 것인가? 생태위기의 긴급성에 비추어 추정해보면, 정치경제적 장애물들이 어쩌면 더 쉽게 극복될 수 있을 지도 모른다.

6. 정치·경제적 실현가능성

이러한 강력한 국제제도의 창출은 무엇보다도 주요 시장자본주의 세력들 ― 미국, 일본, 유럽공동체 ― 간의 협정을 요구한다. 만일 협정이 이뤄질 수 있다면, 이 세 강대국은 새로운 지구의 패권자로 행동할 수 있다. 또한 구소련, 동구, 중국도 이러한 협정에 참여할 수 있도록 하는 유인이 있어야 할 것이다. 이러한 동기는 경제발전으로 인한 혜택이 이들 국가들에게 주어진다면 가능해진다. 특히 환경문제는 소련과 동구권국가들의 재건설이라는 엄청난 사업에서 일차적인 중요성을 가지고 있다. 유사하게도 개도국들도 새로운 국제제도를 승인하려는 강력한 동기를 가지고 있다. 왜냐하면 이 기구가 채무부담에 대한 종언과 재정적·무역적·기술적 혜택을 약속할 것이기 때문이다. 이러한 정치적 혜택은 장애물에 비추어 신중히 고려되어야 한다. 여기에서 장애물이란 정치적 통제, 재정지원에 대한 책임성을 둘러싼 논쟁, 환경 및 자원문제에 대한 통제, 국제군사력에의 분담적 기여 또는 국제사법권의 수용 등을 의미한다. 그러나 만일 경제적, 환경적 혜택을 동반한 이러한 제안들이 강력하게 옹호될 수만 있다면, 전세계적 정치논의의 본질은 변화될 것이며, 자기 스스로 계기를 창출하게 될 것이다. 이와 유사한 예를 2차 세계대전 이후, 장 모네(Jean Monnet)의 제안에 따라 진행된 유럽공동체의 통합과 성장에서 찾아 볼 수 있다. 매 단계마다의 중요한 장애물, 대립, 갈등 등이 통합이 가져올 경제적 혜택과 힘에 의해 극복되었다(비록 재정비된 마스트리히 조약이 이러한 과정의 분수령을 표현하고 있다 할지라도). 필자는 보다 통합된 전지구적 제도의 등장을 알리는 역사적 계기가 마련되고 있다고 생각한다.

만일 편협하고 단기적인 이해관계가 지배적이게 될 경우, 미국이나 일본, 구주공동체 중 어느 한쪽에서 이 일면적인 전지구적 발의에 정면으로 반대할 것이다. 이 강대국들이 아마도 새로운 제도에 대한 재정지원을 제공해야 할 것이다. 미국은 특히 보다 다원주의적 구조를 가진 전략적 지배를 선호할 것이다. 일본은 세계사로부터의 고립이라는 기존의 입장을 파기해야 하며, 유럽은 보다 강력한 역할을 수행하기 위해 자신의 내적 선입견을 극복해야 한다. 그러나 불행하게도 이러한 편협한 관심이 지금까지도 새로운 세계제도라는 이념을 방해하고 있다. 우리가 지적하였던 것처럼, 이 구조창출의 지연은 높은 경제적 대가와 생태적 대가를 동반한다. 이에 대한 직시와 인식의 확대는, 편협한 이해관계와 단절시킬 만큼 충분히 정치적 분위기를 변화시킬 수도 있다. 경제적으로 선진된 국가에서 정치지도자들은 생태위기에 대처하기 위해 필요한 노력들을 경주하고 있으며, 21세기 세계경제를 위한 강력한 기반을 제공하고자 한다.

현상유지라는 정치장애물이 붕괴되면, 새로운 제도에 대한 재정지원 및 이들의 경제적·환경적 기능통합이라는 문제는 그렇게 어려운 것이 아니다. 부분적으로 이러한 활동에 대한 재정지원은 감소된 군사비에서 충당될 수 있다. 발전기구를 위한 투자자본은 신흥산업국을 포함한 나머지 국가들로부터 이용가능할 것이다. 재정의 또다른 원천은 전지구적 자원고갈세(에너지세, 탄소부과금), 쿼터권, 다국적 기업에 부과한 세금 등에서 찾을 수 있다. 인적 자원은 국가서비스 프로그램이나 청소년들을 위한 자원봉사 프로그램 등을 통하여 상대적으로 저렴한 가격에 활용할 수 있다. 이들 청소년들은 전지구적 미래를 보장하는 작업에 기꺼이 참여하고자 할 것이다.

물론 이러한 것들은 1980년대의 '여피' 윤리가, 부활된 '평화군단 윤리'로 대체될 것을 요구한다. 이러한 정치분위기의 전환이 전례없는 것은 아니다. 경제학자들은 모든 개인적 고려들이 자기 이해관계에 의거하여 만들어진다는 가정으로부터, 역사과정에서 이상주의가 차지하는 중요성을 평가절하하는 경향이 있다. 그러나 급진적으로 개혁된 정치운동 — 이 운동은 개개인들에게 지구의 미래를 위협하는 문제들을 해결할 수 있는 준거틀을 제공한다. — 은 전세계적인 호소력을 가질 수 있다.

존 로빈슨(Eichner, 1979)이 지적하였듯이, 케인즈적 관점의 핵심부에는 현재와 미래를 연결시키는 문제가 놓여 있다. 여기에서 자기규제적인 다면 시장의 균형이라는 왈라스적인 견해는, 규제되지 않은 시장경제라는 단기적 시간지평을 이유로 파기된다. 케인즈는 우리의 미래예측을 방해하는 무지와 시간이라는 어둠의 세력을 근절시키기 위해서는 의도적인 공공정책이 필요하다고 역설한 바 있다. 생태적으로 지향된 관점들은 장기적인 지속가능성에 가장 큰 강조점을 부여하며, 자유방임체제는 이에 적합하지 않다고 지적한다. 이 두 관점의 수렴은 전지구적 공공정책결정과정의 필요성을 정의해준다. 만일 이 과정이 결여된다면, 경제적 표류와 환경적 악화는 지속될 것이다. 이 새로운 제도에 대한 대략적 윤곽은 명료한 것이며, 그 가능성은 크고, 경제는 견고하다. 그러나 지속가능한 발전을 위한 세계제도들은 정치세력의 결집을 기대하고 있다. 왜냐하면 정치세력들의 결집이야말로 이 제도의 실현을 구체화시킬 수 있기 때문이다.

참고문헌

Ayres, Robert U./Simonis, U.(eds.)(1992), Industrial Metabolism : Restructuring for Sustainable Development, Toyko.
Bergsten, C. Fred(1988), America in the World Economy : A Strategy for the 1990s, Washington, D.C.
Calleo, David P.(1987), Beyond American Hegemony : The Future of the Western Alliance, N.Y.
Daly, Hermann E.(1989), Steady-State Economics, 2nd edition, San Francisco.
Dorfman, Robert(1989), "Thomas Robert Malthus and David Richardo," Journal of Economic Perspectives, Vol.3, No.3, pp.153-64.
＿＿(1991), "Protecting the Global Environment : A Modest Proposal," World Development, Vol.19, No.1, pp.103-10.
Duchin, Faye(1992), "Industrial Input-Output Analysis," In U.S.National Academy of Sciences(ed.), Proceedings, Vol.89, pp.851-5.
Eichner, Alfred S.(ed.)(1979), A Guide to Post-Keynesian Economics, White Plains, N.Y.
Friedman, Benjamin M.(1988), Day of Reckoning : The Consequences of American Economic Policy Under Reagan and After, N.Y.
Garten, Jeffrey E.(1992), A Cold Peace : America, Japan, Germany, and the Struggle for Supremacy, N.Y.
Gilpin, Robert(1987), The Political Economy of International Relations, Princeton, NJ.
Harris, Jonathan M.(1990), Environmental Limits to Growth in World Agriculture, N.Y.
Kuttner, Robert(1991), Beyond Laissez-Faire, N.Y.
Mead, Walter Russell(1987), Mortal Splendour : The American Empire in Transition, Boston.
Meadows, Donella/Dennis Meadows/Jorgen Randers(1992), Beyond the Limits, Post Mills.
Minsky, Hyman P.(1986), Stabilizing an Unstable Economy, New Haven.
Pimentel, David et al.(1980), "Environmental and Social Coats of Pesticides," OIKOS, No.34, pp.126-40.
Sachs, Jeffry(1989), "Testimony to the Subcommittee on Foreign Operations, Export Financing, and Related Programs of the House Appropriations Committee," Washington, D.C., Feb. 28, 1989.
Strwart, Frances(1987), "Back to Keynesianism," World Policy Journal, Vol.IV, No.3, pp.465-83.
Streeten, Paul(1989), "International Cooperation," In H. Chenery/T.N. Srinivasan(eds.), Handbook of Development Economics(Ch.2). Amsterdam.
World Bank(1984), World Development Report, N.Y.
World Resources Institute(1992), World Resources 1992-3, N.Y.
Worldwatch Institute(1990), State of the World 1990, N.Y.

12. 합리적 세계지배 질서? [1]

엘마 알트파터

> Elmar Altvater : 독일 자유 베를린 대학 정치학부 교수. 현재 계간지인 『프로크라(PROKLA)』 편집위원이다. 그는 자본주의의 발전과정, 국가이론, 발전정책, 채무위기 그리고 경제학과 생태학간 연관관계 등에 관해 다수의 저서와 논문을 발표하였다. 대표적인 저서로는 『경제적으로부터 경제위기로』(1979), 『케인즈주의를 넘어선 대안 경제정책』(1983), 『세계시장이란 상황 강제』(1987), 『국가의 빈곤』(1987), 『시장의 미래』(1992), 『복지의 대가』(1992) 등이 있다.

'세계질서'라는 말이 세상사람들의 관심사로 등장한 것은 20세기가 넘어서부터였다. 그러나 지난 100년 동안 지속되어 온 '세계체제'는 지금과 같은 규모로 전세계를 포괄하는 것은 아니었다. 만일 현질서체계가 정치적 청사진으로서 계획된 것이라면, 국민국가간 세력균형은 30년 전쟁 이후 20세기까지 영향력을 가지고 있었던 '팍스 베스트팔리아'와 같은 기본원칙을 가져야 한다(Miller 1994). 그러나 이 국민국가들의 체계에서는 대단히 많은 요소들이 조정되어야만 했고, 뉴턴의 중력법칙처럼 '세력들간의 균형점'을 산출해내야만 했다. 그러나 이 체제는 각기 상이한 세력들과 이해관계를 가진 요소들간의 균형을 유지할 수 없었기 때문에, 불가항력적으로 체제의 미래전망을 상실할 수밖에 없었다. 규칙 또는 법칙을 관철시킬 힘이 있는 국민국가들은 제국주의의 시대에 세계를 정복하고자 노력하였고, 이 과정에서 자기 국가의 법칙 및 원칙들을 전세계로 확산시켰다. 이로부터 이 체제

---

1) Elmar Altvater(1994), "Die Ordnung rationaler Weltbeherrschung oder : Ein Wettbewerb von Zauberlehringen," *PROKLA*(95)

의 다른 국민국가들이 동일한 원칙을 좇는다 할지라도, 이것은 분명 갈등내
재적이고 분쟁유발적일 수밖에 없다. 금세기에 일어난 두 차례의 세계대전
이 이 국민국가들의 질서체제를 마감시켰다.

1. 국민국가들의 세계질서로부터 '경쟁국가들'의 세계로

전후 '거대 디자인'이 설계된 이후 1989년 베를린 장벽이 무너지기까지,
20세기 후반기를 지배해왔던 세계체제는 양극체제였다. 이 양극체제의 특
징은 두 개의 국가군, 즉 자본주의적 서구진영과 현실 사회주의의 동구진영
간의 '체제경쟁'에 있다. 19세기까지 하나로 통합되어 있던 역사는, 1917년
으로 접어들면서 둘로 나뉘어지는 분기점을 맞게 된다. 이후부터 향후 미래
세계가 어떻게 전개될 것이며 분열될 것인지는 예측할 수 없게 되었다. 이
러한 현상은 냉전이 시작한 1947년 이후에도 해당된다. 냉전 이후 두 개의
역사체제[2]는 세계에 대해 평화와 발전을 위한 대안 체제를 제공할 수 있다
고 주장하였다. 이 경우 자본주의의 서방세계에서는 개인적 자유를 이념으
로 제시하였고, 현실 사회주의의 동구진영에서는 사회적 평등을 강조하였
다. 이 두 개의 세계체제는 당시 아직 공고화되지 않은 '남'의 제3세계 국
가들에게 자신들이 이상으로 설정하고 있는 세계질서를 지지하도록 영향력
을 행사하기 위해 경쟁하였다. 최근까지 미국의 헤게모니하에서 등장한 서
방의 분화된 조정 메커니즘(Regelwerk)이 동·서갈등을 조정하는 데 기여
하였다. 이 조정 메커니즘은 시간을 단축하고 공간을 확장하는 데 필요한
제도들을 제공해주었다. 전후 등장한 규범체계로서 유엔이나 무역과 재정
을 다루는 국제기구들이 지적될 수 있다. 특히 후자의 무역기구 및 재정기
구는 전쟁이 끝날 무렵 브레튼 우즈와 하바나에서 채택된 제도들로서, 국제
통화기금(IMF), 세계은행 그리고 GATT 등을 의미한다. 이외에도 지역적 규

---

2) 임마누엘 왈러스타인은 자본주의 생산방식을 설명하면서 역사적인 연결고리들을 만
들어냈다. 이를 위해 그는 체제분석 이외에도 역사적 탈장소화 과정(Verortung)을
제시하였다.(Wallerstein 1984)

모에서 통합된 경제블록과 정치적으로 통합된 지역동맹체제 등이 형성되었
다. 그러나 이 지역 기구들은 전지구적 맥락에 이미 편입된 기구로서의 성
격을 갖고 있었다. 그 이유는 최대 헤게모니국가인 미국이 '전지구적 역할
자'로서 대서양과 태평양 지역동맹을 연결하고 있었기 때문이다.

세계생산과 세계무역은 역사적으로 단 한번도 경험한 적이 없는 높은 성
장률로 확장되었다.[3] 오랫동안 애써온 축적의 파고에서 '체제 개방성'도 높
아졌다. 사회총생산에서 대외무역이 차지하는 퍼센트가 증가하였고(OECD
국가군은 1950년 15.1%에서 1986년 24.8%로 증가, Maddison 1989 : 143),
관세율은 낮아졌으며(공산품의 경우 약 60%), 일국적이거나 지역적인 응집
화 현상(자립경제적 노력과 보호주의)도 점차적으로 감소되었다(Krasner
1976 : 317 ; Thompson/Vescera 1992 : 493). 최근까지의 관찰에 따르면
이러한 현상이 완전히 순조롭게 이뤄졌다고는 볼 수 없다. 왜냐하면 유럽공
동체가 1957년 형성되었고 1960년대초에는 '경제블록형성의 1차 물결'이
다른 지역으로 확산되었기 때문이다(Anderson/Blackhurst 1993 ;
Langhammer 1990). 물론 이러한 '지역통합 협정(Regional Integration
Arrangements, 약칭 RIA's)'은 비록 GATT의 자유무역원칙과 일치되지 않
는다 할지라도 무역활동 전반에 활력을 불어넣었다. 그리고 관세동맹에서
의 국가간 이해관계를 조정하기 위한 비엔나 기준도 서명되었다(Viner
1950). 이로부터 이 지역통합 협정은 GATT 내 자유무역론자들의 승인을 얻
어낼 수 있었다. 그러나 '경제블록 형성의 2차 물결'이 세계시장을 덮친
1990년대에 들어서면, 상황은 완전히 다르게 변모한다. 전지구적 차원에서
의 경쟁이 치열해짐과 더불어 지역단위의 응집 경향도 증가하였다. GATT
의 우루과이 라운드가 8차례에 걸쳐 진행되는 동안 관세 무역장벽은 철폐되
었다. 그러나 이와 동시에 비관세 무역장벽이 설치되었으며, 특히 산업화된
국가군은 삼각경쟁(Triadenkonkurrenze)으로 무장하고, 이를 통해 지역적
'요새'를 공고히 하였다.

---

[3] 매디슨이 조사한 바로는 32개 국가(16개 OECD국가, 6개 라틴아메리카국가, 9개 아
시아국가 그리고 소련)의 일인당 순소득은 1900~1950년까지 연평균 약 1.1% 성장
한 반면, 1950~1986년까지에는 약 6.5% 성장하였다.(Maddison 1989 : 14, 26)

이제 다른 국민국가들은 '베스트팔리아 질서'와 같은 '강대국들의 콘서트'에서 함께 연주할 수 없게 된 것이다. 즉 이들 국민국가들은 강대국들의 세계질서에서 더 이상 국민국가의 3대 요소인 영토, 국민, 주권을 가질 수 없게 되었다. 그러나 1970년대 초반까지만 하더라도, 이 국민국가들은 환율 및 관세 등에서 그 크기를 결정할 수 있는 중요한 주권적 권한을 가지고 있었다. 이들 국민국가들은 2차 세계대전이 끝난 후 – 케인즈에 의해 이론적으로 정당화되고(Keynes 1936), 비버리즈 경에 의해 1946년 사회정책적 프로그램으로 고양된 – 완전고용정책과 사회보장정책을 자국의 자본주의경제 틀내에서 추진할 수 있었던 것이다. 그 당시 국제제도들도 국민국가적 목표달성에 도움을 주었다. 그러나 1944년에 창출된 세계통화체제가 1970년초 붕괴되자, 상황은 달라졌다. 이후 국민국가가 자국 화폐와 관련하여 가질 수 있었던 경제정책적 주권은 사라지게 되었으며, 국토라는 경계내에서 관철되던 주권은 부분적으로 국가외 기구나 초강대국에게로 양도되었다. 그후 화폐, 통화, 재정 그리고 무역을 조정하기 위한 국제기구들은 심각한 기능전환 과정에 놓이게 된다. 이러한 발전과정으로부터 우리는 전후 세계질서가 1989년 사회주의권이 붕괴되기 훨씬 이전에 이미 붕괴되고 있었음을 추정할 수 있다. 동시에 국민국가들(지역들)은 관세, 이자율, 교환율 및 가격 등에서 자신들이 잃어버린 주권을 다른 국가의 영토, 때로는 다른 '지역'에서 되찾고자 시도하였다. 이것은 '체제의 경쟁능력' 회복이라는 정치프로그램을 통해서 추구되었다.[4] '경기변동의 장기파동'이 끝날 무렵, 대개 정체상태에 있던 시장에서 합리화경쟁이 촉발된다. 이러한 상황에서, 주어진 가격 또는 영향을 미칠 수 없는 가격들(상품가격, 교환율, 관세)의 경우,

---

[4] 프리츠 샤프(Scharf 1987)는 국민국가적 '관세주권'의 상실로부터 자신의 결론을, '한 계급내의' 공급정책적 사회주의란 방향에서 제시하고 있다. 세계시장으로 개방된 경제체제에서 경쟁력이란 도대체 무엇인가에 대한 새로운 논쟁(Messner/Meyer-Stamer, 1993)은, 지역적으로 연결된 경제/사회/정치/문화 등의 네트워크 구조를 국제적 경쟁능력의 토대로 강조하고 있다. 이 논쟁에서는 경쟁적 지위확보에 유리한 국민국가의 조건들이 열거되었고, 세계체제와 이의 작동방식을 국민국가들의 상호작용이 만들어낸 결과물로 파악하지 않았다. 사실 이 논쟁에선 경쟁국가의 국민성 개념을 의미하는 것으로서의 국민국가가 화제가 되었다.

경쟁자들은 그 동안 보조를 맞추어 왔던 비용을 삭감하고자 한다. 사실 이와 관련하여 임금이 경제정책의 전략적 개입변수가 된다는 것은 놀랄 만한 일이 아니다(이와 관련하여선 Altvater/Mahnkopf 1993을 참조하라). 이제 국민국가는 '경쟁국가'(다행스럽게도 이 개념을 히르쉬가 1994년 선택하였다.)로 변신하고 다른 지역에 대해 자신의 지역을 보호하고자 한다. 오랫동안 팽창된 세계시장에서 어떻게 하면 참여한 모든 국가들이 '플러스섬 게임'을 할 수 있을 것인가는 전혀 문제가 되지 않았다. 그러나 만일 '제로섬'이나 '마이너스섬' 게임으로 규칙들이 결정된다면, 이 경우 지역정책은 비용을 외재화하기 위한 파멸적이고 위험스런 전략으로 변화할 것이다.

전후 세계질서는 50년도 지탱하지 못하였다. '현실 사회주의' 몰락의 상징인 베를린 장벽의 붕괴는 양극체제에 종말을 가져다주었다. 그후 새로운 세계질서가 논의의 주제가 되고 있다. 20세기를 보내고 21세기를 시작하는 이 시점에서, 세계는 '냉전의 승리'와 '역사의 종언'에 따라 외견상 아무런 대안없이 합리적 세계지배의 원칙에 순응하고 있다. 이러한 원칙은 경제적으로는 시장에 의해 조정되고, 정치적으로는 형식민주주의에 의해 조정되는 과정을 통해 관철되고 있다.[5] 물론 세계지배의 원칙은 많은 문제점들을 노정시키고 있기는 하다. 이 문제점에 대해, 새로운 질서체계는 새로운 답변을 발견해 내야만 한다. 왜냐하면 양극체제와 브레튼 우즈체제 시대의 '낡은' 답변들은 현재의 물음을 충족시켜 주지 않으며, 나아가 반생산적이기까지 하기 때문이다. "정치적으로 '남'(이것은 지리적 개념이 아니다.)의 국가들이 지난 수십 년 동안 추진해온 발전노력의 좌절에 어떻게 대처할 것인가?" "이미 통제를 벗어난 국제재정관계 및 통화관계에 다시 질서를 부여하기 위해 어떤 조정 메커니즘을 만들어내야만 하는가?" "미래에도 '서구 모델에 따른 근대화와 산업화'가 세계의 다른 지역들, 즉 '탈사회주의화된' 동유럽과 '저발전된' 남의 모든 사회에서 목표로 될 수 있을 것인가?" "모든 국가들이 다 '지역'의 '경쟁능력'을 개선시킬 수 있을 것인가?", 아니면

---

5) 이와 관련하여 니트하머(Niethammer 1990)와 엔더슨(Anderson 1992) 간의 '역사이후(Posthistorie)' 논쟁을 참조하라.

"유일하게 몇몇 국가만이 성공하고 나머지 다른 국가들은 희생되는 것이 아닌가?" "합리적인 세계지배의 완벽한 관철과 더불어 동시적으로 진행될 자연파괴, 그리고 전세계적 생태계(물, 대기, 빙하)의 균형이탈에 어떻게 대응할 것인가?" "합리적 세계지배를 '상황의 어려움을 근거로' 비웃는 자들에게 어떻게 반응할 것인가?" 서툰 마술사들은 빗자루를 움직이게 할 수 있다. 그러나 그들은 이 빗자루를 정지시킬 수 없다. 이 마술사들이 국제 경쟁의 소용돌이에서 경쟁으로 인한 문제들을 처리하리라 기대된다 할지라도, 운명적으로 그들은 더 이상 이를 할 수 없을 것이다. 서툰 마술사들의 경쟁하에서 자연은 고통받을 뿐이다.

양극체제 이후의 '새로운 세계질서'에서 새로운 문제들이 서서히 등장하고 있지만, 이전시대의 문제들도 아직 해결되지 않은 채 남아 있다. 보다 나은 미래의 방향성 찾기를 위해 지역이름을 가진 새로운 세계 질서체제가 형성되고 있다(Lipietz 1993). 베를린 장벽의 붕괴는 현실 사회주의의 몰락을 적나라하게 상징하는 표지물이지만, 사실 현실 사회주의의 붕괴는 프라하의 혁명, 모스크바의 글라스노스트 및 페레스트로이카, 바르샤바의 원탁회의, 그리고 부다페스트의 저항봉기 등으로 이미 오래 전에 예견되어 있었다. 체제경쟁과 블록간의 대치는 갑작스럽게 끝나 버렸다. 그리고 이전의 현실 사회주의였던 사회들이 시장 및 화폐경제, 그리고 의회주의적 민주주의로 변화하는 고통스러운 과정이 시작된 것이다. '새로운 세계질서'라는 개념이 의미를 가지는 한, 이 체제의 안정과 발전능력은 다음과 같은 물음에 달려 있다. "현실 사회주의 사회가 지금 겪고 있는 지루하고도 갈등내재적인 변화 및 세계시장으로의 통합과정이 긍정적 결말을 맺도록 하기 위해, 아직도 발전의 여지가 창출될 수 있을 것인가?" 그리고 "이를 위한 충분한 자연자원은 준비되어 있는가?" 사실 이러한 변형과정은 동유럽에만 한정된 것이 아니다. 상호의존도가 높은 세계에서 서유럽과 '남'의 제3세계 지역에 있는 모든 사회들은, 동유럽 변형과정에 밀접하게 연결될 수밖에 없다.

점점 고양되고 있는 남북 대립의 여명기에서, 1991년 바그다드시 — 미국의 CNN 방송이 적시에 방영했던 로켓 공격을 받는 시가지 모습처럼 —

를 바라볼 필요가 있다. 1990년 9월 미국의 군대들이 사우디아라비아의 사막지역으로 진군하는 동안, '새로운 세계질서'라는 개념이 처음 등장하였다. 트루만 대통령이 1947년 유엔에서 세계의 모든 국가들에게 약속한 것이 발전이었다면, 44년이 지난 1991년 2월 부시 대통령이 유엔에 제시한 것은 더 이상 새로운 세계질서가 아니라, '미국의 세기'[6]에 대한 천명이었다.

제3의 지역인 리우데자네이루에서는 경제와 생태계가 만들어내는 패러독스가 인식되기 시작하였다. 사실 그 동안 베스트팔렌의 세계질서는 국민국가들 대부분이 시도하였던 영토적 경계를 넘으려는 행위들로 인해 좌초되었다. 전후 세계질서에서 이러한 국민국가들의 월경(越境)행위는 물 만난 물고기처럼 속박의 굴레로부터 벗어나 버렸다. 그러나 이러한 행위들은 또 다른 한계들을 무시한 것이었다. 이 질서체제는 근대화, 산업화, 소비사회적 속성들이 추구해온 경제성장에 한계를 설정할 수 없었다. 동시에 이 질서체제는 지구생태계의 수용력 한계를 아는 데 실패하였다. 따라서 인간과 자연이 맺어야 할 관계에 관한 새로운 정치적 규칙들을 필요로 하지 않았다. 그런데 이 새로운 규칙, 또는 원칙은 이미 하나의 이름을 얻었다. 그 이름이 '지속가능성'이다.

베를린 장벽의 붕괴는 동서대립을 조정하던 구질서가 끝났음을 상징한다. 바그다드는 이전의 체제경쟁자들이 결탁하여 만든 새로운 질서로의 급변, 그리고 새로운 남북갈등의 등장을 표현해준다. 리우 회의는 '새로운 세계질서'에서 새로운 것과 공통적인 것을 결정하는 가능한 원칙들을 대변하고자 했다. 왜냐하면 모든 갈등의 이면에서 지구자원들에 대한 개입을 조정하는 방식이 발견돼야 하기 때문이다.

이제 무엇이 결정적인 물음인가는 자명해진다. "자원의 사용과 자정능력

---

[6] 파울 케네디(Paul Kennedy 1993 : 370-1)에 따르면, 이 개념은 1941년에 앙리 루스(Henry Luce)에 의해 처음으로 주조되었다. 그는 이 표현이 얼마나 적확하고 정당한 것이었는 지는 모르겠지만, 당시 '미국 국민들에게 자국의 정치적 역할에 대한 감정적 지지'를 불러일으킬 수 있었고, 그래서 '무한한 심리적이고 문화적인 힘'을 가진 개념이었다고 덧붙이고 있다. 사실 이 개념은 '냉전에서 승리'한 이후, 미국의 헤게모니가 전혀 의심받지 않는 단극체제 등장의 계기로서 비쳐졌다. 이는 2차 세계대전 종결 이후에 형성된 구세계질서의 경우에서도 마찬가지였다.

에 가해지는 부담을 규제하고, 지속가능한 경제를 추구하자는 목표로서 리우에서 합의된 프로젝트가 과연 경쟁국가들로 구성된 세계시장구조 속에서 진지하게 추진될 수 있을 것인가?", 아니면 "서툰 마술사들이 했던 것처럼 합리적 세계지배 프로그램 추진이 보편적 재난을 가져오는 것은 아닌가?"

2. '합리적 세계지배'의 프로그램을 추구하며

'합리적 세계지배'의 원칙은 고대 역사, 특히 지중해 동쪽연안의 일신론적 종교에 자신의 기원을 가지고 있다. 그렇다 할지라도 이러한 '세계지배'는 지난 1세기 동안 국지적 영역을 대상으로 한 것이었으므로(가령 협소한 도시국가 경계내에서, 혹은 지중해 연안지역만을 대상으로 한 것이었다), 근대유럽적 의미에서는 결코 '합리적'인 것은 아니었다. 한나 아렌트는 당시의 상황을 다음과 같이 설명하고 있다. 당시 인간에 대한 규정은 노동하는 동물(animal laborans)로부터 공작하는 동물(animal faber)로 변화하였고, 이것이 세계에 대한 지배를 정당화하였다. 이를 위해 세계의 영원성과 개체적 삶의 무상함을 근간으로 하는 인간과 세계의 관계는, 개체생명의 영원성과 세계의 허무성을 강조하는 기독교적 구원론으로 대체되어야만 했다. 이러한 아렌트의 지적으로부터, 왜 인간들이 세계를 신민화해야만 하는가에 대한 당시의 정당화 논리를 추측할 수 있다.

당시 인간들의 자연개입에는 한계가 있었으므로, 환경파괴는 지역적이거나 국소적인 것이었다. 아테네의 스모그 현상, 로마의 폐수로 인한 전염병 및 쓰레기 악취, 발칸 산맥의 벌채 및 이로 인한 불모화, 동아시아 섬문명의 몰락 등은 지역 생태계의 심각한 파괴로 인해 나타난 현상들이었다. 그럼에도 불구하고 이러한 파괴현상은 전지구적 생태계의 작동방식에 비교해 볼 때, 사소한 것이었다. 합리적 세계지배가 전지구로 확산되고, 세계를 다스리기 위한 원칙이 된 것은 근대의 일이다. 이베리아 반도의 '해군영웅들'이 대서양 횡단여행에 성공하자, '팡가에의 이음선(Nahtlinien der Pangaea)'

(Crosby 1991), 즉 예전에 하나로 통일되어 있던 원시대륙 팡가에가 갈라져 만들어진 두 개의 대륙을 유럽으로부터 건너고자 시도한 것이 성공하자, 오늘날과 같은 합리적 세계지배의 가능성이 열렸다. 이로부터 대서양 너머 저쪽의 새로운 식민지들이 유럽인들에 의해 점령되고 식민화되었으며, 내적 자연 및 외부자연과의 관계방식이 유럽적인 형태로 대체되었다. 물론 당시 유럽의 인간들만이 이 식민지역으로 이주해 간 것은 아니었다. 유럽의 동물, 식물 그리고 병들도 함께 옮겨갔다. 이것들 중 일부분이 대륙으로 퍼져 나갔고, '창조주 하나님'처럼 다른 생명체들을 위협하였다(Crosby 1991). 전 세계를 폭력적으로 유럽화하는 과정에서 종 다양성은 상당히 감소되었다. 결과적으로 인간의 '위대한 발견' 이후 자연의 진화 방식은 유럽화되었다.

오늘날 100여 년 전과는 달리 세계의 모든 지역들이 공간 속에서는 팽창하고 시간 속에서는 성장하는 경제원칙을 추구하고 있다. 이제 세계지도에는 오염되지 않은 처녀지가 더 이상 존재하지 않는다. 이제 '특권화된 계급'인 이른바 '문명화된 국가군'은, 토마스 홀란드경이 20년 전까지만 하더라도 중국 또는 페르시아와 같은 국가들을 지칭하기 위해 사용했던 '문명화되지 않은 국가군' 들로부터 구분될 수 없게 되었다(Rigaux 1991 : 388). 이로써 합리적 세계지배의 원칙은 종교와 철학 등 정신세계로부터 물질세계로 이동하였고, 실천적 행위들의 원칙이 됨으로써 구체적인 사회관계들도 이에 맞추어 변화돼야만 했다. 이것은 근대의 시작을 알리는 것이었다. 중세는 14세기 후반기로부터 15세기 후반기에 이르는 시기에 붕괴되는데, 그 시기에 새로운 생산력과 에너지 체계(예로, 수차와 풍차)에 기초하여 새로운 사회구성체가 형성되었다(Debeir u. a. 1989 : 118). 당시 이 새로운 사회구성체는 후에 등장하는 근대자본주의적 생산방식의 맹아를 자신의 내부에 가지고 있었다. 아직 중세적 사회관계의 지배하에 있었지만 자연지대로부터 화폐이자로의 이동이 진행되었고, 이것은 마르크스가 묘사하였던 '원시자본축적'(MEW 23 : 741), 즉 사회적 분화과정을 도입하는 계기가 되었다. 물론 이 분화과정의 끝에는 자본, 노동, 그리고 이자를 낳는 자본의 자기실현에 따라 이윤과 이자 및 임금 등이 있다.

이러한 생산방식의 맹아는 산업혁명과 더불어 만개하게 된다. 화석연료(초기에는 석탄, 후기에는 석유)가 음식조리 및 난방에 사용될 뿐만 아니라 노동수행을 위한 에너지생산에도 체계적으로 이용됨으로써, 자연적 한계를 가지고 있는 에너지에 대한 수요는 크게 상승하였다.[7] 에너지변환 시스템(증기기관이 여기에 속한다.)은 그 동안 억제되어 있던 생산성을 급속히 향상시키는 데 기여한다. 이러한 변환 시스템은 우선 석탄(후에 석유)에 갇힌 에너지를 이용가능한 에너지(예로 운동에너지)로 변화시킬 수 있었으며, 두 번째로는 투입에 필요한 것보다 더 많은 에너지를 생산해야만 했다. 사실 자연상태에서 신체 내적인 에너지, 즉 인간과 동물의 힘에는 한계가 있다. 황소, 말, 인간의 속도란 세계기록의 갱신 노력에도 불구하고 동물과 인간의 능력을 넘어서 향상되지 않는다. 때문에 '신체 외적' 에너지인 화석연료에의 의존은 속도의 향상, 공간적 이동성의 증가, 노동생산성의 고양, 생산량의 증대, 그리고 국민국가의 복지수준 향상에서 질적 도약을 의미하였다. 니콜라스 조르제스크-로젠(Nicolas Georgescu-Roegen 1986)은 프로메테우스적 혁명이라는 맥락에서 생산성증가 방식을 언급한 바 있다. 인간들은 이 증가 방식을 통해 에너지체제, 생산방식, 사회적 조직체계를 전환시켰다. 마르크스는 '자본의 생산과정에 대한 분석'에서 어떻게 거대산업에서 운동기계, 수송기계, 그리고 공작기계간의 앙상블이 형식적 수준에 머무는 것이 아니라, 상대적 부가가치의 생산을 위해 노동을 자본의 통제하에 놓이도록 하였는가를 기술한 바 있다(MEW 23 : 331). 물론 기본원칙은 노동의 생산성 향상이다. 이의 구현은 화석연료를 다룰 줄 안다는 사실, 즉 모든 노동자들이 각자 생산성 향상을 위해 의미있는 무엇을 전환시키도록 하는 방식을 전제로 한다. 또한 이러한 과정에서 사회도 변화한다. 그래서 에너지혁명은 사회혁명인 것이다.

---

7) 프리고진과 스텐저(Prigogine/Stengers 1986 : 111)에 따르면 "제임스 와트가 증기기계 발명에 박차를 가하고 있던 시점에, 같은 대학에서는 아담 스미스가 국부론을 집필하고 있었다." 그럼에도 아담 스미스는 자신의 책에서 석탄의 몇 가지 용도 중 하나로 노동자들을 위한 난방제공을 기술하고 있다. 18세기말 스코틀랜드 대학에서 학문적 방식을 현실연구의 원칙으로 채택한다는 것은 쉬운 일이 아니었을 것이다.

이제 세계지배는 올바르게 체험될 수가 있게 되었다. "너희들은 땅을 정복하라."는 성경구절은 지금까지 신의 명령이었다. 그래서 인간들은 이 명령을 완전하게 수행할 수가 없었다. 그러나 지금 이 명령은 실현가능한 것이 되어 버렸다. 유럽은 자신의 영토적 경계를 넘어 팽창하기 시작하였고, 생산 및 재생산 분야에서의 인간활동은 가속적으로 팽창하였다. 작은 단위의 시간들이 돈벌이의 기본요소가 되었으며, 때문에 '시간은 돈'이라는 공식은 비혁명적 시기에도 사회변동을 가속화시킬 수 있는 지배적 원칙이 되었다. 자본은 '순환시간 없는 순환형태'(Marx, MEGA II 1, 2 : 543), 즉 시간과 공간에 의해 제약받지 않는 경제 및 사회를 열망한다. 이러한 사회와 경제는 신고전주의적 모델에서 자명한 것이고 비판받을 여지가 없는 것으로 전제되어 있다. 지속적이고 불변적인 것은 존재하지 않는다. 정태적인 이론도 새로운 것을 포착하기엔 부적합하다. 변화가 정상적인 것이 되었고, 이에 반해 지속성은 정체된 것이자 하나의 위기가 되었다.

    산업화 이전의 사회는 기본적으로 지속성을 자신의 특징으로 갖는다. 로마제국, 이슬람, 그리고 중국왕조의 성립과 붕괴처럼 거대한 격동 이후에도 이러한 생각은 자명한 것으로 자리잡았다. … 이러한 지속성은 1750년대부터 1850년대에 이르는 시기에 단절되었다.(Cipolla 1985 : 2)

    자, 지금 원칙에서의 변화가 나타나고 있다. 이 원칙은 모든 개별 인간들에게 적응할 것을 요구하고 있다. 세계지배는 자신이 갖고 있는 속성, 즉 광란성, 숙명성, 비극성으로 인해, 이 프로젝트에 연루되어 있는 사람은 어느 누구도 휴식에 도달할 수 없다. 사실상 그 동안 세계지배가 승리할 수 있었던 주요인은 꾸준성과 (블로흐의 의미에서) 고향 및 사회적 연대의 상실에 있다. 오늘날 진행되고 있는 유연성, 이동성, 비조정성 등에 관한 논의에서 영원한 변화와 사심없는 적응능력은 하나의 덕목으로 이상화되었고, 내면화를 요구하고 있다. 그러나 만일 관성이라는 속성이 공간적인 탈장소성과 일상화된 시간체제에 의해 파괴된다면, 사회는 자신의 연대적 구속력을 상실하게 된다.[8] 이것은 사회화 잠재력을 특정집단으로부터 해방시켰다. 이제 민중세력이나 독재세력 모두가 이 사회화 잠재력에 접근가능하게 된 것이다.

세계는 화폐구매력이 집중된 하나의 통일된 경제·생태적 공간, 즉 전지구적 백화점이 되었다. 괴테가 꿈꾸었던 것처럼 모든 사람이 레몬을 가질 수 있게 된 것이다. 그것은 오랫동안 산업관계의 이윤성과는 문을 닫고 있던 시대, 즉 '선사시대' 와의 단절을 의미한다. 아무것도 이전과 같은 것은 없다. 결국 산업사회의 '프로메테우스적 혁명' (Polani)을 통해 시장경제로의 대이동은 영국, 미국, 프랑스에서 일어난 부르조와 혁명에 의해 뒷받침되었는데, 이를 통해 인권과 민주주의적 원칙들이 터져나올 수 있었다 (Hannah Arendt). 그것은 '세계시장 형성을 목표로 추진되어 온 근대자본주의적 생산방식' (Marx)을 등장시켰고, 인간과 자연간의 원료교환을 사회규모로 조직한 대안없는 원칙을 등장시켰다.

기업가들의 산업활동은 여왕을 위해서 물건을 만드는 것이 아니라, 여성

---

8) 항해사 신밧드는 수익성 높은 원거리 무역을 떠나는 과정에서 아주 놀랄 만한 모험을 하게 된다. 이 모험은 오늘의 시각에서 보면 지리적으로 아주 가까운 단위공간, 즉 페르시아만과 인도 대서양 해안에서 일어난다. 그는 이 과정을 통해 아주 상이한 문화와 기술을 접하였을 뿐만 아니라, 잘 알지 못하였던 위험한 생명체들(예로 무소, 흰부리 까마귀)을 만나야만 했다. 이것은 1991년의 걸프전으로 인해 유전이 불타고 해안선이 감염된 이야기에 비하면 아름다운 이야기이다. 오딧세이라는 극적인 드라마도 그리스의 동부해안과 이탈리아의 서부해안 사이에서, 그리고 에게해와 티라니 해 사이에서 발생하였다. 이 공간은 오늘날 십자군 전쟁을 간접적으로 체험하기 위한 단기 여행코스이기도 하다. 괴테가 1880년 이탈리아를 여행하였을 당시만 하더라도, 그토록 오랜 시간을 필요로 하지는 않았다. 칼스바드로부터 로마에 이르는 여정에는 약 57일이 소요되었다. 당시 그는 여정을 확실히 단축시킬 수 있었던 것이다. 당시 최대로 속도를 빨리하였다면 12일이 걸렸을 것이다. '레몬이 만개한' 땅은 멀리 있지만, 단 한 번이었고 놀랄 정도로 동시적이었다. 오늘날 프랑크푸르트에서 로마는 비행기로 약 2시간밖에 걸리지 않는다. 괴테는 무수히 많은 관세 및 통화경계를 통과해야만 했다. 이 여행은 은행발행수표나 은화 또는 금화를 가지고 가능한 것이었다. 그래서 위험이 도처에 도사리고 있었고 이에 대한 준비는 거의 불가능한 것이었다 (Klauss 1989). 200년후 유럽은 하나의 화폐권으로 통합되었고, 이탈리아와 독일 간의 관세경계는 더 이상 존재하지 않는다. 1772년 비란트가 에어푸르트에서 바이마르에 도달했을 때, 그에게 이러한 장소이동은 신천지에 도달한 것과 거의 동일한 느낌이었다(Klauss 1990 ; 15). 오늘날 두 도시간 거리인 24Km는 동일한 근거리 교통망 및 교통조합으로 고객에게 알려져 있다.

노동자들을 위해 생산한다는 말은 슘페터가 한 이야기이다. 그의 지적은 옳았다. 산업은 대량생산을 의미했고 따라서 대량소비를 의미했다. 대량생산과 대량소비를 동시적으로 향상시키기 위해선 사회적 메커니즘과 경제적 방식을 발전시켜야 했다. 이것은 사회형식으로서의 포디즘과 경제사회정책으로서의 케인즈주의란 거대한 역사적 능력이었다. 때문에 산업체제와 이의 조정체계로서의 포디즘 유형은 보다 많은 복지를 가능하게 했을 뿐만 아니라, 보다 많은 사회평등을 가능하게 하였다. 이것은 산업자본주의적 활동의 상당부분을 구성한다. 그럼에도 불구하고 에른스트 겔러(Ernest Geller)가 지적했듯이, 사회 평등과 참여는 엔트로피적 구성요소를 가지고 있다. 이것들은 전통적 의미에서의 사회적 차이, 신분, 집단동질성 또는 특권을 해소시켰다. 사회적 엔트로피는 각 분야에서 고양된 사회적 평등과 더불어 상승하였고, '중간계급' 사회로의 평준화를 동반하였다.

이러한 상황은 체제에 의해 조건화된 두 가지 근거로부터 연유된 것이다. 우선 경쟁이라는 원칙은 한편에서 엔트로피적 평등을 양산해냈지만, 동시에 다른 한편에선 불평등을 강요하였다. 이 원칙의 작동방식은 경쟁이 행해지는 사회적 맥락에서 존재하는데, 동일한 출발조건을 동일하지 않은 결과로 변화시키고, 이러한 결과들은 다음 라운드에서 동일하지 않은 출발조건을 만들어내게 된다. 두번째 근거는 개인화와 관련되어 있다. 개인화는 근대의 사회평등적 경향 속에서 전제된 것이나 지금은 폐지된 것이다. 어쨌든 생산과정에서는 동일한 계급적 상황이 가능하게 되었다. 그럼에도 불구하고 소비자로서 이들은 화폐로 대체된 '주권적' 개인이기도 하다. 주권적 개인이라는 의미에서 이들은 자신의 고유한 생활을 설계하고자 시도한다. 그러나 또다른 한편에선 새로운 불평등이 경쟁 및 개인화과정을 통해 등장하고 재생산되고 있다.

3. 화폐와 '석탄'의 동맹

'합리적 세계지배'가 생산력만을 발견한 것은 아니다. 이 생산력은 인간의 능력을 역사 속에서 구현하라는 단순한 신의 명령이나 이념에 기여하긴 하였다. 그러나 오히려 이 생산력은 사회적 형태로부터 '사상'의 형태를 띰으로써 구체성이 강화되었고, 이러한 사상은 프로메테우스적 혁명이 역사적으로 실현되도록 도와주었다. 이 경우 화폐는 중요한 사회적 형식이자 경제적 매개체이다. 아리스토텔레스가 이미 화폐의 양화주의가 사회를 파괴하는 방향으로 영향을 미칠 것이라고 비판한 바 있듯이, 만일 에너지와 원료의 기술적 변동과정이 '오이코스(Oikos)'와 '폴리스(Polis)'의 공간·시간적 한계를 넘어서고자 한다면, 그리고 인간과 동물의 힘을 몇 배 더 강화하고자 한다면, 화폐의 양화주의는 이와 동시적으로 만개될 수 있을 것이다. 이미 14세기에 북부 이탈리아 도시공화국에서 시작된 근대화폐경제에 더불어 화석연료가 발견되었고, 그 사용의 일상화가 진행되었다. 근대에 들어서 이러한 과정은 재정적 투자의 일곱번째 봉인을 땜으로써 프로메테우스 혁명을 가속화시켰다. 20세기 수송 및 커뮤니케이션 혁명과 더불어 화폐와 자본이 만들어낸 시간·공간적 역동성은, 그 어떠한 것도 장애물로 작용할 수 없었다. '석탄'과 화폐가 산업사회에서의 일상적 삶의 기본요소가 되자, 그 동안 장애물로 작용하였던 수송비용과 거래비용은 최소한으로 축소되었다. 만일 화석연료가 없었다면 자본주의적 생산과정 및 축적과정은 물론 존재할 수 없으며, 나아가 현대와 같은 화폐시장은 있을 수 없다. 어떻게 홍콩에서 뉴욕으로, 또는 동경에서 런던으로 수억 달러가 일순간에 전달될 수 있겠는가? 공간과 시간이라는 장벽이 기술 진보에 의해 붕괴됨으로써, 이제 라플라타강, 리우 그란데강, 라인강, 포강, 그리고 볼가강 사이의 '지역들'은 현실적 요구들 — 임금비용, 하부구조, 국가행정부의 권한 — 로 인해 필요해진 투자자금을 얻으려고 동일한 화폐시장에서 경쟁해야만 한다.

적합한 사회형식에서 화석연료와 기술변동의 도움을 받아도 노동생산성이 증가하지 않는다면, 그리고 경제가 성장하지 않는 상황에서 대출이자만 늘어간다면, 채무국의 경제적 실체는 빠르게 고갈될 것이다. 만일 경제적 잉여를 양적으로 증가시키지 못함으로써 '상대적인 부가가치'를 창출할 수 있는 질적 생산조건으로 전환하지 못한다면, 이자는 지속적으로 존재할 수 없을 것이다. 자본주의적 관계에서 잉여는 부가가치라는 가치형태를 증가시킨다. 그러나 이 가치형태는 물질적인 형태와 분리될 수 없다. 왜냐하면 마르크스도 지적하였듯이, '가치의 담지자' 는 '사용가치' 이기 때문이다.

이처럼 총화폐량이 현실적인 사회관계와 연결되어 있다는 사실이 아리스토텔레스, 아우구스티누스 그리고 토마스 아퀴나스가 경고한 바 있는 '이자의 사회적 해악성' 의 주요 특징이다. 때문에 지금까지도 이슬람권은 이자가 공식적으로 금지되어 있다. 만일 화석연료의 지속적 유입으로 생물에너지의 한계가 극복된다면, 생산의 성장은 유기체들의 성장과정이 가지고 있는 속도와 한계에 의해 더 이상 제한받지 않고 화폐잉여를 증가시킬 수 있다. 만일 이로 인해 공동체가 파괴되거나 개인들이 도산하지 않는다면, 이자는 계속 불어나게 될 것이다. 이 이자는 일면 화폐로 지불되어야 하는 예산을 억제하기도 하고, 동시에 생산율을 증가시키는 자극제로도 영향을 미친다. 이자는 채권자들로 하여금 노동생산성을 고양시키도록, 또는 기술, 노동조직, 관리조직을 혁신하도록 강요한다. 화석연료와 화폐는 자본주의의 사회형식에서 협력관계를 형성하고, 상호교환적으로 자신의 역동성을 증가시킨다. 아마도 화폐가 없었다면 석탄과 석유는 지표 밑에서 그대로 잠자고 있을 것이다. 화석연료가 없었다면 '화폐의 양화주의' 는 역사적으로 해악을 동반하지 않았을지도 모른다.[9]

'프로메테우스적' 이고 산업적이며 에너지경제적 혁명이 일어난 18세기 이후 전지구적인 원료경제 및 에너지경제가 등장하였다. 전근대 시대에 인간들은 공간적으로 제한된 영역에서만 에너지(처음에는 나무)를 이동시켰던 반면, 현대의 자본주의사회는 에너지와 원료를 모든 세계지역으로부터 직접 공급받을 수 있게 되었다. 이것은 에너지 변형체계 및 원료 변형체계를, '근대 복지사회' 의 쇼윈도우를 채우고 '국가적 부' 를 제고시키는 교환

---

9) 화폐, 이자, 화석연료간 연관관계, 그리고 화폐적 범주와 에너지적 범주간 연관관계는 자본주의 산업사회의 발전경향성을 이해하는데 상당히 중요하다. 그러나 화폐-케인즈이론에서 이러한 연관관계는 거의 관심의 대상이 되지 못하고 있다. 또한 화폐-케인주의 이론의 틀내에서 생태문제를 논의하려는 시도들은 서툰 결과를 야기하고 있고, 오히려 신고전주의 이론가들을 비판하는 학자들로부터 많은 개념들을 빌려와야만 하는 상황에 있다.(Betz u.a. 1993 : 115)

가치와 접합시켰다. 이러한 경향은 다양한 에너지 원천 모두에서 나타나는데, 그 이유는 이 에너지원이 모두 상응하는 전략하에서 개발되기 때문이다.

이 모든 것은 장기적인 저장 가능성, 수송가능성, 1차 에너지에서 2차 및 최종 에너지로의 변형가능성(난방에너지에서 운동에너지로, 그리고 역으로 운동에너지에서 난방과 전력에너지의 이동)을 전제로 한다. 특히 화석연료는 이러한 전제조건들을 가장 잘 충족시켜주는 연료이다. 세계의 모든 지역들이 접근가능한 대상으로 되었기 때문에, 이제 산업지는 원료에의 접근가능성이라는 기준에 따라 선정되었다. 이제 원료경제가 국제화되고 상품생산지와 원료채굴지가 대등하게 되자, '적시생산'과 '린생산'은 일차적 선택안이 되었다. 만일 석탄이 더 이상 존재하기 않는다면, '세계적 경쟁국가들'은 자신의 역할을 '많은 석탄의 확보'에서 찾지 않을 것이다. 그래서 인류사상 엄청난 근대산업체제의 비약이 가능하게 되고, 사회들은 기술과 사회제도를 체계화할 수 있고, 체외 에너지와의 관계에서 발생하는 위험을 관리해야 한다는 요구를 받아들일 수 있게 될 것이다(Altvater 47ff). 만일 에너지 잠재력이 목적지향적 노동으로 집중되고 인간 활동의 규모가 극도로 커진다면, 그리고 이로 인해 복잡한 기술체계와 포괄적인 사회수단이 영원히 통제되지 못한다면, 위험이 발생할 수 있다. 그래서 지구화 또는 세계화는 근대산업체제의 발전이 적시에 그리고 적합하게 이루어짐을 의미하는 것이 결코 아니다. 동시에 통합적인 생산 및 원료추출체계가 등장할 것임을 의미하지도 않는다. 20세기 후반기의 '세계질서'는 일면 산업사회를 경쟁력있는 원료 및 에너지체계로 변동시키려는 북의 선진산업국가와, 타면 저발전된 원료생산 및 수출로 살아가고 있는 남의 후진개도국간의 대립으로 특징지워질 수 있다. 이러한 세계질서에서는 모든 국가와 지역이 풍부한 원료사용에 터하고 있는 경제적 복지상태를 고양시킬 수 없다. 19세기에는 풍부한 원료가 입지선정의 조건이었던 반면, 20세기의 국제적 노동분업관계에서는 기술·조직적 혁신 및 질적으로 고양된 노동력을 통해 새로운 상품을 생산하고, 이를 전세계시장으로 내다파는 국가들이 우위를 차지한다. 이미 수십년전부터 유럽 산업국가들의 경쟁력은 이에 기반하고 있다. 이의 또다른 사례로 역동적 발전단계에 있는 아시아경제(일본, 남한, 그리고 타이완)를 들 수 있다. 이에 반해 원료가 풍부하고 거대한 땅덩어리를 가진 아르헨티나와 브라질 ― 아마도 미래에는 러시아, 카자흐스탄 또는 우크라이나 ― 은 자신의 영토 위에 놓여진 '부의 엔트로피'를 다른 지역의 산업활동에 제공해 줄 수 있고, 그들의 에너지 고갈을 진정시킬 수도 있다. 아마도 이들 국가들은 에너지원료를 수출함으로써 이를 수입하는 산업국가들에게 그들의 복지수준을 증가시킬 수 있는 가능성을 제공할 순 있을 것이다. 그러나 자신의 나라에는 지속적인 원료축출로 인해 오히려 검은 구멍만이 남게 된다.

4. 원료채굴 대 공산품생산

위에서 살펴보았듯이, 산업세계의 질서화는 역으로 원료추출에 있어서 세계의 무질서화를 동반하였다(Altvater 1992/1993). 이들 산업세계는 원료생산국들을 발견하고 창출해내고, 이들을 내적인 요소가격관계로 엮기 위해 가격체계를 침투시켰으며(Innis 1956 : 252), 노동과 자본이 원료부문으로부터 산업부문으로 이동하도록 조정하였다. 왜냐하면 산업생산품들은 경쟁력을 지닌 것으로 생산되어야만 했고, 그래야만 전세계시장으로 제공될 수 있기 때문이다. 그런데 생산요소들을 원료축출 분야로부터 상품생산 분야로 조정한 것에는 경제적 함의가 숨어 있다. 현재의 국제 노동분업관계에서는 원료를 채굴해서 판매하지만 주요생산품은 시장에서 구매하는 지역과 국가들이 무시되고 있다는 것이다. 세계시장내 요소가격관계에서도 이들 국가 및 지역들은 적합한 경제정책을 통해서 이중의 문제를 풀어야만 한다. 이들 국가 및 지역은 산업외적 관계에서는 가공산업의 '체제' 경쟁력을 강화시키기 위해 원료부문을 억압하며 생산해야 하고, 산업내적 관계에서는 세계시장에 참여하고 있는 다른 가공산업들과 경쟁하면서 생산해야 한다. '체제' 경쟁력은 항상 부문내 그리고 부문간 경쟁과 관련을 가지고 있다. 그런데 이러한 상황은 빈번히 세계경쟁력 분석에서 무시된다.[10] 왜냐하면 경쟁은 항상 다른 '지역'이나 다른 나라에서 생산된 물건들과 이루어지는 부문내 경쟁을 전면에 내세우고 있기 때문이다. 예로 우리는 쉽게 독일 자동차, 미국 자동차, 탈리아 자동차와 싸우는 일본자동차를 지적할 수 있고, 호주의 광석과 경쟁하는 브라질의 광석을 지적할 수 있다. 이와 관련하여 여기서 상세하게 토론될 순 없지만 산업구조내 원료부문들간의 요소이동을 관리하는 것이 상당히 어렵다는 점도 이유로 제시될 수 있을 것이다.[11] 토착적 근거에서든 외생적 근거에서든, 산업화와 근대화의 봉쇄를 주장하는 발전이론과 발전정책을, 생태적 제재를 강화하는 상황에서 등장한 새로운 경쟁력이론과 연결시키는 것도 의미있는 작업일 것이다.

오늘날 자원을 생산하는 원료채굴 국가와 자원을 소비하는 산업국가간 발전양상의 차이가 문제로 제기되고 있다. 이것은 그 동안 매체를 통해 실현된 서구형 생산/소비모델의 전세계화에 그 책임이 있다. 발전은 이제 프리드리히 리스트가 150년 전에 제시한 국가 목표, 즉 한 나라의 경제적 생산능력을 진작시킨다는 국가 목표를 더이상 의미하지 않는다. 리스트는 당시 리카르도와 아담 스미스가 제시한 고전적 '보편주의'와 이에 의거한 '비교가격 우위론'과 대외무역의 강조로부터 자신의 논의를 구분하고자 하였다. 오히려 발전은 세계가 동의하는 이상적인 생산/소비 모델의 발견이며, 동시에 전지구적 생산/소비질서에 대한 약속이다. 때문에 발전의 문제는 일인당 국민소득이 낮다거나, 다른 나라와 비교 측정되어야만 한다는 주장에 있는

---

10) 마르크스 이론에서 부문내 경쟁은 개별가격을 '시장가격'으로 '조정'하고, 부문간 조정은 이윤간 조정을 '제공'한다. 가격(비용) 경쟁은 국가의 경쟁능력을 분석하기 위한 대상이다. 그러나 부문간 이윤을 조정하는 자본운동은 일반적인 것이 아니다.

11) 이것은 하롤드 인니스(Harold Innis 1930)가 캐나다의 '주요산물'을 분석하면서 제시한 것이었다(이와 관련해서는 Watkins 1981을 참조하라). 이러한 주장은 아마존에서의 발전장애를 설명하기 위해 스티븐 벙커(Steven Bunker 1985)의 열역학적 범주와 논쟁을 거치기도 하였다(Altvater 1987 ; 1991을 참조하라). 히르쉬만(Hirschman 1981)은 부문간 '연계'가 등장할 필요성이 있음을 지적하였고, 특히 이러한 연계는 특정 조건하에서만 형성 가능함을 강조하였다. 이러한 연계는 산유국을 예로 계급특화적 이해상황 및 역전된 요소가격 비율의 '홀란드의 질병'이라는 명칭 밑에서 논의되었다. 마사라트(Massarrat 1993 : 46)는 발전봉쇄의 문제를 '세계경제의 이원체계' 내에서 '북'의 '조작'으로 설명하였고, 이와 더불어 남의 발전국가들이 가지고 있는 자원저장량이 자본으로서의 특성을 받아들이지 못하도록 해야 한다고 주장하였다.

것이 아니다. 오히려 발전의 문제는 성공을 측정하는 기준의 문제인 것이다. 왜냐하면 근대화와 산업화가 세계의 많은 지역에서 지나치게 역기능적 영향을 주었기 때문이다. 게다가 척도, 기준, 규범, 그리고 가치라는 것들도 변동가능한 것이다. 윗가지 모델은 경쟁에서 가장 성공가능성이 큰 모든 것이 고도로 농축되어 있는 모델을 표현한다. 화폐의 양중심주의도 역시 국제경쟁의 역동성과 규칙을 결정한다. 그 어느 것도 이전처럼 존재하지 않는다. 모든 경쟁자들은 발전의 윗가지를 잡아야 한다는 강박감, 그리고 특정 척도에 따라 단계화된 발전된 위치로 올라서야 한다는 강박감에 시달리고 있다. 경쟁이라는 원칙은 국가정책에도 역시 만연되어 있다. 국가는 이제 '경쟁국가'(Hirsch)가 되었고, '장소들'의 경쟁능력을 조직하고 있다. 이러한 상황에서 원료 생산지역은 가장 나쁜 카드패를 가지고 있는 셈이다.

5. 경쟁 및 지구적 생태계의 지속가능성

지금까지 논의해 온 것들은 전지구적 생태계와 어떠한 관계를 가지고 있는가? 경쟁력의 유무와 발전의 고저는 생산량의 배가로 평가받고 있다(특히 이러한 평가는 '자본축적' 과 완전고용이라는 '황금시대' 에서 이루어졌다). 화폐로 측정된 사회생산 크기의 증가는 원료 및 에너지투입이 늘어난 경우에만, 그리고 에너지 효율성이 고양된 경우에만 가능할 수 있다.[12] 그래서 제한된 자원의 고갈 이외에도 전지구질서의 교란이라는 다른 문제가 등장하게 되었다. 생산 및 소비영역에서 원료 및 에너지가 사용 · 변형되는 과정에서 나타난 부수효과로 인해, 기체상 · 액상 · 고형상 유해물질이 지구에 배출되었고, 결과적으로는 자연의 자정능력이 파괴되는 과부하현상이 나타

---

[12] 1973년과 1993년 사이에 서독에서는 경제성장이 약 50% 증가한 반면, 이산화탄소 방출은 약 7% 증가하였다(DIW-Wochenbereicht 9/94). 다른 OECD국가들에 대해서도 유사한 평가가 가능하다(OECD 1991을 참조하라). 일반적으로 인구증가를 동반한 경제활동이 환경에 미치는 영향은 인구증가를 동반하지 않은 경우보다 가중적인데, 왜냐하면 일인당 재화와 용역사용이 배가되고 기술효율성이 높아졌기 때문이다.(Wissenschaftlicher Beirat 1993 : 115)

나게 된 것이다. 이러한 과부화현상도 자원만큼이나 고갈적이었다. 이것은 사용가치로의 변형과정에서도 등장한다. 문제는 에너지 및 자정능력 파괴문제가 성장에 한계를 설정할 정도로 영향을 미치는가를 진지하게 고려하는 것이다(Wissenschaftlicher Beirat 1993 : 158).

전지구적 질서와 관련된 생태문제는 자원문제와 자정능력문제로 나뉘어질 수 있다. 현대적 생태논쟁의 출발기에 맨먼저 거론된 것은 자원문제였다. 이것은 로마클럽 1차보고서(1972)의 주된 테마이기도 했다. 두번째 테마인 자정능력문제는 보다 이후에 등장했는데, 상대적으로 처음의 문제보다 중요한 것으로 보인다. 물론 구체적인 사례에서는 자원으로서의 측면과 자정능력으로서의 측면이 구분되지 않는다. 삼림을 예로 들어보자. 삼림은 '자원'이다. 목재는 목재품을 만들기 위한 원자재로도, 화력을 주는 연료원으로도 사용될 수 있다. 동시에 삼림은 이산화탄소 방출을 감소시키는 효과도 가지고 있다. 이러한 방출은 성장과정에서 사용되는 생물자원과 밀접한 연관을 가지고 있다. 이로부터 더 나아가 삼림 — 특히 열대우림 — 은 무수히 많고 다양한 종류의 생명체가 살아갈 수 있는 생활공간이기도 한다.

전지구적 생태문제는 원칙상 자연의 세 가지 특성을 가질 수밖에 없다. (1) 매장량에서 한계를 갖고 있는 재생불가능한 자원은 오늘날 거의 바닥이 날 정도로 채굴되었고, 원칙상 재생가능하고 그래서 고갈되지 않는 자원은 자신의 재생가능률을 초과해서 사용되고 있다. (2) 자연내 폐기물방출도 자연의 수용능력 및 재생능력을 절멸시킬 정도로 과부하를 주고 있다. (3) 자원 및 자정능력에 대한 지나친 압박감과 더불어 다른 생명체들을 위한 생활공간이 거의 사라지고 있다. 이들 생명체들은 인간과 달리 스스로 '신체외적 도구'를 사용하거나 만들 수 없다. 그래서 2차 자연, 즉 변화된 환경조건에 적응한 자연을 형성할 수 없다. 만일 '환경'의 변화가 너무 빨리 진행되어 내적인 자연이 이에 적응할 수 없다면, 자연의 생명체들, 즉 종들은 죽어갈 것이다. 그것도 지난 65억 년 동안 자연에서 발생한 소멸률보다 1,000배나 높은 비율로 사라져 갈 것이다(wissenschaftlischer Beirat : 7). 따라서 파국은 정확히 시간이라는 게임공간 - 일련의 공간적·시간적 제국주의 및 팽창과 가속화의 과정 - 에 존재하며, 급진적으로 변화된 환경을 예방하는 것도 불가능하다.

결국 어떻게 보면 전지구적 생태계의 지나친 이용은 소유집착적인 자본주의 사회의 게임법칙에 따라 행위자들이 자신의 합리적 이해관계를 추구한 결과이다.[13] 이 게임은 '공동의 비극'에서 절정에 도달한다(Hardin 1968).[14] 하딘이 '공동의 비극'에서 주장하려던 것은 사회과학이 등장한 이래 끊임없이 탐구해 왔던 주제로서, 개인적 합리성이 집단적 합리성으로 변화될 수 없다는 것이다. 그래서 지구의 수용력이 부하량보다 크고 이로 인해 자원의 한계가 인지될 수 없는 상황에서만, 개인들의 고유한 이해상황은 일시적으로 실현될 수 있다.

이 모든 것은 발전정책으로 승화되어야 한다. 나아가 경쟁으로 거의 강요되고 있는 경제생산량의 증가에 한계 - 전지구적 생태계의 수용력 한계 및 생산과 소비의 생태적 규모의 한계 - 를 설정해야 한다. 인간들은 그 동안 이 한계를 체외 에너지에 의존함으로써 극복하고자 하였다. 체외 에너지 의존적 기술체계들은 제한된 체내 에너지 사용으로 인한 부담을 덜어주고, 수행할 수 있는 일의 양을 배가시켰다. 그러나 이 기술체계에는 문제의 소지가 많다. 왜냐하면 이 기술체계들은 마술사의 빗자루처럼 독자적으로 움직이려 하기 때문이다.

지금까지의 발전논리는 '가격기구의 침투력', 즉 화폐의 역동성과 시장의 혁신 잠재력을 좇아왔다. 이로부터 도출된 규칙들 및 행동기준들이 '공동의 지구'를 지나치게 이용한다는 문제상황을 극복하기에는, 또는 문제에 대한 해답을 제시하기에는 역부족이다. 근대 자본주의사회는 화폐경제적으

---

[13] 정부도 역시 개인 행위자들처럼 다뤄질 수 있다. 정부는 자신이 행한 행동의 결과로부터 영향을 받는다.

[14] 엘리너 오스트롬(Elinor Ostrom)은 이러한 딜레마에 대해, 개인들이 자신의 개별적 합리성을 가지고 '집단적 혜택'에 도달하고자 시도한 보편적 문제상황의 특수한 경우로 기술한다. 때문에 구조적 측면에서 '공동의 비극'은 게임이론의 '수인딜레마' 또는 올손의 '집단적 행동의 논리'에 비교될 수 있다.(Ostrom 1990 : 2-28)

로 가장 효율적인 조종체계를 시장가격기구와 결합시켜야 한다는 즐겁지 못한 대안에 부딪쳐 있다. 그러나 비극적이게도 이 조정체계는 하딘(Hardin 1968)의 의미에서 자연과의 원료교환, 그리고 이로 인해 발생한 전지구적 생태문제에 관한 규칙들을 제시하기엔 부적합하다. '세계지배의 합리성' 프로그램이 추진되면 될수록, 사실상 세계지배가 불가능하다는 것이 명료해진다.

"자연에 대한 변형이 야기하는 결과를 고려하지 않은 사회는 결코 자연을 전면 지배하고 있다고 말할 수 없다(Grundmann 1991 ; 109)."[15] 일차적으로 지역적·전지구적 차원에서 생태계적 수용력 한계가 존재한다면, 두 번째로 '세계지배의 합리성'이 자본주의적 생산방식을 수단삼아 수용성 경계를 넘어서까지 영향을 미침으로써 자원 및 자정능력에 부담을 준다면, 세 번째로 생태위기가 불가피한 것이라면, 마지막으로 어떻게 사회와 자연 간 원료교환을 전지구적 차원에서 규제시킬 수 있을 것인가라는 문제가 제기될 수밖에 없다.

6. 자연에 대한 요구의 합리화

자원사용을 제한하고 폐수·폐기·폐기물 방출에 한계를 설정하는 것은 산업·자본주의적 생산 및 소비과정에 도전하는 것이다. 이 도전에 대한 대응은 원칙적으로 두 가지만이 존재한다. 그 첫번째 방법은 '봉쇄(Containment)'이다(Sachs 1992). 봉쇄라 함은 그 동안 북의 특권적 산업국가들이 자신의 생산방식과 '생활양식'을 지속시키기 위해 남, 즉 개도국이 소유하고 있는 자원 및 자정능력을 지나치게 이용해 왔는데, 이로 인해 발생한 부정적 결과를 제한하는 것을 의미한다. 전지구화된 산업사회의 생산

---

15) 지배할 수 없음의 한 측면은 생태적 커뮤니케이션이 지불, 비지불의 이중적 시장코드의 외곽에서는 불가능하다는 것이다. 이러한 시장코드는 원료와 에너지의 변형을 시장과정에서 충분히 포착할 수 없다.

비용은 지구 전체로 외재화되었다. 사실 이 지구는 그 동안 자본주의적 가치논리의 시간적·공간적 역동성을 통해 점차적으로 작아져 왔으며, 이로 인해 외재화의 전략 자체가 의미를 상실하였다. 당혹스러움이 불균등하게 분배되었다. 이 지구상에는 현재 전혀 오염되지 않은 순수한 땅덩어리가 단 한 조각도 존재하지 않는다. (재정적으로도 충분하지도 않은 지구환경기금에 의한) 화폐에 의한 보상은 본질적으로 전혀 도움이 되지 않으며, 오히려 해결되어야 할 문제 중 하나일 뿐이다. 봉쇄를 통해 분열된 세계 및 지구적 특수성 모델은 장기적 관점에서 볼 때 생태적으로만 논의되는 것이 아니다.

'봉쇄' 전략은 일종의 종지선(終止線)전략이다. 이 전략은 공간적·시간적 팽창이 단단한 잠금쇠에 부딪혔음을 인정한다. 그래서 특권받은 국가들은 다른 '만족하지 못한 국가들'로부터 자신의 주장을 옹호해야만 한다. 나옴 촘스키(Naom Chomsky 1993 : 9)는 지난 500년 동안 지속되어온 자본주의 세계질서에 관한 책에서 윈스턴 처칠을 '베스트팔렌 질서'의 사고체계 속에 완벽히 갇혀 있는 사람으로 평가하고 있다. 처칠은 '배고픈 나라들'의 위험을 영토적 불만족성이라는 의미에서 언급하였고, 이미 만족한 국가들은 이들 나라에 봉쇄장치를 설치하는 것이 정당하다고 생각하였다. 오늘날 '만족하지 못한 나라들'에 대한 봉쇄는 다른 차원, 즉 영토적이고 생태적인 차원을 갖게 되었다. 그래서 과거 자본주의적 발전의 시대와는 다른 장소적·시간적 규범체제가 두드러지고 있다. 자본주의 초기단계의 식민주의는 '미정복지'를 정복하고 종속시키고 수탈하였으며, 나아가 이 지역을 식민지로 삼아 자본주의 국민국가들의 '배타적 집단'으로 편입시키려 시도하였다. 그러나 당시 이들 식민지 국가들이 완전히 '문명화' 되지 못하였고, 이로써 식민화된 대륙을 온전히 에워쌀 수 없었다. 19, 20세기의 제국주의 국가들은 이미 영토적으로 분할된 세계를 공간적으로 재조직하기 위해 모든 노력을 경주하였다. 그리고 이들 국가들은 전쟁을 촉발시킬 수 있는 모험으로 빠져들었고, 궁극적으로는 세계전쟁을 폭발시켰다. 왜냐하면 당시 제국주의 국가들의 공통된 관심사는, 새로운 세계질서 수립과 여기에서의 헤게모니 장악이었기 때문이다. 권력을 위해 영토 (그리고 국민국가, 때로는 인종을 근거로 정당화된) 확장을 시도한 것은 국민국가들이었다. 이로 인해 권력의 균형을 유지해야만 했던 '베스트팔렌 질서'는 궁극적으로 붕괴되게 된다. 영토확장 전략이 아닌 경제적·정치적·사회적 파편화 전략으로서의 봉쇄전략은 완전히 새로운 지구공간적 질서를 노정시켰다. 이 파편화 전략은 전후질서의 형성과정에서 조직된 국제체제 내부에도 몇몇 특권 국가들을 복제해내었다. 복지사회들은 자원 및 자정능력에의 개입가능성을 보장받고자 시도한다. 동시에 지구생태계의 경계를 인정하는 한에서, 규제들이 효과적으로 작동하길 염원하고 있다. 자연에 대한 필요, 이들 개인적 필요가 충족될 가능성이 평등하게 분배되어야 한다는 원칙은 지금 제한된 생태계 — 자원 및 자정능력 — 를 할당제로 이용하는 방안으로 대체되고 있다. 인간의 극히 소수만이 이 할당량을 보다 크게 늘려가는 반면, 나머지 다수의 인류는 아주 작은 할당량을 분배받고 있다. 가격기구를 통한 할당(약 2만 달러의 GNP 수준의 G-7 국가 모두는, 평균 500달러 미만의 GNP 수준의 G-77 국가군보다 큰 할당량을 가지고 있다.)은 새로운 세계질서에서 정치적·군사적 수단을 통해 완성되고 있다. 가격과 시장기구를 통해 배려된 할당제가 정당화되는 동안, 정치·군사적 조치들은 특정한 종류의 정당화 시도를 필요로 한다. 유엔을 새로운 기저 위에서 정당화하려는 시도들도 역시 여기에 속한다.

   산업사회의 생산방식과 생활양식은 '과두제적 특성을 가진 산물'이다. 왜냐하면 지구상의 모든 인간이 이에 도달할 수 없기 때문이다(Harrod 1958 ; Hirsch 1980). 인종, 문화, 대륙을 초월하여 모든 인간들의 각기 상이한 요구를 만족시킬 가능성에 있어서 지켜져야 할 평등과, 그리고 소득과 생활기회를 분배함에 있어서 지켜져야 할 정의는, 산업사회에서 이미 모순적인 것이다. 왜냐하면 '원래' 이러한 산업사회의 복지 개념은, 분배가 평등하게 이루어지고 모든 인간들이 능력을 발전시킬 수 있는 기회를 터무니없는 것으로 배제하고 있기 때문이다. 오늘날 산업국가가 빠져들고 있는 산업모델을 토대로 해서는 '적합한' 세계질서가 존재한다고 할 수 없다. 이러한 경제사회적 원칙 — 화폐예산억제, 이윤원칙, 개인화된 복지로부터의 정당성 창출, 경쟁 — 을 확고히 세울 경우, 전지구적 자원개입에 제약을 설정할 필요가 있음을 예견하는 사회적 메커니즘은 존재하지 않는다. 그래서 생태위기는 문명위기의 외연을 제시해주고 있다(Anders 1980). 만일 불평등한 자연개입의 가능성을 조장하는 현재의 생산방식과 소비방식이 변화하지 않는다면, 생태계 유지는 장담할 수 없다. 그런데 만일 지구적 생태계 악화가 여론화되면서 세계질서의 원칙이 역사, 시장, 자본축적, 의회민주주의의 종말을 선언한다면, 생태적 주장은 보수적이고 전제주의적인 경향을 갖게 된다. 이러한 경향은 현재 많은 생태적 노선들에서 나타나고 있다.[16] 역으로 생태적 논의가 사회정의라는 규범과의 연계성을 요구하고 있음도 지적되어야 한다. 만일 자연에 대한 요구를 할당하는 것이 피할 수 없는 것이라면, 그리고 만일 그것이 시장의 가격기제에 넘겨질 수 없는 것이라면, 기준은 생태정의에 관한 이론으로부터 도출되어야만 한다. 그런데 이 생태정의론은 이제 겨우 시작단계에 있다.(Ely 1989)

7. '지속가능성' — 하나의 그릇된 약속인가?

지금 우리들은 생태적 도전에 대한 또다른 해결방안에 도달해 있다. 우리들은 자원취득권을 동등하게 분배하거나, 지구적 자정능력을 파괴하는 유해물질을 동등하게 방출하는 권한 등을 상상할 수도 있을 것이다. 이러한 의미에서 1992년 6월 리우의 UNCED회의는 국제적 규범체제의 형성에 의미있는 기여를 하였다(Bruckmeier 1994 ; Simonis 1993 ; Loske 1993 ; Rowlands 1992). 특히 UNCED회의로부터 자연과의 원료교환을 전지구적으로 규제할 수 있는 협정이 가능하게 되었다. 이 협정들은 일종의 '조건성(conditionality)'을 묘사하고 있다. 만일 국민국가적 보호주의 원칙(비록 오늘날은 사실이 아니라 할지라도, 이 원칙은 19세기 국민국가적 세계질서로

---

16) 이 곳에서 보수주의적 논의와 올바른 생태 논의를 적합하게 비평한다는 것은 가능하지 않다. 이와 관련하여선 Jahn/Wehling(1991)을 참조하라.

부터 등장하였다.)이 옹호되지 못한다면, 이 '조건성'은 무조건적 '자유무역'과 '자유로운 기업발의' 원칙에 의해 조정될 것이다. 여기에는 희귀한 동식물보호에 관한 협정(1975), 비엔나(1985)와 몬트리올(1987)의 염화불화탄소 사용금지에 관한 협정, 이에 뒤이은 런던과 코펜하겐의 후속협정, 1989년의 바젤 폐기물 협정(이것은 1994년 3월 제네바에서 첨예화됐다), 도쿄와 요코하마의 열대림 무역기구, 리우에서 체결되고 승인된 이산화탄소 협정, 그리고 비록 구속력이 약하다 할지라도 열대림 및 종다양성 보호에 관한 협정 등이 속한다. 이러저러한 약 170여 개의 환경관련 국제협정[17]을 위에서 언급한 요소들을 갖춘 '규범체제'로 해석한다는 것은 과장된 것일 수 있다. 이 규범체제는 국제행위자들에 의해 환경정책의 목표, 도구, 그리고 적용대상을 변경할 수도 있다. 국제 환경규범체제 형성이라는 새로운 사실은, 자연과의 원료교환을 조정하는 것이 더 이상 세계시장의 가격기구나 국가들의 주권으로 위임될 수 없음을 밝힌 것이다. 그래서 환경규범체제는 처음부터 사회들 사이의 생태적 균형을 유지할 수 있는 요소들을 포함하고 있다. 다음 페이지의 그림은 이러한 맥락을 잘 나타내 주고 있다.

전지구적 자원과 자정능력의 이용을 정치적 타협(가격을 통해서만 한정되는 것은 아니다.)으로 제한한 한계들은 어떠한 방향으로 나갈 수 있는가? 이 한계들은 어디에서 그 기준을 마련할 수 있고 적절히 통제할 수 있는가? 사실 영토란 공간에 경계를 설정하고 이를 통제하는 것은 국민국가의 주권행사가 지닌 특징이다. 그러나 '국민국가'라는 담으로 둘러쳐진 영토 안에 다면적인 상호작용의 내용, 특히 생태적인 영향들을 가둬둘 수는 없다. 그렇다면 경계없는 세계를 지향하는 자유무역은 어디에서 한계에 부딪칠 것인가? 이 경계는 화폐의 '예산억제(Budgetrestriktion des Geldes)'의 경계이며, 또한 비영토적·비공간적 경계이고 경제적·기능공간적 경계이다(이러한 차별성과 관련하여선 Altvater 1987을 참조하라). 국제적 이자율에 따라 수익성을 보장받고 있는 무역거래만이 이러한 경계를 통과할 수 있다. 생태

---

17) 협약의 종류는 French 1993 ; Petersmann 1992 ; OECD 1991 : 281에서 발견할 수 있다.

〈그림1〉 생태기준의 조정 : 국제적 규범형성의 시발점

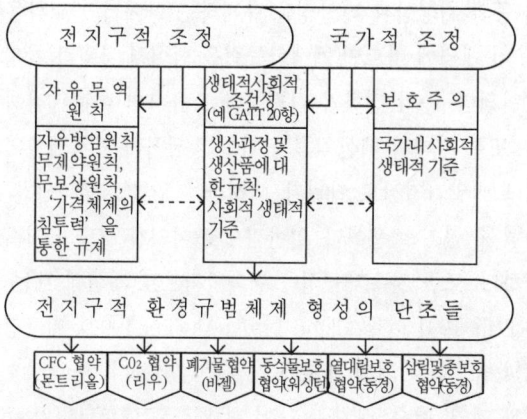

적 자원이용의 한계, 또는 유해물질의 대기권 방출의 한계는 국민국가적 경계설정 안에서 정의될 수 없고, 또한 경제적 예산억제에 종속될 수도 없다. 이러한 방향의 시도들은 영토적으로 경계지워지지 않음으로써 좌절되거나, 수익성이나 이윤성 추구는 외재성을 유발함으로써 실패한다. 만일 영토공간을 경제적, 생태적, 군사적, 윤리적으로 준비된 이용권한에 맞게 구획한다면, 이것은 일면 영토적·공간적 이해관계와 경제적 이해관계간 충돌로부터, 그리고 타면에선 정치적 정당성창출 논리로부터 허사가 될 것이다.(Nisch 1993)

오히려 생태적 '예산' 억제는 이중적으로 결정된다. 우선 소극적 의미에서, 예산억제는 인간사회에 미치는 영향을 고려한 전지구생태계의 자정능력과 적재력에 의해 이루어진다. 두번째는 적극적 의미로, 이것은 인간의 생산 및 소비활동이 지구에 주는 부하량의 크기에 의해 결정된다. 생태적 교란과 경제적 부하간 경계, 그리고 '생태적 규모'와 '경제적 규모' 간 경계가 어떻게 구획될 것인가 라는 물음은 국제적 논쟁, 특히 1987년 브룬트란트 보고서가 지속가능성이라는 개념을 주내용으로 해서 발표된 이후 등장한 국제논쟁의 주제가 되었다(Hauff 1987). 이 개념은 규범적 색채가 강한 반면, 분석적 측면은 그리 엄밀하지 않다.[18] 의미심장하게도 이 개념은 위에서

기술한 전지구생태계의 문제와 연결되어 있어, 인간과 자연 간 원료교환의 모습 특히 종의 재생산과 다양성을 유지하는 한에서의 교환율을 확인해내야만 한다. 이 개념에 따르면 재생산능력을 넘어서 자원과 자정능력이 이용되어서도 안되며, 종의 진화가 화폐자산 소유자의 이해관계에 내맡겨져서도 안된다. 또한 경제적 예산억제와 이를 정당화하는 경제행위자들의 행위라는 논리에 내맡겨져서도 안된다. 이러한 경우 엔트로피가 높은 단일경작만이 도출될 수 있기 때문이다. 일반적으로 이러한 경작의 지속가능성은 대단히 취약하다. 또한 지속가능성을 열역학적으로 정의해 보는 것도 의미있을 것이다(Daly 1991 ; Goodland 1992 ; Altvater 1992). 지구상에서 생태적인 엔트로피 발생률은 거의 제로에 가까워야만 한다. 즉 태양으로부터의 에너지 유입과 폐열, 폐수, 폐기, 쓰레기 형태로 된 엔트로피의 증가는 평형을 유지해야만 한다(Georgescu-Roegen 1971 ; Daly 1991). 전지구적 환경규범체제라는 목표는 규범체제가 어떻게 작동해야만 하는가에 그 성공여부가 달려 있다.

지속가능성의 원칙은 두 측면에서 결정될 수 있다. 첫번째로 생태계의 유지 여부는 일차적으로 얼마나 많은 자원이 채굴되는가와, 얼마나 많은 폐기물방출이 이루어지는가에 달려 있다. 즉 생태계의 유지는 생산과 소비의 생태적 규모에 의존한다(Zarsky 1993). 이것은 생산과 소비에서 원료와 에너지가 사용되는 측면이다. 두번째로 자원이용의 외연이 성장률 및 세계사회로의 소득분배수준, 즉 생산과 소비의 경제적 규모에 의해 결정된다. 이 경우에 중요한 것은 경제과정의 가치적 측면이다(이것은 마르크스적 범주, 즉 노동과 생산의 '이중성'과 밀접히 연결되어 있다 ; Altvater 1991/1992). 국제규범체제의 규칙들은 전자 혹은 후자와 관련되어 있거나, 아니면 양자 모두에 연결되어 있다. 자원과 자정능력 이용의 생태적 규모는 양적인 크기와

---

18) 더욱이 이 개념은 대단히 안락한 감을 준다. 왜냐하면 이 개념이 '누이 좋고 매부 좋은(win-win) 전략'을 구사하기 때문이다. 이 개념하에서는 발전전략과 환경보호전략이 모두 얻는 것이 있다. 즉 이 개념은 발전과 환경이 분석적으로 논의되기 이전에 이미 종합화를 시도한 것이다. 때문에 이 '지속가능성'에 관한 문헌들은 만족할 만한 내용들을 갖고 있지 않으며, 꼭 필요한 개념적 엄밀성에 관한 논의를 결여하고 있다. 예를 들어 Hein 1993에 실린 논문들을 보라.

질적인 기준 - 예를 들어 이산화탄소 배출 허용, 벌채할 나무의 종류와 방식, 수질오염, 재활용 방식을 포함한 쓰레기 생산과 처리 - 에서 모두 구속력있는 한계가 설정되길 요구한다. 자원사용의 상한선이 구속력를 갖기 위해선 허용품목과 금지품목, 각 품목의 전체량, 그리고 적용 및 인가방식 등에 대한 정치적 합의를 필요로 한다. 이러한 합의에 도달한다는 것은 기술적으로 극히 어려울 뿐만 아니라, 사회적으로 유토피안적인 것이다. 그럼에도 불구하고 이러한 합의가 꼭 시도되어야 하는 이유는, 전지구적 생태계 악화를 저지할 수 있는 또다른 대안이 존재하지 않기 때문이다.

반면 경제적 규모의 크기는 원칙상 경제적 방식으로 규제될 수 있다. 또한 경제행위자들에게 자신들이 야기한 환경오염을 스스로 내부화하도록 요구할 수 있다. 이와 관련하여 한편에서는 환경세나, (수송분야, 농업경제, 에너지 생산 등의 분야에서 현재 지불되고 있는) 모든 환경파괴적 보조금의 삭제, 그리고 적합하고 공적인 관세 등이 논의될 수 있다. 다른 한편에서는 기업가측에서 만든 가격에 대해 '가격의 진실성'을 입증하도록 하는 방안도 생각해 볼 수 있다. 지금까지 외재화된 비용들은 내재화되어야만 한다. 시장자유주의의 옹호자들(그리고 세계은행의 경제학자들)은 '생태적으로 정당한 가격'이라는 발상을 선호한다. 왜냐하면 이러한 생각은 친숙한 시장경제적 논의과정에 그대로 머무를 수 있기 때문이고, 또한 외재화된 환경부담 비용이 가격계산으로 내부화됨으로써 분배효과를 고양시키고 이를 통해 자원과 자정능력 사용을 감소시킬 수 있기 때문이다. 물론 '정당한 가격'이 가능하며 이것이 환경부담을 해결할 수 있다는 주장에 대해서는 의문이 진지하게 제기되고 있다. 세계은행은 '구조적 조정을 위한 차관증여'에 관한 경험적 연구조사를 통해, '조건성' - 여기에는 정당한 가격을 설정한다는 규칙도 속한다. - 이 분배효과를 개선시킴으로써 생태적 부담을 야기하는 경제규모를 축소시킬 수 있었으나, 이 조건성이 '생태적 규모' 란 측면에선 불충분하게만 작용하였음(Zarsky 1993)을 밝혔다. 영토에 설정된 정치적 경계를 기준화한다는 발상은 차지하고서라도, 경제적 예산억제를 지향하는 규칙만으론 생태적으로 의미있는 억제효과를 낼 수 없다.

8. '정당한 가격'이라는 환상

이 주제를 정당화 해주는 근거들이 제시될 수 있다. 첫째 근거는 열역학 제2법칙에 의거하여 생태비용의 완벽한 내부화가 사실상 불가능하다는 것이다. 원료 및 에너지의 변형과정은 역전될 수 없으며 소산구조를 남기는데, 이것은 완벽한 비용계산에서도 검토될 수 없다. 이상적인 상황에서만 원료 및 상품가격이 정확하게 산정될 수 있다. 그래서 환경파괴는 계산상으로는 포착가능하고 더 이상 악화되거나 파괴될 가능성을 발견하지 못한다. 그럼에도 불구하고 현실적인 문제는 원료 및 에너지 변형이 현실에 영향을 주는 방향 및 정도, 그리고 그 크기 등을 완벽하게 알 수 없다는 데 있다. 따라서 환경파괴는 '정당한 가격'으로 계산될 수 없는 것이다.

두번째 근거는 시장가격의 형성이 현재의 시장조건하에서는 '정당한 가격관계'를 만들어내지 못한다는 사실에서 나온다. 현재 세계무역의 최소한 25%가 '기업내 무역(Intra-firm Trade)'으로 나타나고 있다. 때문에 세계시장에서 형성된 가격은 경제세력들이 행하는 자유로운 게임의 결과로 형성되는 것이 아니라, 초국적기업관리와 같은 미시경제적 가격결정과정으로 결정된다.(OECD 1993)

더욱이 세번째 근거는 가장 핵심적인 것으로, 자본주의적 화폐경제의 집행가격으로서의 이자는 경제적 불안정이 첨예화된 시기에는 가장 신뢰할 수없는 변수라는 것이다. 이 이자율의 크기는 더 이상 생산과정에서 생산성 고양으로 실현된 잉여액과, 그리고 생산에 투자된 자본에 대한 이윤이라는 현실적이고도 '자연적인' 가능성을 반영하지 못한다. 이러한 반영에 대한 희망은 고전주의 경제학자들에 의해 가정되었고, 크누트 윅셀(Knut Wicksell)에 의해 이론화되었다. 채무의 국제화와 이로 인한 전지구적 과잉 채무란 상황에서, 특히 자본대여와 자본투자의 위험도는 이자로 보상되고 있다. 세계 화폐시장에서 특정의 자본총액으로 획득할 수 있는 생산적 잉여, 즉 이윤은 혁신적 '재정 도구'의 수익성 계산에서 별 의미를 갖지 못한다. 화석연료를 사용하기 이전 시대에 통용되던 이슬람법과 교회법에서는 이자를 금지시켰다. 이 시대에는 이자의 크기가 채무자들의 현실적이고 사회적인 업무능력과 연계되어 있지 않았다. 그러나 오늘날의 세계에서 주권을 가진 채무국가들이 문제가 되고 있기 때문에, 정치적으로 조정된 분배과정은 결과적으로 국제적인 화폐자산 소유자들에게 유리하도록 진행되고 있다. 여기에서 조정자는 세계은행, 국제통화기금, 런던과 파리의 클럽들, 바젤에 있는 국제 지불조정은행을 지칭하는 것으로 이 모든 제도들은 전후세계질서 형성과정에서 만들어진 후 한편으론 더욱 발전하였고, 다른 한편으론 기능변화를 겪어야 했다. 남의 채무국으로부터 북의 채권은행으로 이전되는 순이전 총액은 이러한 경향을 뒷받침해주고 있다. 많은 사회에서 사회적 실체와 생태적 실체들이 파괴되고 있으며, 상당수의 사람들이 고용상태가 불안정한 비공식부문이나 생존을 위한 생산부문으로 밀려나가고 있다. 이자율의 형성은 경제적으로 합리적이어야 하고, 이론적으로 그 가격은 민감한 시장가격의 크기에 따라 결정되어야 정당하다. 이를 근거로 경제계는 세계 자본 및 화폐시장의 가격형성을 정치적으로 조정하는 것에 격렬하게 반대한다(예로서, Dornbusch 1994). 만일 이자율의 크기가 잉여생산의 현실적 조건들로부터 영향받지 않는 것이라면, 그리고 대부의 위험률이 반영된 것이라면, 이것은 생태적으로 사회적으로 '정당할' 수 없고, 합리적 결정을 유도해낼 수도 없다.

네번째로는, '경제 규모'가 국제무역관계에 삽입된 '생태적 조건성'으로 제한될 수 있는지에 관한 것이다. 리우의 UNCED 결의안이 진지하게 받아들여지는 한에서, 생태적 조건성에 대한 결정은 다음과 같은 대안을 제시해준다. 즉 생태적 규범체계에 의거한 통제가 국민국가에서 시도되거나, 국제무역협정에 구체화되거나, 국제제도를 통해 감시될 수 있다는 것이다. 어쨌든 한편에서는 '생태 덤핑'이, 그리고 다른 한편에서는 '생태적 보호주의'가 결코 사라지지 않으면서 국가간 무역갈등을 일으킬 것이다. 이러한 관점은 결코 갑작스럽지도 놀랍지도 않은 것이다. 특히 생태적으로 규제되지 않은 자유무역이란 대안은 결코 바람직한 것이 아니기 때문이다. 고전주의 경제학자들에 의해 약속된 '비교가격우위론'은 자본과 노동이 국가경계를 넘어 이동하는 유동적인 상황에서 이론상으로도 결코 정당화될 수 없다(Daly 1994). 말할 것도 없이 UNCED 회의 이후 규범체제의 형성이 진일보할 수 있도록 새로운 국제제도의 설치가 선호될 수도 있을 것이다.[19] 이러한 방향에서 'GATT의 녹색화'에 대한 논의도 진행되었다(Anderson/Blackhurst 1992). 어쨌든 생태적 조건성은 자유무역 원칙이나, 비차별성 및 최혜국 원칙 등과는 공존할 수 없는 것이다. 오히려 이 생태적 조건성은 GATT를 그 동안 지탱해준 기둥들을 와해시키는 것이 되어야 한다.[20] 국제환경규범체제의 형성은 필연적으로 기술이전비용이나 보상비용의 분배갈등과 연결되어 있다. 왜냐하면 생태적 조건성을 설치하는 경우에는 자연이용권의 제한이 중요한 관건이 될 텐데, 현재 이 자연권 이용은 소득수준의 유지와 절대적 관계를 맺고 있는 데다가 더욱이 재정적 여건이 선행적으로 마련돼야만 하기 때문이다. 만일 에너지세 및 이산화탄소세가 설치된다면, 이는 곧 조세를 조정하는 기관 ― 이 기관에는 에너지 소비국가, 이용에너지의 생산국가 및 석유산유국이 참여해야만 한다. ― 에 대한 물음과 산업국, 국제기구 그리고 개도국이나 석유생산국내에 미치는 예산효과에 대한 물음을 제기할 것이다.(Whalley/Wigle 1991)

9. '전지구촌'에서의 행위자 또는, 초국적 시민사회를 향한 한 걸음

비록 우리들이 일상적으로 '지구 생태계', '지구촌'(MaLuhan), '하나의 세계'에 대해 이야기한다 할지라도, 그리고 우리들이 전지구적으로 생각하

---

19) 마라케시에서 세계무역기구가 창설되었다. 이 기구는 미래전망에 따라 세계무역에서 지켜져야 할 환경기준을 정교화하는 작업을 과제로 부여받았다.
20) 현재 38개 조항을 가진 GATT는 환경문제와 관련하여 명백한 언급을 피하고 있다. 따라서 환경적 고려와 관련된 불공정무역 주장을 판단할 수 있는 무역조치들은 GATT 하에서 가능하지 않다. 만일 불평이 제기된다면 GATT 심사위원회에 의해 GATT와 양립할 수 없는 것으로 제외될 것이다(Whalley 1991 : 181). GATT협정의 게임영역을 보다 긍정적으로 해석한 사람은 페이터스만(Petersmann 1992 : 267)이다. 또한 Altmann 1992 ; Kulessa 1992를 참조하라.

고 행동한다 하더라도, 국제체제의 특수성은 원인자와 피해자, 환경파괴자와 그것의 피해자가 뚜렷한 상호연관성을 갖지 못한다는 점에 있다. 왜냐하면 그러한 상호관계는 땅을 나누는 국경으로 인해 지역내, 혹은 국가내에서만 통용되기 때문이다. 따라서 국가간 환경외교를 통한 정치적 협력은 동질적이고 응집력있는 통일의 형태를 갖기가 어렵다. 그래서 이 영역에서는 합의도출이 어려운 것이다.(Ostrom 1990 ; Streeten 1992).

오늘날 현실주의적 접근법에 기반한 국제관계 이론에서 볼 때, 국민국가들은 더 이상 유일한 행위자가 아니다. 더욱이 오늘의 상황에서 세계시민들의 공동체의식에 호소하는 것보다는 오히려 문화/언어/정치/역사적 전통들을 강조하는 것이 국가들로 매개된 분배정책에 꼭 필요한 정당성을 제공한다 할지라도, 최근의 국제체제가 보여주고 있는 무정부적 상황은 국민국가들을 더 이상 결정적인 행위자로 볼 수 없게 만든다. 국가간 지위경쟁에서 고양된 국민국가의 의미가 고양되었다 할지라도 이것 역시 국민국가적 잠재성 상실로서의 주권상실을 표현해준다. 왜냐하면 국민국가 스스로 경쟁국가화함으로써(경쟁에 대처하기 위해) 세계시장 조건에 적응하는 조치들을 계획하는 것이 중요하기 때문이다. 국제무대에는 거대하고 힘있는 유럽연합이나 작고 힘없는 '작은 섬국가 동맹(AOSIS)' 과 같은 국가집단도 있고, 77그룹 및 G-7처럼 제도화된 협력위원회 등의 느슨한 동맹들도 있으며, 경제적 힘을 정치적 힘으로 전환할 수 있는 초국적기업 및 은행들도 영향력을 행사하고 있다. 세계은행, 국제통화기금, GATT 또는 ILO 등과 같은 국제제도들도 심심찮게 산업국가의 경제적·정치적 권력을 증폭시키는 기제로 작동하기도 한다. 그리고 비정부단체들도 결정과정에 영향을 미친다(이들 단체들이 주로 영향을 미치는 곳은 환경 및 발전과 관련된 문제영역이다). 이러한 집단들로는, 재정능력이 있고 국제협상과정에 익숙하며 조직화가 잘 되어 있는 북의 환경보호기관들(그린피스, 지구의 친구들, 국제보호연합 등), 그리고 열대 우림지대의 토착민 조직인 '생태계의 친구들' — 이들 남측의 비정부기구는 경험도 부족하고 재정수단도 결여돼 있다. — 과 같은 조직이 있다.(Rowlands 1992)

위에서 언급된 행위자들은 이해관계에 따라 행동한다. 이들 집단은 원인자로서의 이해관계와 피해자로서의 이해관계로 집단화될 수 있다. 물론 이들의 중간범주로서 프리츠비츠(Prittwitz 1990)가 명명한 바 있는 '도움자적 이해상황'도 고려될 수 있다. 만일 환경과 발전을 조정해야만 하는 규범체제를 다루고자 한다면, 기존의 행위자와 역할분배의 메트릭스로부터 국제차원에서의 이해관계 구조가 상당한 복잡성과 모순성을 가지고 있다는 인상을 강하게 받을 것이다. 환경규범체제 및 발전규범체제를 연결시킨다는 것은 자원과 자정능력의 이용을 규제하는 것만큼이나 어려운 일이다. 그러나 이를 통해 가격기제의 침투는 용이해질 수 있다. 다음의 그림은 이러한 연관관계를 명료히 예시해주는데, 이것은 시모니스(Simonis 1993)의 그림을 확장 보완한 것이다.

이 표는 역동적 과정을 스냅사진처럼 구성해 놓은 것이다. 만일 정권교체가 일어난다면, 국가가 추구하는 이해관계간 우선순위는 빠르게 무용지물화될 수 있다. 이와 관련하여 미국 행정부가 부시에서 클린턴으로 교체된 것은 어떻게 환경·발전정책적 노선들이 변경될 수 있는가를 보여주는 좋은 사례이다. 문제는 이러한 역동성이 전지구적 과정, 국가적 과정, 그리고

〈그림2〉 지구환경정치의 행위자와 그들의 이해관계

국제행위자 국가(집단)	배출원인자	배출피해자	원조제공국	원조수혜국
미국	강	약	강	관계없음
유럽연합	강	강	강	관계없음
동구유럽	강	강	약	강
OPEC	강	약	약	약
77그룹	약	강	약	강
AOSIS	대단히 약함	상당히 강함	관계없음	약
초국적 기업	강	강/약	관계없음	관계없음
NGO	관계없음	강	강	강
국제기구	관계없음	관계없음	강	관계없음

지역적 과정 사이에서, 그리고 생태적 목표와 사회적 목표 사이에서 어떻게 일어날 수 있을 것인가이고, 무엇을 통해 영향을 받을 수 있을 것인가이다. 이러한 맥락에서 경제적 이해관계와 영향력, 문화적 전통과 '이미지'[21]는 차치하더라도, 비정부기구가 담당하는 특수한 역할이 주목될 수 있다. 이 기구들은 국제무대에서 영향력을 행사할 수 있음은 물론 국내적 상황에서도 고유한 역동성을 창출해낼 수 있는 계급구조적 속성을 가지고 있다. '새로운 세계질서'는 더 이상 순수한 국민국가들의 질서가 아니다. 전지구적인 커뮤니케이션과 네트워크의 결과로, 정부의 외교관들은 더 이상 국제관계 형성의 모든 측면들을 독점할 수 없다. 이 경우 시민사회는 국가 단위를 넘어야 하고, 국제화되어야 한다. 이것 역시 화석연료적 포디즘적 모델이 전지구화한 결과이다. 이러한 지구화는 아무런 갈등도 동반하지 않은 채 조화로운 것이 아니다. 한편에서는 자연환경에 대한 위협으로부터 '새로운 당혹스러움'이 등장하고 있으며, 다른 한편에서는 기술적으로 가능하게 된 국제적 네트워크가 형성되고 있다. 이 네트워크는 그 범위를 확장시키고 있으며, 현재의 기술수준에서는 전지구적 커뮤니케이션이 될 가능성이 대단히 높다. 비정부기구들은 환경 및 개발 영역의 국제협상에서 그 동안 상당히 중요한 역할을 담당하여 왔다. 이와 더불어 그 어떤 현실 문제들보다도 국가론적인 물음이 제기되고 있다. 기존의 국제체제에서는 오랫동안 주권국가들이 오랜 전통, 거대한 권력, 의심의 여지없는 정통성, 그리고 전문성으로 무장한 행위자들이었다. 이 행위자로서의 주권국가는 근대 이후 국제 '질서'를 형성해왔던 것이다. 국민국가의 주권은 이중적으로 정의되며 동시에 제한받고 있다. 국가주권의 행사는 영토에로 한정되며, 영토적/공간적 차원을 가지고 있으며, 국민으로부터 도출된다. 민주주의체제하에서 이 국민들은 주권자로서 모든 국가정부들에게 정당화된 행동전권을 부여한다.[22] 오늘날, 권력과 주권의 두 원천인 영토와 국민에 대한 정의가 변화되고 있다.

---

[21] 삼림보호에서 보호된 삼림이 어떻게 보여질 것인가는 매우 중요한 의미를 가지고 있다. 삼림은 단테의 인포르노(Inforno)에서 '사악하고 칠흑같은 숲'으로, 산림경제학 문헌에서는 목재의 원천과 무서운 동물의 생활공간으로, '헐리우드'에선 밀림의 정글로, 그리고 모험소설에선 '녹색의 홀' 등으로 그려질 수 있다.

19, 20세기에 형성된 국민국가들간의 경계는 경제과정이 진행되는 전범주, 그리고 원료와 에너지 변형이 생태적 결과를 야기하는 시/공간적 범주와 점차적으로 맞지 않게 되었다. 플란차스(Plantzas 1978)가 이미 상세히 지적하였듯이, 원칙적으로 국가주권은 대내외적으로 경계를 설정하고, 지리적·'기능권적인' 영토를 구획하는 일에서 존재한다. 그런데 이 영토적 경계가 현재 해체과정에 있는 것이다. 그래서 "영토의 소유자가 이 영토에 거주하는 사람들의 종교를 결정한다(cuius regio, eius religio)." ― 이로 인해 종교개혁 이후 프로테스탄트와 가톨릭 간의 종교선택이 모든 지역영주들의 손에 들어갔다. ― 라는 원칙으로부터 "경제의 경영자가 종교를 결정한다(cuius regio, eius economia)." 라는 규칙이 더 이상 도출될 수 없게 되었다 (Schmitt 1974 : 226 ; Heins 1994 : 79에서 재인용). 이 규칙은 우습게도 통화의 태환성, 세계무역, 그리고 자본운동의 초국적화와 때를 같이하여 작동하기 시작하였다. 경제가 국제화된 결과 근대 국민국가들의 정치체제는 '유동적인 것'(Ruggie 1993 : 139)으로 되었다. '신자유주의적 반혁명' 과정에서 나타난 '탈규제경향' 과 더불어 경제·사회적 과정에 대한 정치적 규제가 거부되었고, 이와 더불어 정치주권의 한 조각이 전지구적 공간으로 확장된 경제영역으로 '흘러들어' 갔다. '경쟁국가들' 은 더 이상 개입국가도 경찰국가도 아니다. 이들 국가는 고도로 모순된 방식으로 세계의 재정시장과 커뮤니케이션 네트워크의 '잠재세력' 으로 편입되었고, '지위' 가 갖고 있는 '현실성' 에 자신의 존립근거를 두고 있다. 이 지위들은 경쟁력 보장을 통해 '현실적 상황(Sachzwänge)' 에 적응해야만 한다(Hirsch 1994). 국민국가의 주권은 정치계급이 갖고 있는 세계시장적 강제에 대한 통찰력에 있으며, 경쟁전략을 가지고 이에 뒤쳐지지 않을 수 있는 능력에 있다.

이러한 경향으로부터 20세기 후반기의 국민국가들이 역사적으로 부여된 역할을 완벽하게 수행하고 있다고 결론짓기는 어렵다. 정부행위에 대한 정

---

22) 이 경우 국민국가도 자신의 주권을 구성하고 있음을 간과하여선 안된다. 특히 독일에선 국적이 혈통주의에 의거하는데, 이에 따라 문화적으로 적합한 시민은 국가시민에서 배제시키는 한편, 문화적으로나 사회적으로 낯선 사람들을 그들이 '독일인의 혈통' 을 가지고 있다는 이유만으로 시민으로 선언한다.

당성 창출은 일차적으로 국가귀속성(Nationalität)과 선거구민의 형식으로 한정된 사회에서 항상 이루어졌다. 국민국가들의 영토성은, 루기(Ruggie 1993)가 국민국가적 영토성이 기능적 단위로 붕괴되는 과정과 국가영토가 하나의 사회적 전망을 가진 세계로 해소되는 과정에서 묘사했듯이, 지금 '해체(entbündelt)' 되고 있다. 국민 역시 더 이상 예전과 같은 자명한 단위는 아니다. 동시에 특권적인 지역단위나 국가 이하의 단위가 등장하고 있다. 이것은 그 동안 국민국가가 정통성의 토대로 간주해왔던 자원이 이탈하는 과정으로 이어지고 있다. 스스로 인식한 것이든 국가가 규정한 것이든, 어쨌든 국민은 이러한 변화과정을 겪고 있는 것이다. 이처럼 전래되어 온 국민들의 행동영역이 해체된다면, 그리고 이와 더불어 국민들의 자의식 상징이 사라진다면, (국민)국가의 시민은 초국적 의식이나 국제의식을 지닌 그래서 세계로 개방된 시민으로 초월하거나, 그 동안 유럽에서 두드러지게 나타난 민족주의적이고 지역중심적인 '복지소비니스트' (Harbermas)로 돌연변이 할 것이다.

그럼에도 불구하고 모든 이러한 경향은 국민국가를 세계무대로부터 몰아내지 못하였고, 다만 게임의 법칙만을 변경시키고, 보다 많은 행위자들을 계획에 동참시켰다. 왜냐하면 통화공간으로서의 국가는 아이러니컬하게도 국제적으로 한정되면서 동시에 국가경제적으로 한정되기 때문이다. 국가들은 환전율을 통해 서로를 별개의 주체로 인식하고, 대차대조표를 통해 서로 조응한다. 물론 환전율은 국민국가의 결정권과 국제제도를 통해서만 결정된다. 그럼에도 불구하고 이 환전율은 주식시장에서 자본세력이 '자유로운 게임' 을 행한 결과로 결정되는 것이다. 오늘날 이 주식시장에서는 매일 약 1천 억 US 달러가 거래되고 있으며, 그 약 10%인 100억 US 달러만이 세계무역을 결제하는 데 사용되고 있을 뿐이다(세계수출 총액은 연 3조 6천 억 US 달러에 불과하다). 나머지는 투기성 거래로, 이것은 국가가 통화영역을 한정하는 상태에서 자본관계가 전지구화할 경우, 화폐자산의 가치가 환율변동으로부터 스스로를 보호할 안정장치를 필요로 함에 따라 등장한 것이다. 그런데 이것은 동시에 환전율의 변동을 더욱 심하게 만들기도 한다.

국민국가적 헌법성, 국제경제 및 정치체계의 형성, 그리고 경제·사회·생태적 문제의 전지구성, 그리고 이것들간의 '비동시성 갭'은 원칙상 두 가지 방식으로 메워질 수 있다. 경제·생태적 문제상황의 전지구화, 그리고 이들에 대한 규제의 필요성은 이러한 규제를 행할 지구화된 정치체제 – 이것은 전지구적 국가의 형성으로 이어질 수 있다. – 의 필요성을 정당화해 준다. 그러나 이러한 정치체제에는 세계시장의 문제와 전지구적 생태계의 문제를 풀 수 있는 약간의 수용력만이 허용되어 있다. 게다가 이것은 위에서 지적하였듯이 세계국가 형성의 가능성마저 있어, 전제주의의 악몽을 재현할 위험성도 가지고 있다. 세계국가가 어느 정도까지 '개인화' 될 것인가, 그리고 전지구사회의 국가로서 정당성을 어떻게 획득할 것이며, 기초적 합의 형성에 기대를 걸어도 될 것인가 등의 물음이 제기될 수도 있다. 국제관계이론가들 중 '현실주의자'들이 상정하고 있는 무정부상태는 존재할 가능성이 대단히 크다. 왜냐하면 가능한 시계(視界) 속에서 세계국가가 세계시장과 다를 것같지는 않기 때문이다. 따라서 정치·생태·경제적 패러독스가 이 자리를 대체할 것이다. 정치는 권력의 재생산, 규칙과 한계의 설정, 정치적 개입을 위한 정당성 창출, 합의의 도출 및 의무부과 등에서 스스로를 실현한다. 이러한 원칙들이 전지구화될 수 있을 것인가? 한계설정이라는 정치적 원칙이 전지구체제의 무한계성이란 상황에서 어떻게 변화할 것인가? 이 경우 두 가지 극단적 상황이 예상될 수 있다. 많은 경계들이 설정됨으로써 전지구적 공간이 정치권력적으로 무기력한 작은 단위의 영토들로 나뉘어지는 경우거나, 아니면 아예 무경계성이 등장함으로써 정치적 경계와 지구표면이 하나로 일치하는 경우이다. 어쨌든 이 두 가지 극단적 경우는 모두 근대국가들의 세계가 형성된 역사, 그리고 근대자본주의 세계의 제도들과 일치하지 않는다. 이에 대한 세번째 가정은 무한계성으로 결코 해체되지 않는다는 것이다. 이것은 아마도 국민국가의 원칙이라는 불굴의 생명력을 지지하는 유일한 주장일 것이다. 이의 연장선상에서 생태위기와 경제적 순환(위기)의 전세계성은 국민국가적 관점을 개념적으로 수정할 만큼 그렇게 충분히 중요한 것이 아니(Senghaas 1992)라는 답변도 있다.[23]

만일 국민국가가 전지구적 생태문제 및 경제문제를 취급하기에 부적절하다면, 그리고 세계국가가 하나의 환상에 불과하다면, 국제적 환경규범체제가 형성되는 과정에서 전지구화되지는 않았다 할지라도 초국가화된 시민사회들간의 중개제도 및 조직들이 의미를 지닐 것이며, 이들이 다루어야 할 이중적 과제군은 증가할 것이다. 일차적으로 비정부조직은 국가(또는 지역) 사회내의 포기할 수 없는 합의 형성을 위한 중개자이며 복제자가 될 것이다. 이 비정부조직은 급진적인 그래서 처음엔 대중적 지지가 없는 조치들을 사회의식으로 형성해내고, 이를 통해 정치조직에 압력을 행사할 수 있다. 이 조치들은 대기, 물, 그리고 땅으로 방출되는 유해물질을 감소시키기 위한, 자원사용을 보호하기 위한, 종들의 생활공간을 유지하기 위한 조치들로서, '경제적 유용성' 범주로는 전혀 계산되지 않는 것들이다. 자연환경 보호에 관한 이해관계는 수직적으로 구분될 수 있는 계급이익도 아니며, 수평적으로도 일치될 수 없는 특권집단들의 이해관계도 아니다. 이러한 자연환경의 이해상황은 수평적 집단이든 수직적 계급이든 모든 집단들에게 침투되어 있다. 물론 이 경우 생태적 악화를 화폐로 일시 대체함으로써 개인적 파국을 회피할 수 있는 계급상황은 예외로 한다. 만약 이러한 의미에서 울리히 벡이 "스모그도 민주적"이라고 극단적으로 첨예화시켰다면, 그는 옳았다. 때문에 비정부조직은 계급특화적이지도 않고 집단이익을 고수하지도 않는다. 이 집단은 변호사적 과제를 가지고 있는 셈이다.

두번째로 비정부조직체들은 국민국가에 의해 연결될 수 없는 국제 네트워크의 중개자 역할을 한다. 왜냐하면 이 단체들은 주권과 전통적 외교방식이 주요 역할을 하는 '상류 정치' 하에서 국가와 유사한(sub-etatistische) 활동을 하기 때문이다. 이로써 이 조직들은 어느 정도 국제 시민사회를 구성하게 된다.[24] 국제적 협상과정에서 비정부조직체들은 '인류차원의 이해관계'(인권과 주민들의 권한)를 국민국가들보다 훨씬 잘 대변해 줄 수 있다.

---

23) 경쟁력 강화를 이론적으로 주장하는 사람들은 국가적 관점을 선호한다. 경제적·국가적 경쟁력을 도출시킬 수 있기 위해, 이들은 한계가 설정된 기능공간으로서의 세계시장을 분석 지평에서 제거해 버렸다. 이러한 유형의 입장으로는 Messner/Meyer-Stamer 1993을 보라.

왜냐하면 비정부조직체들에게 있어서 주권과 국민국가적 영토권이나 기능적 권한 등은 대외활동의 지도적 원칙이 되지 않기 때문이다. 비정부조직체들간의 국제 네트워크 형성 그 자체가 생태위기의 세계성을 정치・형식적으로 표현해준 것이다.[25] 리우의 경험은 비정부조직체들이 동일한 주파수로 의사소통할 수 없음을 보여주었다. 그 이유는 이 조직들이 공통적으로 중간자적 성격을 갖고 있기 때문이고, 나아가 현재 형성중에 있는 정치형태를 가지고 있기 때문이다. 로우란트는 NGO공동체 구성원들간에 전례없는 수준의 협력관계를 확인해주고 있다. 그러나 동시에 그는 북측의 NGO와 남측의 NGO간 상이성을 기술하고 있다. 이 상이성은 활동가들이 지닌 전문성의 정도에서, 조직이 닻을 내리고 있는 기반조성의 정도에서, 그리고 거대 국민국가의 수반이나 국제조직의 위원장에게 영향을 미칠 수 있는 정도 등에서 나타난다(Rowlands 1992 : 215ff). 가령 이러한 영향력은 협상외교과정에서 빠져나가는 모래처럼 작용한다(Ullrich/Kuerzinger-Wiemann 1993 : 168). 가능한 한 통일된 관점, 이해관계, 그리고 권력의 원천 등은 오늘날 다양화된 NGO들의 현황을 기술하는 데 적합한 특징이 되지 못한다.

초국적 또는 국제적 '시민사회'가 이제 막 형성되는 시점에서, 국제 환경

---

24) 글라고우(Glagow 1992)는 비정부조직체의 전망을 밝지 않게 본다. 이 조직체들의 힘은 궁극적으로 신뢰로부터 기원하는데, 이 신뢰라는 것이 의무화되지 않는 한 대단히 취약하고 쉽게 사라지는 것이다. 또한 대다수의 비정부조직체들은 '국가에서 주는 작은 혜택'에 의존하고 있어 자율적이지 못하다. 많은 NGO들이 나름의 목적에 도달하기 위해 법률에 위배되는 방법과 수단을 발전시켜왔다. 또한 북의 NGO들과 남의 NGO들간의 차별성은 상당히 큰 것으로 나타나고 있다. 이에 관한 논의로는 로우란드(Rowlands 1992)의 UNCED 과정에서 나타난 NGO활동에 대한 보고서에서 찾아볼 수 있다. 발전정책의 협력작업에서 보여진 환경운동에 관한 상세한 설명 및 '생태중심적'이고 '유럽 중심적'인 관점이 지닌 위험성에 대해선 Ullrich/Kuerzinger-Wiemann 1993을 참조하라.
25) 국제적 NGO 네트워크의 예로서, 아래로부터 촉진된 기후보호연맹 또는 이산화탄소 방출을 줄이고 열대림을 보전하기 위한 「기후동맹」(지구대기권을 유지하기 위한 열대우림 지역주민들과 유럽도시들간 동맹), 그린피스나 지구의 친구들과 같은 국제적으로 활동하는 NGO들을 들 수 있다. 여기에는 또한 기업가와 기업이 참여하고 있는 「지속가능한 발전을 위한 경영자위원회」도 속한다. 바인지얼(Weinzierl 1993 : 11)은 UNCED 과정에 대한 보고서에서 이를 '지속가능한 경영자 위원회'로 약칭하고 있다. 노조들 또한 노동자들의 이해관계를 대변해야만 하기 때문에, 국제적 또는 초국적환경보호 네트워크를 구성하자는 발의를 한 바 있다.

규범체제의 형성은 세계경제의 '지속가능성'을 향한 한 발자국의 진보인가? 마술사들은 세계지배를 합리화할 수 있는가? 200여 년전 엄청난 산업화 잠재력이 동반한 '세계지배의 서구형 모델'은 전지구적 공간에서든 중기적 시간대에서든 일반화될 수 없을 것인가? 오히려 이 모델은 누구나 지구적 자원에 평등하게 접근할 수 있도록 하자는 요구에 비추어 볼 때, 특정 몇 나라의 예외적 특권을 옹호하는 배타적 모델이다. 자본주의적 성장을 중지시키고 팽창을 멈추게 하는 체제내적 한계는 존재하지 않는다. 만일 체제외적인 한계가 있다면, 그것은 일상적 세계의 파국으로 나타날 한계일 가능성이 크다. 전지구 또는 지역생태계의 자정능력이란 한계는 자본주의 시장경제 내의 사회적 역동성의 외곽에 존재하며, 이의 결과로 비경제적 기준에 따라 구획될 수 있다. 이것은 의심할 여지없이 사회적 구조결함으로, 서구형 세계지배 모델이 의도한 목적에 가까워지면 질수록 명료하게 드러날 것이다 결과적으로 자본주의적 조건들하에서 '지속가능성'이란 가정은 하나의 환상이다. 궁극적으로 '태양전략'만이 '포디즘적 화석연료주의'(Scheer 1993)로부터 벗어날 수 있는 대안을 제시해 줄 수 있다.

☐ 참고문헌

Aglietta, Michel(1979), *A Theory of Capitalist Regulation*, The US Experience, London.
Altmann, Joern(1992), "Das Problem des Umweltschutzes im internationalen Handel," in : *Entwicklung und Umwelt, Schriften dess Vereins für Socialpolitik*, Band 215, Berlin, S.207-244.
Altvater, Elmar(1987), *Sachzwang Weltmarkt. Verschuldungskrise, Blockierte Industrialisierung, ökologische Gefaehrdung — der Fall Brazilien*, Hamburg.
＿＿(1991), *Die Zukunft des Marktes. Ein Essay ueber die Regulation von Geld und Natur nach dem Scheitern des "real existierenden Sozialismus,"* Münster.
＿＿(1991a), "Ressourcenkrieg an Golf? Das Oel ; und die neue moralische Weltordnung," in : *PROKLA* 82, S.157-169.
＿＿(1992), Der Preis dess Wohlstands. *Umweltpluenderung in der neue Weltordnung*, Muenster.
＿＿(1993), "Die Ökologie der neuen Welt(un)ordnung," in : *Nord-Sued aktuell*, 1.Quartal 1993, S.72-84.
＿＿/Mahnkopf, Birgit(1993), *Gewerkschaften vor der europäischen Herausforderung*, Münster.
Anders, Guenther(1980), *Die Antiquiertheit des Menschen*, München.

Anderson, Kym/Blackhurst, Richard(1992), *The Greening of World Trade Issues,* Herfordshire.
_ _ (Ed.)(1993), *Regional Integration and the Global Trading System,* N.Y., London.
Anderson, Perry(1992), *A Zone of Engagement,* London/N.Y.
Arendt, Hannah(1981), *Vita Activa oder Vom Tätigen Leben,* München.
Betz, Karl/Lueken gen. Classen, Mathilde/Schelkle, Waltraud(1993), "Uebernutzte Umwelt, unterbeschätigte Arbeit : Systemkrise oder Systemmerkmal?(1)," in : *Berliner Debatte INITIAL,* 6/1993, S. 115-126.
Bruckmeier, Karl(1994), *Strategien globaler Umweltpolitik,* Muenster.
Bunker, Stephen(1985), *Underdeveloping the Amazon. Extraction, Unequal Exchange, and the Failure of the Modern State,* Urbana/Chicago.
Cipola, Carlo M.(1985), "Die industrielle Revolution in der Weltgeschischte," in : Cipola /Borchardt(Hrsg.), *Europäische Wirtschaftsgeschischte,* Band 3, Stuttgart/N.Y., S.1-10.
Chomsky, Noam(1993),Wirtschaft und Gewalt. *Vom Kolonialismus zur neuen Weltordnung,* Lüneburg.
Crosby, Alfred(1991), *Die Fruechte des weissen Mannes,* Darmstadt.
Daly, Herman E.(1991), *Steady-State Economics,* Washington.
_ _ (1994), "Die˙Gefahren des freien Handels," in : *Spektrum der Wissenschaft,* Januar 1994, S.40-46.
Debeir, Jean-Claude/Deleage, Jean-Paul/Hemery, Daniel(1989), *Prometheus auf der Titanic, Geschichte der Energiesysteme,* Frankfurt/NY
Ely, John(1989), "An Ecological Ethic? Left Aristotelian Marxism versus the Aristotelian Right," in : *Capitalism, Nature,* Socialism, No.2, Summer 1989, S.143-156.
French, Hilary F.(1993), "Reconciling Trade and the Environment," in : Brown, Lester R., (ed.), *State of the World,* NY/London, S.158-179.
Gellner, Ernest(1991), *Nationalismus und Moderne,* Berlin.
Georgescu-Roegen, Nicholas(1986), "The Entropy Law and the Economic Process in Retrospect," in : *Eastern Economic Journal,* Vol XII, No.1, 1986, S.3-25.
Glagow, Manfred(1992), "Nicht-Regierungs-Organisationen(NGO) - Neue Hoffnungstraeger der internationalen Entwicklungspolitik?," in : *Entwicklungspolitische Korrespondenz,* 2, 1992, S.6-8.
Gregory, R.G.(1976), "Some Implications of the Growth of the Mineral Sector," in : *The Australian Journal of Agricultural Economics,* Vol. 20, No.2, S.71-91.
Grundmann, Reiner(1991), "The Ecological Challenge to Marxism," in : *New Left Review,* 187, S.103-120.
Harrod, Roy(1958), "The Possibility of Economic Satiety — Use of Economic Growth for Improving the Quality of Education and Leisure," in : *Problems òf United States Economic Development* (Committee for Economic Development, Vol I) NY, S.207-213.
Hein, Wolfgang(1993), Umweltorientierte Entwicklungspolitik, 2,erw. Aufl., Hamburg.
Heins, Volker(1993), "Survival of the fattest? Genetische Ressourcen und Globale Biopolitik," in : *Peripherie,* 51/52, S.69-85.
Hirsch, Fred(1980), *Die sozialen Folgen des Wachstums, Eine oekonomische Analyse der Wachstumskrise,* Reinbek.
Hirsch, Joachim(1994), "Vom fordistischen Sicherheitsstaat zum nationalen Wettbewerbsstaat — Internationale Regulation, Demokratie und 'radikaler Reformismus'," in : *Das Argument,* 203, S.7-22.
Hont, Istvan(1990), "Free trade and the economic limits to national policics : a neo-Machiavellian political economy reconsired," in : Dunn, John(ed.), *The economic limits to modern politics,* Cambridge/NY, S.41-120.
Huebner, Kurt(1989), *Theorie der Regulation, Eine kritische Rekonstruktion eines neuen*

Ansatzes der Politischen Ökonomie, Berlin.
Hurtienne, Thomas(1986), "Fordismus, Entwicklungtheorie und Dritte Welt," in : Peripherie, 22/23, S. 60-110.
Innis, Harold(1956), Essay in Canadian Econoimics, Toronto.
Jahn, Thomas/Wehling, Peter(1991), Ökologie von rechts, Frankfurt.
Kennedy, Paul(1993), In Vorbereitung auf das 21, Frankfurt.
Keohane, Robert O.(1990), "International liberalism reconsidered," in : Dunn, John(ed.), The economic limits to modern politics, Cambridge/NY, S. 165-194.
Klauss, Jochen(1989), Göthe unterwegs, Eine kulturgeschichtliche Betrachtung, Weimar.
Knieper, Rolf(1991), Nationale Souveraenitaet, Versuch über Ende und Anfang einer Weltordnung, Frankfurt.
──(1993), "Staat und Nationalstaat, Thesen gegen eine fragwürdige Identität," in : PROKLA, S.65-71.
Krasner, Stephen D.(1976), "State Power and the Structure of International Trade," in : World Politics, No.28, S.317-347.
Kulessa, Margareta E.(1992), Free Trade and Protection of the Environment : Is the GATT in Need of Reform? in : Intereconomics, Vol.27, July/August 1992, S.165-173.
Langhammer, Rolf J/Hiemenz, Ulrich(1990), Regional Intergration among Development Countries, Opportunities, Obstacles and Options, Tuebingen.
Liepietz, Alain(1993), Berlin, Bagdad, Rio, Muenster.
Luhmann, Niklas(1990), Ökologische Kommunikation, Kann die moderne Gesellschaft sich auf öokologische Gefährdungen einstellen?, Opladen.
Maddison, Angus(1989), The World Economy in the 20th Century, Paris.
Marx, Karl, Das Kapital, MEW, Band 23.
Massarrat, Mohssen(1993), Endlichkeit der Natur und Ueberfluss in der Markökonomie, Schritte zum Gleichgewicht, Marburg.
Messner, Dirk/Meyer-Stamer, Joerg(1993), "Die nationale Basis internationaler Wettbewerbefaehigkeit," in : Nord-Sued aktuell, Nr.1, 2. 98-111.
Miller, Lynn H.(1994), Global Order. Values and Power in International Politics, Boulder/San Francisco/Oxford.
Niethammer, Lutz(1990), Posthistorie ─ Ist die Geschichtte zu Ende?, Reinbeck.
Nitsch, Madfred(1993), "Vom Nutzen des systemtheoretischen Ansatzes für die Analyse von Umweltsschutz und Entwicklung ─ mit Beispielen aus dem brasilianischen Amazonasgebiet," in : Sautter, Hermann(Hrsg.), Umweltschutz und Entwicklungpolitik, Berlin, S.235-269.
O'Conner, James(1991), "Mord im Orientexpress. Die politische Ökonomie des Golfkriegs," in : PROKLA, 84, S.368-383.
OECD(1991), OECD Environmental Data, Compendium, Paris.
OECD(1993), Intra-Firm Trade, Paris.
Olson, Mancur(1965), The Logic of Collective Action, Public Goods and the Theory of Groups, Cambridge, Mass.
Ostrom, Elinor(1993), Governing the Commons, The Evolution of Institutions for Collective Action, Cambridge/NY.
Petersmann, Ernst-Ulrich(1992), "Umweltschutz und Welthandelsordnung im GATT-, OECD und EWG-Rahmen," in : Europa-Archiv, 9/92, S.257-266.
Polany, Karl(1978), The Great Transformation, Frankfurt.
──(1979), Ökonomie und Gesellschaft, Frankfurt.
Poulantzas, Nicos(1978), Staatstheorie, Politischer Ueberbau, Ideologie, Sozialistische Demokratie, Hamburg.

Prigogine, Ilya/Stengers, Isabelle(1986), *Dialog mit der Natur, Neue Wege naturwissenschaftlichen Denkens*, 5Aufl., München.
Prittwitz, Volker von(1990), Das Katastrophenparadox, *Elemente einer Theorie der Umweltpolitik*, Opladen.
Rogaux, Francois(1991), "Reflexionen über eine neue Weltordung," in *PROKLA*, : 84, s.384-399.
Rowlands, Ian H.(1992), "The International Politics of Environment and Development : The Post-UNCED Agenda," in : *Millenium, Journal of International Studies*, Vol.21, No.2, S.209-224.
Ruggie, John Gerard(19993), "Territoriality and beyond : problematizing modernity in international relations," in : *International Organisation*, 47, 1, S.139-174.
Sachs, Wolfgang(1992), "Von der Verteilung der Reichtuemer zur Verteilung der Risiken," in : *Universitas*, Heft 9/92, S.887-897.
Scharpf, Fritz W.(1987), *Sozialdemokratische Krisenpolitik in Europa*, Frankfurt.
Scheer, Hermann(1993), *Sonnenstrategie, Politik ohne Alternative*, Müchen.
Schmitt, Carl(1974), *Der Nomos des Erde im Voelkerrecht des Jus Publicum Europäm*, Berlin.
Senghaas, Dieter(1992), "Weltordnug, aber welche? Weltökonomie und denationalisierte Staatlichkeit in der Perspektive Rolf Kniepers," in : *Blaetter fuer deutsche und internationale Politik*, S.1069ff.
Sierferle, Rolf(11989), *Die Krise der Menschlichen Nature, Zur Geschichte eines Konzepts*, Frankfurt.
Simonis, Georg(1993), "Der Erdgipfel von Rio — Versuch einer kritischen Verortung," in : *Peripherie*, NR.51/52, S.12-37.
Stiftung Entwicklung und Frieden(1993), *Globale Trends 93/94. Daten zur Weltentwicklung*, Frankfurt.
Streeten, Paul(1992), "The evolution of development thought : facing up to global interdependence," in : Ekins, Paul/Max-Neef, Manfred(eds.), *Real-Life-Economics, Understanding Wealth Creation*, London/NY.
Third World Guide(1993), *Third World Guide 93/94, The World as seen by the Third World. Facts, Figures, Opinions*, Toronto.
Thompson, William R./Vescera, Lawrence(1992), "Growth wave, systemic openness, and protection," in : *International Organization*, 46, 2, Spring 1992, 493-532.
Ullrich, Detlev/Kuerzinger-Wiemann, Edith(1993), "Umweltbewegung und Entwicklungspolitik," in : Hein, Wolfgang(Hrsg.), *Umweltorientierte Entwicklungspolitik*, Hamburg.
Viner, Jacob(1950), *The Customs Union Issue*, NY.
Wallerstein, Immanuel(1984), *Der historische Kapitalismus*, Berlin.
Walzer, Michel(1967), "On the Role of Symbolism in Political Thought," in : *Political Science Quarterly*, June.
Watkinns, Mel(1981), "The Staple Theory Revisited," in : Melody, William/Salter, Liora/Heyer, Paul(eds.), *Culture, Communication, and Dependency, The Tradition of H. A. Innis*, Norwood, S. 53-71.
Weinzierl, hubert(1993), "Der Erdgipfel : Ein Stimmungsbild aus Rio," in : Engelhardt/Weinzierl(Hrsg), Der Erdgipfel, *Perspektiven für die Zeit nach Rio*, Bonn, S.1-21.
Whally, John(1991), "The Interface Between Environmental and Trade Policies," in : *The Economic Journal*, 1001. March, S.180-189.
Wissenschaftlicher Beirat der Bundersregierung Globale Umweltveränderungen(1993), *Welt im Wandel. Grundstruktur globaler Mensch-Umwelt-Beziehungen*, Jahresgutachter 1993, Bonn.
Zarsky, Lyuba(1993), *Lessons of Liberalization in Asia. From Structural Adjustment to Sustainable Development*, Nautilus Pacific Research, San Diego(Mimeo).

13. 지구생태계와 발전의 그림자 [1]

볼프강 작스

> Wolfgang Sachs : 독일과 이탈리아의 녹색운동가로서 활약. 특히 그의 관심분야는, 어떻게 생태학이 최근 몇 년 동안 비판을 위한 비주류의 지식체계로부터 지배적인 지식체계로 포섭되고 변화해 왔는가를 집중적으로 다루고 있다. 그는 『발전(Development)』이란 잡지의 공동 편집자이며, 펜실베니아 주립대학의 방문 교수이기도 하였다. 저서로는 『자동차를 사랑하며 : 우리 욕망사를 뒤돌아 보며』(1992), 『발전사전 : 권력으로서의 지식 가이드』(편, 1992) 등이 있다. 최근에는 독일 에쎈대학 문화연구소의 연구원으로 일하고 있다.

동경 지하철의 벽들은 항상 선전을 위한 포스터들로 도배가 되어 있곤 한다. 나무와 펄프가 부족함을 알고 있는 일본 행정당국은 이러한 종이 쓰레기를 감소시키고 재활용하기 위한 방안을 찾아냈다. 그들은 곧 '환경적인 해결방안'을 발견하였다. 현재는 벽에 대형 비디오 스크린을 설치하여, 그것을통해 지나가는 행인들에게 상품선전을 쏟아내고 있다. 이로써 종이문제는 해결된 셈이다.

이러한 대책은 환경위기를 해결하기 위한 접근법 중 하나를 예시해준다. 이러한 접근법은 환경과 발전을 타협시키기 위해 리우데자네이루「지구정상 회의(유엔 환경 및 개발회의, 약칭 UNCED)」에 참석한 대표자들이 공동으로 마음속 깊이 간직하고 있던 것이었다. UNCED의 결과를 간략히 요약

---

1) Wolfgang Sachs, "Global Ecology and the Shadow of 'Develpment'," Wolfgang Sachs(eds.), *Global Ecology: A Arena of Political Conflict* (London : Zed Books, 1993)

해 보자. 리우에 온 정부대표자들은 악화되고 있는 지구 환경의 현상태를 인정하면서도 동시에 발전의 재개를 강조하였다. 사실 대부분의 논쟁은 특정 국가군들이 '개발에 대한 권리'를 강하게 재론함으로써 등장한 것이었다. 이 점에서 말레이지아의 산림선언 거부나 사우디아라비아의 기후협약에 대한 방해행위는, 미 대통령 부시의 신랄한 거부나 반박에 못지 않은 것이었다. 당시 부시는 미국의 생활양식이 리우회의의 논의 의제로 설정되어선 안된다고 역설하였다. 그 회의는 발전에 대한 열망을 중심으로 상호갈등하던 국가진영을 하나로 묶어주었고, 환경을 위해 처러진 희생을 완화하자는 공동의식의 표출장이었다. 아마도 이러한 지적은 전혀 과장이 아닐 것이다. 결국 리우 선언은 발전의 신성함을 강조한 것이고, 가능한 한 세계 도처에서 발전의 중요성을 호소한 것이다. 이 선언문은 일차적으로 '발전의 권리'를 인정하고 이차적으로 '현재와 미래 세대의 발전과 환경에 대한 필요성(원칙3)'을 고려하는 쪽으로 나아가고 있다. 사실 리우 회의는 개발주의의 최상 상태로서의 환경주의에 그 서막을 열어 주었다.

환경에 관한 국제회의에서 '개발'의 중심성을 재확인한 것은 정부, 경제 그리고 과학 영역의 지배적 행위자들이 상호협력할 수 있도록 도와주었다. 그러나 유감스럽게도 이러한 발전 중심성에 대한 재가는, 인류의 미래를 다면적으로 위협하고 있는 위험으로부터 벗어나기 위해 필요한 이들 집단 내부의 분열을 방해하였다. 물론 이 회의는 생태위기에 대한 인식을 그동안 인류와 자연 간 순환적 흐름을 파괴시킨 모든 세계관에 단단히 심어 놓았다. 또한 정부, 소비자, 그리고 기업 등의 사회적 행위자들이 오늘의 상황에 책임을 져야 한다고 명시함으로써, 해결을 위한 행동을 요구하기도 하였다. 그러나 이것은 궁극적으로 자기 패배적인 상황이다. 결국 발전담론은 진보, 성장, 시장통합, 소비, 그리고 보편적 욕구 등에 대한 서구적 확신에 뿌리깊이 물들어 있는데, 이러한 개념은 현재의 문제상황을 야기한 원인이지 해결책이 아니기 때문이다. 발전담론은 자연과 인간의 관계에 대한 공개토론이 대단히 시급함을 인정해야 한다. 왜냐하면 그 동안 발전담론은 나름의 수단과 도구를 가지고 살아온 사회들에 대한 연구를 배제해왔고, 선하고 적합한 삶에 대한 토착적 이념으로부터 사회변동의 추진력을 끌어내지도 않았기 때문이다. 바로 리우 회의의 결정적 단점은 발전시대를 틀지웠던 몇 가지 확실성에 종언을 고할 수 없었다는 것이다. 개발을 향한 열망과, 발전에 대한 비판자간의 심각한 분열이야말로 지구생태계를 둘러싼 미래적 갈등의 원인이 될 것이다.

1. 트루먼과 그 이후

새로운 시대가 서서히 등장하고 있다. 과거의 어느 날 특정 시간에 발전의 시대도 서막을 열었다. 1949년 1월 20일 대통령 헨리 트루먼은 하원에서 진행된 취임연설에서 빈곤한 나라들의 상황에 관심을 가져줄 것을 호소하였다. 당시 이들 나라는 그에 의해 '저발전 지역'으로 명명되었다.[2] 이로써 갑자기 남(南)의 국가들이 가지고 있는 무수히 많은 특징들이 '저발전 지역'이라는 하나의 범주로 뭉뚱그려지면서 외형상 잊혀질 수 없는 개념이 탄생한 것이다. 트루먼이 새로운 개념을 주조한 것은 우연한 일이 아니고, 정확한 세계관의 표현이었다. 그에게 있어서 세계를 구성하는 사람들이란, 설령 어떤 사람은 빠르게 어떤 사람은 느리게 간다 할지라도, 한방향으로 움직여 가는 기차를 타고 있었다. 이 기차에서 북측, 특히 미국은 가장 앞서 달려가는 나라로 간주된 반면, 세계의 나머지 국가들은 이 기차에서 뒤쳐진 칸에 타고 있는 국가들로 간주되었다. 미국의 경제사회가 스스로 획득한 이미지는 세계의 나머지 부분으로 투사되었다. 한 국가의 문명화 정도는 생산수준에 의해 측정되고 표시되었다. 이러한 전제조건으로부터 출발하여, 트루먼은 세계를 경제공간으로 간주하였던 것이다. 이 경제공간에서 국가들은 GNP 규모에서 보다 높은 지위를 얻기 위해 경쟁한다. 키쿠우스인, 페루

---

2) 이와 관련하여선 *Oxford Englisch Dictionary*(1989) Vol. XVIII, 960쪽을 보라. 발전의 역사 속에서 더 확장된 논의를 살펴보고자 하는 사람은 Wolfgang Sachs(ed.), *The Development Dictionary : a Guide to Knowledge as Power* (London : Zed Books, 1992)를 참조하라.

인, 그리고 필리핀인들이 삶의 과정에서 어떤 이상과 가치로 고취되어 있든지, 트루먼은 이들을 낙오자로만 간주하였다. 낙오자들이 택해야 할 역사적 과제는 발전경주에 참여하여, 앞서나가는 경쟁자들을 따라잡는 것이었다. 결과적으로 트루먼이 추구한 발전정책은 모든 나라를 발전경주에 참여토록 하는 데 그 목적이 있었다.

남측 사회가 경제적 경쟁자의 반열에 올라서기 위해서는, 자본유입과 기술이전뿐만 아니라 문화의 변형까지도 요구된다. 왜냐하면 '낡은 생활방식'은 발전의 장애요인으로 판명되었기 때문이다. 이념적이고 정신적인 습관들, 노동유형 및 사고유형, 충성 및 통치규칙 등 남측의 국민들이 푹 젖어 있는 이러한 것들은, 이른바 서구형 발전경제의 사회적 에토스와 서로 모순되는 것이라고 평가되었다. 성장의 장애물을 극복하고자 시도하는 가운데, 전통적인 사회조직은 거시경제 모델에 따라 절개되고 새로 짜맞추어졌다. 확실히 '발전'은 많은 영향을 미쳤는데, 가장 사악한 것 중 하나가 토착문화들을 해체한 것이다. 그런데 문화라는 것은 미친 듯이 진행되는 자본축적 과정을 통해 형성될 수 있는 것이 아니다. 이렇게 해서 남의 국가들은 오랫동안 북에서 진행되어온 변형과정에 급속히 참여하게 되었다. 동시에 사회적 삶을 구성하는 다양한 측면들이 점차적으로 경제 규칙에 종속되어 갔다. 사실 발전 전문가들이 한 나라에 대한 자신의 비전을 제시할 때마다, 그 비전은 특정의 근시안적 전망에 빠져 있곤 했다. 발전 전문가는 사회가 경제를 포함하는 것으로 간주하지 않고, 사회가 곧 경제를 의미하는 것으로 생각했다. 결과적으로 이들은 노동, 학교, 법률 등 모든 종류의 제도들을 생산성 향상에 기여할 수 있도록 개혁했고, 사물을 처리하는 전통적이고 고유한 방식을 평가절하했다. 그러나 경제사회로의 사회변동은 상당한 비용과 희생을 포함하고 있었다. 이러한 변동은 경제경쟁에 참여하지 않고서도 국민들의 복지수준을 보장해줄 수 있는 사회적 능력을 사실상 감소시켰다. 서구형 생산주의의 무제한적인 헤게모니 행사는 남측의 국가들이 세계적 경제경쟁으로부터 이탈하는 것을 더욱 불가능하게 만들고 있다. 이것은 불확실성의 시대를 살아가는 국가들이 위기시에 스스로 조정할 수 있는 여지를 제한한다. 또한 이러한 관점에서 북의 국가들은 애매모호한 모델들만을 제시해 주고 있다. 이들 모델 국가들은 고도의 생산주의로 훈련되었고, 이로 인해 경제경쟁을 지속하는 것 이외에는 아무것도 할 수 없는 국가들이다.

40년 동안의 발전시대가 끝난 후, 사태는 대단히 당혹스러운 것이 되었다. 앞서 달려간 국가들과 낙오된 국가들 사이에 놓여 있는 격차는 메워질 수 없을 정도로 컸다. 지구상의 모든 국가들을 경제경쟁의 트랙으로 몰아넣은 발전의 시대는, 아이러니컬하게도 그 간격을 무한히 확대시킨 것이다. 또한 이러한 격차를 해소하려는 열망은 지구를 약탈하고 균형을 파괴한 것으로 나타났다. 다음과 같은 수치들이 이러한 지적을 자명한 것으로 밝혀주고 있다. 1980년대 동안 세계 GNP에 개도국이 기여한 몫은 1.5%로 축소되었고, 반면 전세계 인구의 20%에 불과한 산업국가의 몫은 80%에 달하고 있다. 보다 면밀한 조사는 이 수치조차도 결코 동질적이지 않음을 보여줄 것이다. 그럼에도 불구하고 동남아시아 국가들이나 석유생산 국가들도 "발전경쟁이 혼돈으로 끝을 맺을 것이다."라는 결론을 변화시키진 못한다. 만일 남에 거주하는 대다수 국민들의 운명이 고려된다면, 이러한 결론이 지니고 있는 진실성은 보다 명료하게 드러날 것이다. 그들은 오늘날 식민지배로부터 해방된 바로 그 시점보다 더 어려운 곤궁과 고난 속에서 살아가고 있다. 사람들이 이 기간 동안의 최상의 업적이라 말할 수 있는 것은, 발전이 자동차, 은행구좌, 경력 등을 열망하는 세계적인 중간층을 창출하였다는 것이다. 그러나 여기에는 북측 국가들의 대다수 사람들이 속하고, 남측의 국가에선 적은 수의 엘리트만이 속한다. 따라서 이들 남측 국가의 중산층 숫자는 차를 보유하고 있는 전세계 인구 중 약 8%에 불과하다. 이 계급내의 내적 경합은 압도적으로 많은 사람들의 침묵을 비난하면서, 세계정치에서 상당한 소음을 만들어냈다. 발전의 끝부분에서 정의의 문제는 비록 희미하나마 이전보다 더 자신의 모습을 드러내고 있다.

최근 발전시대의 두번째 결과가 극적인 형태로 전면에 부각되었다. 경주 트랙이 잘못된 방향으로 뻗어 있음이 명료해졌다. 트루먼은 북측 국가들이 사회진화의 최상단에 있음을 정당화할 수 있었지만, 이러한 우월성에 대한 약속은 오늘날 생태적 곤궁에 의해 완벽히 그리고 궁극적으로 좌절되었다. 예를 들어 생산성의 엄청난 향상은 어마어마한 양의 화석연료로 인해 가능한 작업처리량에 기반했던 것인데, 이러한 화석연료에 대한 필요는 한편 지구로부터 더 많은 채광을 요구하였고, 다른 한편 지구를 쓰레기로 뒤덮어 버렸다. 그러나 더 안타까운 것은, 이미 현재의 지구의 경제가 지구의 능력을 초과하고 있다는 것이다. 세계경제는 매 2년마다 600억 달러씩 증가하는데, 이 수치는 1900년도에 세계경제가 도달하였던 생산량 수치이다. 비록 전세계의 몇몇 국가만이 거대한 규모의 경제팽창을 경험했다 할지라도, 이미 세계경제는 부분적으로 포기해야만 할 정도로 자연에 압박감을 가하고 있다. 만일 모든 나라들에서 산업 모델을 추구한다면, 생산원료를 충당하고 경제성장과정에서 발생하는 폐기물을 처리하기 위해서는 약 5개 또는 6개의 지구가 더 필요할 것이다. 그러므로 지난 2세기 동안 성장경제를 지배했던 확신과 확실성은 '거짓된 삶'으로 드러나게 되었다. 성장은 결코 끝없이 가능한 것이 아니다. 경제팽창은 이미 생물적·물리적 한계를 넘어서 버렸다. 이렇듯 지구의 유한성을 인정하는 것은, 트루먼에 의해 미래적 전망으로 제시된 발전이념에 운명적 타격을 가하는 것이다.

2. 정의에 대한 모호한 요구

UNCED회의는 전후 40년 역사를 배경으로 전개된 것이다. 회의 명칭에서 확인할 수 있듯이 전지구적 생태계에 대한 관심이 어떠한 것이든, 이것들은 정의의 위기와 자연의 위기 모두에 대응해야만 한다. 북측 국가들의 주요 관심이 자연에 관한 것이라면, 남측 국가들은 정의의 문제에 초점을 두고자 하였다. 사실 UNCED로 이어지는 논의과정 동안, 주의깊은 관찰자들은 전에 이러한 과정을 본 적이 있었는지를 의혹스럽게 생각하였다. 왜냐하면 1970년대의 논의를 이끌어온 슬로건 '신국제경제질서'는 전면에서 뒷쪽으로 슬쩍 사라져 버렸고, 갑자기 보다 나은 무역조건, 채무구제, 선진국

시장으로의 진입, 기술이전과 원조, 더 많은 원조 등에 대한 요구들이 환경주의라는 바다로 익사해 버렸기 때문이다. 사실 결론이 나지 않은 논쟁에서 역행적 경향성을 주시하는 것은 어려운 일이었다. 발전에 대한 환상이 깨짐으로써 심한 상처를 입은 남측은, 발전의 논의를 지속하자고 주장하였다. 이미 1991년에 발표된 77그룹의 북경선언은 이러한 주장을 보다 명료화한 것이었다.

> 환경위기를 구성하는 문제들이 별개로 분리되어 다루어질 수 없다. 이 문제들은 발전과정에 연결되어 있으므로, 환경적 관심은 경제성장 및 발전이란 과제와 조화를 이루어야 한다. 이러한 맥락에서 개도국을 위한 발전권은 전면 인정되어야만 한다.[3]

그동안 남측 국가들은 북에 의해 제기된 환경적 관심을 다루기 위해 쉽지 않은 세월을 보냈다. 이제 리우에서 다루어야 할 일들은 보다 복잡해졌다. 북측은 전세계에서 친환경적 행동이 일어나길 기대했고, 이를 기회로 포착한 남측은 환경을 위한 양보를 외교적 무기로 발견하였다. 결과적으로 남측은 1970년대에 이행되지 않은 요구들을 반복적으로 주장하였고, 이를 근거로 북이 제시한 생태적 의무 부과에 반대하였다.

남측의 국가들은 환경이란 관점에서 현 세계상황이 좋지 않음을 인정했다. 그러나 발전이란 관점에서 현재의 상황은 더욱 악화된 것으로 생각했다. 1980년대의 '잃어버린 10년이 흘러 간 후' 남과 북은 이러한 갈등을 국제회의장으로 끌고 들어가는 데 성공하였다. 세인들의 관심은 북측의 의지, 즉 연간 약 1,250억 달러를 녹색기금으로 조성하겠다는 것, GNP의 0.7%를 개발원조에 할당하겠다는 약속을 이행하는 것, 그리고 생명산업인 모회사에의 접근 및 청정기술 이전을 추진하겠다는 것 등에 맞추어졌다. 외교 수준에서 이것은 조금도 놀랄만한 것이 아니었다. 왜냐하면 이행정치에 실패한 제3세계 국가의 대부분은 세계가 궁극적으로 북의 초경제체제와 남의 왜곡

---

[3] 환경과 발전에 관한 개도국 각료회의 북경선언문(1991. 6.19)

된 경제체제로 분열될 것을 우려하고 있었기 때문이다.

보다 근본적인 측면에서, 발전경주에 현재와 같은 상태로 참여한다는 것은 남측 국가들을 지탱하기 어려운 상황에 남겨두는 것을 의미하기 때문이다. 사실 리우 선언은 남이 북의 생활양식을 자신들의 유토피아적 모델로 설정하고 있으며, 이를 포기할 의사가 없음을 명료히 한 것이다. 발전이란 개념을 사용하여, 남의 국가들은 북이 세계의 나머지 국가들이 가야할 길을 보여주어야 한다는 생각에 동의한 것이다. 그러나 결과적으로 남은 북의 문화적 헤게모니로부터 벗어날 수는 없을 것이다. 왜냐하면 헤게모니 없는 발전은 마치 방향없는 경주와 같기 때문이다. 경제적 압력과는 별도로, 발전에 대한 집착은 남의 국가들을 문화적으로나 정치구조적으로 취약한 위치에 올려 놓았다. 또한 이것은 북을 자애로운 생태위기의 해결자로 표현하고자 하는데, 이것은 사실 불합리한 것이다.

말할 필요도 없이, 이러한 구도는 북측 국가들의 손아귀에 달려 있다. 북의 성장 운명론자들은 발전을 축복함과 더불어, 자국이 경제경쟁의 트랙에서 선두를 지켜야 함을 암묵적으로 정당화하고 있다. 따라서 생태적 곤궁에 적절히 대응할 수 없는 산업국가들의 문화적 무기력성에 대한 강조는 필요한 덕목임이 분명하다. 궁극적으로 북측 엘리트들의 주요 관심은 미국, 유럽, 일본이 벌이는 경쟁에서 선두를 유지하는 것으로, 이들은 자신의 경제를 생태적으로 근대화하고자 한다. 이들은 자연과의 평화가 궁극적으로 경제전쟁의 종식을 요구한다는 통찰력은 전혀 가지고 있지 않다. 예를 들어 독일과 같은 나라는 환경주의의 대표적 사례국가로 평가받고 있다. 반면 대외적으로는 유럽공동체시장과 GATT의 개혁을 통해 생태적으로 위해한 자유무역정책을 추진하고 있다. 북에서는 발전경주가 종착지점이 없는 달리기 경주와 같은 것이란 인식이 거의 없다. 이러한 사실은 북측으로 하여금 과잉의 무분별한 경제발전을 지속적으로 추구하도록 허용하고 있다. 그런데 사회를 기술능력의 실현 단계로 구분한다는 것은 생각할 수 있는 것이 아니다. 리우 회의는 길거리 빌딩, 고속 수송, 경제적 집중, 화학물질의 생산, 거대규모의 소 방목장 등에 한계를 설정하는 일을 단 한번도 신중하게 논의한

적이 없다.

그러나 북의 성장 운명론자들과 남의 발전 열망가들이 만들어낸 세속적 동맹은 환경에 위해한 영향을 미칠 뿐만 아니라, 세계를 보다 정의롭게 개혁하자는 것에도 반대한다. 이들은 발전기간 동안 내내 성장이 빈곤을 제거할 것이란 기대를 유포해왔다. 그러나 거의 대부분의 나라에서 발전은 소규모 집단에게만 혜택을 주었고, 나머지 인구의 대부분은 발전의 희생자가 되었다. 또한 사회는 양극으로 분열되는 결과를 초래하였다. 생존을 보장하는 공동체는 대개 근대경제를 건설하려는 시도로부터 배제되었다. 그러나 남의 엘리트들은 자신들에 의해 수입된 발전에 대한 열망을, 빈곤의 극복이라는 의도적 언급 – 성장이 빈곤에 대한 처방이라는 고리타분한 도그마를 배양함. – 을 통해 정당화하였다. 이들은 권력적 이해관계와 부유한 국가의 생활양식에 집착함으로써, 생계를 유지하기 위해서는 성장을 사전에 주의 깊게 조정할 필요가 있다는 생각을 무시하였다. 지난 40년간의 발전기간으로부터 끌어낼 수 있는 교훈은 이미 시작되었다. 정의의 문제는 발전의 관점과는 탈연계화되고 분리되어야만 한다. 사실 생태학과 빈곤은 발전에 대해 한계를 설정할 것을 요구한다. 이러한 관점상의 변화가 없다면, 생태위기 상황에서 다시 등장한 권력과 자원 재분배를 중심으로 한 남북갈등은 1970년대에 있었던 바로 그것일 수 있다. 세계 중산층의 내부에서 일어나는 다툼의 근원은 케이크를 나누는 방법에 관한 것이다.

3. 관리문제로서의 지구의 유한성

'발전'은 사고하는 방식이다. 그러므로 쉽게 특정 전략이나 프로그램으로 동일시될 수 없으며, 나아가 일련의 공통된 가정에 대한 열망과 다양한 실천들과 연결되어야 한다. 전후 기간 동안 국제회의에서 다뤄진 주제가 무엇이든 간에, 발전의 가정들 – 보편적 길로 경제의 우선성, 변화에 대한 기술적 가정들 – 은 암묵적으로 문제를 한정하고 특정 해결방안들에 초점을 맞춤으로써, 나아가 다른 해결 방안들은 망각하도록 한다. 더 나아가 지식은 권력과 긴밀한 관계를 갖고 있기 때문에, 발전에 대한 사고는 불가피하게 특정 사회행위자(예로 국제기관)와 특정 유형의 사회변형을 선택하도록 한다. 반면 다른 사회행위자들은 주변화시키고, 다른 변화 패턴들은 덜 중요한 것으로 간주되어 버린다.[4]

역사를 통해 실패의 징조가 경고되었음에도 불구하고, 오늘날까지도 발전의 증후군은 이를 무시하고 지속되어왔다. 1950년대 동안 투자가 충분치 않음이 명료하게 되었을 때, '인간 노동력의 발전'이 원조 보따리에 첨가되었다. 1960년대 들어 이러한 장애가 지속되자, '사회적 발전'이란 개념이 발견되었다. 1990년대에도 농부들의 빈곤화는 결코 간과될 수 없었기 때문에, '지방의 발전'이 발전을 위한 전략무기창고에 포함되었다. 그리고 계속해서 '평등발전', '기본필요 접근법' 등과 같은 새로운 무기로서의 개념들이 창조되었다. 이와 같은 개념조작은 역사를 통해 지속적으로 반복된 것이다. 발전의 여명기에서 악화는 결여로 재정의되었고, 이 결여는 발전에 대한 또 다른 전략을 요구하였다. '발전'은 그 효능이 없다는 증거가 속속 발견됨에도 불구하고 그대로 살아남아 상당한 지속성을 보여 주었다. 오히려 이 개념은 확장되어서 피해용 전략과 처방용 전략을 포함하고 있다. 그러나 이 개념이 지닌 힘은 극도의 낭비를 야기하였다. 이것은 더 이상 변화하는 역사적 조건들에 대응할 수 있는 것이 아니다. '발전'의 비극적인 위대성은 그 기념비적인 공허함에 있다.

UNCED가 1990년대에 널리 유행시킬 '지속가능한 발전'이란 슬로건은 '발전'의 취약점을 그대로 계승하고 있다. 이 개념은 '발전'이란 비어있는 조개껍질 속으로 환경적 도전을 흡수함으로써 이를 무기력화시켰고, 극히 상이한 역사적 상황에서조차도 발전주의적 가정이 타당하다는 생각을 교묘하게도 조성해 놓았다. 1962년 환경운동에 불을 당긴 레이첼 카슨의 『침묵

---

4) 이러한 이유로 나는 성장과 발전을 구분하자는 제안을 받아들이지 않는다. 나는 '발전'이 자신의 역사적 맥락으로부터 깨끗이 분리될 수 없는 개념이라고 생각한다. 보다 명료한 것은 Herman E. Daly(1990), "Toward Some Operational Principles of Sustainable Development", *Ecological Economics*, Vol.2, 1990을 보라.

의 봄』에서는 발전이 자연과 사람들에게 피해를 입히는 것으로 이해되었다. 1980년대의 「세계자연보호전략」과 1987년의 「브룬트란트 보고서」 이후, '발전'은 개발에 의해 야기된 피해를 치유하는 것으로 간주되었다. 이러한 변화를 어떻게 설명할 것인가?

우선 1970년대 석유위기의 충격속에서 정부들은 지속적 성장이 자본축적과 숙련 노동력뿐만 아니라 자연자원의 장기적 이용가능성에도 의존하고 있음을 인정하기 시작하였다. 당시 탐욕스러운 성장기계의 음식물인 석유, 목재, 광석, 토양, 유전물질 등은 줄어들고 있었다. 당시의 사람들은 과연 장기적 성장이 가능할 것인가에 관심을 가지고 있었다. 이것은 관점에서의 결정적 변화를 의미한다. 즉 관심의 초점은 이제 자연의 건강이 아니라, 발전의 지속적 건강에 있었다. 1992년 세계은행은 새로운 합의를 간결하게 다음과 같은 표현으로 요약하였다.[5] "무엇이 지속가능할 수 있는가?, 지속가능한 발전이란 지속되는 발전을 의미한다." 물론 발전 전문가들의 과제는 이런 명제와 동일한 것이 아니다. 왜냐하면 이들의 결정은 확장된 시간의 지평에서 내려지고, 이로부터 미래세대의 복지를 고려하기 때문이다. 그러나 이 틀은 "지속가능한 발전은 발전의 보호를 요구한 것이지, 자연의 보호를 요구한 것은 아니다."라는 동일한 틀을 유지하고 있다.

발전에 대한 보다 느슨한 정의를 생각할 때조차, 인간중심적 편견은 그대로 남아있다. 국제회의의 의제로 올려진 것은 자연의 존엄을 보전하자는 것이 아니라, 인간중심적 공리주의를 미래의 자손으로까지 확대하자는 것이다. 말할 필요도 없이 오늘날 환경주의의 한 유파를 구성하는 자연주의적이고 생물중심적 노선은 이러한 개념적 조작을 통해 잘려나갔다. '발전'이 말안장 위에 앉자마자, 자연에 대한 이러한 관점은 변화된 것이다. 그래서 질문은 "이제 자연이 행하는 서비스 중 어느 것이 미래의 발전을 위해 꼭 필요한 것인가?", 다시 말해서 "자연이 주는 어떤 서비스는 꼭 필요한 것이고, 어떤 서비스는 신소재나 유전공학적 물질들로 대체될 수 있는 것인가?"에 두어진다. 다른 말로 표현하자면, 자연은 비록 결정적으로 꼭 필요한 것이지

---

[5] World Development Report 1992, Oxford University Press, N.Y. p.34.

만, 발전을 지속하는 과정에서 변화시킬 수 있는 것으로 되었다는 것이다. 그러므로 '자연자본' 이 이미 생태경제학자들 중에서 최신 유행하는 개념이 되었다는 것은 놀라운 일이 아니다.[6]

두번째로, 후기산업기술이란 새로운 기술세대는, 성장이 굴뚝경제에서처럼 많은 자원의 소비를 전제로 하는 것이 아니라, 오히려 자원집중도가 적은 방식으로 추구될 수 있다고 주장한다. 과거에는 혁신이 노동생산성 증가를 목적으로 하였다면, 오늘날 기술적이고 조직적인 지능은 자연생산성을 증가시키는 것에 초점을 두고 있다. 요약하자면, 성장은 에너지와 물질의 소비증가와는 거의 무관하게 될 수 있다는 것이다. 발전주의자들의 눈에 '성장의 한계'는 경주를 포기하길 요구하는 것이 아니라, 기술의 변화를 요구한다. 지속가능성이 없다면 발전도 존재할 수 없다는 생각이 확산된 이후, 발전없는 지속가능성은 전혀 인정받지 못하고 있다.

세번째로, 환경악화는 전세계적인 빈곤상황과 긴밀한 연관이 있는 것으로 판명되었다. 발전주의자들이 가지고 있는 빈자에 대한 이미지가 식용수, 주택, 건강, 자본의 결여로 특징화되었다면, 현재의 이미지는 자연의 결여로부터 고통을 받는 것이다. 가난은 연료용 목재를 절망적으로 구하는 사람들, 점차 확대되고 있는 사막화로 고통받는 사람들, 자신의 토지와 산림으로부터 쫓겨난 사람, 그리고 엉망인 위생상태를 지속적으로 강요받는 사람들로 예시되었다. 자연의 결여가 빈곤의 원인으로 확인되자, 개발전문기관들은 자신들의 사업내용이 '빈곤의 근절'에 초점을 맞추어 친환경적 프로그램으로 변화되어야만 한다는 결론에 도달하였다. 여기서 자신의 생존을 자연에 의지하고 있는 사람들은 마지막 남은 하사품 찌꺼기를 추구하는 것 이외에 어떠한 선택의 여지도 갖고 있지 않다. 자연의 파괴는 빈곤의 결과이기 때문에, 세계의 가난한 사람들은 갑자기 환경파괴의 주범이 되어 버린 것이다. 1970년대 동안 자연에 대한 주요한 위협은 산업적 인간이었던 반면, 1980년

---

6) Salh El Serafy, "The Environment as Capital", In R. Costanza(ed.), *Ecological Economics : the Science and Management of Sustainability*(N.Y. : Columbia University Pr.), pp.168-75를 보라.

대에는 환경주의자들의 눈이 제3세계로 돌려지면서 사라져가는 사막·토양·동물들이 관심의 대상이 되었다. 그에 따라 환경주의는 부분적으로 상이한 색깔을 띠게 되었다. 즉 환경위기는 남과 북에 거주하는 전세계의 중간층에게 풍요를 가져다 준 결과로 더 이상 인지되지 않고, 오히려 지구 전체에 살고 있는 인간 일반이 초래한 결과로 간주되었다. 사치품이든 생존을 위해서든 무엇을 위해 자연이 소비되든지 간에, 그리고 주변화된 사람들이든 기득권자들이든 누가 자연을 개발하든지 간에, 이것은 모두 생태관료(Ecocrats)라는 새로운 종족의 형성에 기여하게 되었다. 그래서 그 무엇보다도 '지구정상회담'에서는 OECD 또는 G-7의 일차적 관심사가 결정될 수 있도록 요구되었다.

리우 회의를 이끌어간 사고방식의 근저에는 '발전'의 영속, 덜 자원집약적 방식이라는 새로운 성장잠재력의 발견, 그리고 자연의 적으로서의 인간 일반의 설정 등이 있다. 또한 이러한 사고방식에는 세계가 보다 많은 그리고 보다 나은 관리주의에 의해 구원될 수 있다는 생각도 포함된다. 물론 이러한 생각들은 UNCED에서 외교적 찬사를 받았다. 최근 들어 스스로 녹색 코트를 걸친 대다수 정치가들, 산업주의자, 그리고 과학자들은 다음과 같은 결론에 도달하였다. "그 어떠한 것도 세계경제가 나아가는 방향을 변화시킬 수 없고, 또 변화되어서도 안된다. 만일 보다 많은 그리고 보다 나은 관리를 위한 노력이 취해진다면 문제는 해결될 것이다." 즉 생태학이 새로운 공공 덕목을 요구하자, 결과적으로 이것은 새로운 행정 능력에 대한 요구로 전락되어 버린 것이다. 예를 들어 「의제 21」은 '통합된 접근법', '합리적 사용', '건전한 관리', '내재화된 비용', '보다 나은 정보', '증가된 협력', '장기적 예측' 등으로 뒤범벅되어 있다. 그러나 대개 이것들은 삶의 물질적 수준을 고려하는 데 실패하였고, 자본의 역동성을 억제하는 데 실패하였다(물론 이 경우 '변화된 소비양식'이란 항목은 예외이다). 요약하자면, 발전에 대한 대안은 거부되었고 다만 발전내 대안이 흔쾌히 선택된 것이다.

그럼에도 불구하고, UNCED의 업적은 전세계 무대에 환경정책적 도구에 대한 필요성을 전달한 것, 그리고 전세계적 환경공학에 대한 후원 제공의 서막을 열었다는 것에서 찾아질 수 있다. 그러나 이러한 성과는 희생을 동반하고 있는데, 그 희생이란 환경주의를 관리주의로 환원시켰다는 것이다. 왜냐하면 지구생태학의 과제는 두 가지 방향에서 이해되고 있기 때문이다. 그 한 방향은 약탈과 오염의 파고에서 발전이 표류하지 않도록 하기 위한 기술관료적 노력이고, 다른 한 방향은 서구가치가 낡은 것으로 취급되지 않게 함으로써 발전경쟁에서 은퇴하지 않도록 하기 위한 문화적 노력이다. 이 두 가지 길을 세부적으로 살펴보면 상호 배타적인 것은 아니나, 그 관점에선 근본적으로 다르다. 우선 제기되는 엄청난 과제는 발전에 대한 생물·물리적 한계를 관리하는 것이다. 심연의 가장자리에서 발전을 조정하기 위해선 모든 통찰력들이 모아져야만 한다. 또한 생물적·물리적 한계를 지속적으로 조사하고 검사하며 조작하여야 한다. 두번째 경우에 제기되는 도전은 발전에 문화·정치적 한계를 설정하도록 디자인하는 데 있다. 개개 사회는 토착적인 번영의 모델을 추진하도록 요구받고 있다. 이 번영 모델은 사회발전 노선이 심연의 가장자리로부터 안전한 거리를 유지하도록, 그리고 생산총량을 안정적인 상태로 축소하는 것을 허용한다. 이것은 깊은 협곡을 향해 고속으로 자동차를 모는 방법들로 비교될 수 있다. 이중 한 방법은 레이더나 모니터, 그리고 고도로 훈련된 기능요원들로 무장을 하고, 노선을 수정해가며 가능한 한 가장자리를 따라 운전하는 것이다. 다른 방법은 속도를 늦추거나 가장자리로부터 떨어져 달리는 것으로, 이것은 정확한 통제와는 무관하게 마음놓고 여기저기를 운전할 수 있다. 그러나 대부분의 지구환경관리자들은 암묵적이든 명시적이든 첫번째 선택을 선호한다.

4. 지구의 나머지를 위한 협상

몇십 년전까지만 해도 지구생물권의 몇몇 궤도는 경제성장의 결과로부터 거의 영향받지 않은 상태로 남아있었다. 지난 30년 이상 생산주의라는 촉수는 마지막 남아있는 처녀지마저 점령해버렸다. 현재 생물권의 어떤 부분도 인간의 손이 닿지 않은 곳이 없다. 인간의 공격력은 완벽한 충격을 가할 수 있는 규모로 성장하였고, 긴밀한 생명들의 그물망을 갈기갈기 찢어놓았다. 과거 시간의 유한성 속에서 죽을 수밖에 없는 인간이 자연으로부터 자신을 방어해 왔다면, 현재는 자연이 인간으로부터 자신을 옹호해야만 될 상황이다. 특히 위험은 '지구적 공유재들'에게 가까이 다가와 있다. 즉 남극, 심해저, 많은 종을 보유한 열대우림 등이 게걸스런 인간의 욕구와 이를 충족시키려는 시도들로 인해 파국을 목전에 두고 있다. 이미 지구의 대기는 성장이 남긴 쓰레기들로 인하여 과부담 상태에 놓여 있다. 이로 인해 1980년대에는 전지구적 환경의식이 성장하였다. 지구생물권에 대한 위협과 미래 세대에 대한 공격을 한탄하는 목소리들이 여기저기서 터져나왔다. '인류의 공동유산'을 집단적으로 보존할 의무가 촉구되었고, "지구를 돌보자."[7] 라는 모토는 전세계적 각성을 촉구하는 지상명제가 되었다. 자연의 가치와는 별도로, 인간의 권리를 존중하듯이 자연의 통합성을 존중함으로써 지구의 공유재가 보호돼야 한다고 인간들에게 호소하였다.

그러나 국가간의 환경외교는 이와는 다른 것이었다. 회의와 협약을 장식한 수사어는 새로운 지구윤리를 의례적으로 요구하였다. 그러나 협상 테이블의 현실은 이와는 상이한 논리로 작동하고 있었다. 이 회담에 참여한 외교관들은 마치 자국의 이익 증대를 위한 게임에 참여하고 있는 것 같았다. 환경에 대한 대부분의 관심은 자국의 경제적 입장에 의해 결정되었다. 이들의 행동기준은 자국의 개발, 또는 발전 여지를 확대시키려는 필요성에 근거한 것이었다. 그러므로 환경논의는 이해관계가 걸린 게임에서 점수패를 흥정하듯이 그렇게 변화되었다. 이러한 관점에서 UNCED 협상의 논의 과정은 해양법, 남극협상, 염화불화탄소의 감축을 위한 몬트리올 의정서협상 등 기존의 다른 협상과정과 조금도 다르지 않았다. 더욱이 기후, 동물보호 또는 생물다양성에 관한 협상 또한 달라질 가능성은 조금도 없었다.

리우 회의의 참신성은 자연에 대한 집단적 조정을 언급하였음에 있는 것

---

7) 이것은 1991년 IUCN, UNEP, WWF가 스위스 그랜드(Gland)에서 합동으로 발간한 주요 문서의 제목이다.

이 아니라, 오히려 개발을 위한 자연자원이 부족함을 국제적으로 인정하였다는 점에 있다. 자연의 취약성도 초점이 되었는데, 그 이유는 자연이 경제성장을 위한 '자원'으로 사용되고 '쓰레기 처리기'로 봉사하는 현재의 서비스가 불충분한 것이었기 때문이었다. 자연에 대한 수세기 동안의 이용은 이제 막을 내렸다. 자연은 기술문명의 과정에서 침묵하는 협력자로 더 이상 간주될 수 없다. 다른 말로 표현하자면, 환경외교는 자연이 자원광산으로서, 쓰레기 컨테이너로서 유한함을 인정한 것이다.

만일 '발전'이 본래적으로 끝이 없는 것이라면, 국제협상이 터하고 있는 논리는 그런대로 솔직한 것이다. 첫째 이 협상은 한계를 인정하였다. 그 한계는 광산과 컨테이너로서의 자연을 생태적 파괴가 급속화되는 임계점에 도달할 때까지 최대한 사용할 수 있는 수준과 동일한 것을 의미하는 것이 아니다. 이러한 한계 개념과 관련해서 과학자들은 최상의 권한을 부여받았다. 왜냐하면 그 한계선이야말로 '과학적 증거'에 근거해서만 확인될 수 있기 때문이다. 그러므로 지식발달 상태에 관한 끊임없는 논쟁이 이 게임의 한 부분을 이룬다. 이러한 장애물이 극복되면, 협상과정의 두번째 단계는 개별국가들이 유용한 자원을 어느 정도까지 공유할 것인가를 정하는 것이다. 여기에서 외교는 새로운 장을 발견한다. 그리고 구권력의 수단들, 즉 설득과 뇌물은 자국의 몫을 최대화시키는 데 기여할 수 있다. 궁극적으로 협상과정은 모든 나라들이 조약에 언급된 규범들에 동의하도록 디자인되어야만 한다. 물론 이러한 동의는 국제적 모니터링과 이행기구를 필요로 하는 것이다. 환경외교는 발전주의적 준거틀에서 이루어졌기 때문에, 자연을 주어진 한계내에서 분배하는 문제에 관심을 집중시킬 수 없었다. 따라서 환경외교는 지구의 남용과 자연의 오염을 근절시키는 것이 아니라, 오히려 이를 정상화시켰다는 의도되지 않은 결과를 낳았다.

네 가지 갈등축이 국제적 환경외교의 장을 분열시켰다. 이는 자연착취를 계속할 권리, 오염에 대한 권리, 보상에 대한 권리 그리고 책임성을 중심으로 한 갈등이다. 예를 들면 종다양성 협약에 관한 UNCED 논의에서는 자연을 더 약탈할 권리가 관심의 초점이었다. 누가 세계에서 줄어들고 있는 유전자원에 접근할 권리를 부여받았는가? 국민국가들은 이에 대한 자신의 주권을 행사할 수 있는가? 혹은 이것들은 '전지구적 공유재'로 간주될 수 있을 것인가? 누가 종다양성 사용으로부터 창출되는 이윤을 차지할 것인가? 생물군은 풍부하지만 산업력이 미약한 나라들은 그 반대의 상황, 즉 생물군은 취약하나 산업력은 막대한 국가들과는 반대의 입장에 서게 된다. 유사한 문제가 열대림의 목재, 해저개발, 야생동물보호 등과 관련해서도 제기되었다. 한편 기후협약은 오염권을 다양한 시간대로 나누어 최적화하고자 하였다. 이 협약에 참여한 산유국들은 이산화탄소 방출에 대한 상한선 설정을 달가워할 리 없었다. 반면 작은 섬나라들은 보다 엄격한 제한설정을 기대하였다. 더욱이 자국의 경제가 값싼 연료에 의존할수록, 해당 국가의 대표들은 이산화탄소 방출을 억제하려는 의지가 적었다. 최근 새로운 산업국들의 추격을 받고 있는 미국이 그 대표적인 예이다. 반면 일본과 서구는 보다 엄격한 제한설정을 요구할 수 있었다. 그러나 미국, 유럽 그리고 일본은 모두 보상문제에서 강력한 의견일치를 보였다. 남은 북의 발전에 대한 소급적 보상을 얼마만큼 요구할 수 있을 것인가? 자연사용을 억제할 경우 누가 가장 큰 피해를 받을 것인가? 누가 청정기술 이전에 드는 비용을 지불해야만 하는가? 분명 이점에서 잠재적인 지구적 중간계층을 가진 남측은 공격적 입장인 반면, 북측은 수세적 입장에 있었다.

    그러나 이러한 모든 문제들 가운데 책임성을 중심으로 한 갈등은 상당히 희미하였다. 반복건대 북은 압박을 받고 있었다. 결국 산업화된 국가들이 남의 열대우림을 자신들의 발전을 위한 먹이로 전락시키려는 것은 아닌가? 과거에 이들은 전세계를 자신들의 산업화를 위한 배후지역으로 이용하지 않았던가? 온실효과를 야기하는 가스와 관련하여 인도의 쌀경작지에서 방출되는 메탄가스를 미국의 자동차에서 방출되는 이산화탄소와 같이 일괄처리하는 것이 바람직하고 적절한 것인가? 요약하자면, 새로운 갈등과 이를 근거로 한 계급분화가 외교적 노선을 당혹하게 만들었다. 1970년대의 다자간 회담이 남의 국가들을 보다 광범위하게 세계경제성장에 참여시킬 수 있는 방법에 초점을 맞추었다면, 1990년대에는 특히 성장으로 인해 방출된 오염을 억제하는 방법에 초점을 두고 있다. 개발에 대한 생물적 · 물리적 한계가 가시화되자, 전후기간을 좌우하던 조류의 흐름이 방향을 바꾼 것이다. 다자간 협상은 더 이상 부의 재분배에 관심을 갖고 있지 않으며, 오히려 위험의 재분배에 관심을 가지고 있다.[8]

5. 효율성(Efficiency)과 충족성(Sufficiency)

20년 전, '성장의 한계'는 전세계적 환경운동의 모토였다. 반면 오늘의 생태학 전문가들이 자주 사용하는 단어는 '전지구적 변화'이다. 그러나 이 메시지가 함축하고 있는 것은 상이하다.[9] '성장의 한계'는 산업적 인간(homo industrialis)에게 자신의 프로젝트를 재고하길, 그리고 자연법칙에 복종하길 요구한다. 그러나 '전지구적 변화'는 인류를 운전자의 자리로 밀어넣고, 자신에 대한 통제강화로 자연의 복잡성을 지배하길 요구한다. 첫번째 공식은 위협적으로 들리는 반면, 두번째 공식은 낙관적으로 들린다. 이것은 공작인(homo faber)의 재탄생을 신봉하며, 보다 무미건조한 수준에서 근대경제적 수단들 — 생산품 혁신, 기술진보, 시장규제, 과학에 기반한 계획 — 이 생태적으로 예측가능한 길을 열어줄 것이라고 믿는다.

모든 환경적 해악에 대한 치유는 '효율성 혁명'이라 불려지고 있다. 이 효율성 혁명은 경제 시스템내에서 새로운 기술과 계획화를 수단으로 하여, 생산물 한 단위당 에너지와 물질의 사용량을 감소시키는 데 초점을 두고 있다. 또한 이것은 전구, 자동차, 발전소 또는 수송체계와 관련해서 산출한 단위당 자연사용량을 최소화하는 혁신을 제안하는 것이다. 이러한 처방만이 현재의 경제를 다이어트시키고, 이를 통해 한계성을 유지하도록 하며, 쓰레

---

8) 독일상황에서 이런 변화가 관찰되기도 했다. 이것은 Ulich Beck, *Risikogesellschaft*(Frankfurt : Suhr Kamp, 1987)을 참조하라.
9) Frederick Buttles et al.(1990), "From Limits to Growth to Global Change' Constraints and Contradictions in the Evotution of Environmental Science and Idelology," in *Global Environmental Change*, Vol.1, No.1, December pp.57-66

기 방출이라는 과부담을 제거할 수 있도록 한다. 효율성 시나리오는 경제와 자연간 순환관계를 일직선적 관계로 만들어 버렸다. 현대사회는 자원채굴을 위한 광산으로, 또는 쓰레기 처리를 위한 매립장으로서의 자연사용을 급격히 자제해야 한다는 필요성에 직면해 있다. 이것은 궁극적으로 경제의 물리적 규모를 축소시키는 것이다. 역으로 이것은 경제적 지혜 — 새로운 생산품, 기술 그리고 관리기술을 포함한다. — 를 활용함으로써 이러한 변형에 도달할 수 있다고 전망한다. 이 시나리오는 근대경제적 명제를 확장할 것, 즉 목적과 수단의 관계를 최적화할 것을 제안하는 것이다.[10] 이 최적화는 화폐흐름을 계산하는 것으로부터 나아가 물리적 흐름도를 고려함으로써 가능해진다. "적은 양으로 더 많이"라는 모토는 과거의 발전경주에 새로이 추가된 라운드이다. 산출을 극대화하는 것이 아니라, 투입을 최적화하는 것이 오늘의 질서이다. 이미 경제학자들과 공학자들은 산출 한 단위당 투입을 최소한으로 줄인다는 수수께끼를 푸는 작업에서 새로운 희열을 느끼고 있다. 세계은행은 이러한 전략적 방향전환에 대한 희망을 다음과 같이 진술하고 있다. "효율성 혁명은 오염을 줄이도록 도와주며, 동시에 일국의 경제생산이 증가하도록 도와준다."[11]

의심의 여지없이 효율성 혁명은 광대한 효과를 가져올 것이다. 자연산 투입원료는 값이 싸고 쓰레기 매립장은 거의 사용료를 내지 않기 때문에, 경제발전은 오랫동안 자연을 낭비하는 방향으로 기울여져 있었다. 보조금들은 쓰레기 방출을 장려하였고, 기술진보는 대개 자연을 절약하도록 디자인되어 있지 않았다. 그리고 시장가격은 환경적 폐해를 반영하지 않았다. 이러한 노선을 수정할 수 있는 상당한 여지가 있다. 예로서 「의제 21」은 새로운 길을 가리키는 많은 표지판을 제공하고 있다. 그러나 과거의 경제역사 — 동구경제이든, 서구경제이든 그리고 남측의 경제이든 간에 —는 다음과 같은 사실을 제공해준다. 성장의 초기단계에서 효율성 전략은 거의 적용될 여

---

10) Karl Polanyi, "The Two Meaning of Economics," in his book *The Livelihood of Man* (N.Y. : Academic Press, 1977)는 최적화를 근대경제적 사고의 명제로서 확인했다.
11) World Development Report 1992, op. cit., p.114.

지가 없다. 그러나 일정 수준의 성장단계를 넘어선다면, 이러한 전략은 가장 잘 적용될 수 있는 상태에 놓이게 된다. 선택적 성장의 정치가 남에게 의미하는 것은, 자원수요를 감소시키고 '효율성 혁명'을 이전받는 방식인 것같다. 그러나 남이 북의 발전노선을 답습할 것으로 기대되는 경우에만 이러한 일괄 판매는 의미를 가진다.

북의 발전모델에 대해서도 의구심이 없는 것은 아니다. 정보증가와 서비스 사회를 환경친화적 사회라고 찬양하는 자들은, 가끔씩 이 부문들이 산업부문의 최상단계에서 성장하고 이와 공생관계를 유지한다는 사실을 간과하고 있다. 생산은 자원의 크기에 의존하고 있으므로, 여행산업, 병원, 그리고 데이터 가공 등의 서비스 분야의 크기 또한 이로부터 자신의 한계를 가지고 있다.[12] 자연적 내용을 갖지 않은 상품조차도 예로서 환자, 청사진, 하다 못해 화폐 또한 자신의 가치를 스스로 제공할 수 있는 자연자원적 토대에 대한 관할권으로부터 도출되는 것이다. 더 나아가 환경적 효율성은 고도의 에너지/물질 치환기술로부터 획득되고, 자원집약적 경제의 현존을 전제로 한다. 요약하자면, 잘 돌아가는 엔진, 생명공학적 기술과정, 재활용기술 또는 체계적 사고 등이 가지고 있는 효율성 잠재력은 북측의 경제에만 고유한 것이다. 그러므로 효율성 전략은 북측의 손바닥 위에서 작동하고 있다. 북이 남에게 경제 발전을 위한 새로운 도구를 선택하도록 제공한 기회들은 바로 이러한 것들이다. 이것은 지난 수십 년 동안의 기술이전이 요구한 것과 거의 다르지 않은 희생을 대가로 요구한다.

효율적 자원관리만을 배타적으로 언급하는 환경주의자들은, 사회적 상상력을 목표의 수정보다는 수단의 개혁에 집중시키고 있다. 그들의 천재성은 어떤 사업이 가장 최상인지를 강조하는 전략을 옹호하는 데서 발휘된다. 또한 그들의 전략은 성장이라는 지상명제를 전혀 의심받지 않게 하는 관점들을 제공해주고 있다. 그러나 마술의 언어인 '자원 효율성'은 암울한 측면을 가지고 있다. 왜냐하면 너무 오랫동안 한 곳만을 응시해서 한쪽 눈이 장님

---

12) Robert Goodland et al., *Environmentally Stustainable Economic Development. Building on Brundtland*, World Bank, Environment Working Paper No. 46, July 1991, p.14.

이 되었기 때문이다. 많은 환경주의자들이 이미 이러한 질병에 굴복하였다. '자원 효율성'만을 강조함으로써 그들은 생태적 개혁이 두 눈을 사용하여야만 한다는 사실을 모호하게 만들었다. 이 두 눈이란 수단을 정교화하는 것과 목표를 수정하는 것을 의미한다. 그러나 이러한 망각은 실패를 가져왔다. 오히려 이것은 생태적 프로젝트를 위협한 것이었다. 만일 자원 효율성의 증가가 성장에 대한 합리적 억제라는 처방과 더불어 추진되지 않는다면, 전자만으로는 아무것도 할 수 없다. 우리들은 자동차와 침대가 어떻게 자원투입률을 낮춘 상태에서 제조될 수 있는지를 물어보되, 더 나아가 자동차와 침대 수가 어느 정도로 제한되어야 하는가도 물어보아야 한다. 만일 성장의 역동성이 감속되지 않는다면, 합리화의 성과는 곧 새로운 성장에 의해 잠식될 것이다. 예로 연료효율적 자동차를 상상해 보자. 오늘날 자동차 엔진들은 과거보다 효율적이다. 그러나 자동차 대수의 무분별한 증가와 달리는 거리의 증가는 오히려 초기적 성과를 상쇄해버렸다. 이와 동일한 논리를 에너지 절약으로부터 오염제거 및 재활용으로까지 확대적용시킬 수 있다. 그렇다고 해서 성장의 파괴적 효과가 새로운 성장을 지속적으로 상쇄한다고 말하는 것은 아니다. 사실, 보다 중요한 것은 자원의 효율적 배분은 물론이고 자연과 관련된 경제의 물리적 규모이다. 허만 델리는 다음과 같은 비교를 제시한 바 있다.[13] 만일 보트 위에 실은 화물이 효율적으로 분배되어 있다면, 보트는 지나친 무게로 인해 가라앉지는 않을 것이다. 아마도 이 보트는 최적의 상태로 가라앉을 것이다. 충족성없는 효율성은 반생산적이다. 충족성으로 효율성의 경계를 한정해야만 한다.

그러나 균형잡히지 않은 발전에 대한 신조는 성장속도를 완화시켜야 한다는 생각에 관한 공개토론을 방해하고 있다. 이러한 신조의 그늘 아래서는, 만일 어떤 사회가 상품집중, 기술적 성과, 성장속도 등의 특정 수준을 넘지 않겠다고 결정한다면, 이 사회는 뒤쳐진 사회로 판명될 것이다. 결과적으로 제로 선택에 대한 고려, 즉 기술적으로 가능한 것은 어떠한 것도 하지 않겠

---

[13] Herman Daly, "Elements of Environmental Macroeconomics" in R. Costanza(eds), op. cit., 35

다는 선택은 지구생태계에 대한 공식적 논의 테이블에서 하나의 터부로 설정되어 있다. 예로 「의제 21」의 9장을 들어보자. 이 장은 수송에 관한 내용을 다루고 있다. 비록 자동차 '인구'가 실질적 인구수보다 더 빨리 증가하여 현재의 4배 수준에 도달한다 할지라도 이 의제의 작성자들은 교통량을 회피하거나 줄이기 위한, 또는 낮은 속도의 수송체계를 위한 어떤 전략도 제안하지 않는다. 여기엔 많은 이유가 있다. 그러나 보다 근저에는 발전 신드롬이 놓여 있으며, 이것은 남은 물론이고 북의 사회적 상상력을 위험스러울 정도로 협소화시켰다. 북이 지속적으로 무한한 경제성장이 가능하다는 미래를 전망하고 있기에, 그리고 남은 이러한 북을 강제적으로 모방하는 것으로부터 이탈할 수 없기 때문에, 내발적이고 토착적인 변화를 창출하기 위한 노력과 능력은 전세계에서 사라지고 있다. 물질 수요의 적정 수준을 선택하는 정치는 공식적 합의에서 배제되어 있다. 지나친 발전을 위한 추동력을 별로 중시하지 않는 토착적 번영 모델도 일종의 변절자로 간주된다. 물론 이러한 관점은 일차적으로 부를 대가로 희생함에 틀림없다. 그러나 충분성의 정치가 없다면 어떠한 정의로움이나 자연과의 평화도 존재할 수 없다.

6. 전지구주의(Globalism)의 헤게모니

'지속가능한 발전'이 많은 사람들에게 많은 것을 의미하는 개념이라 할지라도, 이 개념은 핵심적인 메시지를 가지고 있다. 이것은 인간들이 자연으로부터 착취하거나 자연으로 방출하는 총량을 자연의 재생가능률과 조화를 이루도록 조정하라는 것이다. 이것은 상당히 합리적인 것처럼 들린다. 그러나 여기에는 기본적으로 가장 중요한, 그러나 아직 여론의 주목을 받지 못하고 있는 권력, 민주주의, 그리고 문화적 자율성 등을 중심으로 형성된 갈등이 감춰져 있다. 지속가능성, 이것은 어떤 수준에서 가능한 것인가? 사용과 재사용의 순환서클은 어디에서 폐쇄되어야 하는가? 촌락, 공동체, 나라 또는 전지구적 수준에서 각기 가능한 것인가? 1980년대까지 환경주의자들은 지역적 공간과 국가적 공간에만 관심을 가지고 있었다. 예를 들어 '생태발전'이나 '자립' 등과 같은 생각은 생태적 자원흐름의 연결성을 이 단위에서 회복함으로써 특정 장소의 경제적·정치적 독립성을 증가시키고자 하였다.[14] 그러나 이후의 기간 동안, 그들은 보다 상위 수준에서 사물을 관찰하기 시작하였다. 그들은 한번에 전체 지구를 포착할 수 있는 우주인의 관점을 택한 것이다. 오늘날의 생태학은 지구 그 자체를 구하는 것을 자신의 사업으로 하고 있다. 구름, 대양 그리고 대륙 등으로 장식된 어두운 우주를 떠도는 지구는 과학, 계획 그리고 정치학의 주제가 된 것이다.

이러한 사고에 대한 인증표는 결코 단순하고 소박하게 보이지 않는다. 1989년 『과학적 미국인(Scientific American)』 특별호는 기획특집으로 "지구라는 항성을 관리하자"를 다루면서 다음과 같은 톤을 설정하였다.

전지구적 종으로서 우리 인류는 이 지구를 변형시키고 있다. 지구적 종으로서 우리는, 지구의 변형을 지속가능한 발전이란 방향에서 관리하려는 전망을 가질 수 있다. 이를 위해 우리는 지식을 총동원하고, 우리의 행동을 조정하며, 지구가 우리에게 제공할 수 있는 모든 것을 공유할 수 있다. 21세기의 진입을 눈앞에 두고 있는 우리 인류에게 가장 큰 도전은 자의식적이고 지혜로운 지구관리이다.[15]

인지적 측면에서 우주여행은 지구를 환경관리의 대상으로 인식하게 만드는 계기가 되었다. 우주여행은 지구를 인간이 관찰할 수 있는 대상으로 전환시켰는데, 이것은 인간들의 지각 형성사에서 하나의 혁명이었다.[16] 그러나 여기에는 정치적이고 과학적이며 기술적인 이유 역시 존재한다. 정치적으로 1980년대에 심각하게 나타난 산성비, 오존층의 파괴, 그리고 온실효과 등은 우리 인류에게 산업오염이 국경을 넘어 전지구로까지 확대되고, 지

---

14) 예로, Ignacy Sachs(1980), *Strategies de l'ecodeveloppement* (Paris : Les Editions Ouvrieres) ; *What Now?* (1975), the Report of the Dag Hammarskjoeld Foundation
15) William C. Clark, "Managing Planet Earth", *Scientific American*, Vol.261, September 1989, p.47
16) 이러한 측면에 대한 보다 정교한 분석은 Wolfgang Sachs(1992), *Satellitenblick. Die Visualisierung der Erde im Zuge der Weltraumfahrt* (Berlin : Science Centre for Social Research)을 참조하라.

구적 규모의 영향을 미칠 것이란 메시지를 전달하였다. 이러한 메시지의 끝에는 궁극적으로 버려진 땅으로서 지구의 모습이 설정되어 있었다. 과학적인 생태조사는 수년 동안 사막, 열대우림, 소택지 등과 같은 고립된 개별 생태계에 관심을 기울였으나, 이후에는 초점을 대기, 식생, 물과 바위 등 전지구적 생명유지에 필요한 것들을 에워싸고 있는 생물권 연구로 옮겼다. 기술적 측면에서는 새로운 세대의 도구 및 장비들이 전지구적 규모에서 자료를 수집하고 처리할 가능성을 창출하였다. 인공위성, 감지기, 그리고 컴퓨터 등 1990년대에 이용가능한 기술은 생물권을 연구하고 모델화할 수 있을 것이다. 이러한 요소들이 자동적으로 등장하자, 인간의 자만심은 지구에 대한 궁극적 지배를 꿈꾸게 된 것이다.

  몇년 전까지만 해도 지구 전체를 연상하는 것은 다른 의미를 가지고 있었다. 환경주의자들은 지구의 유한성을 여론에 알리기 위해 외계에서 본 지구의 모습을 강조하였는데, 이것은 인간들이 자신의 행동으로부터 야기된 결과를 궁극적으로는 회피할 수 없다는 통찰력을 확산시키기 위한 것이었다. 이처럼 인간성 회복을 위해 지구 현실을 호소하는 한편에서는, 새로운 종족인 지구 생태관료들이 지구라는 새로이 등장한 현실에 행동할 준비를 마치고 있었다. 이들은 세계를 지배할 수 있다고 상상하는 자들이었다. 이로부터 생물권에 대한 연구사는 급속하게 거대한 과학 프로젝트가 되어 갔다. 무수히 많은 국제적 프로그램[17]에 의해 인지된 '지구과학' - 인공위성 관찰, 심해탐구, 전세계적 데이터 처리 - 은 많은 나라에서 제도화되고 있다.

  이러한 상황에서 지속가능성은 전지구를 관리하겠다는 하나의 도전으로 개념화되고 있다. 새로운 전문가들은 인간이 지구적 규모에서 행하는 채굴 및 방출이 자연의 재생산능력과 균형을 유지하고 있는지를 확인하기 시작하였다. 이를 위해 자원흐름과 생물지리화학적 순환사이클을 지구 차원에서 계산하고, 측정하고, 모니터하고, 지도화하고자 하였다. 「의제 21」에서는 이렇게 말한다.

[17) 전반적 관점과 관련해선 Thomas F. Malone(1986), "Mission to Planet Earth : Intergrating Studies of Global Change", Vol.28, No.8, pp.6-11, 39-41을 참조하라.

만일 인간활동에 의해 부과된 스트레스, 지구의 수용력, 그리고 탄력성 등에 대한 보다 정확한 평가가 제공될 수 있다면, 이것은 정말로 중요한 일이다.

이들은 종다양성, 어로지역, 에너지 흐름, 그리고 물질 순환과정 등을 감독하는 지구감시체제를 궁극적으로 조정하는 역할을 자신들의 묵시적 의제로 설정하고 있다. 이러한 기대 중 무엇이 실현될지는 심사숙고해야 할 문제로 남는다. 그러나 우주여행, 감지기술, 그리고 컴퓨터 시뮬레이션 기술의 연결이 자연을 모니터하고, 인간이 자연에 미치는 영향을 인지하고, 미래를 예측할 수 있는 능력을 무한히 증가시켰다는 것은 의심의 여지가 없다. 그래서 자원의 관리는 세계 정치의 문제가 된 것이다.

지구의 식생대를 영상화한 인공위성 사진, 컴퓨터 그래픽, 시간의 흐름과 더불어 상호작용하는 곡선, 세계적 수준으로 고양된 규범들은 지구 생태학의 언어들이다. 그러나 이것들은 현실이 사람들로 구성된 것이 아니라, 산더미같은 자료들로 구성되었다고 가정한다. 이 데이터들은 어째서 말레이지아 오지의 사람들이 자신의 물웅덩이가 고갈되도록 물을 퍼쓰는지, 무엇이 독일인들로 하여금 고속도로에서 최상의 속도에 집착토록 하는지를 설명하지 않는다. 이 데이터들은 누가 아마존으로부터 잘려 나오는 목재를 소유하는지, 오염된 지중해로 인해 어떤 산업이 번창하고 있는지를 지적하지 않는다. 그리고 이 데이터들은 열대림의 나무들이 인디오 종족들에게 주는 중요성, 또는 물이 아랍민족에게 주는 의미에 관해 침묵한다. 요약하자면, 이 축적된 데이터들은 얼굴도, 장소도 없는 지식을 제공하고 있는 것이다. 이것은 상당한 비용이 드는 추상으로서 문화, 권력, 미덕 등의 현실을 기억의 뒷편에서 망각한 것이다. 이것은 자료만을 제공하는 것이지, 상황적 맥락을 제공하는 것은 아니다. 이것은 도표를 보여주지만, 행위자는 보여주지 않는다. 이것은 계산을 제공하지만, 도덕이라는 생각은 주지 않는다. 이것은 안정성을 추구하지만, 아름다움이라는 보이지 않는 실체는 무시한다. 사실 지구적 관점은 모든 구체적 현실의 차이점들을 제거하길 요구하고, 모든 구체적 상황을 무시하길 요구한다. 때때로 관찰자와 관찰된 대상간 간극은 대단히 크다. 브라질 정글에서 살고 있는 세링구에이로(Seringueiro)와 인공위성이 보내준 자료에 기반하여 작성된 산림관리가 보여주는 괴리는 대단히 커질 수 있다. 불가피하게 전지구적 관리에 대한 요구는 문화적 권리, 민주주의, 그리고 자기결정성에 대한 열망과 갈등을 일으킨다. 사실 '하나의 지구'란 이름하에서 행동하는 생태지지자들에게 지역공동체와 그들의 생활스타일에 위협을 가하고 있다. 결국 식민주의란 역사 속에서 지구를 구하자는 요구보다 더 세계를 합리화할 수 있는 강력한 동기는 무엇인가?

이미 북측은 문제에 직면하고 있다. 왜냐하면 전지구적 관리를 위한 시도가 새로운 역사구도에 의해 방아쇠가 당겨졌기 때문이다. 콜럼부스가 산토도밍고에 도착한 이후 최근에 이르기까지, 북측은 자신의 팽창과정이 야기한 비극적 결과로부터 거의 감염되지 않았다. 반면 이러한 팽창을 당한 남측은 질병, 착취, 생태파괴의 부담으로부터 고통을 받아왔다. 지금 이러한 역사적 조류는 방향을 바꾸고 있다. 우선 북의 국가들은 세계의 서구화가 동반한 쓰디쓴 결과에 노출되었다. 이민, 인구압박, 초대형 무기를 소지한 종족주의, 그리고 전세계적 산업화가 동반한 환경파괴의 결과 등이 북측의 생활방식을 위협하고 있는 것이다. 이것은 마치 콜럼부스에 의해 열려진 사이클이 금세기 말경에 닫힐 것이라는 예견과 같은 것이다. 결국 북측은 환경보호, 그리고 전세계적 위기관리를 위한 방식과 수단을 고안하였다. 지구를 합리적으로 계획화하는 것이 북의 안보를 결정하는 문제가 된 것이다.

서구 인간들이 행한 자연에 대해 통제는 원하는 상태 그대로 방치되어 있다. 과학과 기술은 광대한 규모에서 자연을 변형시켰고, 이것은 유쾌하지 않은 예측할 수 없는 결과를 야기하였다. 사실 만일 이러한 결과들이 통제되었다면 자연에 대한 인간지배가 달성되었다고 이야기할 수 있을지도 모른다. 그러나 여기에서 등장한 것은 기술관료적 환경주의이다. 이러한 관점에서 보면, 전지구적 환경관리의 목적은 이차적 질서를 통제하는 것이고, 자연 통제가 야기한 결과를 극복하기 위해선 보다 높은 수준의 관찰과 개입이 동반되어야 한다. 이러한 조치들은 세계를 상호긴밀히 연결된 팽창적인 경제사회로 변형시키려는 추동력이 감소되지 않은 채 지속될 때, 하나의 지상

명제가 된다. 지속적인 개발 신드롬이 전세계의 산업화 동력을 억제하는 데 장애가 되는 것이라면, 분명 우리의 과제는 자연 변형을 최적의 상태로 규제하는 것이다. 이런 관점에서 『과학적 미국인』은 다음의 문제를 미래 정책 결정의 핵심적 이슈로 제시하고 있다.

두 가지 핵심적 문제가 언급되어야만 한다. 우리들은 어떤 종류의 지구를 원하는가? 우리들은 어떤 종류의 지구에 도달할 수 있을 것인가? … 얼마나 많은 종다양성이 세계에서 유지되어야만 하는가? 인구의 크기와 성장률은 축소되어야만 하는가? 기후변화는 어느 정도까지 받아들여질 수 있는가?

만일 성장에 대해 어떠한 한계도 설정되지 않는다면, 확실히 인간의 오만스러움에 대한 통제도 있을 수 없다.